APPLICATION

DE L'ANALYSE

A LA GÉOMÉTRIE.

APPLICATION

DE L'ANALYSE

A LA GÉOMÉTRIE,

PAR G. MONGE.

CINQUIÈME ÉDITION, REVUE, CORRIGÉE ET ANNOTÉE

PAR M. J. LIOUVILLE,
MEMBRE DE L'ACADÉMIE DES SCIENCES ET DU BUREAU DES LONGITUDES.

PARIS,

BACHELIER, IMPRIMEUR-LIBRAIRE
DU BUREAU DES LONGITUDES, DE L'ÉCOLE POLYTECHNIQUE, DE L'ÉCOLE CENTRALE DES ARTS ET MANUFACTURES, ETC.,
QUAI DES GRANDS-AUGUSTINS, 55.

1849

PARIS. — IMPRIMERIE DE BACHELIER,
rue du Jardinet, n° 12.

GASPARD MONGE.

APPLICATION

DE L'ANALYSE

A LA GÉOMÉTRIE,

PAR G. MONGE.

CINQUIÈME ÉDITION, REVUE, CORRIGÉE ET ANNOTÉE

PAR M. LIOUVILLE,

MEMBRE DE L'ACADÉMIE DES SCIENCES ET DU BUREAU DES LONGITUDES.

PARIS,

BACHELIER, IMPRIMEUR-LIBRAIRE

DU BUREAU DES LONGITUDES, DE L'ÉCOLE POLYTECHNIQUE, DE L'ÉCOLE CENTRALE DES ARTS ET MANUFACTURES,

QUAI DES GRANDS-AUGUSTINS, 55.

1850
1851

AVERTISSEMENT.

Dans cette nouvelle édition, nous reproduisons d'abord le texte pur de l'ouvrage de Monge, conformément à la 4me édition, publiée, en 1809, sous les yeux de l'auteur. Puis nous ajoutons un Mémoire de M. Gauss, et quelques Notes dont la lecture pourra être utile aux jeunes géomètres. Il n'y aura point là double emploi avec les *Développements de Géométrie* où M. Charles Dupin a si savamment commenté et perfectionné les théories de son illustre maître. Les questions que nous traitons sont différentes.

J. LIOUVILLE.

Paris, 8 Novembre 1850.

TABLE DES MATIÈRES.

MÉMOIRE DE M. GAUSS.

NOTES DE M. LIOUVILLE.

PLANCHES.

APPLICATION
DE L'ANALYSE
A LA GÉOMÉTRIE.

§ I.

DES PLANS TANGENTS ET DES NORMALES AUX SURFACES COURBES.

Étant donnée l'équation d'une surface courbe, et étant pris un point arbitrairement sur cette surface, trouver, $1°$ l'équation du plan tangent à la surface en ce point; $2°$ les équations de la normale au même point.

1. Soit représentée par $M = 0$ l'équation donnée de la surface courbe : si on la différentie, on aura une équation de la forme suivante,

$$dz = \left(\frac{dz}{dx}\right) dx + \left(\frac{dz}{dy}\right) dy,$$

dans laquelle les quantités $\left(\frac{dz}{dx}\right)$, $\left(\frac{dz}{dy}\right)$ sont en x, y, z, les coefficients de dx et dy dans la valeur de dz. Comme la valeur de z est donnée en x, y, par l'équation $M = 0$, on peut toujours concevoir que cette valeur soit substituée à la place de z dans les quantités $\left(\dfrac{dz}{dx}\right)$, $\left(\dfrac{dz}{dy}\right)$ obtenues par la différentiation, et que ces quantités soient des fonctions connues de x, y.

Soient de plus x', y', z' les coordonnées du point pris arbitrairement sur la surface; l'équation $M = o$ aura lieu entre ces trois coordonnées, et l'on aura de même

$$dz' = \left(\frac{dz'}{dx'}\right) dx' + \left(\frac{dz'}{dy'}\right) dy',$$

équation dans laquelle les quantités $\left(\dfrac{dz'}{dx'}\right)$ et $\left(\dfrac{dz'}{dy'}\right)$ sont composées de x' et y', de la même manière que les quantités $\left(\dfrac{dz}{dx}\right)$ et $\left(\dfrac{dz}{dy}\right)$ sont composées de x et y.

Enfin soit $Ax + By + Cz + D = o$ l'équation demandée du plan tangent.

On déterminera D par la considération que le plan doit passer par le point donné, ce qui donnera

$$A(x - x') + B(y - y') + C(z - z') = o.$$

Quant aux trois autres coefficients A, B, C, dont deux seulement sont nécessaires, on les déterminera par la considération que le plan doit être tangent à la surface dans le point donné. Or, le plan sera tangent si, en prenant sur le plan un point infiniment voisin du point donné, ce point se trouve aussi sur la surface courbe, suivant quelque direction d'ailleurs qu'il ait été pris; c'est-à-dire, si l'équation différentielle du plan, prise pour le point dont les coordonnées sont x', y', z', est identique avec l'équation différentielle de la surface prise pour le même point. Mais, pour le même plan tangent, les coordonnées

x', y', z' étant constantes, l'équation différentielle est, en général,
$A\,dx + B\,dy + C\,dz = 0$, et pour le point donné on a

$$A\,dx' + B\,dy' + C\,dz' = 0;$$

celle de la surface courbe pour le même point est

$$dz' = \left(\frac{dz}{dx}\right) dx' + \left(\frac{dz}{dy}\right) dy';$$

il faut donc que les deux dernières équations soient identiques,
quelles que soient les valeurs de dx' et dy', qui sont arbitraires.
Donc on aura

$$\frac{A}{C} = -\left(\frac{dz}{dx}\right), \quad \frac{B}{C} = -\left(\frac{dz}{dy}\right);$$

donc enfin l'équation demandée du plan tangent sera

$$z - z' = (x - x')\left(\frac{dz}{dx}\right) + (y - y')\left(\frac{dz}{dy}\right).$$

2. La normale étant perpendiculaire au plan tangent, et devant
passer par le point donné sur la surface, ses équations se trouveront, d'après celle du plan tangent, par les formules de la page 10,
1re partie, et seront

$$x - x' + (z - z')\left(\frac{dz}{dx}\right) = 0, \quad y - y' + (z - z')\left(\frac{dz}{dy}\right) = 0.$$

Autrement. Si l'on conçoit une sphère dont le centre soit placé
au point considéré sur la surface courbe, et dont le rayon soit a,
l'équation de la surface de cette sphère sera

$$(x - x')^2 + (y - y')^2 + (z - z')^2 = a^2.$$

Si l'on conçoit ensuite que le centre se meuve sur la surface
courbe dans une direction quelconque, et parcoure l'arc infiniment petit d'une courbe, la surface de la nouvelle sphère coupera

celle de la première dans la circonférence d'un cercle, dont le plan sera perpendiculaire à l'arc parcouru par le centre, et qui sera normal à la surface courbe. Pour tous les points de cette circonférence, les coordonnées x, y, z n'auront pas varié, quoique les coordonnées du centre x', y', z' aient changé de grandeur. Si donc on différentie l'équation de la surface de la première sphère, en regardant x, y, z comme constantes, et en faisant varier x', y', z', l'équation qu'on obtiendra ne sera vraie, par rapport aux points de la surface de la sphère, que pour ceux qui sont sur la circonférence du cercle, et dans l'intersection commune des deux sphères consécutives. Cette seconde équation ayant pour objet de distinguer sur la surface de la sphère les points qui sont sur la circonférence du cercle, ne peut être autre que l'équation du plan même de ce cercle, et par conséquent celle d'un plan normal à la surface courbe, mené par le centre de la sphère, et dont la position dépend d'ailleurs de la direction du mouvement de ce centre sur la surface courbe. Donc, si l'on fait deux fois la même opération, en donnant au mouvement du centre deux directions différentes, on aura les équations de deux plans normaux à la surface, menés par le même point, et qui, par leur intersection, détermineront la normale.

Les directions des mouvements du centre étant arbitraires, on pourra supposer que l'une soit dans une section perpendiculaire aux y, et pour laquelle x' sera constante, et que l'autre soit dans une section perpendiculaire aux x, et pour laquelle y' sera constante. Donc, si en regardant x, y, z comme constantes, on différentie l'équation de la surface de la sphère, d'abord en ne faisant varier que x', puis en ne faisant varier que y', les deux équations

$$x - x' + (z - z')\left(\frac{dz}{dx}\right) = 0, \quad y - y' + (z - z')\left(\frac{dz}{dy}\right) = 0,$$

que l'on obtiendra, seront celles de deux plans normaux respectivement perpendiculaires aux plans des x, z, et des y, z, et par conséquent celles des projections de la normale sur les mêmes plans, ce qui coïncide avec ce que nous avons déjà trouvé.

Autrement encore. Si l'on différentie l'équation de la surface de la sphère, en regardant x, y, z comme constantes, et substituant pour dz' sa valeur prise dans

$$dz' = \left(\frac{dz}{dx}\right) dx' + \left(\frac{dz'}{dy}\right) dy',$$

on aura l'équation

$$dx'\left[x - x' + (z - z')\left(\frac{dz'}{dx}\right)\right] + dy'\left[y - y' + (z - z')\left(\frac{dz}{dy}\right)\right] = 0,$$

qui est celle d'un plan normal à la surface, et dont la position dépend de la valeur de $\frac{dy'}{dx'}$ qui détermine la direction du mouvement du centre de la sphère. Si l'on conçoit que ce centre ait une autre direction infiniment peu différente de la première, c'est-à-dire que la quantité $\frac{dy'}{dx'}$ éprouve une variation, on aura un autre plan normal différent du premier, mais qui coupera le premier dans la normale demandée. Les points de la normale sont donc ceux dont les coordonnées x, y, z ne changent pas, lorsque dans l'équation du plan on fait varier la quantité $\frac{dy'}{dx'}$. Donc, si l'on différentie l'équation du plan, en ne faisant varier que $\frac{dy'}{dx'}$, l'équation que l'on obtiendra ne sera vraie, par rapport aux points du plan normal, que pour ceux de la normale même, qui est commune aux deux plans normaux consécutifs. Or, si l'on exécute cette différentiation, on a

$$y - y' + (z - z')\left(\frac{dz}{dy}\right) = 0,$$

et par conséquent

$$x - x' + (z - z')\left(\frac{dz}{dx}\right) = 0;$$

donc ces deux équations appartiennent à la normale demandée.

§ II.

DES SURFACES CYLINDRIQUES

Trouver l'équation générale des surfaces cylindriques, c'est-à-dire exprimer qu'une surface courbe est engendrée par le mouvement d'une droite qui ne cesse pas d'être parallèle à une autre droite donnée.

PREMIÈRE MANIÈRE, D'APRÈS LA CONSIDÉRATION DU PLAN TANGENT

1. Un des caractères des surfaces cylindriques est que, pour quelque point que ce soit, leur plan tangent est parallèle à la droite génératrice.

Soient $x = az$, $y = bz$ les équations données de la droite menée par l'origine, et à laquelle la génératrice doit toujours être parallèle. Nous avons vu que, x', y', z' étant les coordonnées du point de contact, l'équation du plan tangent à une surface courbe est, en général,

$$z - z' = (x - x')\left(\frac{dz}{dx}\right) + (y - y')\left(\frac{dz}{dy}\right).$$

Il ne s'agit donc plus que d'exprimer que ce plan est parallèle à la droite. La condition d'être parallèle sera remplie, si le plan, après avoir été transporté parallèlement à lui-même jusqu'à l'origine, passe alors par la droite. Or, l'équation du plan transporté à l'origine est

$$z = x\left(\frac{dz}{dx}\right) + y\left(\frac{dz}{dy}\right);$$

et pour que le plan passe par la droite, il faut que l'on ait

$$\text{(E)} \qquad 1 = a\left(\frac{dz}{dx}\right) + b\left(\frac{dz}{dy}\right);$$

donc cette dernière équation exprime qu'une surface est cylindrique, sans rien statuer sur la nature de la courbe qui lui sert de base, ou qui dirige le mouvement de la droite génératrice, courbe qui peut d'ailleurs être ou n'être pas soumise à la loi de continuité.

SECONDE MANIÈRE, D'APRÈS LE MOUVEMENT DE LA DROITE GÉNÉRATRICE

2. La génératrice devant être toujours parallèle à la droite donnée, aura pour équations

$$\text{(F)} \qquad \begin{cases} x = az + \alpha, \\ y = bz + \beta, \end{cases}$$

dans lesquelles les quantités a, b sont constantes, quelle que soit la position de la génératrice, mais dans lesquelles α et β, qui sont constantes pour une même position de la génératrice, varient lorsque la génératrice passe d'une position à une autre. Ainsi pour toute surface cylindrique, lorsque le point que l'on considère change de position sur la surface sans quitter la même droite génératrice, les deux quantités α, β, ou celles-ci, $x - az$, $y - bz$, qui leur sont respectivement égales, sont toutes deux constantes; et lorsque le point se meut de manière qu'il passe d'une position de la génératrice à une autre, ces quantités varient toutes deux.

Ces deux quantités sont donc constantes ensemble ; donc elles sont fonctions l'une de l'autre ; donc l'équation générale des surfaces cylindriques est

$$y - bz = \varphi\,(x - az),$$

dans laquelle le signe φ indique une fonction quelconque de la quantité $x - az$.

La forme de cette fonction, c'est-à-dire la manière dont la quantité $x - az$ entre dans le second membre de l'équation, dépend de la nature de la courbe qui dirige le mouvement de la droite génératrice. Cette forme est ou n'est pas susceptible d'être exprimée analytiquement, suivant que la courbe est ou n'est pas soumise à la loi de continuité.

Il suit de là que les équations de la droite génératrice seront

$$x - az = \alpha,$$
$$y - bz = \varphi\alpha,$$

α étant la quantité qui particularise la position de cette droite.

<hr>

Trouver l'équation d'une surface cylindrique, connaissant la direction de la génératrice et les équations de la courbe à double courbure qui dirige son mouvement.

3. Il est évident que la question consiste à déterminer dans l'équation générale des surfaces cylindriques la forme de la fonction φ, de manière que cette équation devienne celle de la surface individuelle, que l'on considère. Soient représentées par $\mathrm{F}\,(x,\,y,\,z) = 0$ et $f\,(x,\,y,\,z) = 0$ les deux équations données de la courbe à double courbure, dans lesquelles les signes F, f indiquent des fonctions connues des trois quantités x, y, z.

La génératrice devant, dans toutes ses positions, passer par la courbe donnée, il faut que les quatre équations

$$F(x, y, z) = 0,$$
$$f(x, y, z) = 0,$$
$$x - az = \alpha,$$
$$y - bz = \varphi\alpha,$$

aient lieu en même temps, quelle que soit la valeur de z. Donc, si l'on élimine entre ces quatre équations les trois quantités x, y, z, on aura en α et $\varphi\alpha$ une équation que nous représenterons par $f(\alpha, \varphi\alpha) = 0$, et qui déterminera la valeur de $\varphi\alpha$ en α, c'est-à-dire la forme de la fonction φ, ou la manière dont elle est composée de la quantité sous le signe.

Remettant pour α et $\varphi\alpha$ leurs valeurs, l'équation de la surface cylindrique individuelle demandée sera

$$f(x - az, \ y - bz) = 0,$$

dans laquelle la forme de la fonction f est la même que celle de l'équation précédente en α et $\varphi\alpha$.

————

Connaissant la direction de la génératrice, trouver l'équation de la surface cylindrique qui enveloppe une surface courbe donnée.

4. La surface cylindrique demandée et la surface donnée se touchent en une courbe à double courbure, dont il suffit de déterminer les équations ; car la surface cylindrique devant passer par cette courbe, la question est alors réduite à la précédente. Or, pour tous les points de cette courbe, le plan tangent à la surface donnée doit coïncider avec le plan tangent à la surface cylindrique.

Soit donc $F(x, y, z) = 0$ l'équation de la surface donnée; si, après en avoir tiré par la différentiation les valeurs de $\left(\frac{dz}{dx}\right)$ et $\left(\frac{dz}{dy}\right)$, on les substitue dans l'équation différentielle des surfaces cylindriques $a\left(\frac{dz}{dx}\right) + b\left(\frac{dz}{dy}\right) = 1$, on obtiendra en x, y, z une équation que nous représenterons par $f(x, y, z) = 0$, et qui appartiendra à la courbe de contact; et parce que cette courbe est aussi sur la surface donnée, il s'ensuit que ses deux équations seront

$$F(x, y, z) = 0,$$
$$f(x, y, z) = 0;$$

donc, traitant ces deux équations comme dans le cas précédent, l'équation

$$f(x - az, \ y - bz) = 0,$$

qu'on obtiendra, sera celle de la surface cylindrique individuelle demandée.

Supposons qu'ayant différentié l'équation de la surface donnée, on ait

$$X\,dx + Y\,dy + Z\,dz = 0;$$

ce qui donne

$$\left(\frac{dz}{dx}\right) = -\left(\frac{X}{Z}\right), \qquad \frac{dz}{dy} = -\frac{Y}{Z};$$

substituant ces valeurs dans l'équation différentielle des surfaces cylindriques, on a

$$aX + bY + Z = 0,$$

qui appartient à la ligne de contact.

Cela posé, si la génératrice est parallèle aux z, on a $a = 0, b = 0$, et l'équation de la courbe de contact se réduit à $Z = 0$. Éliminant z entre cette dernière équation et celle de la surface donnée, on aura celle de la projection de la ligne de contact sur le plan perpendiculaire aux z, et par conséquent celle de la courbe qui termine la projection de la surface sur le même plan.

De même si la génératrice est parallèle aux x, on a $a = \infty$, et l'équation de la courbe de contact se réduit à $X = 0$. Donc, éliminant x entre cette équation et celle de la surface donnée, on aura l'équation de la projection de cette courbe sur le plan perpendiculaire aux x, et par conséquent celle de la courbe qui termine la projection de la surface sur le même plan.

Pareillement enfin, éliminant y entre l'équation $Y = 0$ et celle de la surface donnée, on aura l'équation de la courbe qui termine la projection de la surface sur le plan perpendiculaire aux y.

§ III.

DES SURFACES CONIQUES.

Trouver l'équation générale des surfaces coniques, c'est-à-dire exprimer qu'une surface courbe est engendrée par le mouvement d'une droite qui ne cesse pas de passer par un point donné, quelle que soit d'ailleurs la courbe qui dirige le mouvement de la génératrice.

PREMIÈRE MANIÈRE, D'APRÈS LA CONSIDÉRATION DU PLAN TANGENT.

1. Une des propriétés générales des surfaces coniques, et qui est indépendante de la nature de la courbe qui dirige la génératrice, est que le plan tangent passe toujours par le sommet. Soient donc a, b, c les coordonnées connues du sommet : nous avons vu que x', y', z' étant celles du point de contact, l'équation du plan

tangent est, en général,

$$z - z' = (x - x') \left(\frac{dz}{dx}\right) + (y - y') \left(\frac{dz}{dy}\right);$$

or, ce plan passera par le sommet si, dans cette équation, en faisant $x = a$ et $y = b$, on a $z = c$, et par conséquent si l'on a

$$(E) \qquad c - z' = (a - x') \left(\frac{dz}{dx}\right) + (b - y') \left(\frac{dz}{dy}\right).$$

Donc cette dernière équation, dans laquelle les constantes a, b, c sont les coordonnées du sommet, exprime qu'une surface courbe est conique, sans rien statuer sur la nature de la courbe qui lui sert de base, et qui peut être ou n'être pas soumise à la loi de continuité.

SECONDE MANIÈRE, D'APRÈS LE MOUVEMENT DE LA DROITE GÉNÉRATRICE.

2. La génératrice devant constamment passer par le sommet, ses équations seront

$$(E) \qquad \begin{cases} x - a = \alpha(z - c), \\ y - b = \beta(z - c), \end{cases}$$

dans lesquelles les trois quantités a, b, c, qui sont les coordonnées du sommet, sont constantes, quelle que soit la position de la génératrice, mais dans lesquelles α et β, qui sont constantes pour une même position de la génératrice, varient lorsque la génératrice passe d'une position à une autre.

Ainsi, pour toute surface conique, lorsque le point que l'on considère change de position sur la surface sans quitter néanmoins la même position de la droite génératrice, les deux quantités α et β, ou leurs égales $\frac{x - a}{z - c}$ et $\frac{y - b}{z - c}$, sont toutes deux constantes ; et lorsque le point se meut de manière qu'il passe d'une position de la génératrice à une autre, ces deux quantités varient toutes deux.

Pour les surfaces coniques, les deux quantités $\dfrac{x-a}{z-c}$ et $\dfrac{y-b}{z-c}$ sont donc constantes ensemble et variables ensemble; elles sont donc fonctions l'une de l'autre : donc l'équation générale des surfaces coniques est

$$\frac{y-b}{z-c} = \varphi \frac{x-a}{z-c},$$

dans laquelle φ indique une fonction quelconque.

La forme de cette fonction dépend de la nature de la courbe qui sert de base à la surface, ou qui dirige le mouvement de la génératrice. Cette forme est analytique ou non, selon que la courbe est ou n'est pas soumise à la loi de continuité.

Nous verrons par la suite que les deux équations que nous venons de trouver sont de la même généralité, et que l'une est l'intégrale complète de l'autre.

Il suit de là que les équations de la génératrice sont

$$\frac{x-a}{z-c} = \alpha, \qquad \frac{y-b}{z-c} = \varphi\alpha,$$

α étant le paramètre, de la variation duquel dépend le mouvement de la génératrice.

Étant données les coordonnées du sommet, et les équations de la courbe à double courbure qui dirige le mouvement de la génératrice, trouver l'équation de la surface conique individuelle.

3. La question se réduit évidemment à déterminer dans l'équation générale des surfaces coniques, quelle doit être la forme de la fonction φ, pour que la surface passe par la courbe donnée.

Soient représentées par $F(x, y, z) = 0$ et $f(x, y, z) = 0$ les deux équations données de la courbe à double courbure donnée; la génératrice devant couper cette courbe dans toutes ses positions, il faut que les quatre équations

$$F(x, y, z) = 0, \quad f(x, y, z) = 0, \quad \frac{x - a}{z - c} = \alpha, \quad \frac{y - b}{z - c} = \varphi\alpha$$

aient lieu en même temps, quelle que soit la valeur de α. Donc, si l'on élimine entre ces quatre équations les trois quantités x, y, z, on aura en α et $\varphi\alpha$ une équation que nous représenterons par

$$f(\alpha, \varphi\alpha) = 0,$$

et qui devant être satisfaite, quelle que soit la valeur de α, servira à déterminer la forme de la fonction φ, c'est-à-dire la manière dont cette fonction doit être composée de la quantité α qu'elle renferme. Remettant pour α et $\varphi\alpha$ leurs valeurs, il est évident que l'équation de la surface conique individuelle demandée sera

$$f\left(\frac{x - a}{z - c}, \quad \frac{y - b}{z - c}\right) = 0.$$

Étant données les coordonnées du sommet, trouver l'équation de la surface conique individuelle circonscrite à une surface courbe donnée.

4. La surface donnée et la surface conique demandée se touchent en une courbe à double courbure, dont il suffira de trouver les équations; car la surface conique devant passer par cette courbe, la question sera réduite alors à la précédente. Or, pour tous les points de cette courbe de contact, les deux surfaces ont le même plan tangent; donc, pour ces mêmes points, les valeurs de $\left(\frac{dz}{dx}\right)$ et $\left(\frac{dz}{dy}\right)$, produites par l'équation de l'une des surfaces, doivent être les mêmes que les valeurs produites par l'équation de l'autre

Soit donc $F(x, y, z) = 0$ l'équation de la surface donnée; si, après en avoir tiré par la différentiation les valeurs de $\left(\frac{dz}{dx}\right)$ et $\left(\frac{dz}{dy}\right)$, on les substitue dans l'équation différentielle des surfaces coniques,

$$z - c = (x - a)\left(\frac{dz}{dx}\right) + (y - b)\left(\frac{dz}{dy}\right),$$

on obtiendra en x, y, z une équation, que nous représenterons par $f(x, y, z) = 0$, et qui appartiendra à la courbe de contact des deux surfaces; et parce que cette courbe est aussi sur la surface donnée, il s'ensuit que ses deux équations seront

$$F(x, y, z) = 0 \qquad \text{et} \qquad f(x, y, z) = 0.$$

Donc, traitant ces deux équations comme dans le cas précédent, l'équation

$$f\left(\frac{x - a}{z - c}, \frac{y - b}{z - c}\right) = 0,$$

qu'on obtiendra, sera celle de la surface conique individuelle demandée.

Lorsque le sommet du cône est un point lumineux, la courbe de contact dont nous venons de trouver les équations est celle qui, sur la surface donnée, sépare la partie éclairée de la partie obscure.

Lorsque le sommet du cône est le lieu d'un œil, cette courbe de contact est la ligne du contour apparent de la surface donnée pour l'œil placé au sommet du cône.

Si la surface à laquelle la surface conique doit être circonscrite est du second degré, son équation sera

$$\left.\begin{aligned} &A x^2 + B y^2 + C z^2 \\ &+ 2D yz + 2E xz + 2F xy \\ &+ 2G x + 2H y + 2I z \end{aligned}\right\} = K;$$

ce qui donnera

$$\left(\frac{dz}{dx}\right) = -\frac{Ax + Fy + Ez + G}{Ex + Dy + Cz + J}, \qquad \left(\frac{dz}{dy}\right) = -\frac{Fx + By + Dz + H}{Ex + Dy + Cz + I}.$$

Substituant ces valeurs dans l'équation

$$z - c = (x - a)\left(\frac{dz}{dx}\right) + (y - b)\left(\frac{dz}{dy}\right),$$

et retranchant l'équation du second degré elle-même, on aura

$$\left.\begin{aligned}
& x(Aa + Fb + Ec + G) \\
+\ & y(Fa + Bb + Dc + H) \\
+\ & z(Ea + Db + Cc + J) \\
+\ & \quad Ga + Hb + Jc - K
\end{aligned}\right\} = o,$$

équation qui appartient à un plan : d'où il suit que, pour toute surface du second degré, la courbe de contact avec une surface conique circonscrite est toujours plane.

On démontre avec la même facilité que, si la surface est du degré m, sa courbe de contact avec une surface conique circonscrite est sur une autre surface courbe du degré $m - 1$.

Quelle que soit la surface touchée, si après avoir substitué pour $\left(\frac{dz}{dx}\right)$ et $\left(\frac{dz}{dy}\right)$ leurs valeurs dans l'équation

$$z - c = (x - a)\left(\frac{dz}{dx}\right) + (y - b)\left(\frac{dz}{dy}\right),$$

on élimine un paramètre quelconque au moyen de l'équation de la surface touchée, on obtiendra en x, y, z une équation qui appartiendra à la suite des lignes de contact de toutes les surfaces qui ne diffèrent entre elles que par le paramètre éliminé. Cette équation sera donc celle de la surface unique qui contient toutes les lignes de contact, et qui les détermine par ses intersections avec la suite des surfaces touchées. Mais cette équation aura tous ses termes multipliés par l'un des trois coefficients $x-a$, $y-b$, $z-c$; donc la surface à laquelle elle appartient passera nécessairement par le sommet commun à toutes les surfaces coniques circonscrites.

Par exemple, on voit par là que, si les surfaces touchées sont des sphères concentriques qui ne diffèrent entre elles que par leurs rayons, leurs lignes de contact sont des cercles qui sont tous sur la surface d'une autre sphère, dont un diamètre est la droite qui joint le centre commun de toutes les sphères au sommet commun de toutes les surfaces coniques circonscrites.

§ IV.

DES SURFACES DE RÉVOLUTION.

Trouver l'équation générale des surfaces de révolution, c'est-à-dire exprimer qu'une surface est engendrée par la révolution d'une courbe quelconque autour d'un axe donné de position.

PREMIÈRE MANIÈRE. D'APRÈS LA CONSIDÉRATION DU PLAN TANGENT

1. Une propriété caractéristique des surfaces de révolution, et qui est indépendante de la nature de la courbe génératrice, est que le plan tangent est toujours perpendiculaire au plan mené par le point de contact et par l'axe. Nous nommerons ce dernier plan *méridien*.

Soient donc $\begin{cases} x = Az + a \\ y = Bz + b \end{cases}$ les équations données de l'axe de révolution, et x', y', z' les coordonnées du point de contact;

l'équation du plan du méridien, en tant qu'il passe par le point de contact, est de la forme

$$z - z' = M(x - x') + N(y - y');$$

et pour que ce plan passe par l'axe, les quantités M, N doivent être telles que les équations de l'axe et celle du plan aient lieu en même temps, quelles que soient les valeurs de x, y, z; ce qui donne

$$M\left[A(b - y') - B(a - x')\right] = b - y' + Bz',$$
$$N\left[A(b - y') - B(a - x')\right] = -(a - x' + Az').$$

Ainsi l'équation du plan du méridien mené par le point de contact est

$$(z - z')\left[A(b - y') - B(a - x')\right]$$
$$= (b - y' + Bz')(x - x') - (a - x' + Az')(y - y').$$

Or, l'équation du plan tangent est

$$z - z' = (x - x')\left(\frac{dz'}{dx'}\right) + (y - y')\left(\frac{dz}{dy}\right);$$

et ces deux plans seront rectangulaires entre eux si l'on a

$$(A) \quad \left\{ \begin{aligned} &(b - y' + Bz')\left(\frac{dz'}{dx}\right) - (a - x' + Az')\left(\frac{dz}{dy}\right) \\ &\quad + A(b - y') - B(a - x') = 0; \end{aligned} \right.$$

donc cette dernière équation exprime qu'une surface est de révolution autour d'un axe déterminé de position par les constantes A, B, a, b, indépendamment de la génératrice, qui d'ailleurs peut être ou n'être pas soumise à la loi de continuité.

2. On peut être conduit à la même équation par la considération de la normale. En effet, les surfaces de révolution ont encore cette propriété, que leur normale coupe toujours l'axe de révolution.

Nous avons vu que les équations de la normale sont

$$x - x' + (z - z')\left(\frac{dz'}{dx'}\right) = 0,$$

$$y - y' + (z - z')\left(\frac{dz'}{dy'}\right) = 0\,;$$

et pour que cette droite coupe l'axe, il faut que ces équations et celles de l'axe aient lieu en même temps, indépendamment des valeurs de x, y, z, ou que, en éliminant x, y, z de ces quatre équations, l'équation résultante soit satisfaite. Or, l'élimination de x, y, z donne l'équation (A); donc cette équation exprime qu'une surface est de révolution.

SECONDE MANIÈRE, EN QUANTITÉS FINIES.

3. Les surfaces de révolution ont un second caractère indépendant de la nature de la courbe génératrice; c'est que, si on les coupe par un plan quelconque perpendiculaire à l'axe de révolution, on a pour section la circonférence d'un cercle dont le centre est dans l'axe, et dont tous les points sont par conséquent à égales distances d'un même point pris sur l'axe. Or, les équations de l'axe de révolution étant, comme ci-dessus,

$$x = \mathrm{A}z + a, \qquad y = \mathrm{B}z + b,$$

celle du plan perpendiculaire à l'axe sera

$$\mathrm{A}x + \mathrm{B}y + z = \alpha,$$

dans laquelle la quantité α qui détermine la position de ce plan est constante pour le même plan perpendiculaire, et variable d'un plan à un autre.

De plus, l'axe de révolution rencontre le plan des x et y dans un point dont les coordonnées sont $x = a, y = b, z = 0$; et si l'on

3.

regarde ce point comme le centre commun d'une suite de sphères concentriques, l'équation générale des surfaces de ces sphères sera

$$(x - a)^2 + (y - b)^2 + z^2 = \beta^2,$$

dans laquelle le rayon β est constant pour la même surface, et variable d'une sphère à une autre.

Cela posé, si le point que l'on considère sur la surface de révolution se meut sur cette surface sans sortir du même plan perpendiculaire à l'axe, il ne sortira pas non plus de la même surface de sphère, et alors a et β seront toutes deux constantes; mais si ce point, en se mouvant, sort du plan perpendiculaire à l'axe, il passera aussi sur la surface d'une autre sphère, et les quantités a et β auront toutes deux varié. Les surfaces de révolution sont donc telles que a et β^2, ou les quantités $Ax + By + z$ et $(x - a)^2 + (y - b)^2 + z^2$ qui leur sont respectivement égales, sont constantes ensemble et variables ensemble; on a donc pour équation de ces surfaces

$$(x - a)^2 + (y - b)^2 + z^2 = \varphi(Ax + By + z),$$

dans laquelle φ indique une fonction quelconque, dont la forme dépend de la nature de la courbe génératrice.

Nous verrons par la suite que cette seconde équation, qui est de la même généralité que la première, en est l'intégrale complète.

Si l'axe de révolution passe par l'origine, et est parallèle aux z, on a

$$A = o, \quad B = o, \quad a = o, \quad b = o,$$

et l'équation précédente devient

$$x^2 + y^2 = \varphi z \quad \text{ou} \quad z = \psi(x^2 + y^2),$$

les signes φ et ψ indiquant des fonctions quelconques. Dans cette même hypothèse, il est évident que, si l'on ajoute à chacune des ordonnées z de la surface de révolution l'ordonnée correspondante d'un plan, on aura l'ordonnée d'une surface de révolution rampante, dont la génération est la même que celle de la surface des balustres rampants. Donc l'équation générale de la surface des balustres rampants, rapportée à trois plans rectangulaires, dont deux passent par l'axe de révolution, est

$$z = Gx + Dy + \psi(x^2 + y^2),$$

la forme de la fonction ψ dépendant de la forme du profil du balustre, profil qui peut être ou n'être pas soumis à la loi de continuité.

Étant données les équations d'une courbe à double courbure, trouver celle de la surface engendrée par la révolution de cette courbe autour d'un axe donné de position.

Il est évident que la question consiste à déterminer dans l'équation générale des surfaces de révolution quelle doit être la forme de la fonction arbitraire φ, pour que la surface passe par la courbe donnée, et soit par conséquent la surface individuelle que l'on considère. Soient donc représentées par

$$F(x, y, z) = 0,$$
$$f(x, y, z) = 0,$$

les deux équations données de la courbe génératrice; les équations de la circonférence de cercle engendrée par chacun des points de cette génératrice seront, comme nous l'avons vu,

$$Ax + By + z = a,$$
$$(x - a)^2 + (y - b)^2 + z^2 = \varphi a;$$

et pour que la surface de révolution passe par la courbe donnée, il faut que la génératrice soit coupée par la circonférence de cercle, quelle que soit la valeur de α; il faut donc que les quatre équations précédentes puissent avoir lieu entre les quatre quantités x, y, z, α. Donc, éliminant les trois quantités x, y, z, il restera une équation en α et $\varphi\alpha$, que nous représenterons par

$$f(\alpha, \varphi\alpha) = 0,$$

et qui, donnant la valeur de $\varphi\alpha$ en α, déterminera la forme de la fonction φ. Donc si, dans cette dernière équation, on substitue pour α et $\varphi\alpha$ leurs valeurs en x, y, z, on aura l'équation

$$f[Az + By + z, (x - a)^2 + (y - b)^2 + z^2] = 0,$$

qui sera celle de la surface de révolution individuelle demandée.

EXEMPLE.

En supposant que l'axe de révolution passe par l'origine, et qu'il soit parallèle à l'axe des z, trouver l'équation de la surface de révolution engendrée par le mouvement d'une droite quelconque donnée de position.

Soient

$$x = A'z + a',$$
$$y = B'z + b',$$

les équations données de la droite génératrice; celles de la circonférence de cercle décrite par chacun de ses points seront

$$z = a,$$
$$x^2 + y^2 = \varphi a;$$

éliminant x, y, z entre ces équations, on a

$$(A'a + a')^2 + (B'a + b')^2 = \varphi a,$$

qui indique de quelle manière la fonction $\varphi\alpha$ est composée de la quantité α. Remettant pour α et $\varphi\alpha$ leurs valeurs, on a pour équation de la surface individuelle

$$(A'z + a')^2 + (B'z + b')^2 = x^2 + y^2.$$

Si, dans cette équation, on fait ou $x = 0$ ou $y = 0$, ce qui détermine une section par l'axe, l'équation résultante devient celle d'une hyperbole; donc la surface que l'on considère est celle d'un hyperboloïde de révolution.

Si, en conservant une des deux équations de la droite génératrice, on change tous les signes du second membre de l'autre, l'équation de la surface sera encore la même; donc cette surface peut être engendrée par deux droites différentes, et parce que chacune de ces deux droites génératrices passe par tous les points de la surface, il s'ensuit que la surface n'a aucun point par lequel on ne puisse faire passer deux lignes droites différentes qui soient toutes deux entièrement sur la surface.

———

Une surface courbe dont l'équation est donnée, étant liée d'une manière invariable à un axe de révolution, et tournant ensuite autour de cet axe, trouver l'équation de la surface qui touche et enveloppe la surface mobile dans toutes ses positions.

La surface demandée est évidemment de révolution autour de l'axe donné, et elle touche la surface mobile considérée dans sa première position, suivant une courbe dont il suffira d'avoir les équations; car la surface de révolution devant passer par cette courbe, la question alors sera réduite à la précédente.

Soit donc $F(x, y, z) = 0$ l'équation donnée de la surface mobile considérée dans sa première position. Pour tous les points de la ligne de contact de cette surface avec celle de révolution, l'équation $F(x, y, z) = 0$ doit satisfaire à celle des surfaces de révolution; donc, si tirant de cette équation les valeurs de $\left(\dfrac{dz}{dx}\right)$ et $\left(\dfrac{dz}{dy}\right)$, on les substitue dans l'équation (A), page 18, l'équation qu'on obtiendra, et que nous représenterons par $f(x, y, z) = 0$, appartiendra à la courbe de contact. Les deux équations de cette courbe seront donc

$$F(x, y, z) = 0,$$
$$f(x, y, z) = 0.$$

Donc, traitant ces équations comme dans le cas précédent, l'équation

$$f\left[Ax + By + z, (x - a)^2 + (y - b)^2 + z^2\right] = 0,$$

à laquelle on parviendra de la même manière, sera celle de la surface demandée.

———

§ V.

DES SURFACES ENGENDRÉES PAR LE MOUVEMENT D'UNE DROITE QUI EST TOUJOURS HORIZONTALE, ET QUI PASSE TOUJOURS PAR LA MÊME VERTICALE.

Les surfaces engendrées par le mouvement d'une droite qui est toujours horizontale, et qui passe toujours par une même verticale, se rencontrent souvent dans les arts. La surface du conoïde de la voûte d'arête en tour ronde, les surfaces supérieure et inférieure de la courbe rampante circulaire, la surface inférieure des marches de la vis à jour circulaire, etc., sont toutes soumises à cette génération, et elles ne diffèrent entre elles que par la courbe qui, dans chacune d'elles, dirige le mouvement de la droite génératrice. Nous nous proposons d'exprimer cette génération.

PREMIÈRE MANIÈRE, D'APRÈS LA CONSIDÉRATION DU PLAN TANGENT.

Un caractère général des surfaces dont il s'agit, et qui est indépendant de la nature de la courbe qui dirige le mouvement de la génératrice, c'est que si, par le point de contact, on mène dans le plan tangent une horizontale, cette droite passe toujours par la verticale, puisqu'elle est la droite génératrice dans une de ses positions. D'après cela, si l'on suppose que le plan horizontal soit un des trois plans rectangulaires auxquels la surface est rapportée, et que la verticale donnée passe par l'origine, et soit l'axe des z, on aura l'équation de la droite horizontale menée dans le plan tangent, en faisant $z = z'$ dans l'équation de ce plan; ce qui donnera

$$(x - x')\left(\frac{dz}{dx}\right) + (y - y')\left(\frac{dz}{dy}\right) = 0.$$

Or, pour que cette horizontale passe par la verticale donnée, il faut que sa projection horizontale passe par l'origine, ou que, dans l'équation de cette projection, les termes sans x et sans y deviennent nuls; il faut donc que l'on ait

$$x'\left(\frac{dz}{dx}\right) + y'\left(\frac{dz}{dy}\right) = 0,$$

qui est l'équation demandée.

SECONDE MANIÈRE, EN QUANTITÉS FINIES.

Un autre caractère des surfaces que nous considérons, et qui de même est indépendant de la courbe qui dirige le mouvement de la génératrice, c'est que si on les coupe par un plan quelconque mené par la verticale, on a pour section une droite horizontale. Or,

4

l'équation d'un plan quelconque mené par la verticale est

$$y = ax, \quad \text{ou} \quad \frac{y}{x} = \alpha,$$

dans laquelle α est le paramètre qui détermine la position de ce plan; paramètre qui est constant pour le même plan, et variable d'un des plans verticaux à un autre. De plus, l'équation d'une ligne horizontale est $z = \beta$. Si donc le point que l'on considère se meut sur la surface sans sortir du même plan vertical, ce qui suppose que α est constant, il ne sortira pas non plus de la même ligne horizontale, et β sera aussi constant; mais si, dans son mouvement, il change de plan vertical, ce qui suppose que α est variable, il changera aussi de ligne horizontale, et β sera aussi variable.

Les surfaces que nous considérons sont donc telles que α et β, ou les quantités $\frac{y}{x}$ et z qui leur sont respectivement égales, sont constantes ensemble et variables ensemble. Donc ces quantités sont fonctions l'une de l'autre. Donc l'équation générale de ces surfaces est

$$z = \varphi\left(\frac{y}{x}\right),$$

dans laquelle la forme de la fonction φ dépend de la nature de la courbe qui dirige le mouvement de la génératrice.

Nous verrons par la suite que cette seconde équation est l'intégrale complète de la première.

Étant données les équations de la courbe à double courbure qui dirige le mouvement de la droite génératrice, trouver l'équation de la surface individuelle.

D'après ce que nous avons vu pour les surfaces précédentes, il est évident que si les équations données de la courbe à double courbure sont

$$F(x, y, z) = 0, \quad \text{et} \quad f(x, y, z) = 0,$$

il faudra éliminer x, y, z entre les quatre équations suivantes,

$$F(x, y, z) = 0,$$
$$f(x, y, z) = 0,$$
$$\frac{y}{x} = \alpha,$$
$$z = \varphi\alpha;$$

ce qui donnera un résultat que nous représenterons par

$$f(\alpha, \varphi\alpha) = 0;$$

puis substituer dans cette équation pour α et $\varphi\alpha$ leurs valeurs : ainsi l'équation demandée sera

$$f\left(\frac{y}{x}, z\right) = 0.$$

PREMIER EXEMPLE.

Étant données les équations du cintre, trouver celle de la surface du conoïde de la coûte d'arête en tour ronde.

Le cintre de cette voûte est ordinairement elliptique, surmonté ou surbaissé; dans l'un et l'autre cas, il existe toujours un cintre circulaire par lequel passe la surface. Soient $x = a$ la distance de ce cintre à l'origine, et $y^2 + z^2 = b^2$ l'équation du cintre circulaire; on éliminera x, y, z entre les quatre équations

$$x = a,$$
$$y^2 + z^2 = b^2,$$
$$\frac{y}{x} = \alpha,$$
$$z = \varphi\alpha;$$

ce qui donnera

$$a^2 \alpha^2 + (\varphi\alpha)^2 = b^2,$$

et substituant pour α et $\varphi\alpha$ leurs valeurs, on aura pour l'équation demandée

$$\frac{a^2 y^2}{x^2} + z^2 = b^2.$$

SECOND EXEMPLE.

Trouver l'équation de la surface supérieure de la courbe rampante circulaire.

On sait que, dans ce cas, la courbe à double courbure qui dirige le mouvement de la génératrice est l'hélice d'une vis dont l'axe est la verticale qui passe par l'origine. La projection horizontale de cette hélice est la circonférence de cercle qui sert de base à la surface cylindrique sur laquelle elle se trouve. Soit $x^2 + y^2 = a^2$ l'équation de cette projection. Pour avoir l'autre équation de la même courbe, il faut remarquer que cette courbe produit une ligne droite sur le développement de la surface du cylindre : ainsi cette équation est

$$z = b \text{ arc sin} \, (y) + c,$$

dans laquelle b et c sont deux constantes. On éliminera donc x, y, z entre les quatre équations

$$x^2 + y^2 = a^2,$$
$$z = b \text{ arc sin} \, (y) + c,$$
$$\frac{y}{x} = \alpha,$$
$$z = \varphi\alpha ;$$

ce qui produira

$$\varphi\alpha = b \text{ arc sin} \left(\frac{a\alpha}{\sqrt{1 + \alpha^2}} \right) + c ;$$

et substituant pour α et $\varphi\alpha$ leurs valeurs, on aura pour l'équation demandée

$$z = b \arcsin\left(\frac{ay}{\sqrt{x^2 + y^2}}\right) + c.$$

Cette surface individuelle est une de celles dont l'aire est un minimum ; c'est-à-dire que si sur cette surface on renferme une aire par une courbe quelconque, soumise ou non à la loi de continuité, de toutes les surfaces courbes qui passent par cette courbe, c'est celle que nous considérons dont l'aire renfermée par la courbe est la plus petite.

S'il s'agissait de trouver la surface qui, d'après la même génération, serait circonscrite à une surface courbe donnée, on opérerait comme nous l'avons fait dans les trois générations précédentes.

La verticale par laquelle passe toujours la droite génératrice est une ligne remarquable sur les surfaces dont il s'agit ; elle est la ligne la plus courte par laquelle on puisse passer d'une position quelconque de la droite génératrice à une autre. Ces surfaces ne sont qu'un cas particulier de celles qui sont engendrées par le mouvement d'une ligne droite, et dont nous aurons dans la suite occasion de nous occuper.

Les générations des surfaces que nous avons considérées jusqu'ici sont exprimées par des équations aux différences partielles linéaires : nous allons parler de celles qui sont exprimées par des équations élevées.

§ VI.

DES SURFACES QUI ENVELOPPENT UN NOMBRE INFINI D'AUTRES SURFACES, DES CARACTÉRISTIQUES ET ARÊTES DE REBROUSSEMENT.

Supposons que l'on considère une surface courbe entièrement connue, et dans la génération de laquelle entre un certain paramètre que nous représenterons par α, en sorte que l'équation finie de cette surface soit composée de x, y, z, a, et de tant d'autres constantes que l'on voudra, indépendantes de a. L'équation connue de cette surface pourra être représentée par $F(x, y, z, a) = 0$, ou, pour abréger, par $F = 0$.

Si l'on donne au paramètre a une valeur déterminée, l'équation $F = 0$ sera celle d'une surface individuelle unique, dont la forme et la position dans l'espace dépendront de la valeur particulière donnée à a. Si donc on suppose que le paramètre a ait successivement toutes les valeurs possibles depuis $a = -\infty$ jusqu'à $a = \infty$, toutes les équations, telles que $F = 0$, que l'on obtiendra de cette manière, seront chacune en particulier celle d'une surface courbe individuelle; et la suite infinie de toutes ces surfaces courbes sera enveloppée par une autre surface courbe unique, qui est de la nature de celles que nous nous proposons de considérer, et auxquelles nous donnerons le nom générique d'*enveloppes*.

Si, de plus, l'équation générale $F = 0$ des surfaces enveloppées contient un second paramètre β, mais qui dépende du premier suivant une loi connue; si, par exemple, ces deux paramètres sont les coordonnées d'une courbe plane donnée, dont l'équation connue en x, y soit représentée par $y = \varphi x$, on aura $\beta = \varphi a$; et, d'après la forme de la fonction φ, l'enveloppe aura une forme particulière et une position déterminée dans l'espace. Si donc on suppose que la fonction φ prenne successivement toutes les formes possibles, pour chacune de ces formes particulières, on aura une enveloppe individuelle différente; et pour toutes les formes en général, on aura une suite d'enveloppes. Toutes ces enveloppes auront un caractère général, une propriété commune, une même génération, indépendante de la nature de la courbe dont l'équation est $y = \varphi x$. Ce caractère, cette propriété, cette génération, peuvent être exprimés ou par une équation aux différences partielles, ou par une équation intégrale, dans laquelle entrera la fonction φ, qui alors sera arbitraire ; et ce sont ces deux espèces d'équations que nous nous proposons de trouver. Nous allons éclaircir ce qui précède, en raisonnant sur un exemple simple.

Tout étant rapporté à trois plans rectangulaires, dont celui qui contient les x et y soit horizontal, concevons que sur ce dernier plan on ait tracé une courbe quelconque dont l'équation soit $y = \varphi x$, et que sur cette courbe on prenne un point correspondant à $x = \alpha$, et pour lequel on aura par conséquent $y = \varphi \alpha$; cela posé, si ce point est le centre d'une sphère dont le rayon soit $= a$, l'équation de la surface de la sphère sera

$$(x - \alpha)^2 + (y - \varphi\alpha)^2 + z^2 = a^2.$$

Cette équation est, dans ce cas, celle que nous représentons par $F = 0$. Actuellement, si, la forme de la fonction φ restant la même, c'est-à-dire si, la courbe horizontale restant fixe, l'on donne successivement à α toutes les valeurs possibles, on aura une suite de sphères de même rayon, et dont les centres seront distribués sur tous les points de la courbe horizontale. Toutes ces sphères seront enveloppées par une surface unique, qui sera celle d'un canal circulaire, curviligne, et dont l'axe sera la courbe horizontale : c'est cette surface à laquelle nous donnons le nom d'*enveloppe*. Enfin, si l'on donne successivement à la fonction φ toutes les formes possibles, c'est-à-dire si l'on fait successivement la même opération pour toutes les courbes que l'on peut tracer sur le plan horizontal, à chacune de ces courbes correspondra une enveloppe particulière. Toutes ces enveloppes auront la même génération et une propriété commune indépendante de la courbe qui sert d'axe à chacune d'elles en particulier. Cette propriété est que, si on les coupe par un plan quelconque normal à la courbe horizontale qui sert d'axe, on a pour section la circonférence d'un cercle dont le rayon est $= a$, et dont le centre est dans la courbe. L'expression analytique de cette propriété qui appartient à toutes ces enveloppes, et qui n'appartient qu'à elles, est l'équation générale des surfaces soumises à cette génération. Rentrons actuellement dans le cas général.

Si dans l'équation générale des surfaces enveloppées $F = o$, après avoir donné à α une certaine valeur, on lui donne une nouvelle valeur infiniment peu différente de la première, on aura l'équation d'une nouvelle enveloppée, qui, par sa forme et sa position, différera infiniment peu de la première, et qui la coupera dans une certaine courbe. Cette courbe sera la ligne de contact commune des deux enveloppées consécutives avec leur enveloppe, et ses points seront ceux de la première enveloppée pour lesquels les coordonnées x, y, z ne changent pas, quand α varie et devient $\alpha + d\alpha$. Si donc on différentie l'équation $F = o$, en regardant α comme seule variable, l'équation qu'on obtiendra appartiendra à la courbe de contact ; et parce que cette courbe se trouve aussi sur la première enveloppée, il s'ensuit que ces deux équations seront

$$(A) \qquad\qquad F = o,$$

$$(B) \qquad\qquad \left(\frac{dF}{d\alpha}\right) = o,$$

dans lesquelles la quantité α détermine la position de la courbe de contact dans l'espace. Ainsi, suivant que dans les deux équations (A) et (B) on donnera successivement à α différentes valeurs, on aura les équations de courbes de contact différentes qui se trouveront toutes sur l'enveloppe, et dont l'enveloppe elle-même sera, pour ainsi dire, composée. Si donc entre les deux équations (A) et (B) on élimine α, on aura en x, y, z une équation que nous représenterons par $f(x, y, z) = o$, ou, pour abréger, par $f = o$, et qui sera celle de l'enveloppe elle-même.

La ligne de contact, dont les équations sont (A) et (B), a aussi

une propriété indépendante de la courbe qui particularise l'enveloppe, et dont on peut avoir l'expression analytique ; en vertu de
cette propriété, elle imprime un caractère général à toutes les enveloppes soumises à la même génération ; sa considération est très-
importante dans l'intégration des équations aux différences partielles, et nous la nommerons la *caractéristique* de l'enveloppe.
Nous verrons par la suite qu'une même enveloppe peut avoir plusieurs caractéristiques différentes. Dans le cas particulier sur lequel
nous avons déjà raisonné, la ligne de contact est toujours la circonférence d'un cercle dont le rayon est constant, et dont le plan est
toujours vertical et normal à la courbe horizontale, quelle que soit
d'ailleurs cette courbe ; et il est évident que c'est cette propriété qui
imprime à toutes les enveloppes de ce genre leur caractère commun
et distinctif. Poursuivons ces considérations.

Si dans les deux équations (A) et (B), après avoir donné au paramètre a une première valeur, ce qui détermine la position de la
caractéristique dans l'espace, on conçoit que ce paramètre soit augmenté d'une quantité infiniment petite da, les deux nouvelles équations seront celles d'une nouvelle caractéristique qui, par sa forme
et sa position, différera infiniment peu de la précédente, et qui, en
général, la coupera quelque part, puisque ces deux caractéristiques
consécutives sont sur la même enveloppe. Les points en nombre
fini, dans lesquels les deux caractéristiques consécutives se coupent,
sont ceux de la première pour lesquels les coordonnées x, y, z ne
changent pas, lorsque, dans les équations (A) et (B), a varie et devient $a + da$. Donc, si l'on différentie ces deux équations, en regardant a comme seule variable, les deux nouvelles équations qu'on
obtiendra appartiendront aux points d'intersection des deux caractéristiques ; et parce que ces points se trouvent aussi sur la première
caractéristique, que d'ailleurs en différentiant (A) on reproduit (B),
il s'ensuit que pour chacun de ces points d'intersection on a les trois

équations

(A) $$F = o,$$

(B) $$\left(\frac{dF}{d\alpha}\right) = o,$$

(C) $$\left(\frac{ddF}{d\alpha^2}\right) = o,$$

dans lesquelles la quantité α détermine celle de toutes les caractéristiques sur laquelle on considère le point où elle est coupée par celle qui la suit immédiatement.

Ainsi, suivant que dans les trois équations (A), (B), (C), on donnera au paramètre α différentes valeurs, on aura en x, y, z trois équations, desquelles, par l'élimination, on tirera les valeurs des coordonnées x, y, z, du point dans lequel la caractéristique correspondante est rencontrée par la suivante. On aura donc sur l'enveloppe autant de points de cette espèce, que l'on pourra donner de valeurs différentes à α. La suite de ces points formera sur l'enveloppe une courbe très-remarquable, et dont on aura en x, y, z les deux équations, en éliminant α entre les trois équations (A), (B) et (C). Cette courbe est touchée par toutes les caractéristiques de la même manière que l'enveloppe est touchée par toutes les enveloppées, et elle est pour l'enveloppe une véritable arête de rebroussement ; car toutes les parties des caractéristiques qui sont d'un même côté par rapport à leurs points de contact avec la courbe que nous considérons, forment une première nappe de l'enveloppe, et toutes les parties de ces caractéristiques qui sont de l'autre côté des mêmes points de contact forment une seconde nappe. Ces deux nappes se touchent dans la courbe dont il s'agit, et qui est pour elles une limite commune ; de manière que si un point se mouvait sur une de ces deux nappes suivant une certaine loi, il arriverait jusqu'à cette limite, qu'il ne pourrait outre-passer, et, pour continuer son mouvement suivant la même loi, il serait obligé de se réfléchir et de passer sur l'autre nappe. Nous aurons occasion, par la suite, de nous familiariser avec cette espèce d'arête de rebroussement. Nous nous contenterons ici de faire observer que les surfaces coniques sont des enveloppes ; que, comme telles, elles ont leur arête de rebroussement ; que, pour elles, cette arête se réduit toujours à un point unique, et que ce point, qui est le sommet, est très-remarquable sur ces surfaces.

Toutes les arêtes de rebroussement des enveloppes soumises à la même génération ont aussi un caractère commun, une propriété générale, qui est indépendante de la courbe qui particularise l'enveloppe, et dont on peut avoir l'expression analytique. La considération de ces arêtes est d'une grande importance dans le calcul intégral des équations aux différences partielles, et, pour cette raison, nous ne manquerons pas de les étudier dans tous les cas particuliers que nous traiterons.

Enfin, chacun des points de l'arête de rebroussement d'une enveloppe est l'intersection de deux caractéristiques consécutives ; mais si, sur cette arête, il se trouve un point dans lequel les trois caractéristiques consécutives se coupent, ou, ce qui revient au même, s'il existe une certaine valeur de a, pour laquelle les deux caractéristiques consécutives coïncident et ne forment qu'une même courbe, le point correspondant de l'arête de rebroussement sera tel, que ses trois coordonnées x, y, z ne varieront pas lorsque a viendra encore à varier. Si donc on différentie les trois équations (A), (B), (C), en regardant a comme seule variable, les trois équations que l'on aura appartiendront au même point de rebroussement ; et parce que la différentiation de (A) produit (B), et que celle de (B) produit (C), il s'ensuit que si des quatre équations

$$(A) \qquad F = 0,$$

$$(B) \qquad \left(\frac{dF}{dz}\right) = 0,$$

$$(C) \qquad \left(\frac{ddF}{dz^2}\right) = 0,$$

$$(D) \qquad \left(\frac{dddF}{dz^3}\right) = 0,$$

on élimine les trois coordonnées x, y, z, on aura une équation qui ne renfermera plus que α, et qui donnera la valeur de α pour qu'un point de l'arête de rebroussement soit commun à trois caractéristiques consécutives. Ce point est lui-même pour l'arête un point d'inflexion ou un point de rebroussement.

Passons actuellement à la recherche des équations de quelques enveloppes.

---

§ VII.

DES SURFACES DES CANAUX DONT L'AXE EST UNE COURBE QUELCONQUE PLANE ET HORIZONTALE, ET DONT LES SECTIONS PERPENDICULAIRES A CET AXE SONT DES CERCLES DE RAYON CONSTANT.

Une courbe quelconque étant tracée sur le plan horizontal, si l'on imagine qu'une sphère d'un rayon constant se meuve de manière que son centre suive la courbe, elle parcourra un espace qui sera enveloppé par une certaine surface courbe. Cela posé, *trouver, 1° l'équation générale de toutes les surfaces courbes soumises à cette génération, quelle que soit d'ailleurs la courbe plane qui leur sert d'axe; 2° les équations de la caractéristique de ces surfaces; 3° celle de leur arête de rebroussement.*

PREMIÈRE MANIÈRE, D'APRÈS LA CONSIDÉRATION DU PLAN TANGENT

1°. La surface que nous considérons étant l'enveloppe d'une suite de sphères de même rayon, il est évident que son plan tangent coïncide avec le plan tangent de la sphère enveloppée qui la touche au même point.

Quelle que soit la courbe qui sert d'axe, l'angle que le plan tangent de la surface fait avec le plan horizontal pour un point de contact pris à une certaine hauteur, doit donc être égal à celui que fait avec le même plan horizontal le plan tangent à une des sphères enveloppées, pour un point de contact pris à la même hauteur. Or, l'équation du plan tangent étant, comme on sait,

$$z - z' = (x - x') \left(\frac{dz}{dx} \right) + (y - y') \left(\frac{dz}{dy} \right),$$

le cosinus de l'angle que ce plan fait avec le plan horizontal est

$$\cos = \frac{1}{\sqrt{1 + \left(\frac{dz}{dx} \right)^2 + \left(\frac{dz}{dy} \right)^2}};$$

de plus, a étant le rayon constant des sphères enveloppées, et α, β étant les coordonnées quelconques du centre d'une de ces sphères, l'équation de la surface de cette sphère sera

$$(x - \alpha)^2 + (y - \beta)^2 + z^2 = a^2.$$

Tirant de cette équation les valeurs de $\left(\frac{dz}{dx} \right)$ et de $\left(\frac{dz}{dy} \right)$, pour les substituer dans l'expression du cosinus de l'angle que le plan tangent de cette sphère fait avec le plan horizontal, on trouvera

$$\cos = \frac{z}{\sqrt{(x - \alpha)^2 + (y - \beta)^2 + z^2}} \quad \text{ou} \quad = \frac{z}{a};$$

donc, égalant les valeurs de ces deux cosinus, et accentuant z dans la seconde expression, puisque les points de contact sont pris à la même hauteur, on aura, pour équation générale des surfaces que nous considérons,

$$(a) \qquad z'^2 \left[1 + \left(\frac{dz'}{dx} \right)^2 + \left(\frac{dz'}{dy} \right)^2 \right] = a^2.$$

Autrement. Il est évident que toutes les normales de l'enveloppe coupent la courbe qui lui sert d'axe, et que les parties de ces normales comprises entre la surface et le plan horizontal sont égales entre elles et au rayon des sphères enveloppées. Or, en nommant x', y', z' les coordonnées d'un point d'une surface courbe, nous avons vu que les équations de la normale qui passe par ce point sont

$$x - x' + (z - z') \left(\frac{dz}{dx} \right) = 0,$$

$$y - y' + (z - z') \left(\frac{dz}{dy} \right) = 0.$$

De plus, la grandeur de la partie de cette normale comprise entre le point de la surface et un autre point dont les coordonnées sont x, y, z, est

$$\sqrt{(x - x')^2 + (y - y')^2 + (z - z')^2}.$$

Substituant donc pour $x - x'$ et $y - y'$ les valeurs que fournissent les deux équations précédentes, on aura pour expression de cette grandeur

$$(z - z') \sqrt{ 1 + \left(\frac{dz'}{dx} \right)^2 + \left(\frac{dz'}{dy} \right)^2 }.$$

Si donc on veut avoir la grandeur de la partie de la normale comprise entre la surface et le plan horizontal, il faudra faire $z = 0$ dans cette expression, qui deviendra

$$- z' \sqrt{1 + \left(\frac{dz'}{dx'}\right)^2 + \left(\frac{dz'}{dy'}\right)^2};$$

donc, en égalant cette expression au rayon a des sphères enveloppées, et élevant au carré, on trouvera, comme ci-dessus, pour équation générale

$$(a) \qquad z'^2 \left[1 + \left(\frac{dz'}{dx'}\right)^2 + \left(\frac{dz'}{dy'}\right)^2 \right] = a^2.$$

2°. La caractéristique de la surface, c'est-à-dire la courbe de contact de cette surface avec chacune des enveloppées, est évidemment, dans ce cas, la ligne de plus grande pente de la surface, ou, ce qui revient au même, elle est, de toutes les courbes qui sont sur la surface et qui passent par un même point, celle dont la tangente en ce point fait le plus grand angle avec le plan horizontal. La tangente de cette courbe est donc perpendiculaire à l'horizontale menée dans le plan tangent, et enfin la projection horizontale de cette tangente est perpendiculaire à la trace horizontale du plan tangent. Or, x', y', z' étant les coordonnées du point de la caractéristique, qui est aussi le point de contact du plan tangent, l'équation de la projection horizontale de la tangente est

$$y - y' = (x - x') \frac{dy'}{dx'};$$

celle de la trace horizontale du plan tangent se trouve en faisant $z = 0$ dans l'équation de ce plan, et est

$$- z' = (x - x') \left(\frac{dz'}{dx'}\right) + (y - y') \left(\frac{dz'}{dy'}\right).$$

De plus, ces deux droites seront rectangulaires si, en ajoutant les produits des coefficients de x à celui des coefficients de y, la somme est égale à zéro ; donc l'équation de la projection horizontale de la ligne de plus grande pente est

$$\left(\frac{dz}{dx}\right) dy' - \left(\frac{dz}{dy}\right) dx' = 0.$$

Donc enfin les deux équations de la caractéristique de la surface sont

$$(a) \qquad z'^2 \left[1 + \left(\frac{dz'}{dx'}\right)^2 + \left(\frac{dz'}{dy'}\right)^2 \right] = a^2,$$

$$(b) \qquad \left(\frac{dz'}{dx'}\right) dy' - \left(\frac{dz'}{dy'}\right) dx' = 0.$$

En général, l'équation (b) peut toujours être déduite immédiatement de l'équation (a). Pour ne pas trop charger cet exemple, nous le ferons voir dans l'exemple suivant.

3°. L'arête de rebroussement de la surface touche en chacun de ses points une de ses caractéristiques ; ces deux courbes ont donc en ce point une tangente commune : donc la tangente de l'arête de rebroussement pour un point de contact pris à une certaine hauteur, fait avec le plan horizontal le même angle que la tangente de la caractéristique pour un point de contact pris à la même hauteur. Or, x', y', z' étant les coordonnées du point de contact pris sur l'arête de rebroussement, la tangente de l'arête fait, avec le plan horizontal, un angle dont le cosinus est évidemment

$$\cos = \frac{\sqrt{dx'^2 + dy'^2}}{\sqrt{dx'^2 + dy'^2 + dz'^2}}$$

De plus, dans un cercle vertical et dont le rayon est a, pour un point de contact pris à la même hauteur z', la tangente fait avec le plan horizontal un angle dont le cosinus est

$$\cos = \frac{z'}{a} ;$$

donc, égalant ces deux cosinus, on aura pour équation de l'arête de rebroussement

$$(c) \qquad z'^2\,(dx'^2 + dy'^2 + dz'^2) = a^2\,(dx'^2 + dy'^2).$$

Autrement. Les deux équations (a) et (b) appartenant à toutes les caractéristiques, quelle que puisse être la courbe qui sert d'axe à la surface, et quel que soit le point par lequel passe la caractéristique sur chaque surface individuelle, les deux quantités $\left(\dfrac{dz'}{dx'}\right)$ et $\left(\dfrac{dz'}{dy'}\right)$ que renferment ces deux équations doivent dépendre implicitement, et d'une première quantité α qui, sur chaque enveloppe, assigne le lieu de la caractéristique, et d'une seconde quantité $\beta = \varphi\alpha$, dont la forme particularise l'enveloppe elle-même. Si donc entre les trois équations (a), (b) et la suivante

$$dz' = \left(\frac{dz'}{dx'}\right) dx' + \left(\frac{dz'}{dy'}\right) dy',$$

on élimine les deux quantités $\left(\dfrac{dz'}{dx'}\right)$ et $\left(\dfrac{dz'}{dy'}\right)$, on fera disparaître tout ce qui dépend de la quantité α, par conséquent tout ce qui, dans la même enveloppe, particularise chacune des caractéristiques, et l'équation aux différences ordinaires

$$(c) \qquad z'^2\,(dx'^2 + dy'^2 + dz'^2) = a^2\,(dx'^2 + dy'^2),$$

que l'on obtiendra, appartiendra à l'arête de rebroussement que toutes ces caractéristiques touchent ; mais aussi par cette élimination on fait disparaître tout ce qui dépend de l'autre quantité $\beta = \varphi\alpha$, et par conséquent tout ce qui particularise l'enveloppe elle-même : donc l'équation (c) est généralement celle des arêtes de rebroussement de toutes les surfaces soumises à la même génération.

On voit donc que la caractéristique est exprimée par deux équations (a), (b), dont l'une est aux différences partielles, et dont l'autre est aux différences mêlées, partielles et totales; et qu'au contraire l'arête de rebroussement est exprimée par une équation unique aux différences ordinaires, tandis qu'en quantités finies elle doit être exprimée, comme toute courbe à double courbure, par deux équations équivalentes à celles de deux de ses projections.

Les arêtes de rebroussement que nous venons de considérer sont susceptibles d'une autre génération qui conduit à une construction simple. En effet, si après avoir décrit sur un plan vertical quelconque la circonférence d'un cercle d'un rayon a, et dont le centre soit dans l'horizontale, on plie ce plan sur la surface d'un cylindre vertical à base quelconque, la courbe à double courbure que la circonférence de cercle formera par son application sera, en général, l'arête de rebroussement de la surface dont il s'agit. Car il est facile de voir, 1° que pour toutes les courbes soumises à cette génération, on aura

$$\sqrt{dx^2 + dy^2 + dz^2} : \sqrt{dx^2 + dy^2} :: a :: z,$$

ce qui est la propriété exprimée par l'équation (c); 2° que ces courbes sont les seules qui jouissent de cette propriété. Donc l'équation (c) suffit seule pour les définir.

L'équation de la courbe horizontale qui doit servir d'axe à la surface, et sur laquelle se trouvent les centres de toutes les sphères enveloppées, étant représentée par $y = \varphi x$, dans laquelle φ exprime une fonction quelconque arbitraire, et α étant la valeur de x qui correspond à la position du centre quelconque de ces sphères, l'équation de la surface de cette sphère sera

$$(x - \alpha)^2 + (y - \varphi\alpha)^2 + z^2 = a^2.$$

Si l'on différentie cette équation trois fois de suite, en regardant α comme seule variable, et si l'on fait $d\varphi\alpha = \varphi'\alpha$, $d\varphi'\alpha = \varphi''\alpha\, d\alpha$ et $d\varphi''\alpha = \varphi'''\alpha\, d\alpha$, on aura les quatre équations

$$(\text{A}) \qquad (x - \alpha)^2 + (y - \varphi\alpha)^2 + z^2 = a^2,$$

$$(\text{B}) \qquad x - \alpha + (y - \varphi\alpha)\,\varphi'\alpha = 0,$$

$$(\text{C}) \qquad (y - \varphi\alpha)\,\varphi''\alpha - 1 - (\varphi'\alpha)^2 = 0,$$

$$(\text{D}) \qquad (y - \varphi\alpha)\,\varphi'''\alpha - 3\varphi'\alpha \,.\, \varphi''\alpha = 0.$$

Ce sont ces quatre équations que, dans le paragraphe précédent, nous avons représentées par

$$\mathrm{F} = 0, \quad \left(\frac{d\mathrm{F}}{d\alpha}\right) = 0, \quad \left(\frac{dd\mathrm{F}}{d\alpha^2}\right) = 0, \quad \left(\frac{ddd\mathrm{F}}{d\alpha^3}\right) = 0.$$

Donc si, sans prononcer sur la valeur de la quantité α, on élimine cette quantité entre les deux équations (A) et (B), le résultat de l'élimination sera en x, y, z, l'équation finie de l'enveloppe. Tant que la fonction φ restera sous sa forme générale et indéterminée, l'élimination dont il s'agit ne pourra s'exécuter, et ces deux équations ne pourront être réduites à une seule. Ce ne sera qu'après avoir déterminé la forme de la fonction, de manière qu'elle appartienne à la surface individuelle que l'on considérera dans chaque cas particulier, que l'on pourra effectuer cette élimination. Ainsi, α étant regardée comme une quantité dont la valeur est indifférente, et qui doit disparaître par l'élimination, et la forme de la fonction φ étant arbitraire, le système des deux équations (A) et (B) exprime donc toutes les surfaces courbes soumises à la même génération; ce système est donc équivalent à l'équation unique aux différences partielles (a), dont nous verrons par la suite qu'il est l'intégrale complète.

Si dans les mêmes équations (A) et (B) on regarde α non plus

6.

comme une indéterminée qui doive disparaître par l'élimination, mais comme une constante arbitraire qui doive subsister, en sorte que les deux équations (A) et (B) ne soient plus réductibles à une seule, elles appartiendront à la caractéristique de la surface. La forme de la fonction φ particularisera la surface individuelle, et la constante α particularisera sur cette surface la caractéristique individuelle. Ces deux équations sont donc équivalentes aux deux équations (a) et (b). Nous verrons par la suite qu'elles en sont l'intégrale, complétée par une constante arbitraire α, à cause des différences ordinaires, et par une fonction arbitraire φ, à cause des différences partielles.

Si dans les trois équations (A), (B), (C) on élimine α, regardée comme une indéterminée dont la valeur est indifférente (élimination qui ne peut se faire que dans chaque cas particulier, après avoir déterminé la forme de la fonction φ, et celles des fonctions φ', φ'' qui en dérivent par la différentiation), on aura en x, y, z deux équations qui seront celles de l'arête de rebroussement. Ainsi la forme de la fonction φ étant arbitraire, le système de ces trois équations est équivalent à l'équation unique aux différences ordinaires (c). Nous verrons qu'il en est l'intégrale complète.

Enfin, si des quatre équations (A), (B), (C), (D), on tire les valeurs des quatre quantités x, y, z et α, on aura les trois coordonnées du point d'inflexion ou de rebroussement de l'arête de rebroussement, et la position du centre de la sphère enveloppée sur la surface de laquelle se trouve ce même point.

Nous venons de voir que l'enveloppe est exprimée par une équation unique aux différences partielles, et que son arête de rebroussement l'est par une équation unique aux différences ordinaires; mais qu'en quantités finies l'enveloppe est exprimée par le système de deux équations, et que l'arête de rebroussement l'est par un système de trois équations, entre lesquelles il faut éliminer une indéterminée z. Lorsqu'un objet est exprimé par une équation unique, cette équation est nécessaire, et ne peut être suppléée par aucune autre équation unique du même genre ; mais, lorsqu'il est exprimé par le système de plusieurs équations, aucune des équations de ce système n'est nécessaire, et il existe toujours une infinité d'autres systèmes d'équations absolument équivalents. Par exemple, une courbe à double courbure est déterminée dans l'espace par deux équations en x, y, z, et ces équations, qui sont celles des deux surfaces courbes dont la courbe est l'intersection, ne sont nécessaires, ni l'une ni l'autre, pour exprimer cette courbe ; car il existe toujours un nombre infini d'autres surfaces courbes qui, prises deux à deux, se coupent dans la même courbe à double courbure, et dont les équations, quoique très-différentes des deux premières, expriment cette courbe avec la même exactitude. Le système des quatre équations (A), (B), (C), (D) n'est donc pas nécessaire pour exprimer toutes les affections de l'enveloppe que nous considérons, et il existe un nombre infini de systèmes d'équations qui remplissent exactement le même objet. Nous nous contenterons d'en rapporter un seul exemple.

Tout étant comme précédemment, si l'on conçoit qu'un cylindre indéfini, à base circulaire, et dont le rayon soit a, se meuve de manière que son axe soit toujours dans le plan horizontal, et tangent à la courbe, dont l'équation est $y = \varphi.x$, il parcourra un espace qui sera circonscrit et enveloppé par la surface du même canal que nous considérons ; cette surface peut donc être aussi regardée comme l'enveloppe d'une suite infinie de cylindres horizontaux ; et en opérant sur l'équation générale des surfaces de ces cylindres de la même manière que nous l'avons fait sur celle des sphères, nous obtiendrons quatre nouvelles équations dont le système remplira le même objet que celui des quatre équations (A), (B), (C), (D).

Il est facile d'avoir l'équation générale de ces surfaces cylindriques par la méthode que nous avons exposée en traitant de leur génération ; mais il peut être bon de faire voir comment on peut y arriver par des considérations analogues à celles dont nous nous occupons.

Si l'on représente par a la valeur de x qui correspond au point de contact de l'axe du cylindre avec la courbe horizontale, on aura pour ce point $y = \varphi a$, et l'équation de l'axe du cylindre, c'est-à-dire de la tangente à la courbe, sera

$$y - \varphi a = (x - a)\, \varphi' a.$$

Si l'on suppose ensuite qu'une sphère d'un rayon a se meuve de manière que son centre parcoure cette droite, l'enveloppe de l'espace qu'elle parcourra sera la surface cylindrique demandée. Soit b la valeur de x qui correspond à un point quelconque pris sur cette droite, on aura pour ce point $y = \varphi a + (b - a)\, \varphi' a$, et l'équation de la surface de la sphère dont le centre serait en ce point, et dont le rayon serait a, sera

$$(x - b)^2 + [y - \varphi a - (b - a)\, \varphi' a]^2 + z^2 = a^2.$$

Donc, différentiant cette équation, en regardant b comme seule variable, ce qui donne

$$x - b + [y - \varphi a - (b - a)\, \varphi' a]\, \varphi' a = o;$$

et éliminant b, l'équation résultante

$$[(x - a)\, \varphi' a - (y - \varphi a)]^2 = (a^2 - z^2)[1 + (\varphi' a)^2]$$

sera celle de la surface d'un cylindre à base circulaire, dont l'axe touche la courbe horizontale, a étant la valeur de x qui correspond au point de contact.

Cette équation étant celle d'une nouvelle enveloppe, il s'ensuit que si on la différentie trois fois de suite, en regardant α comme seule variable, on aura quatre équations nouvelles

$$(A') \quad [(x-\alpha)\varphi'\alpha - (y-\varphi\alpha)]^2 = (a^2 - z^2)[1 + (\varphi'\alpha)^2],$$

$$(B') \quad (x-\alpha)^2\varphi'\alpha - (x-\alpha)(y-\varphi\alpha) = (a^2 - z^2)\varphi'\alpha,$$

$$(C') \quad (x-\alpha)^2\varphi''\alpha - (x-\alpha)\varphi'\alpha + y - \varphi\alpha = (a^2 - z^2)\varphi''\alpha,$$

$$(D') \quad (x-\alpha)^3\varphi'''\alpha - 3(x-\alpha)\varphi'\alpha = (a^2 - z^2)\varphi'''\alpha,$$

qui remplaceront les quatre équations (A), (B), (C), (D). Ainsi, si l'on élimine α des deux équations (A'), (B'), on aura l'équation de l'enveloppe ; si l'on élimine α des trois équations (A'), (B'), (C'), on aura les deux équations de l'arête de rebroussement ; enfin, les quatre équations (A'), (B'), (C'), (D') donneront les valeurs de x, y, z et α, qui correspondent au point d'inflexion ou de rebroussement de l'arête.

Ces deux systèmes d'équations peuvent être employés indifféremment ; nous nous servirons du premier, parce qu'il est plus simple.

———

Étant données les deux équations d'une courbe à double courbure quelconque, trouver celle d'une surface courbe qui passe par cette courbe, et qui soit celle d'un canal dont la section soit un cercle donné de rayon, et dont l'axe soit une courbe comprise dans le plan horizontal.

La question consiste évidemment à déterminer dans les deux équations (A), (B), ou dans les deux équivalentes (A'), (B'), quelle doit être la forme de la fonction φ, pour que la surface à laquelle appartient l'équation résultante de l'élimination de α passe par la courbe donnée.

Or, cette surface, qui est une enveloppe, passera par la courbe donnée si toutes les surfaces enveloppées touchent cette même courbe, c'est-à-dire si chacune des tangentes de la courbe donnée se trouve sur le plan tangent à l'enveloppe à laquelle appartient le point de contact. Soient donc $F(x, y, z) = o$ et $f(x, y, z) = o$ les deux équations de la courbe donnée ; si l'on représente par x, y, z les coordonnées du point de contact, et par x', y', z' celles du point général de la tangente, les deux équations de cette tangente seront

$$x - x' = (z - z') \frac{dx}{dz},$$

$$y - y' = (z - z') \frac{dy}{dz},$$

dans lesquelles les quantités dx, dy, dz sont des différentielles ordinaires ; puis si l'on différentie les deux équations

$$F(x, y, z) = o, \quad \text{et} \quad f(x, y, z) = o,$$

et si l'on en retire les valeurs de $\frac{dx}{dz}$ et de $\frac{dy}{dz}$, qui seront en x, y, z, et que nous représenterons respectivement par p et q, les deux équations de la tangente seront

$$x - x' = (z - z') p, \quad y - y' = (z - z') q.$$

De même, x, y, z étant les coordonnées du point de contact du plan tangent, et x', y', z' étant celles du point général de ce plan, l'équation du plan tangent sera, comme on sait,

$$z - z' = (x - x') \left(\frac{dz}{dx} \right) + (y - y') \left(\frac{dz}{dy} \right),$$

dans laquelle $\left(\frac{dz}{dx} \right)$ et $\left(\frac{dz}{dy} \right)$ sont des différences partielles ; puis, si l'on différentie l'équation (A) de l'enveloppée, et si l'on en tire les valeurs de $\left(\frac{dz}{dy}\right)$ et de $\left(\frac{dz}{dx}\right)$ qui seront en x, y, z, α et $\varphi\alpha$, et que nous représenterons respectivement par P et Q ; l'équation du plan tangent sera

$$z - z' = (x - x')\,P + (y - y')\,Q.$$

Ce plan devant passer par la tangente, il faut que son équation et celles de la tangente aient lieu en même temps, c'est-à-dire que, si l'on élimine les trois quantités $x - x'$, $y - y'$, $z - z'$, ce qui est toujours possible, l'équation résultante

$$Pp + Qq = 1,$$

qui est en x, y, z, α et $\varphi\alpha$, soit satisfaite. Donc, si l'on en élimine x, y, z, au moyen des trois équations $F(x, y, z) = 0$, $f(x, y, z) = 0$ et (A), qui ont lieu en même temps pour le point de contact, on aura en α et $\varphi\alpha$ une équation que nous représenterons par

$$M = 0,$$

et qui donnera la relation que doivent avoir entre elles les deux coordonnées α, $\varphi\alpha$ du centre de la sphère enveloppée, pour que la surface de cette sphère touche la courbe donnée. Mais il faut que cette condition ait lieu pour toutes les valeurs de α : il faut donc que la même relation subsiste, quand même α varierait et deviendrait $\alpha + d\alpha$; donc il faut que la différentielle de l'équation $M = 0$ ait encore lieu, c'est-à-dire que l'on ait encore

$$\frac{dM}{d\alpha} = 0.$$

Donc, si entre les quatre équations (A), (B), $M = 0$ et $\dfrac{dM}{d\alpha} = 0$, on élimine les trois quantités α, $\varphi\alpha$ et $\varphi'\alpha$, l'équation résultante sera en x, y, z celle de l'enveloppe individuelle demandée, qui passe par la courbe donnée.

7

Cette méthode de déterminer la forme de la fonction pour que la surface passe par une courbe donnée, n'est point particulière à la surface dont nous nous occupons ; elle est générale, et elle convient à toutes les enveloppes lorsqu'il n'y a qu'une seule fonction à déterminer. Il en est de même pour celle de la question suivante.

Étant donnée l'équation d'une surface courbe, trouver celle de la surface d'un canal à section circulaire, et dont l'axe curviligne soit dans le plan horizontal, de manière que le canal ceigne la surface donnée, c'est-à-dire l'embrasse en la touchant suivant une courbe.

Il est évident que la question consiste à déterminer dans les équations (A), (B) quelle doit être la forme de la fonction φ pour que l'enveloppe ceigne la surface donnée, et que cette condition sera remplie si chacune des sphères enveloppées touche la surface donnée, c'est-à-dire si, pour les points communs à l'enveloppée et à la surface donnée, ces deux surfaces ont le même plan tangent. Soit donc $F(x, y, z) = o$ l'équation de la surface donnée : si l'on représente par x, y, z les coordonnées du point de contact, et par x', y', z' celles du point général du plan tangent, si de plus on exprime respectivement par p et q les valeurs de $\left(\frac{dz}{dx}\right)$ et de $\left(\frac{dz}{dy}\right)$ tirées de l'équation $F(x, y, z) = o$, l'équation du plan tangent à la surface donnée sera

$$z - z' = (x - x')\,p + (y - y')\,q.$$

Si l'on exprime de même par P et Q les valeurs de $\left(\frac{dz}{dx}\right)$ et $\left(\frac{dz}{dy}\right)$ tirées de l'équation (A), l'équation du plan tangent à la sphère enveloppée sera

$$z - z' = (x - x')\,P + (y - y')\,Q.$$

Pour que ces deux plans se confondent en un seul, il faut que l'on ait les deux équations

$$P = p, \qquad Q = q,$$

qui sont toutes deux en x, y, z, α et $\varphi\alpha$. Si de ces deux équations, et des deux autres $F(x, y, z) = 0$ et (A), on élimine les coordonnées x, y, z du point de contact qui est commun aux deux plans, on aura en α et $\varphi\alpha$ une équation que nous représenterons par $M = 0$, et qui sera celle de la courbe horizontale qui sert d'axe à l'enveloppe lorsqu'elle ceint la surface donnée.

Donc, si entre les équations (A), (B), $M = 0$ et $\dfrac{dM}{d\alpha} = 0$, on élimine les trois quantités α, $\varphi\alpha$, $\varphi'\alpha$, on aura en x, y, z celle de l'enveloppe individuelle demandée.

§ VIII.

DES SURFACES DONT LA LIGNE DE PLUS GRANDE PENTE EST UNE DROITE D'INCLINAISON CONSTANTE.

Si l'on conçoit qu'un cône droit, à base circulaire, et dont l'axe soit constamment vertical, se meuve de manière que le sommet parcoure une courbe quelconque tracée dans le plan horizontal, ce cône parcourra un espace qui sera enveloppé par une certaine surface courbe. Cela posé, *trouver*, 1° *l'équation générale de toutes les surfaces courbes soumises à cette génération, quelle que soit d'ailleurs la courbe horizontale qui dirige le mouvement du som-*

*met du cône; 2° les équations de la caractéristique de ces surfaces;
3° celles de leur arête de rebroussement.*

PREMIÈRE MANIÈRE, D'APRÈS LA CONSIDÉRATION DU PLAN TANGENT.

1. Chacun des plans tangents de l'enveloppe étant aussi tangent
à un des cônes enveloppés, il s'ensuit que tous ces plans forment
avec le plan horizontal un angle constant. Or, nous avons vu que
pour cet angle on a

$$\cos = \frac{1}{\sqrt{1 + \left(\dfrac{dz}{dx}\right)^2 + \left(\dfrac{dx}{dy}\right)^2}};$$

donc il faut que cette expression soit égalée à une constante ; ce
qui, en nommant a la tangente de l'angle, donne pour équation
générale de toutes les enveloppes produites par cette même génération

$$(a) \qquad \left(\frac{dz}{dx}\right)^2 + \left(\frac{dx}{dy}\right)^2 = a^2.$$

2. La caractéristique de la surface, c'est-à-dire la ligne de contact
de cette surface avec chacune des enveloppées, est évidemment un
des côtés du cône enveloppé, et par conséquent une droite perpendiculaire à la trace horizontale du plan tangent correspondant :
elle est donc, comme dans le cas précédent, la ligne de plus grande
pente de la surface ; donc sa seconde équation sera de même

$$(b) \qquad \left(\frac{dz}{dx}\right) dy - \left(\frac{dz}{dy}\right) dx = 0.$$

3. L'arête de rebroussement étant touchée par toutes les caractéristiques, et celles-ci étant des droites qui forment avec le plan
horizontal un angle constant, et dont la tangente est a, il s'ensuit
que, quelle que soit la courbe qui dirige le sommet du cône enve-

loppé, chacun des éléments de l'arête de rebroussement fait avec sa projection horizontale un angle dont la tangente est a. On a donc pour toutes les arêtes, et pour chacun de leurs points,

$$\frac{dz}{\sqrt{dx^2 + dy^2}} = a.$$

L'équation générale des arêtes de rebroussement de toutes les surfaces soumises à cette génération est donc

$$(c) \qquad\qquad dz^2 = a^2 (dx^2 + dy^2).$$

Ces mêmes arêtes de rebroussement sont susceptibles d'une génération plus simple. En effet, après avoir mené dans un plan vertical quelconque une droite qui fasse avec l'horizon l'angle dont la tangente est a, si l'on plie ce plan sur la surface d'un cylindre vertical à base quelconque, la courbe à double courbure que la droite formera par son application sur la surface sera évidemment celle qui est exprimée par l'équation (c).

De la caractéristique.

Nous avons dit (§ VII) que dans tous les cas l'équation (b) de la caractéristique pouvait être déduite analytiquement de l'équation (a) de l'enveloppe. Nous allons le démontrer.

Pour abréger, nous représenterons désormais par p et q les différences partielles de z, de manière que pour toute surface on ait

$$dz = p\,dx + q\,dy.$$

L'enveloppe touchant dans chacun de ses points une des enveloppées, et ces deux surfaces ayant pour leur point de contact le même plan tangent, il s'ensuit que pour ce point de contact les valeurs des cinq quantités x, y, z, p, q sont les mêmes, soit que l'on considère le point comme appartenant à l'enveloppe, soit qu'on le regarde comme appartenant à l'enveloppée : ainsi l'équation (α) de l'enveloppe, qui n'est, en général, composée que de ces cinq quantités, appartient non-seulement à toutes les enveloppes différentes soumises à la même génération, mais encore à toutes les enveloppées comprises sous toutes ces enveloppes. Considérons-la d'abord comme appartenant aux enveloppées.

Des cinq quantités x, y, z, p, q, les deux dernières, p et q, sont les seules par lesquelles peuvent différer entre elles les équations individuelles de deux enveloppées différentes; elles sont donc les seules qui dépendent de la valeur de la quantité α, qui, pour une même enveloppe, indique la position de l'enveloppée individuelle. Or nous avons vu que, pour avoir l'équation de la caractéristique, il faut différentier l'équation de l'enveloppée, en regardant α comme seule variable. Donc, si l'on représente par

$$P\,dp + Q\,dq = 0$$

la différentielle de l'équation (α), prise en ne faisant varier que p et q, sa différentielle, prise en regardant α comme seule variable, sera

$$P\left(\frac{dp}{d\alpha}\right) + Q\left(\frac{dq}{d\alpha}\right) = 0;$$

or on a d'ailleurs

$$dz = p\,dx + q\,dy,$$

et par conséquent

$$\left(\frac{dp}{d\alpha}\right)dx + \left(\frac{dq}{d\alpha}\right)dy = 0;$$

donc, éliminant $\left(\frac{dp}{d\alpha}\right)$, $\left(\frac{dq}{d\alpha}\right)$, on aura pour équation de la caractéristique

$$P\,dy - Q\,dx = 0.$$

C'est cette équation qui, dans tous les cas, produira l'équation (b) de la caractéristique.

Considérons actuellement l'équation (a) comme appartenant aux enveloppes. Des cinq quantités x, y, z, p, q, les deux dernières sont encore les seules par lesquelles peuvent différer entre elles les équations individuelles de deux enveloppes différentes; elles sont donc les seules qui dépendent de la forme de la fonction φ qui particularise l'enveloppe. Ainsi, en supposant que la fonction φ renferme un paramètre γ qui soit constant pour une même enveloppe, et qui varie en passant d'une enveloppe à une autre, les quantités p, q sont, dans l'équation (a), les seules qui dépendent de la valeur de γ. Or, si l'on voulait trouver la ligne d'intersection de deux enveloppes consécutives, il faudrait différentier l'équation (a) en regardant γ comme seule variable; ce qui donnerait évidemment

$$\mathrm{P}\left(\frac{dp}{d\gamma}\right) + \mathrm{Q}\left(\frac{dq}{d\gamma}\right) = 0,$$

et parce que l'équation

$$dz = p\,dx + q\,dy$$

donne également

$$\left(\frac{dp}{d\gamma}\right)dx + \left(\frac{dq}{d\gamma}\right)dy = 0,$$

en éliminant $\left(\frac{dp}{d\gamma}\right)$, $\left(\frac{dq}{d\gamma}\right)$, on aurait encore

$$\mathrm{P}dy - \mathrm{Q}dx = 0,$$

qui est la même équation que celle que nous avons trouvée pour la caractéristique. Donc la caractéristique jouit de la double propriété d'être l'intersection de deux enveloppées consécutives inscrites dans la même enveloppe, et d'être l'intersection de deux enveloppes consécutives circonscrites à une même enveloppée.

Il est facile de vérifier ce résultat sur toutes les surfaces dont nous avons étudié les générations ; nous allons le faire sur celles de révolution prises pour exemple.

Une surface de révolution est l'enveloppe d'une suite de sphères dont les centres sont sur l'axe, et dont les rayons sont variables suivant une certaine loi. Pour une même surface de révolution, c'est-à-dire pour une même enveloppe, la ligne suivant laquelle se coupent deux sphères consécutives est évidemment la circonférence d'un cercle dont le plan est perpendiculaire à l'axe, et dont le centre est dans l'axe. Ensuite, si l'on suppose que la courbe qui sert de méridien à la surface vienne à changer, il en résultera une nouvelle surface de révolution qui, si elle coupe la première, la coupera évidemment encore dans la circonférence d'un cercle dont le plan sera perpendiculaire à l'axe, et dont le centre sera dans l'axe. C'est cette circonférence de cercle, ayant pour axe une droite constante de position, qui est la caractéristique des surfaces de révolution autour de cette même droite, et qui est en même temps, comme on voit, l'intersection de deux sphères consécutives sous la même enveloppe, et celle de deux enveloppes consécutives autour de la même sphère.

SECONDE MANIÈRE, EN QUANTITÉS FINIES.

L'équation d'une surface conique droite à base circulaire, dont le sommet est dans le plan horizontal, et dont l'axe est vertical, est

$$z^2 = a^2 \left[(x - \alpha)^2 + (y - \beta)^2 \right],$$

dans laquelle α et β sont les coordonnées du sommet, et a est la tangente de l'angle que le côté du cône fait avec le plan horizontal. Si l'équation de la courbe que le sommet doit parcourir dans le plan horizontal est représentée par

$$y = \varphi x,$$

on aura

$$\beta = \varphi a,$$

et l'équation générale de l'enveloppée sera

(A) $$z^2 = a^2 \left[(x - a)^2 + (y - \varphi a)^2 \right];$$

différentiant trois fois de suite, en regardant a comme seule variable, on aura les trois autres équations

(B) $$(y - \varphi a)\varphi' a + x - a = o,$$

(C) $$(y - \varphi a)\varphi'' a - 1 - (\varphi' a)^2 = o,$$

(D) $$(y - \varphi a)\varphi''' a - 3\varphi' a \varphi'' a = o,$$

desquelles on déduira, comme nous l'avons vu, l'équation de l'enveloppe, celles de sa caractéristique et celles de son arête de rebroussement.

S'il était question de déterminer la forme de la fonction φ, de manière que l'enveloppe individuelle passât par une courbe donnée ou ceignît une surface donnée, on le ferait par la méthode qui a été exposée dans l'exemple des surfaces des canaux circulaires.

Nous terminerons ce qui regarde les surfaces dont la ligne de plus grande pente est une droite d'inclinaison constante, par exposer une propriété remarquable dont elles jouissent toutes relativement à leur quadrature. Le plan tangent de chacune de ces surfaces faisant toujours le même angle avec le plan horizontal, l'aire de chacun des éléments est à sa projection horizontale dans le rapport constant du rayon au cosinus de l'inclinaison du plan tangent. Il suit de là que *l'aire d'une portion finie de cette surface, terminée par une courbe quelconque, soumise ou non à la loi de continuité, est à sa projection horizontale dans le rapport du rayon au cosinus de l'inclinaison constante de la surface.* Ainsi la quadrature de cette surface ne dépend que de celle de l'aire d'une courbe plane.

8

Cette propriété ne convient qu'aux surfaces que nous considérons ; elle pourrait être regardée comme un de leurs caractères, et servir à leur définition.

§ IX.

DE LA SURFACE COURBE QUI ENVELOPPE L'ESPACE PARCOURU PAR UNE SURFACE COURBE QUELCONQUE, CONSTANTE DE FIGURE, ET QUI, SANS TOURNER, SE MEUT LE LONG D'UNE COURBE QUELCONQUE A DOUBLE COURBURE.

Si l'on conçoit qu'une surface courbe quelconque donnée, et constante de figure, se meuve le long d'une courbe quelconque, sans éprouver de mouvement de rotation, c'est-à-dire de manière que deux plans non parallèles entre eux et fixés à la surface restent toujours chacun parallèle à lui-même pendant le mouvement, la surface qui enveloppera l'espace parcouru aura une propriété indépendante de la courbe qui dirigera le mouvement de l'enveloppée, et l'équation qui exprimera cette propriété sera celle de cette espèce de génération. C'est cette équation que nous nous proposons de trouver. Nous commencerons par des cas simples. Nous supposerons d'abord que l'enveloppée se meuve le long d'une courbe plane tracée sur un des plans de projection, et 1° sur le plan des x, y, que nous regarderons comme horizontal.

La courbe qui dirige le mouvement de l'enveloppée étant plane et horizontale, si, par un point quelconque de l'enveloppe, on mène un plan tangent à cette surface ; puis si, considérant l'enveloppée dans sa position primitive, et pour laquelle on a son équation, on lui conçoit de même un plan tangent, mais parallèle au premier, le point de contact de ce dernier plan sera, pour l'enveloppée, celui

qui, par le mouvement, doit venir se confondre avec le point pris
sur l'enveloppe. Ces deux points de contact doivent donc être à la
même hauteur, quelle que soit d'ailleurs la courbe qui dirige le
mouvement. Cela posé, représentons l'équation donnée de l'enveloppée, considérée dans sa position primitive, par

$$z = F(x, y),$$

et représentons par $F'(x, y)$ et $F''(x, y)$ les coefficients de dx et dy
dans la différentielle de cette équation, de manière que l'on ait, par
la différentiation,

$$dz = F'(x, y)\,dx + F''(x, y)\,dy\,;$$

enfin, soient x', y', z' les coordonnées du point de contact de l'enveloppée, x, y, z étant celles du point de contact de l'enveloppe,
on aura

$$z' = F(x', y')\,;$$

le parallélisme des deux plans tangents donnera les deux équations

$$p = F'(x', y'), \qquad q = F''(x', y'),$$

et les deux points de contact devant être à la même hauteur, on
aura

$$z = z'.$$

Ces quatre équations ayant lieu simultanément pour tous les points
de l'enveloppe, c'est-à-dire quelles que soient les valeurs de
x', y', z', il s'ensuit que, si l'on élimine ces trois quantités entre
les quatre équations, l'équation résultante, qui sera nécessairement
de la forme

$$(a) \qquad\qquad f(z, p, q) = o,$$

sera celle de l'enveloppe demandée.

Lorsque nous traiterons du calcul intégral des équations aux différences partielles, nous ferons voir que, réciproquement, toute équation de la forme

$$f(z, p, q) = 0,$$

est celle de la surface qui enveloppe l'espace parcouru par une surface courbe, constante de figure, et qui, sans tourner, se meut le long d'une courbe quelconque plane et horizontale. L'objet de ce calcul est l'opération inverse de celle que nous venons de faire; il consiste à trouver la forme de la fonction F supposée inconnue, d'après celle de la fonction f supposée donnée; car, d'après ce que nous avons vu précédemment, l'équation de l'enveloppe en quantités finies est évidemment le résultat de l'élimination de l'indéterminée α entre l'équation

$$(A) \qquad z = F(x - \alpha, y - \varphi\alpha),$$

et sa différentielle (B), prise en regardant α comme seule variable; $\varphi\alpha$ étant une fonction arbitraire telle que $y = \varphi x$ est l'équation de la courbe quelconque horizontale qui dirige le mouvement de l'enveloppée.

Si l'équation

$$(a) \qquad f(z, p, q) = 0$$

est donnée, c'est-à-dire si l'on connaît la forme de la fonction f, il est facile de trouver l'équation de la caractéristique. Pour cela, nous avons vu que si la différentielle de cette équation, prise en ne faisant varier que p et q, est

$$P\,dp + Q\,dq = 0,$$

l'équation de la caractéristique est

$$(b) \qquad P\,dy - Q\,dx = 0.$$

Mais, dans le cas dont il s'agit, on peut avoir l'équation de la caractéristique indépendamment de l'équation (a) et de la forme de la fonction f. En effet, si l'on circonscrit à l'enveloppe une surface cylindrique horizontale, et qui la touche en une ligne courbe, cette courbe de contact sera évidemment la caractéristique demandée; car, étant tangente à l'enveloppe, elle sera aussi tangente à deux enveloppées consécutives, et elle comprendra la courbe suivant laquelle ces deux enveloppées se coupent. Or, l'équation de la surface cylindrique horizontale est, en général,

$$ p = \omega q, $$

ω étant une constante qui indique la direction de la surface cylindrique : donc la caractéristique devant se trouver sur cette surface, on aura pour elle cette seconde équation

$$ p = \omega q, $$

dans laquelle ω est la constante dont la valeur particularise la position de cette courbe.

En raisonnant d'une manière analogue, on trouvera que si la ligne qui dirige le mouvement de l'enveloppée est une courbe tracée dans le plan des x, z, l'équation de l'enveloppe sera le résultat de l'élimination des deux quantités x', y' entre les trois équations suivantes :

$$ p = F'(x', y'), $$
$$ q = F''(x', y'), $$
$$ y = y', $$

et qu'elle sera par conséquent de la forme

(a) $\qquad\qquad\qquad f(y, p, q) = 0,$

dans laquelle la forme de la fonction f n'est pas la même que celle du cas précédent. Réciproquement, toute équation de la forme de la précédente est celle de la surface qui enveloppe l'espace parcouru par une surface courbe, constante de figure, et qui, sans tourner, se meut le long d'une courbe plane tracée dans le plan des x, z.

L'équation de la caractéristique se trouve de même indépendamment de la forme de la fonction f; car cette courbe est, sur une surface cylindrique, parallèle au plan des x, z, et qui est circonscrite à l'enveloppe. Son équation est donc

$$p = \alpha,$$

dans laquelle α est une constante qui particularise chaque caractéristique.

L'équation de l'enveloppe en quantités finies est évidemment le résultat de l'élimination de l'indéterminée α entre l'équation

$$\text{(A)} \qquad z - \alpha = \mathrm{F}(x - \varphi\alpha, y)$$

et sa différentielle (B), prise en regardant α comme seule variable.

De même, si la courbe qui dirige le mouvement de l'enveloppe était tracée dans le plan des y, z, l'équation de l'enveloppe serait le résultat de l'élimination des deux quantités x', y' entre les trois équations

$$p = \mathrm{F}'(x', y'),$$
$$q = \mathrm{F}''(x', y'),$$
$$x = x',$$

et serait par conséquent de la forme

$$\text{(a)} \qquad f(x, p, q) = 0;$$

celle de la caractéristique serait

$$q = \alpha,$$

et l'équation de l'enveloppe en quantités finies serait le résultat de l'élimination de l'indéterminée a entre l'équation

$$(A) \qquad z - a = F(x, y - \varphi a)$$

et sa différentielle (B), prise en regardant a comme seule variable.

Passons enfin au cas général. Supposons que la courbe qui dirige le mouvement de l'enveloppée soit tracée sur une surface courbe quelconque donnée, et dont l'équation soit représentée par

$$F(x, y, z) = o,$$

F indiquant une fonction donnée des trois variables x, y, z. L'enveloppée n'ayant aucun mouvement de rotation, chacun de ses points décrit le même arc d'une même courbe ; mais cet arc, pour les différents points, est placé, sans tourner, dans différentes parties de l'espace. Si donc on mène à l'enveloppe, et à l'enveloppée considérée dans sa position primitive, deux plans tangents parallèles entre eux, ce qui donnera les deux équations

$$p = F'(x', y'), \qquad q = F''(x', y'),$$

le point de contact de l'enveloppée sera celui de tous les points de cette surface qui, dans le mouvement, viendra se confondre avec le point de contact de l'enveloppe ; et les trois quantités $x - x'$, $y - y'$, $z - z'$ seront respectivement égales aux trois coordonnées d'un des points de la surface sur laquelle est tracée la courbe qui dirige le mouvement. On aura donc entre ces trois quantités l'équation

$$F(x - x', y - y', z - z') = o ;$$

on a d'ailleurs, par supposition, entre les trois coordonnées du point de contact de l'enveloppée, l'équation

$$z' = F(x', y').$$

Ces quatre équations devant avoir lieu simultanément pour tous les points de l'enveloppe, par conséquent pour tous ceux de l'enveloppée, c'est-à-dire quelles que soient les valeurs de x', y', z', il s'ensuit que, si l'on élimine ces trois quantités, l'équation résultante sera en x, y, z, p et q celle de l'enveloppe demandée.

Supposons que des deux premières équations et de la dernière, on ait tiré en p et q les valeurs de x', y', z', et que ces valeurs soient

$$x' = \mathrm{f}(p, q),$$
$$y' = f(p, q),$$
$$z' = F(p, q);$$

en les substituant dans la troisième, on trouve que l'équation de l'enveloppe peut toujours être mise sous cette forme

$$(a) \qquad \Gamma\left[x - \mathrm{f}(p, q), \; y - f(p, q), \; z - F(p, q)\right] = 0,$$

dans laquelle les trois fonctions f, f, F ne sont point indépendantes, mais sont liées entre elles par une loi qu'il est facile de découvrir.

En effet, quelles que soient et la nature de l'enveloppée et celle de la surface sur laquelle est tracée la courbe qui dirige le mouvement, c'est-à-dire quelles que soient les formes des fonctions F et Γ, il est évident que des trois quantités $x - x'$, $y - y'$, $z - z'$, ou des trois suivantes, qui leur sont respectivement égales, $x - \mathrm{f}(p, q)$, $y - f(p, q)$, $z - F(p, q)$, si deux quelconques sont supposées constantes, ce qui fixe le point que l'on considère sur l'enveloppe, la troisième est aussi nécessairement constante. Il faut que si les différentielles de deux d'entre elles sont égales à zéro, celle de la troisième soit aussi égale à zéro, et par conséquent que l'on ait en même temps les trois équations suivantes :

$$dx - df(p, q) = 0,$$
$$dy - df(p, q) = 0,$$
$$p\,dx + q\,dy - dF(p, q) = 0;$$

il faut d'ailleurs que ces trois équations aient lieu, quelles que soient les valeurs de dx et dy, qui sont arbitraires : donc, si entre ces trois équations on élimine dx et dy, l'équation résultante

$$dF(p, q) = p\,df(p, q) + q\,df(p, q)$$

exprimera la condition qui lie entre elles les formes des trois fonctions f, f, F.

Donc, si l'on a une équation aux différences partielles du premier ordre de la forme

$$(a) \qquad \Gamma\left[x - f(p, q),\ y - f(p, q),\ z - F(p, q)\right] = 0,$$

dans laquelle Γ indique une fonction quelconque donnée de trois quantités, mais dans laquelle les trois fonctions f, f, F satisfassent d'ailleurs à la condition suivante :

$$dF = p\,df + q\,df,$$

cette équation sera celle de la surface qui enveloppe l'espace parcouru par une autre surface courbe, constante de figure, et qui, sans tourner, se meut le long d'une courbe quelconque tracée sur une troisième surface courbe donnée, l'équation de cette dernière surface étant

$$\Gamma(x, y, z) = 0.$$

Quant à l'équation de l'enveloppée, il est facile de la déduire de l'équation (a) de l'enveloppe supposée donnée. En effet, l'enveloppe peut toujours coïncider avec l'enveloppée ; elle y coïncide lorsque pour tous ses points on a en même temps

$$x - x' = o, \quad y - y' = o, \quad z - z' = o,$$

ou, ce qui revient au même, lorsqu'on a les trois équations suivantes :

$$x - f(p, q) = o,$$
$$y - f(p, q) = o,$$
$$z - F(p, q) = o.$$

Ces trois équations devant alors avoir lieu pour tous les points de l'enveloppe, et par conséquent quelles que soient les valeurs de p et de q, il s'ensuit que, si l'on élimine entre elles ces deux quantités, l'équation en x, y, z que l'on obtiendra sera celle

$$z = F(x, y)$$

de l'enveloppée considérée dans sa position primitive.

Cette équation étant obtenue, si l'on diminue les coordonnées z, y, x des quantités respectives $\alpha, \varphi\alpha, \psi\alpha$, dans lesquelles φ et ψ représentent des fonctions arbitraires, ce qui donnera

$$z - \alpha = F(x - \varphi\alpha, y - \psi\alpha),$$

on aura l'équation de l'enveloppée transportée le long d'une courbe à double courbure quelconque, jusqu'en un point de cette courbe qui correspond à $z = \alpha$; puis, si l'on élimine une des deux fonctions $\varphi\alpha, \psi\alpha$ au moyen de l'équation

$$\Gamma(\varphi\alpha, \psi\alpha, \alpha) = o,$$

la courbe qui dirige le mouvement sera assujettie à être sur la surface donnée ; enfin, si l'on élimine α de ce résultat au moyen de sa différentielle prise en regardant α comme seule variable, on aura en quantités finies l'équation de l'enveloppe, et par conséquent l'intégrale de l'équation (a).

Jusqu'ici nous avons supposé que la courbe qui dirige le mouvement de l'enveloppée était tracée sur une surface courbe donnée; si cette courbe était totalement arbitraire dans ses deux projections, la génération de l'enveloppe pourrait de même être exprimée; mais elle ne le pourrait être indépendamment de toute fonction arbitraire qu'au moyen des différences partielles du second ordre. Nous nous occuperons incessamment de ce genre de différences, et nous aurons occasion de traiter cette même surface d'une manière encore plus générale.

Comme ces recherches commencent à devenir compliquées, nous croyons devoir les éclaircir par un exemple simple.

EXEMPLE.

Étant donnée une surface de révolution autour de l'axe des z, et dont l'équation sera, comme nous l'avons vu,

$$z = \Pi(x^2 + y^2),$$

Π indiquant une fonction donnée, et une courbe quelconque étant tracée sur cette surface; si l'on suppose qu'une sphère de rayon constant se meuve de manière que son centre décrive cette courbe, trouver l'équation de la surface qui enveloppe l'espace parcouru par la sphère, indépendamment de la nature de la courbe parcourue par le centre.

Si l'on représente par a le rayon constant de la sphère enveloppée, l'équation de la surface de cette sphère, considérée dans sa position primitive, sera

$$x'^2 + y'^2 + z'^2 = a^2;$$

9

les deux équations qui expriment que les plans tangents à la sphère et à l'enveloppe sont parallèles entre eux seront

$$p = \frac{-x'}{\sqrt{a^2 - x'^2 - y'^2}},$$

$$q = \frac{-y'}{\sqrt{a^2 - x'^2 - y'^2}};$$

celle qui exprime que les deux points de contact coïncideront dans un instant du mouvement sera

$$z - z' = \Pi\left[(x - x')^2 + (y - y')^2\right];$$

et éliminant x', y', z' entre ces quatre équations, on aura l'équation demandée.

Si l'on tire des trois premières les valeurs de x', y', z', on trouvera

$$x' = \frac{-ap}{\sqrt{1 + p^2 + q^2}},$$

$$y' = \frac{-aq}{\sqrt{1 + p^2 + q^2}},$$

$$z' = \frac{a}{\sqrt{1 + p^2 + q^2}};$$

donc, en faisant, pour abréger,

$$1 + p^2 + q^2 = k^2,$$

l'équation de l'enveloppe demandée sera

$$z - \frac{a}{k} = \Pi\left[\left(x + \frac{ap}{k}\right)^2 + \left(y + \frac{aq}{k}\right)^2\right].$$

Cette équation est de la forme de l'équation (α) du cas général; car, pour ce cas particulier, on a

$$f = \frac{-ap}{k}, \qquad f = \frac{-aq}{k}, \qquad F = \frac{a}{k};$$

et en exécutant les différentiations indiquées, on trouve que l'équation de condition

$$d \cdot \frac{a}{k} = -pd \cdot \frac{ap}{k} - qd \cdot \frac{aq}{k}$$

est identique.

Actuellement, si l'équation aux différences partielles que l'on vient de trouver était proposée, et s'il fallait en déduire, en quantités finies, les équations de l'enveloppée et de l'enveloppe supposées inconnues, on aurait d'abord celle de l'enveloppée, en éliminant p et q des trois équations

$$x = \frac{-ap}{k},$$

$$y = \frac{-aq}{k},$$

$$z = \frac{a}{k},$$

ce qui s'exécute facilement en carrant les trois équations et ajoutant, et l'on trouverait

$$x^2 + y^2 + z^2 = a^2;$$

on aurait ensuite l'équation de l'enveloppe en éliminant a entre l'équation suivante :

$$(A) \qquad (x - a)^2 + (y - \varphi a)^2 + \left[z - \Pi\left[a^2 + (\varphi a)^2\right]\right]^2 = a^2,$$

et sa différentielle prise en regardant a comme seule variable.

Nous terminerons là ce que nous nous proposons de dire sur la génération des surfaces courbes qui peuvent être exprimées par

des différences partielles du premier ordre, pour passer à celles qui
exigent des différences partielles du second ordre; mais, en traitant
de celles-ci, nous aurons encore occasion de voir un assez grand
nombre de celles de la première espèce.

§ X.

DE LA SURFACE ENGENDRÉE PAR LE MOUVEMENT D'UNE DROITE QUI NE CESSE PAS D'ÊTRE PARALLÈLE A UN PLAN CONSTANT DE POSITION.

Si l'on conçoit dans l'espace deux courbes quelconques à double
courbure, et qu'une droite constamment parallèle à un plan fixe
se meuve de manière qu'elle s'appuie toujours contre ces deux
courbes, ce qui déterminera la nature de son mouvement, la surface courbe engendrée par la droite, par cela seul qu'elle résultera
de cette génération, aura une propriété indépendante de la nature
des deux courbes qui dirigent le mouvement de la droite, et l'expression analytique de cette propriété sera l'équation générale de
toutes les surfaces soumises à la même génération.

L'expression de cette propriété peut être obtenue sous trois
formes très-différentes : 1° Elle peut ne renfermer aucun vestige
de la nature des deux courbes directrices; alors elle contient des
différences partielles du second ordre, et elle est délivrée de toute
fonction arbitraire. 2° Elle peut ne renfermer des vestiges que
d'une seule des deux directrices; alors elle peut être exprimée en
différences partielles du premier ordre, mais elle contient une fonction arbitraire, et cela peut avoir lieu de deux manières essentiellement différentes. 3° Enfin, elle peut ne renfermer que des quantités

finies : dans ce cas, elle conserve les vestiges des deux directrices, et elle renferme deux fonctions arbitraires. Nous allons donner toutes ces formes dans l'ordre suivant lequel nous venons de les énoncer.

Pour abréger, de même que nous représentons par p et q les différences partielles du premier ordre de l'ordonnée z, de manière que nous avons

$$dz = p\,dx + q\,dy,$$

nous représenterons aussi, dans la suite, par r, s, t les différences partielles du second ordre, de manière que nous aurons

$$dp = r\,dx + s\,dy,$$
$$dq = s\,dx + t\,dy,$$

où l'on voit que, comme on sait, le coefficient de dy, dans la différentielle de p, est le même que celui de dx dans la différentielle de q. On aura donc aussi

$$ddz = r\,dx^2 + 2s\,dx\,dy + t\,dy^2.$$

Tant que les trois quantités x, y, z sont considérées comme les coordonnées d'une surface courbe, ce qui arrive toujours lorsqu'elles ne sont liées entre elles que par une seule équation, deux quelconques d'entre elles, par exemple x et y, peuvent toujours être regardées comme indépendantes ; leurs accroissements dx, dy sont donc, en général, indépendants et arbitraires. Lorsqu'on est obligé de considérer plusieurs de ces accroissements successifs, on est le maître de donner à chacun de ceux de la même suite la valeur que l'on veut, pourvu qu'on introduise dans le calcul la loi qui détermine la valeur de chacun des accroissements de la suite. La loi la plus simple est de supposer dx et dy constants ; et l'introduction de cette loi dans les calculs s'opère en faisant $ddx = 0$, $ddy = 0$:

c'est pour cela que ces différences secondes n'entreront dans les recherches suivantes que lorsque nous parlerons des courbes à double courbure.

I.

La surface que nous considérons jouit évidemment de cette propriété, 1° que si par un point quelconque de cette surface on conçoit la droite génératrice et un plan tangent, ce plan passera par la droite; 2° que si le point se meut sur la surface, mais sans sortir de la même génératrice, le nouveau plan tangent, qui passera encore par la même droite, coupera le premier dans la génératrice elle-même. C'est cette propriété dont il s'agit d'avoir l'expression.

Pour cela, x, y, z étant les coordonnées du point considéré sur la surface, et x', y', z' celles du point général d'un plan, soit

$$A x' + B y' + C z' = 0$$

l'équation donnée du plan fixe mené par l'origine, et auquel la génératrice doit constamment être parallèle. L'équation du plan tangent à la surface sera, comme on sait,

$$p(x - x') + q(y - y') - (z - z') = 0.$$

Si par le même point de la surface on mène un plan parallèle au plan fixe, son équation sera

$$A(x - x') + B(y - y') + C(z - z') = 0,$$

et ces deux équations seront celles de la génératrice lorsqu'elle passe par le point que l'on considère.

Si le point de contact change de position sur la surface, quelle que soit d'ailleurs la direction de son mouvement, le nouveau plan tangent coupera le premier en une droite, dont on aura l'équation en différentiant l'équation du plan tangent, sans faire varier ni x', ni y', ni z' ; ce qui donnera

$$(x - x')(r\,dx + s\,dy) + (y - y')(s\,dx + t\,dy) = 0,$$

dans laquelle la valeur de $\frac{dy}{dx}$ dépend de la direction du mouvement du point de contact. Mais si l'on veut que ce point ne sorte pas du plan parallèle au plan fixe, il faut que les quantités dx, dy, dz aient entre elles la relation que donne l'équation de ce plan ; il faut donc que la différentielle de cette équation, prise en regardant aussi x', y', z' comme constants, soit satisfaite, c'est-à-dire que l'on ait

$$A\,dx + B\,dy + C\,(p\,dx + q\,dy) = 0,$$

ce qui donne la valeur de $\frac{dy}{dx}$. L'intersection des deux plans tangents consécutifs devant coïncider avec la génératrice, il s'ensuit que les valeurs de x', y', z' sont les mêmes pour ces quatre équations ; or ces équations doivent avoir lieu pour tous les points de la surface, et par conséquent quelles que soient les valeurs de x, y, z et $\frac{dy}{dx}$. Donc, si l'on élimine les trois quantités $\frac{x - x'}{z - z'}$, $\frac{y - y'}{z - z'}$, $\frac{dy}{dx}$, l'équation résultante

$$(Cq + B)^2\,r - 2(Cq + B)(Cp + A)\,s + (Cp + A)^2\,t = 0$$

sera aux différences partielles secondes et linéaires celle de la surface demandée.

Si le plan fixe avait été parallèle aux z, on aurait eu $C = 0$ dans l'équation donnée de ce plan ; et l'équation aux différences secondes aurait été

$$B^2\,r - 2AB\,s + A^2\,t = 0,$$

dont tous les coefficients sont constants, et qui, à cause de sa simplicité, paraît être celle par laquelle nous aurions dû commencer ces nouvelles recherches; mais nous avons cru devoir leur donner dès à présent toute la généralité qui n'augmente pas leur difficulté.

Les surfaces dont l'équation est aux différences secondes ont leur caractéristique comme celles du premier ordre, et l'équation de cette courbe peut toujours être déduite de l'équation différentielle par la méthode générale que nous allons exposer.

De la caractéristique des surfaces dont l'équation est aux différences secondes.

Quelle que soit la génératrice de la surface, et quelle que soit la position dans laquelle on la considère, cette courbe coupe les deux directrices chacune en un point; par chacun de ces points menons à la directrice correspondante une tangente, puis concevons pour une autre surface soumise à la même génération deux nouvelles directrices, mais qui soient telles qu'elles touchent respectivement les premières chacune dans le point par lequel passe la génératrice, en sorte que les deux tangentes soient communes aux nouvelles directrices et aux premières. Cela posé, il est évident que les deux surfaces engendrées se toucheront dans toute l'étendue de la génératrice : elles auront donc une ligne commune qui ne changera pas, lorsque tout ce qui particularise une surface individuelle éprouvera une variation, et qui sera par conséquent la *caractéristique*. Ainsi, pour avoir l'équation de cette ligne commune, il faudra différentier celle de la surface, en ne faisant varier que le paramètre, dont la valeur particularise la surface individuelle. Mais la ligne commune étant une ligne de contact dans toute son étendue, les cinq quantités x, y, z, p, q ont les mêmes valeurs pour les deux surfaces, et ne varient pas lorsque ce paramètre change; les trois autres quantités r, s, t sont donc les seules qui en dépendent. Donc, pour différentier l'équation de la surface, en ne faisant varier que le paramètre, il faut la différentier d'abord en ne faisant varier que r, s, t. Soit cette différentielle

$$\mathrm{R}\,dr + \mathrm{S}\,ds + \mathrm{T}\,dt = \mathrm{o}.$$

Comme les quantités p et q sont les mêmes pour les deux surfaces, leurs différentielles, prises de la même manière, doivent aussi être nulles; ce qui donne

$$dr\,dx + ds\,dy = \mathrm{o},$$
$$ds\,dx + dt\,dy = \mathrm{o}.$$

Enfin, ces trois équations devant avoir lieu dans toute l'étendue de la ligne de contact, et par conséquent quelles que soient les valeurs de $\frac{dr}{ds}$ et $\frac{dt}{ds}$, si l'on élimine ces deux quantités entre les trois équations, on aura pour équation générale de la caractéristique d'une surface dont l'équation est du second ordre,

$$\mathrm{R}\,dy^2 - \mathrm{S}\,dx\,dy + \mathrm{T}\,dx^2 = \mathrm{o}.$$

Cette équation étant du second degré algébrique par rapport à $\frac{dy}{dx}$, il s'ensuit qu'en chaque point de la surface on a deux valeurs de $\frac{dy}{dx}$ pour la caractéristique qui passe par ce point; la caractéristique a donc deux tangentes différentes en ce point, qui est par conséquent un point double de cette courbe.

Dans tous les cas où l'équation qu'on vient de trouver a deux facteurs rationnels linéaires par rapport à $\frac{dy}{dx}$, il y a deux caractéristiques indépendantes, et dont on peut avoir les équations individuelles: mais, dans le cas général, ces deux caractéristiques sont les deux branches d'une même courbe, et ces branches se coupent toujours dans le point que l'on considère sur la surface.

Dans le cas particulier de la surface dont nous nous occupons, on a

$$R = (Cq + B)^2,$$
$$S = -2(Cq + B)(Cp + A),$$
$$T = (Cp + A)^2;$$

l'équation de la caractéristique est donc

$$(Cq + B)^2 dy^2 + 2(Cq + B)(Cp + A) dx\, dy + (Cp + A)^2 dx^2 = 0,$$

qui peut être mise sous la forme

$$(A\, dx + B\, dy + C\, dz)^2 = 0.$$

Cette équation a deux facteurs rationnels linéaires; mais ces deux facteurs étant égaux, il s'ensuit que les deux caractéristiques coïncident partout, et ont pour équation commune

$$A\, dx + B\, dy + C\, dz = 0,$$

dont l'intégrale est

$$A x + B y + C z = a,$$

dans laquelle a est la constante qui, variant d'une caractéristique à une autre, détermine la position de cette courbe. Cette équation est celle d'un plan parallèle au plan fixe, et qui coupe la surface dans la génératrice; donc la caractéristique n'est autre chose que la génératrice elle-même.

II.

Pour trouver les deux équations aux différences partielles du premier ordre, concevons par un point quelconque de la surface, 1° un plan tangent, 2° un plan parallèle au plan fixe; les équations de ces deux plans seront

$$p(x - x') + q(y - y') - (z - z') = o,$$
$$A(x - x') + B(y - y') + C(z - z') = o.$$

Cela posé, il est évident que si le point se meut sur la surface, ce qui changera la position du plan tangent, tant que ce point ne sortira pas du second plan, les deux plans se couperont dans une même ligne droite. Il s'agit donc d'exprimer que si le second plan est constant, la droite d'intersection sera aussi constante. Mais cette droite, se trouvant sur un plan constant, sera elle-même constante si une seule de ses projections l'est : donc il suffira d'exprimer qu'une des projections de la droite et le second plan sont en même temps constants de position.

Le second plan sera constant de position si la quantité $Ax + By + Cz$ est constante. Représentons cette quantité par α, ce qui donnera

$$\alpha = Ax + By + Cz.$$

On aura l'équation de la projection de la droite sur le plan des x, z, en éliminant y entre les équations des deux plans; cette équation sera

$$x' = \beta z' + \gamma,$$

dans laquelle on a

$$\beta = \frac{Cq + B}{Bp - Aq},$$

$$\gamma = -\frac{B(z - px - qy) + \alpha q}{Bp - Aq}$$

Donc il faut que α étant constante, les deux quantités β et γ le soient aussi toutes deux; or, il y a entre α, β, γ une relation telle que si deux d'entre elles sont constantes, la troisième l'est aussi nécessairement, puisqu'en faisant $d\alpha = o$ et $d\beta = o$, on a $d\gamma = o$; ce qu'il est facile de vérifier par la différentiation : donc il suffira d'énoncer que de ces trois quantités, deux quelconques sont constantes ensemble et variables ensemble, et par conséquent fonctions l'une de l'autre ; donc une des équations aux différences du premier ordre sera

$$\frac{Cq + B}{Bp - Aq} = \varphi \left[Ax + By + Cz \right].$$

En opérant d'une manière analogue sur les deux autres projections, on aurait trouvé les deux nouvelles équations

$$\frac{Cp + A}{Bp - Aq} = \psi \left[Ax + By + Cz \right].$$

$$\frac{Cq + B}{Cp + A} = \pi \left[Ax + By + Cz \right].$$

dont une quelconque est une suite nécessaire des deux autres : ainsi deux de ces trois équations, les deux premières par exemple, seront, aux différences partielles du premier ordre, celles de la surface demandée.

Si l'on regarde les fonctions φ, ψ, π comme arbitraires, c'est-à-dire comme susceptibles de toutes les formes possibles, chacune des trois dernières équations est de la même généralité que celle aux différences secondes, et deux quelconques d'entre elles en sont les intégrales premières.

Si l'une quelconque des trois équations aux différences partielles premières que l'on vient de trouver était proposée, soit que la fonction fût donnée, soit qu'elle fût arbitraire, et s'il fallait trouver l'équation de la caractéristique de la surface courbe à laquelle elle appartient, il faudrait, comme nous l'avons vu, différentier cette équation en regardant p et q comme seules variables; ce qui donnerait un résultat de la forme $P\,dp + Q\,dy = 0$, et l'équation $P\,dy - Q\,dx = 0$ serait l'équation demandée. Or, si l'on différentie de cette manière chacune de ces trois équations, on trouve également pour chacune d'elles

$$P = Cq + B, \quad -Q = Cp + A ;$$

donc l'équation de la caractéristique est indifféremment, pour les trois équations,

$$(Cq + B)dy + (Cp + A)dx = o,$$

ou, ce qui revient au même,

$$A dx + B dy + C dz = o,$$

la même que celle que nous avons trouvée pour l'équation aux différences secondes.

III.

Enfin, pour trouver en quantités finies l'équation de la surface, il faut observer que si le point que l'on considère se meut sur la surface de manière qu'il reste toujours dans le même plan parallèle au plan fixe, il se mouvra en ligne droite, c'est-à-dire qu'il restera toujours dans un autre même plan mené par l'origine. Soit

$$z = ax + by$$

l'équation de ce dernier plan ; il faut donc que si la quantité $Ax + By + Cz = \alpha$ est constante, ce qui exprime que le point reste dans le même plan parallèle au plan fixe, les deux autres quantités a et b soient toutes deux constantes : donc ces deux quantités doivent être chacune une fonction de α ; donc l'équation demandée est

$$z = x\varphi(Ax + By + Cz) + y\psi(Ax + By + Cz),$$

dans laquelle les formes des deux fonctions φ et ψ sont arbitraires.

et ne sont pas les mêmes que celles des fonctions que nous avons représentées par les mêmes caractères dans les équations aux différences premières, quoiqu'elles en dépendent.

Cette équation est de la même généralité que l'équation aux différences secondes, et que chacune des trois aux différences premières, et elle est leur intégrale finie commune.

IV.

Deux courbes à double courbure quelconques étant données dans l'espace, trouver, parmi toutes les surfaces engendrées par le mouvement d'une droite qui reste constamment parallèle à un plan fixe, celle qui passe en même temps par les deux courbes.

La question consiste évidemment à déterminer dans l'équation générale de ces surfaces

$$z = x\varphi(Ax + By + Cz) + y\psi(Ax + By + Cz)$$

les formes des deux fonctions arbitraires φ et ψ, pour que cette équation devienne celle de la surface individuelle demandée.

Soient

(A) $$F(x, y, z) = 0,$$

(B) $$f(x, y, z) = 0,$$

les deux équations données de la première courbe, et

(C) $$F(x, y, z) = 0,$$

(D) $$f(x, y, z) = 0,$$

celles de la seconde; si l'on fait

(E) $$Ax + By + Cz = u,$$

l'équation générale de la surface deviendra

$$(F) \qquad z = x\varphi u + y\psi u.$$

Cela posé, la surface devant passer par la première courbe, les quatre équations (A), (B), (E), (F) doivent avoir lieu entre les coordonnées de chacun des points de cette courbe; donc, éliminant entre ces quatre équations les trois quantités x, y, z, on aura en u, φu, ψu, une première équation

$$(G) \qquad \Gamma(u, \varphi u, \psi u) = 0,$$

à laquelle les formes des deux fonctions φ et ψ doivent satisfaire pour que la surface passe par la première courbe.

De même, la surface devant passer par la seconde courbe, si entre les quatre équations (G), (D), (E), (F) on élimine les trois coordonnées x, y, z, on aura une seconde équation

$$(H) \qquad \Gamma(u, \varphi u, \psi u) = 0,$$

à laquelle les formes des fonctions φ et ψ doivent satisfaire pour que la surface passe par la seconde courbe. Donc, d'abord, si des deux équations (G), (H) on tire les valeurs de φu et ψu en u, on aura la forme de chacune de ces fonctions; mais sans faire cette opération, qui suppose la perfection de l'analyse, si, entre les quatre équations (E), (F), (G), (H), on élimine les trois quantités u, φu, ψu, on aura en x, y, z une équation délivrée de toute fonction arbitraire, et qui sera celle de la surface individuelle demandée.

Cette manière de déterminer les formes de deux fonctions arbitraires s'applique à tous les cas où les deux fonctions φ et ψ sont composées de la même quantité.

———

Deux surfaces courbes étant données, trouver parmi toutes les surfaces engendrées par le mouvement d'une droite qui reste constamment parallèle à un plan fixe, celle qui embrasse ces deux surfaces, c'est-à-dire qui les touche toutes deux suivant une ligne courbe.

La question sera évidemment réduite à la précédente, si l'on trouve sur chacune des surfaces données sa courbe de contact avec la surface demandée.

Soient

$$\text{(A)} \qquad F(x, y, z) = 0,$$

$$\text{(B)} \qquad f(x, y, z) = 0,$$

les équations des deux surfaces données. Pour tous les points de la ligne de contact de la première surface, les valeurs des quantités x, y, z, p, q, r, s, t sont les mêmes, soit que ces points soient considérés sur la surface donnée, soit qu'ils soient regardés comme appartenant à la surface demandée. Si donc, en différentiant l'équation (A), on tire les valeurs de p, q, r, s, t, en x, y, z, et si l'on représente ces valeurs respectivement par P, Q, R, S, T, les points de la ligne de contact sont ceux pour lesquels on aura en x, y, z, P, Q, R, S, T l'équation aux différences secondes de la surface demandée : donc la seconde équation de cette ligne de contact sera

$$\text{(C)} \quad (CQ + B)^2 R - 2(CQ + B)(CP + A)S + (CP + A)^2 T = 0.$$

De même, si par la différentiation de l'équation (B) de la seconde surface donnée on tire les valeurs de p, q, r, s, t, et si l'on représente ces valeurs respectivement par P', Q', R', S', T', l'équation

$$\text{(D)} \quad (CQ' + B)^2 R' - 2(CQ' + B)(CP' + A)S' + (CP' + A)^2 T' = 0$$

sera celle de la ligne de contact de la seconde surface.

Actuellement que nous avons pour chacune des lignes de contact deux équations, en opérant sur ces équations comme nous l'avons fait, dans le cas précédent, sur (A), (B), (C), (D), on aura l'équation de la surface demandée.

Lorsque la projection horizontale du vide d'une *vis à jour* n'est pas circulaire, les faces supérieure et inférieure de la courbe rampante sont des cas particuliers de la surface dont nous venons de nous occuper, car elles sont engendrées chacune par le mouvement d'une droite qui, étant constamment horizontale, s'appuie toujours contre deux courbes données.

§ XI.

DE LA SURFACE ENGENDRÉE PAR LE MOUVEMENT D'UNE DROITE QUI PASSE TOUJOURS PAR L'AXE DES z.

Deux courbes quelconques à double courbure étant données, si l'on conçoit qu'une droite qui passe constamment par l'axe des z se meuve de manière qu'elle s'appuie toujours contre ces deux courbes, elle engendrera une surface qui, par cela seul qu'elle sera soumise à cette génération, aura des propriétés générales, et dont il s'agit de trouver, 1° l'équation aux différences secondes; 2° les deux équations aux différences premières; 3° l'équation en quantités finies, quelles que soient d'ailleurs les deux courbes qui dirigent le mouvement de sa génératrice.

I.

Par un point quelconque de la surface, ayant mené, 1° un plan tangent, 2° un plan par l'axe des z, plans qui se couperont suivant une des positions de la génératrice, et dont les équations seront

$$p(x - x') + q(y - y') - (z - z') = 0,$$
$$y(x - x') - x(y - y') = 0,$$

si l'on conçoit que ce point change de position sur la surface, sans cependant sortir du second plan, le nouveau plan tangent coupera encore le premier suivant la même droite. Il faut donc que dans ces deux équations les coordonnées x', y', z' de la droite d'intersection ne changent pas lorsque celles x, y, z du point de la surface changent, c'est-à-dire que les différentielles de ces équations, prises en regardant x', y', z' comme constantes, aient encore lieu : ce qui donne

$$(1) \quad \begin{cases} (r\,dx + s\,dy)(x - x') + (s\,dx + t\,dy)(y - y') = 0, \\ x'\,dy = y'\,dx ; \end{cases}$$

d'où

$$\frac{dy}{dx} = \frac{y'}{x'}.$$

Mais l'équation $y - y' = \frac{y}{x}(x - x')$ se réduit à $xy' = x'y$; elle donnera donc

$$\frac{y'}{x'} = \frac{y}{x} = \frac{dy}{dx}.$$

Substituant, dans l'équation (1), pour $\frac{dy}{dx}$ cette valeur, et pour $\frac{y - y'}{x - x'}$ son expression $\frac{y}{x}$, on aura

$$rx^2 + 2sxy + ty^2 = 0$$

pour l'équation de la surface demandée.

Nous avons vu que si la différentielle de l'équation aux différences secondes, prises en regardant r, s, t comme seule variable, est

$$R\,dr + S\,ds + T\,dt = 0,$$

l'équation de la caractéristique est

$$R\,dy^2 - S\,dx\,dy + T\,dx^2 = 0;$$

donc, dans le cas présent, l'équation de cette courbe sera

$$x^2\,dy^2 - 2xy\,dx\,dy + y^2\,dx^2 = 0.$$

Cette équation a les deux facteurs rationnels égaux $x\,dy - y\,dx = 0$, dont l'intégrale $y = \alpha x$ est l'équation d'un plan mené par l'axe des z; α étant la constante arbitraire qui particularise la position de ce plan. Donc les deux branches de la caractéristique se confondent; donc cette ligne, étant l'intersection de la surface avec le plan vertical mené par l'axe des z, n'est autre chose que la droite génératrice elle-même.

II.

Le plan tangent et le plan mené par l'axe des z, dont les équations sont

$$p(x - x') + q(y - y') - (z - z') = 0,$$
$$x'y - xy' = 0,$$

se coupant dans une droite qui ne change pas de position quand le point de contact se meut dans le second de ces plans, c'est-à-dire quand la quantité $\frac{x}{y}$ est constante, il faut que, dans la même hypothèse, deux quelconques des trois projections de cette droite soient constantes. Or, si l'on élimine successivement x', y', z' entre les équations des deux plans, on trouve que les équations de ces trois projections sont

$$y'(px + qy) = z'y - y(z - px - qy),$$
$$x'(px + qy) = z'x - x(z - px - qy),$$
$$x'y - xy' = 0,$$

et ces trois projections seront constantes en même temps que $\frac{y}{x}$, si les trois quantités $\frac{px + qy}{y}$, $\frac{px + qy}{x}$, $z - px - qy$ sont aussi constantes; il faut donc que ces trois dernières quantités soient fonctions de $\frac{y}{x}$. Mais, de ces quatre quantités, si trois sont constantes, la quatrième est aussi constante, puisque si de leurs quatre différentielles trois quelconques sont supposées égales à zéro, la quatrième l'est aussi : donc il suffira d'énoncer que des trois dernières quantités deux quelconques sont fonctions de $\frac{y}{x}$; donc enfin les équations

$$px + qy = y \varphi\left(\frac{y}{x}\right),$$
$$px + qy = x \psi\left(\frac{y}{x}\right),$$
$$z - px - qy = \pi\left(\frac{y}{x}\right),$$

dont les deux premières se réduisent évidemment à une seule, sont les deux équations aux différences premières de la surface demandée.

Si les fonctions φ, ψ, π sont arbitraires, chacune de ces équations est de la même généralité que l'équation aux différences secondes, et en est une intégrale première.

Si, pour trouver la caractéristique d'après une des équations aux différences premières, on différentie cette équation en regardant p et q comme seules variables, on trouve également pour chacune des trois équations

$$x\,dp + y\,dq = 0;$$

l'équation de la caractéristique est donc

$$x\,dy - y\,dx = 0$$

comme on l'a trouvé d'après l'équation aux différences secondes.

III.

La génératrice de la surface étant constante de position quand le plan mené par l'axe des z, et dans lequel elle se trouve toujours, est fixe, c'est-à-dire quand la quantité $\frac{y}{x}$ est constante, il est clair que, dans la même hypothèse, une quelconque des projections de cette droite sur les plans des x, z, et des y, z, est constante. Or, les équations de ces deux projections sont nécessairement de cette forme

$$z = \gamma x + \beta, \qquad z = \delta y + \beta;$$

donc il faut que, dans l'une ou dans l'autre de ces deux équations, les quantités β, γ, δ soient constantes quand $\frac{y}{x}$ est constante, et que par conséquent elles soient fonctions de cette dernière. Donc une quelconque des deux équations suivantes

$$z = x\psi\left(\frac{y}{x}\right) + \pi\left(\frac{y}{x}\right),$$

$$z = y\varphi\left(\frac{y}{x}\right) + \pi\left(\frac{y}{x}\right),$$

est en quantités finies celle de la surface demandée.

Si les trois fonctions φ, ψ, π sont arbitraires, ces deux équations sont absolument équivalentes, et chacune d'elles est de la même généralité que l'équation aux différences secondes, et que chacune de celles aux différences premières, et est leur intégrale finie commune. Ces deux équations pouvaient se déduire des trois équations aux différences premières, par le moyen de l'élimination des quantités p et q.

Des deux formes que nous venons de trouver pour l'équation demandée, aucune n'est symétrique; il n'y a que leur système qui le soit. Cela vient de ce que les équations des trois projections de la génératrice n'étant pas de la même forme, puisque la projection sur le plan des x, y passe par l'origine, tandis que les deux autres n'y passent pas, nous avons employé la première, avec une quelconque des deux autres, pour déterminer le lieu de la génératrice. Si l'on employait les deux dernières projections, le résultat serait symétrique. En effet, les trois quantités β, γ, δ sont telles, que si l'une est constante, les deux autres le sont aussi; et cela doit avoir lieu, quelle que soit la valeur de cette première : donc l'équation demandée est le résultat de l'élimination de l'indéterminée β entre les deux équations suivantes :

$$z = x\,\psi\beta + \beta, \quad z = y\,\varphi\beta + \beta.$$

Ce résultat est symétrique, mais a l'inconvénient d'être représenté par le système de deux équations, tandis qu'il peut l'être par une seule de deux manières différentes.

Au reste, quoiqu'on regarde ordinairement comme moins simples les résultats représentés par le système de plusieurs équations, entre lesquelles il faut éliminer des indéterminées, nous aurons occasion de voir, par la suite, que dans un grand nombre de cas ils ont l'avantage de rendre plus sensible la génération des surfaces qu'ils expriment, et de conduire à des constructions plus élégantes.

La surface n'ayant qu'une seule caractéristique, ou, ce qui revient au même, les fonctions arbitraires qui entrent dans ses différentes équations étant toutes composées de la même quantité, s'il était question de trouver les équations de la surface individuelle qui passe par deux courbes données, ou de celle qui embrasse deux surfaces courbes données, en les touchant chacune suivant une ligne courbe, on le ferait par le procédé que nous avons ex-, posé en parlant de la surface précédente.

Nous terminerons en faisant observer que la surface du *binis passé* et celle de *l'arrière-voussure de Marseille*, dont nous nous sommes occupé dans la coupe des pierres, sont l'une et l'autre un cas particulier de celle dont il s'agit ici ; car elles sont toutes deux engendrées par le mouvement d'une droite qui passe toujours par l'axe de la porte, et qui d'ailleurs s'appuie dans son mouvement sur deux cintres donnés arbitrairement.

§ XII.

DES SURFACES DÉVELOPPABLES.

Les surfaces développables sont celles qui, étant supposées flexibles et inextensibles, sont de nature à pouvoir s'appliquer sur un plan, au moyen d'une simple flexion, et le toucher alors dans tous leurs points, sans rupture et sans duplicature. Les surfaces cylindriques à bases quelconques, et les surfaces coniques, sont développables ; mais elles ne sont qu'un cas infiniment particulier de ce genre de surfaces, qui ont toutes un caractère commun ou une propriété exclusive. C'est ce caractère ou cette propriété dont nous nous proposons de trouver l'expression analytique, 1° en différences partielles du second ordre ; 2° en différences partielles du premier ordre ; 3° en quantités finies.

12

On sait qu'il faut trois conditions pour fixer dans l'espace la position d'un plan, et que ces trois conditions servent à déterminer les trois constantes A, B, C, qui entrent dans l'équation du plan. Si de ces trois conditions, deux étant supposées invariables, la troisième est regardée comme pouvant varier suivant une certaine loi; par exemple, si dans l'expression de cette condition entre une certaine quantité α susceptible d'avoir toutes les valeurs possibles: tant que cette quantité aura la même valeur, la position du plan sera fixe dans l'espace; et quand α variera, la position du plan changera. Supposons donc que la quantité α prenne successivement toutes les valeurs possibles depuis $-\infty$ jusqu'à $+\infty$, on aura une suite infinie de plans différents, qui tous satisferont aux deux conditions invariables, et qui ne différeront entre eux que par la troisième condition. Cela posé, l'enveloppe de tous ces plans, c'est-à-dire la surface qui termine la partie de l'espace qu'ils occupent, sera, en général, une surface développable. Avant que de le démontrer, éclaircissons ce qui précède par quelques exemples.

1. Soit donnée une courbe à double courbure quelconque, dont les équations soient représentées par $x = fz$, $y = \mathit{f}z$, f et f indiquant des fonctions données. Si sur cette courbe on considère un point pour lequel on ait $z = \alpha$, les deux autres coordonnées de ce point seront $x = f\alpha$, $y = \mathit{f}\alpha$. Cela posé, si l'on conçoit par ce point le plan normal à la courbe, ce plan sera déterminé de position; car il passera par un point déterminé, ce qui est une condition; puis il sera normal à la courbe, ce qui équivaut aux deux conditions de passer par deux normales différentes. Les trois constantes A, B, C, qui entreront dans l'équation de ce plan seront donc déterminées, mais, en général, elles seront toutes trois des fonctions de α. En effet, si l'on donne à α une autre valeur, c'est-à-dire si l'on considère un nouveau point de la courbe, le plan normal qui passera par ce point ne sera pas parallèle au pre-

mier; les trois coefficients A, B, C de son équation n'auront donc pas les mêmes valeurs que pour le premier : donc ces coefficients varient quand la quantité α varie; donc ils sont, en général, des fonctions de α. Actuellement, si l'on donne à α toutes les valeurs possibles, c'est-à-dire si l'on opère de la même manière sur tous les points de la courbe, on aura une suite infinie de plans différents qui satisferont tous à la condition double d'être normaux à la courbe; et l'enveloppe de tous ces plans, c'est-à-dire la surface qui termine la partie de l'espace qu'ils occupent, sera, en général, une surface développable. Proposons encore un autre exemple.

2. Deux surfaces courbes étant données, si l'on se proposait de mener un plan tangent en même temps à ces deux surfaces, la question ne serait pas déterminée, parce qu'on n'indiquerait que deux conditions pour ce plan, qui pourrait encore satisfaire à une troisième condition arbitraire, comme, par exemple, de passer par un point donné. Supposons que ce point soit pris sur une droite donnée de position et corresponde sur cette droite à $z = \alpha$. Tant que la valeur de α sera la même, c'est-à-dire tant que le point de la droite par lequel doit passer le plan tangent aux deux surfaces sera le même, ce plan tangent sera fixe; mais si ce point vient à changer de position sur la droite, c'est-à-dire si α varie, le plan tangent aux deux surfaces ne sera plus le même. Cela posé, si l'on donne successivement à α toutes les valeurs possibles depuis $\alpha = -\infty$ jusqu'à $\alpha = +\infty$, c'est-à-dire si par tous les points de la droite donnée on conçoit des plans tangents en même temps aux deux surfaces, on aura une suite infinie de plans différents, qui satisferont tous à deux conditions invariables, et l'enveloppe de tous ces plans sera, en général, une surface développable.

Il n'est peut-être pas inutile d'observer ici que chacun des deux exemples que nous venons de rapporter présente une définition complète des surfaces dont il s'agit; en sorte qu'il n'y en a aucune qui ne soit comprise en même temps dans l'une et dans l'autre de ces deux divisions.

L'enveloppée étant ici un plan variable de position, il est clair que la caractéristique de l'enveloppe, c'est-à-dire l'intersection de deux enveloppées consécutives, est une ligne droite: ainsi l'enveloppe demandée est engendrée par le mouvement d'une ligne droite; mais, de plus, deux caractéristiques consécutives étant toujours sur une même enveloppée, il s'ensuit que de toutes les positions de la droite génératrice, deux quelconques consécutives sont dans un même plan, et se coupent quelque part en un point. La suite de ces points d'intersection consécutifs forme une arête de rebroussement à double courbure, à laquelle la génératrice est constamment tangente. Les surfaces dont nous nous occupons peuvent donc être encore regardées comme engendrées par le mouvement d'une droite qui ne cesse pas d'être tangente à une même courbe à double courbure, et cette définition, qui les comprend encore toutes, est de la même généralité que les deux premières que nous avons déjà données. Faisons voir actuellement que ces surfaces sont développables.

Deux caractéristiques consécutives étant toujours dans un même plan, l'enveloppe demandée peut toujours être regardée comme composée d'éléments plans d'une longueur indéfinie, d'une largeur infiniment petite, et qui se coupent consécutivement en lignes droites. Cela posé, on peut toujours concevoir que le premier de ces éléments tourne autour de sa droite d'intersection avec la seconde, comme charnière, jusqu'à ce qu'il soit dans le même plan que le second; puis que le système des deux premiers éléments tourne autour de la droite d'intersection du second et du troisième, et ainsi de suite. Si l'on conçoit que cette opération soit continuée pour tous les éléments, il est évident qu'ils seront alors dans le même plan, et que la surface sera développée sans rupture et sans duplicature. Il s'agit actuellement d'avoir l'expression analytique de cette propriété.

I.

Les surfaces développables pouvant être regardées comme composées d'éléments plans d'une longueur indéfinie, il est clair qu'elles jouissent de cette propriété, que les coordonnées x, y, z du point de contact peuvent varier sans que le plan tangent change de position. Cela posé, si l'on ordonne l'équation du plan tangent par rapport aux coordonnées x', y', z' du point général de ce plan, on aura

$$z' = px' + qy' + z - px - qy;$$

il faut donc que les coordonnées x, y, z puissent varier, sans que les coefficients p, q, $z - px - qy$ de l'équation du plan tangent varient, c'est-à-dire que les différentielles de ces trois coefficients doivent être en même temps chacune égales à zéro. Or, si les différentielles de deux quelconques de ces trois quantités sont nulles, celle de la troisième est aussi nulle; ce qu'il est facile de vérifier par la différentiation. Donc, en égalant à zéro les différentielles des trois coefficients, on n'a que les deux équations

$$r\,dx + s\,dy = 0, \qquad s\,dx + t\,dy = 0,$$

dans lesquelles la valeur de $\frac{dy}{dx}$ indique la projection sur le plan des x, y, de la direction du point de contact. Ainsi, dans toute surface développable, et pour chacun de ses points, il existe une valeur de $\frac{dy}{dx}$ qui satisfait en même temps aux deux équations précédentes. Ces deux équations doivent donc avoir lieu, quelle que soit cette valeur : donc, si l'on élimine $\dfrac{dy}{dx}$, le résultat de l'élimination

$$rt - s^2 = 0$$

sera aux différences partielles secondes l'équation générale des surfaces développables.

Nous avons vu qu'étant proposée une équation aux différences partielles secondes, si sa différentielle, prise en regardant r, s, t comme seules variables, est

$$R\,dr + S\,ds + T\,dt = 0,$$

l'équation de la caractéristique de la surface est

$$R\,dy^2 - S\,dx\,dy + T\,dx^2 = 0.$$

Or, dans le cas présent, nous avons

$$R = t, \quad S = -2s, \quad T = r;$$

donc l'équation de la caractéristique des surfaces développables est

$$r\,dx^2 + 2s\,dx\,dy + t\,dy^2 = 0;$$

mais parce que l'on a $s = \sqrt{rt}$, cette équation est un carré parfait dont la racine est

$$dx\sqrt{r} + dy\sqrt{t} = 0;$$

donc, dans les surfaces développables, pour chacun de leurs points, les deux branches de la caractéristique se confondent et se réduisent à une seule. De plus, l'équation

$$r\,dx^2 + 2s\,dx\,dy + t\,dy^2 = 0$$

est la même que celle-ci,

$$ddz = 0,$$

qui appartient, en général, à un plan. Donc la caractéristique des surfaces développables est une ligne plane. Nous allons voir, dans un moment, que c'est une ligne droite qui n'est autre chose que la génératrice elle-même.

II.

Le point de contact pouvant varier sur les surfaces développables sans que le plan tangent change de position, les trois coefficients p, q, $z - px - qy$ de l'équation de ce plan sont donc constants ensemble et variables ensemble : ainsi, l'un quelconque d'entre eux est une fonction des deux autres. Mais nous avons vu que si deux de ces coefficients sont constants, le troisième l'est aussi : donc, dans les surfaces développables, si un de ces coefficients est constant, les deux autres le sont aussi ; donc deux quelconques d'entre eux sont fonctions du troisième ; donc deux des trois équations

$$p = \Phi(z - px - qy),$$
$$q = \psi(z - px - qy),$$
$$p = \pi q,$$

dont une quelconque est une suite nécessaire des deux autres, sont aux différences partielles premières celles des surfaces développables.

Si les fonctions Φ, ψ, π sont arbitraires, chacune de ces trois équations est de la même généralité que celle aux différences secondes $rt - s^2 = 0$, et en est l'intégrale première.

Il suit de là que l'équation aux différences partielles du premier ordre

$$\mathrm{F}\,[\,p, q, z - px - qy\,] = 0,$$

dans laquelle F indique une fonction quelconque de trois quantités, appartient, en général, à une surface développable. Il est facile de vérifier que les équations que nous avons trouvées pour les surfaces cylindriques, pour les surfaces coniques et pour les enveloppes de surfaces coniques dont le sommet se meut dans un plan horizontal, sont comprises dans la précédente, et que les surfaces auxquelles elles appartiennent sont par conséquent développables.

Si l'une des équations aux différences partielles que nous venons de trouver était proposée, par exemple

$$p = \pi q,$$

et s'il fallait trouver l'équation de l'arête de rebroussement de la surface à laquelle elle appartient, il faudrait d'abord trouver l'équation de la caractéristique, qui, en faisant $d.\pi q = \pi' q.dq$, est

$$dy + dx \pi' q = 0,$$

et éliminer p et q entre ces deux équations et la suivante :

$$dz = pdx + qdy.$$

Mais ces trois équations ne renferment que les cinq quantités p, q, dx, dy, dz : donc, quelles que soient les formes de la fonction π et du coefficient π' de sa différentielle, lorsqu'on aura éliminé les deux premières quantités p, q, le résultat ne sera composé que des trois dernières : donc l'équation aux différences ordinaires de l'arête de rebroussement est nécessairement de la forme suivante :

$$f(dx, dy, dz) = 0.$$

Nous verrons, par la suite, que réciproquement toute équation aux différences ordinaires de cette forme, c'est-à-dire dans laquelle il n'entre que les quantités dx, dy, dz, est toujours celle de l'arête de rebroussement d'une certaine surface développable, dont la nature est déterminée par la forme de la fonction donnée f.

III.

Une surface développable étant l'enveloppe de l'espace parcouru par un plan dont la position varie en vertu de la variation d'une seule des trois conditions qui la déterminent; et par conséquent des trois constantes qui entrent dans l'équation de ce plan, deux quelconques étant toujours fonctions de la troisième, il s'ensuit que cette équation peut toujours être mise sous la forme

$$(A) \qquad z = x\varphi a + y\psi a + a,$$

dans laquelle la quantité a qui détermine la position du plan est constante pour la même position, et variable d'une position à une autre. Si, considérant cette équation comme celle d'une enveloppée, on la différentie deux fois de suite en regardant a comme seule variable, on aura

$$(B) \qquad x\varphi'a + y\psi'a + 1 = 0,$$
$$(C) \qquad x\varphi''a + y\psi''a = 0.$$

Cela posé :

1. Regardant a comme une indéterminée dont la valeur variable est indifférente, le résultat de l'élimination de cette quantité entre les deux équations (A), (B) sera, en quantités finies, l'équation générale des surfaces développables; en sorte que si les deux fonctions φ et ψ sont regardées comme arbitraires, le système de ces deux équations est de la même généralité que l'équation aux différences partielles secondes $rt - s^2 = 0$, et que chacune des équations aux différences premières.

2. Regardant a comme une constante arbitraire qui doive subsister, les deux équations (A), (B) sont celles de la caractéristique de

13

la surface, ligne dont la position est déterminée par la valeur de la constante α. Des deux équations (A), (B), la première est celle d'un plan, la seconde est celle d'une droite tracée sur le plan des x, y. Donc la caractéristique est une ligne droite, et n'est autre chose que la génératrice elle-même.

3. Enfin, regardant encore α comme une indéterminée, si l'on élimine cette quantité entre les trois équations (A), (B), (C), il résultera, en x, y, z, deux équations, qui seront celles de l'arête de rebroussement de la surface.

Nous avons vu que les surfaces développables sont susceptibles d'une autre génération, et qu'elles peuvent être engendrées par le mouvement d'une droite qui ne cesse pas d'être tangente à une même courbe à double courbure. L'expression de cette propriété donne pour ces surfaces des équations en quantités finies qui ne sont pas de la même forme que les précédentes, et qu'il s'agit de trouver.

Soient $y = \varphi z$, $x = \psi z$ les équations de la courbe donnée, à laquelle la génératrice doit être constamment tangente, et qui, d'après ce qui précède, sera l'arête de rebroussement de la surface; si l'on considère sur cette courbe un point qui corresponde à $z = \alpha$, les deux coordonnées de ce point seront $y = \varphi\alpha$, $x = \psi\alpha$; puis, si l'on considère ce point comme celui de contact de la tangente, les deux équations de cette tangente seront

$$y - \varphi\alpha = (z - \alpha)\varphi'\alpha, \qquad x - \psi\alpha = (z - \alpha)\psi'\alpha,$$

dans lesquelles α est une quantité constante pour chaque tangente, variable d'une tangente à une autre, et dont la valeur détermine dans l'espace la position de cette droite. Quelle que soit la valeur de α, les deux équations précédentes sont donc toutes deux satisfaites pour les points de la surface. Donc, si l'on élimine α entre ces deux équations, le résultat de l'élimination sera, en x, y, z, l'équation générale des surfaces développables. Si les fonctions φ

et ψ sont regardées comme susceptibles de toutes les formes possibles, soumises ou non à la loi de continuité, ce résultat est de la même généralité que tous les précédents.

IV.

Trouver l'équation de la surface développable qui passe en même temps par deux courbes à double courbure données dans l'espace.

La surface développable passera évidemment par les deux courbes données, si le plan mobile dont elle est l'enveloppe est, dans toutes ses positions, tangent aux deux courbes, c'est-à-dire s'il passe toujours en même temps par une tangente à la première courbe, et par une tangente à la seconde. Il s'agit donc de déterminer, dans l'équation $z = x \varphi \alpha + y \psi \alpha + \varpi$ de ce plan mobile, quelles doivent être les formes des deux fonctions φ et ψ, pour que ces conditions soient toutes deux satisfaites, quelle que soit la valeur de α.

Pour cela, si, représentant par $y = Fx$, $z = fx$ les deux équations données de la première courbe, on prend sur cette courbe un point correspondant à $x = \beta$, les deux autres coordonnées de ce point seront $y = F\beta$, $z = f\beta$; et si l'on considère ce point comme celui de contact d'une tangente, les deux équations de cette tangente seront

$$(A) \qquad y - F\beta = (x - \beta) F'\beta,$$

$$(B) \qquad z - f\beta = (x - \beta) f'\beta,$$

dans lesquelles β est une constante qui particularise la position de la tangente.

De même, si, représentant par $y = (F)x$, $z = fx$ les équations données de la seconde courbe, on prend sur cette courbe un point de contact correspondant à $z = \gamma$, les équations de la tangente à cette courbe seront

(C) $$y - (F)\gamma = (z - \gamma)(F')\gamma,$$

(D) $$x - f\gamma = (z - \gamma)f'\gamma,$$

dans lesquelles γ est une autre constante qui particularise la position de cette seconde tangente.

Cela posé, si le plan mobile passe par le point de contact de la première courbe, son équation sera

(E) $$z - \beta = (x - f\beta)\varphi\alpha + (y - F\beta)\psi\alpha,$$

ce qui donne, entre α et β, la relation suivante :

(F) $$\beta - f\beta\varphi\alpha - F\beta\psi\alpha = z.$$

Pareillement, si ce plan doit passer par le point de contact de la seconde courbe, son équation sera

(G) $$z - \gamma = (x - f\gamma)\varphi\alpha + [y - (F)\gamma]\psi\alpha,$$

ce qui donne, entre α et γ, l'autre relation

(H) $$\gamma - f\gamma\varphi\alpha - (F)\gamma\psi\alpha = z.$$

De plus, si le plan mobile doit passer par la tangente à la première courbe, il faut que les trois équations (A), (B), (E), qui sont celles du plan et de la tangente, soient satisfaites, quelles que soient les valeurs de x, y, z. Donc, si l'on élimine entre ces trois équations les deux quantités $\dfrac{y - F\beta}{z - \beta}, \dfrac{x - f\beta}{z - \beta}$, l'équation résultante

(J) $$f'\beta\varphi\alpha + F'\beta\psi\alpha = 1$$

établira entre les fonctions $\varphi\alpha$, $\psi\alpha$ et la quantité β la relation pour que cette condition soit remplie.

Pareillement, si, entre les trois équations (C), (D), (G), qui sont celles de la seconde tangente et du plan mobile, on élimine les deux quantités $\dfrac{z-(F)\gamma}{z-\gamma}$, $\dfrac{x-f\gamma}{z-\gamma}$, l'équation résultante

$$\text{(K)} \qquad\qquad f'\gamma\varphi\alpha + (F')\gamma\psi\alpha = 1$$

donnera, entre $\varphi\alpha$, $\psi\alpha$ et γ, la relation qui doit avoir lieu pour que le plan passe par la seconde tangente.

Le plan mobile devant en même temps satisfaire aux quatre conditions que nous venons d'exprimer, il s'ensuit que si, entre les quatre équations (F), (H), (J), (K), on élimine les deux quantités β, γ, ce qui est toujours praticable, puisque ces quantités n'entrent que sous des fonctions connues, on aura deux équations en α, $\varphi\alpha$ et $\psi\alpha$, desquelles, tirant en α les valeurs de $\varphi\alpha$ et $\psi\alpha$, on aura les formes des deux fonctions arbitraires φ et ψ; mais cette dernière opération supposant la résolution des équations, il est plus simple d'avoir recours à la suivante.

Entre les quatre équations (F), (G), (J), (K), on éliminera les deux fonctions arbitraires $\varphi\alpha$, $\psi\alpha$, et une des deux indéterminées β, γ, par exemple la dernière, et l'on aura, en x, y, z et β, l'équation du plan mobile perpétuellement tangent aux deux courbes données, et dans laquelle la quantité β sera une constante qui particularisera la position du plan. Donc, si l'on représente le résultat de cette élimination par $M = o$, et si on le différentie deux fois de suite, en regardant β comme seule variable, on aura les trois équations

$$M = o,$$
$$\left(\frac{dM}{d\beta}\right) = o,$$
$$\left(\frac{d\,dM}{d\beta^2}\right) = o,$$

telles que, si l'on élimine β entre les deux premières, on aura, en x, y, z, l'équation de la surface développable individuelle demandée; et que, si l'on élimine β entre les trois, on aura, en x, y, z, les deux équations de l'arête de rebroussement de cette surface.

La manière dont nous venons de déterminer les deux fonctions arbitraires pour que la surface passe par deux courbes données est analogue à celle que nous avons employée pour le cas où il n'y avait qu'une seule fonction d'une quantité indéterminée, et elle est applicable, quel que soit le nombre des fonctions arbitraires d'une indéterminée, pourvu que cette indéterminée soit la même sous toutes les fonctions. Nous verrons plus tard que, quand les fonctions arbitraires sont composées de quantités différentes, la détermination de leurs formes dépend d'un autre genre de calcul.

V.

Deux surfaces courbes étant données à volonté de figures et de positions dans l'espace, trouver l'équation de la surface développable qui les embrasse toutes deux, c'est-à-dire qui, leur étant circonscrite, les touche suivant une ligne courbe.

Nous pourrions réduire cette question à la précédente, en déterminant sur les deux surfaces données les lignes de contact par lesquelles la surface doit passer; mais, comme c'est de ce problème que dépend la détermination des ombres, nous allons le résoudre directement.

Soient représentées par

$$(\mathrm{A}) \qquad\qquad z = \mathrm{F}(x, y),$$
$$(\mathrm{B}) \qquad\qquad z = f(x, y),$$

les équations des deux surfaces courbes données, et supposons que, par la différentiation, ces deux équations produisent les deux suivantes:

$$dz = \mathrm{F}'(x, y)\, dx + \mathrm{F}''(x, y)\, dy,$$
$$dz = \mathrm{f}'(x, y)\, dx + \mathrm{f}''(x, y)\, dy.$$

Si l'on prend sur la première un point de contact dont la projection arbitraire sur le plan des x, y corresponde à $x = \alpha$, $y = \beta$, la troisième coordonnée de ce point sera $z = \mathrm{F}(\alpha, \beta)$, et l'équation du plan tangent mené par ce point de contact sera

(C) $z - \mathrm{F}(\alpha, \beta) = (x - \alpha)\,\mathrm{F}'(\alpha, \beta) + (y - \beta)\,\mathrm{F}''(\alpha, \beta)$

De même, si l'on prend sur la seconde surface un point de contact arbitraire correspondant à $x = \alpha'$, $y = \beta'$, la troisième coordonnée de ce point sera $z = \mathrm{f}(\alpha', \beta')$, et l'équation du plan tangent à la seconde surface mené par ce point de contact sera

(D) $z - \mathrm{f}(\alpha', \beta') = (x - \alpha')\,\mathrm{f}'(\alpha', \beta') + (y - \beta')\,\mathrm{f}''(\alpha', \beta')$.

Si donc on veut que ces deux plans coïncident et ne forment qu'un seul plan tangent commun aux deux surfaces, il faut que les trois coefficients de l'équation de l'un soient respectivement égaux aux trois coefficients de l'équation de l'autre; ce qui produit les trois équations suivantes:

(E) $\qquad\qquad \mathrm{F}'(\alpha, \beta) = \mathrm{f}'(\alpha', \beta')$,

(F) $\qquad\qquad \mathrm{F}''(\alpha, \beta) = \mathrm{f}''(\alpha', \beta')$,

(G) $\mathrm{F}(\alpha, \beta) - \alpha\,\mathrm{F}'(\alpha, \beta) - \beta\,\mathrm{F}''(\alpha, \beta) = \mathrm{f}(\alpha', \beta') - \alpha'\,\mathrm{f}'(\alpha', \beta') - \beta'\,\mathrm{f}''(\alpha', \beta')$.

Donc, si, entre les quatre équations (C), (D), (E), (F), on élimine trois quelconques des quatre quantités α, β, α', β', par exemple les trois dernières, on aura, en x, y, z, α, l'équation du plan tangent commun aux deux surfaces, dans laquelle α est une constante arbitraire qui particularise la position du plan. Donc enfin, si l'on représente le résultat de cette élimination par $M = 0$, et si on le différentie deux fois de suite en regardant a comme seule variable, on aura trois équations :

$$M = 0,$$
$$\left(\frac{dM}{da} \right) = 0,$$
$$\left(\frac{ddM}{da^2} \right) = 0,$$

telles que l'élimination de a entre les deux premières produira, en x, y, z, l'équation de la surface développable individuelle demandée, et que l'élimination de la même quantité a entre les trois donnera les deux équations finies de l'arête de rebroussement de cette surface.

Quant aux lignes de contact de la surface demandée avec les deux surfaces données, on aura, en α et β, l'équation de la projection de la première, en éliminant α' et β' entre les trois équations (E), (F), (G), et l'on aura, en α' et β', l'équation de la projection de la seconde, en éliminant, au contraire, α et β entre les trois mêmes équations.

Si l'on suppose qu'un corps opaque donné de figure et de position soit éclairé par un corps lumineux aussi donné de figure et de position, les surfaces qui circonscrivent l'ombre et la pénombre que le corps opaque occasionne par son interposition dans le milieu éclairé, sont deux nappes de la surface développable qui embrasse les surfaces des deux corps; et les lignes de contact de la surface développable avec celles des deux corps sont, l'une la courbe qui, sur la surface du corps opaque, sépare la partie éclairée de la partie obscure; l'autre la courbe qui, sur la surface du corps lumineux, sépare la partie qui éclaire l'autre corps de celle qui ne peut lui envoyer de rayons de lumière.

§ XIII.

DE LA SURFACE COURBE QUI ENVELOPPE L'ESPACE PARCOURU PAR UNE AUTRE SURFACE DONNÉE, CONSTANTE DE FIGURE, ET QUI, SANS TOURNER, SE MEUT LE LONG D'UNE COURBE A DOUBLE COURBURE ENTIÈREMENT ARBITRAIRE.

———

Lorsque, dans le § IX, nous nous sommes occupé de cette surface, nous avons supposé que la courbe qui dirigeait le mouvement de l'enveloppée était tracée sur une surface donnée, en sorte que, des trois projections de cette courbe, il n'y en avait qu'une seule qui fût arbitraire. La génération de cette surface pouvait être exprimée par une équation aux différences partielles du premier ordre, et son expression en quantités finies ne contenait qu'une seule fonction arbitraire. Nous supposons ici que la directrice soit entièrement arbitraire, et nous nous proposons d'exprimer cette génération, quelles que puissent être l'une et l'autre des deux projections de la directrice; ce qui peut se faire, ou par une équation aux différences partielles du second ordre, ou par une équation aux différences partielles du premier ordre, et qui comprendra une fonction arbitraire, et cela de deux manières essentiellement différentes; ou, enfin, par une équation en quantités finies, mais qui comprendra deux fonctions arbitraires.

Nous n'entrerons ici dans aucun détail de définitions; nous renvoyons pour cet objet au § IX.

I.

Soit $z = \mathrm{F}(x, y)$ l'équation donnée de l'enveloppée considérée dans son état primitif; puis, ayant pris sur l'enveloppe un point de contact dont les coordonnées soient x, y, z, et ayant mené par

ce point un plan tangent à l'enveloppe, concevons à l'enveloppée
un plan tangent parallèle au premier; et soient x', y', z' les coordonnées du point de contact de ce second plan, il est évident que
l'on aura

$$z' = F(x', y'),$$

et, à cause du parallélisme des deux plans tangents à l'enveloppe
et à l'enveloppée, on aura ainsi les deux équations suivantes:

$$p = F'(x', y'), \qquad q = F''(x', y');$$

tirant des deux dernières équations les valeurs de x' et y' en p et q,
que nous représenterons par

$$x' = f(p, q), \qquad y' = f(p, q),$$

et les substituant dans la précédente, on aura

$$z' = F(p, q);$$

les trois fonctions f, f, F ayant entre elles une relation telle que
l'équation

$$dF = p\,df + q\,df$$

est toujours satisfaite.

Cela posé, il est évident que le point de contact de l'enveloppée,
et dont les coordonnées sont x', y', z', est celui de cette surface
qui, dans le mouvement, vient se confondre avec le point de contact de l'enveloppe, et dont les coordonnées sont x, y, z; les trois
quantités $x - x'$, $y - y'$, $z - z'$, ou les trois suivantes $x - f(p, q)$,
$y - f(p, q)$, $z - F(p, q)$, qui leur sont respectivement égales,
sont donc les trois coordonnées de l'arc de la directrice parcouru
par ce point. De plus, si sur l'enveloppe, et dans une direction
quelconque, on prend un point infiniment voisin du premier, ce
nouveau point aura son correspondant sur l'enveloppée, et l'arc
parcouru par ce dernier sera de même étendue que l'arc parcouru

par le premier ; car ces deux arcs seront tous deux compris entre les deux plans tangents parallèles entre eux. Donc les trois quantités $x - f(p, q)$, $y - f(p, q)$, $z - F(p, q)$ seront toutes les trois constantes, et l'on aura en même temps les trois équations

$$dx - df(p, q) = o,$$
$$dy - df(p, q) = o,$$
$$dz - dF(p, q) = o;$$

mais, par la relation qu'ont entre elles les trois fonctions f, f, F, deux de ces équations ayant lieu, la troisième a aussi lieu nécessairement, comme on peut le vérifier par la différentiation : donc, de ces trois équations il suffit d'en poser deux quelconques. Nous emploierons les deux premières comme les plus simples, ce qui donne, en développant,

$$dx - (r\,dx + s\,dy)\,f'(p, q) - (s\,dx + t\,dy)\,f''(p, q) = o,$$
$$dy - (r\,dx + s\,dy)\,f'(p, q) - (s\,dx + t\,dy)\,f''(p, q) = o,$$

ces deux équations devant avoir lieu quelle que soit la direction suivant laquelle on passe du premier point de contact de l'enveloppe au second, et par conséquent indépendamment de la valeur de $\frac{dy}{dx}$ qui détermine cette direction, il s'ensuit que si l'on élimine $\frac{dy}{dx}$, le résultat

$$(rt - s^2)(f'f'' - f''f') - rf' - s(f'' + f') - tf'' + 1 = o$$

sera, aux différences secondes, l'équation de l'enveloppe demandée.

Nous pourrions en rester là par rapport à cette équation ; mais la relation qu'ont entre elles les deux fonctions f, f, permet de la mettre sous une forme plus symétrique, sous laquelle il est nécessaire de la connaître.

En effet, ayant mis l'équation

$$dF = p\,df + q\,df$$

sous la forme suivante

$$dF = (p f' + q f')\,dp + (p f'' + q f'')\,dq,$$

et de ce que l'on a généralement

$$\left(\frac{ddF}{dp\,dq}\right) = \left(\frac{ddF}{dq\,dp}\right),$$

il s'ensuit que l'on doit avoir aussi

$$\left[\frac{d\,(p f + q f)}{dq}\right] = \left[\frac{d\,(p f' + q f')}{dp}\right],$$

ce qui, réduction faite, donne

$$f'' = f';$$

donc les fonctions f et f peuvent être regardées comme les différences partielles, par rapport à p et à q, d'une autre fonction de p et q que nous représenterons par $\Gamma(p, q)$; en sorte que si, pour abréger, on fait

$$\left(\frac{dd\Gamma}{dp^2}\right) = R, \quad \left(\frac{dd\Gamma}{dp\,dq}\right) = S, \quad \left(\frac{dd\Gamma}{dq^2}\right) = T,$$

on aura

$$f' = R, \quad f'' = f' = S, \quad f'' = T;$$

et l'équation aux différences secondes pourra être mise sous la forme suivante

$$(rt - s^2)(RT - S^2) - rR - 2sS - tT + 1 = 0,$$

dans laquelle les trois quantités R, S, T sont en p et q les différences partielles du second ordre de la quantité $\Gamma(p, q)$, différentiée en regardant p et q comme variables principales.

Réciproquement, toute équation de cette forme sera celle de l'enveloppe de l'espace parcouru par une autre surface, qui, sans tourner, se meut le long d'une courbe à double courbure arbitraire dans ses deux projections. Si cette équation est donnée, il sera facile, d'après les formes connues des trois quantités R, S, T, de trouver celle de la fonction Γ dont elles sont les différences partielles secondes; et, d'après celle-ci, il sera facile de connaître la fonction F, car on a

$$F = -\Gamma + p\Gamma' + q\Gamma''.$$

Cela posé, si l'on veut avoir l'équation de l'enveloppée considérée dans sa position primitive, il faut se rappeler que l'enveloppe devient l'enveloppée elle-même, lorsque, pour toute l'étendue de la surface, les trois quantités $x - x'$, $y - y'$, $z - z'$ sont chacune égales à zéro, c'est-à-dire lorsqu'on a les trois équations suivantes :

$$x - \Gamma' = 0,$$
$$y - \Gamma'' = 0,$$
$$z + \Gamma - p\Gamma' - q\Gamma'' = 0,$$

quelles que soient les valeurs de p et q; donc, éliminant p et q entre ces trois équations, le résultat sera, en x, y, z, l'équation de l'enveloppée considérée dans sa position primitive. Enfin, si l'on veut avoir l'équation de l'enveloppe elle-même, les trois quantités précédentes ne seront pas égales à zéro, mais deux d'entre elles sont fonctions de la troisième; donc si l'on pose les trois équations suivantes :

$$x - \Gamma' = \varphi\alpha,$$
$$y - \Gamma'' = \psi\alpha,$$
$$z + \Gamma - p\Gamma' - q\Gamma'' = \alpha,$$

et si l'on élimine entre elles les deux quantités p, q, on aura en

x, y, z, α, $\phi\alpha$, $\psi\alpha$ une équation que nous représentons par $M = o$;
puis, posant les trois autres

$$M = o,$$

$$\left(\frac{dM}{d\alpha}\right) = o,$$

$$\left(\frac{d^2 M}{d\alpha^2}\right) = o,$$

le résultat de l'élimination de α entre les deux premières sera
l'équation de l'enveloppe, et par conséquent l'intégrale complète
de l'équation aux différences secondes ; et le résultat de l'élimination de α entre les trois équations produira, en quantités finies, les
deux équations de l'arête de rebroussement de la surface.

II.

Pour trouver les équations de la même surface en différences
partielles du premier ordre, il faut observer que des trois quantités
$x - f$, $y - f$, $z - F$, deux quelconques sont fonctions de la troisième ; donc les deux équations demandées sont celles que l'on
voudra des trois suivantes :

$$x - \mathrm{f}(p, q) = \phi\,[\,z - F(p, q)\,],$$

$$y - f(p, q) = \psi\,[\,z - F(p, q)\,],$$

$$x - \mathrm{f}(p, q) = \Pi\,[\,y - f(p, q)\,].$$

dont une quelconque est la suite nécessaire des deux autres.

Quant aux équations en quantités finies, nous n'avons rien à
ajouter à ce que nous venons de dire à cet égard à la fin de l'article
précédent de ce paragraphe.

S'il s'agissait de déterminer les formes des fonctions arbitraires ϕ

et z de manière que la surface passât par deux courbes données,
ou fût circonscrite à deux surfaces courbes données, on opérerait
d'une manière entièrement analogue à celle que nous avons exposée pour les surfaces développables.

---

§ XIV.

**DE LA SURFACE ENGENDRÉE PAR LE MOUVEMENT D'UNE COURBE À DOUBLE
COURBURE DONNÉE, CONSTANTE DE FIGURE, ET QUI, SANS TOURNER,
SE MEUT LE LONG D'UNE AUTRE COURBE ENTIÈREMENT ARBITRAIRE.**

Une courbe à double courbure se meut sans tourner lorsque,
pendant le mouvement, deux quelconques de ses tangentes, et par
conséquent toutes ses tangentes, restent chacune parallèles à elle-
même. Chacun des points de cette courbe parcourt une ligne, et les
éléments de toutes ces lignes, décrits en même temps, sont parallèles et égaux entre eux. Si donc, après avoir considéré la génératrice dans sa position primitive, on la considère ensuite transportée
dans une autre position quelconque, et qui soit une de celles qu'elle
prend successivement dans son mouvement, tous ses points auront
parcouru des arcs de courbes égaux, semblables, et dont toutes les
tangentes correspondantes seront parallèles entre elles : tous ces
arcs se trouveront sur la surface courbe engendrée par la génératrice; et si l'on suppose qu'un quelconque de ces arcs se meuve sans
tourner, de manière que le point dans lequel il coupe la génératrice ne sorte pas de cette génératrice, il se confondra successivement avec les arcs parcourus par tous les autres points, et il ne
sortira, par conséquent, pas de la surface courbe; en sorte qu'en

donnant le nom de *directrice* à la courbe parcourue par un certain point de la génératrice, on peut dire également que la surface que nous considérons est engendrée, et par le mouvement de la génératrice qui, sans changer de figure et sans tourner, se meut le long de la directrice, et par le mouvement de la directrice qui, sans changer de figure et sans tourner, se meut le long de la génératrice.

Pour traiter cette surface dans toute la généralité dont elle est susceptible, il faudrait supposer que la génératrice et la directrice sont toutes deux arbitraires, chacune dans ses deux projections; mais alors nous serions entraînés dans la considération d'équations aux différences partielles du quatrième ordre. Comme nous nous proposons simplement ici de donner un exemple de génération de surface qui puisse être exprimée par des différences partielles du second ordre, nous supposerons que de ces deux courbes il n'y en ait qu'une seule qui soit arbitraire; nous regarderons l'autre comme donnée : et, parce que ces courbes peuvent être prises indifféremment l'une pour l'autre dans la génération de la surface, nous regarderons celle qui est donnée comme la génératrice. D'après cela, il s'agit de trouver, 1° l'équation aux différences partielles du second ordre; 2° les deux équations aux différences partielles du premier ordre; 3° enfin l'équation en quantités finies.

I.

Représentons par $x = fz$, $y = f'z$ les deux équations données de la génératrice considérée dans sa position primitive, et dans lesquelles les fonctions f, f' sont données de formes. Si, ayant pris sur la surface courbe un point quelconque dont les coordonnées soient x, y, z, et après avoir conçu le plan tangent en ce point, on mène à la génératrice, considérée dans sa position primitive, une tangente parallèle à ce plan tangent, le point de contact de cette tangente sera celui de la génératrice qui, pendant le mouvement, viendra se confondre avec le point de la surface. Enfin, si l'on nomme x', y', z' les coordonnées de ce point de contact, on aura d'abord

$$(A) \qquad x' = fz',$$

$$(B) \qquad y' = fz'.$$

De plus, il existe entre les trois coordonnées de ce point une relation qui résulte de ce que la tangente en ce point est parallèle au plan tangent de la surface.

Pour trouver cette relation, concevons par l'origine, 1° un plan parallèle au plan tangent à la surface; 2° une droite parallèle à la tangente de la génératrice. Si ce plan passe par la droite, il est évident que la tangente de la génératrice sera parallèle au plan tangent. Or, représentant par X, Y, Z les coordonnées du point général, tant du plan mené par l'origine que de la droite, l'équation du plan sera

$$Z = p X + q Y,$$

et celles de la droite seront

$$X = Z f'z', \qquad Y = Z f'z'.$$

De plus, le plan devant passer par la droite, il faut que ces trois équations puissent avoir lieu en même temps, quelles que soient les valeurs de X, Y, Z, et que, par conséquent, l'équation

$$(C) \qquad p f'z' + q f'z' = 1,$$

qui résulte de l'élimination de X, Y, Z, soit satisfaite. Donc, c'est cette équation (C) qui exprime que le point de la génératrice est placé de manière que la tangente en ce point est parallèle au plan tangent à la surface. Ainsi les trois équations (A), (B), (C) déterminent les valeurs des coordonnées x', y', z' du point de la génératrice qui doit venir se confondre avec le point de la surface, en sorte que si de l'équation (C) on tire la valeur de z' en p et q, et que si l'on représente cette valeur par

$$z' = \mathrm{F}(p, q),$$

on aura pour les deux autres coordonnées les valeurs suivantes :

$$x' = \mathrm{f}[\mathrm{F}(p, q)], \qquad y' = f[\mathrm{F}(p, q)].$$

Actuellement, concevons la génératrice transportée de manière qu'elle passe par le point de la surface; la valeur de $\frac{dy}{dx}$, pour l'élément de sa projection sur le plan des x, y, sera égale à celle de $\frac{dy}{dx}$, et par conséquent égale à celle de $\frac{d\mathrm{Y}}{d\mathrm{X}}$, z' étant regardée comme constante dans cette dernière. On aura donc pour la direction de la projection de l'élément de la génératrice au point de la surface

$$\frac{dy}{dx} = \frac{f'z}{f'z} = \frac{f'[\mathrm{F}(p, q)]}{f'[\mathrm{F}(p, q)]}.$$

Cela posé, si l'on conçoit que le point de la surface parcoure l'élément de la génératrice sur laquelle il se trouve, c'est-à-dire si l'on suppose que $\frac{dy}{dx}$ ait la valeur que nous venons de trouver, il est évident que l'arc de la directrice ne variera pas de grandeur, et que, par conséquent, les trois quantités $x - x'$, $y - y'$, $z - z'$, ou les trois suivantes, qui leur sont respectivement égales,

$$x - \mathrm{f}[\mathrm{F}(p, q)],$$
$$y - f[\mathrm{F}(p, q)],$$
$$z - \mathrm{F}(p, q),$$

ne changeront pas. Donc, si après avoir différentié ces trois quantités, on substitue dans chacune d'elles, pour $\dfrac{dy}{dx}$, sa valeur $\dfrac{f}{\mathrm{f}}$, on aura trois quantités qui seront chacune égales à zéro. Mais cette opération donne également pour les deux premières

$$(\mathrm{D}) \qquad r\,\mathrm{f}' \times \mathrm{F}' + s[\mathrm{f}' \times \mathrm{F}'' + f' \times \mathrm{F}'] + t f' \times \mathrm{F}'' = \iota.$$

Quant à la troisième, elle donne

$$r\,\mathrm{f}' \times \mathrm{F}' + s[\mathrm{f}' \times \mathrm{F}'' + f' \times \mathrm{F}'] + t f' \times \mathrm{F}'' = p\,\mathrm{f}' + q f',$$

dont le second membre, en vertu de l'équation (C), est égal à l'unité, et qui, par conséquent, se réduit encore à l'équation (D). Donc l'équation (D) est, aux différences partielles du second ordre, celle de la surface demandée.

La relation qu'ont entre elles les trois fonctions f, f, F, permet de donner à cette équation une forme plus simple, et sous laquelle il est plus facile de la comparer à celle du § XIII, dont nous allons voir qu'elle est un cas particulier. En effet, si dans l'équation

$$(\mathrm{C}) \qquad p\,\mathrm{f}'z' + q f'z' = \iota$$

on regarde comme constante la quantité z', ou son égale $\mathrm{F}(p,q)$, ce qui donne

$$\mathrm{F}'dp + \mathrm{F}''dq = 0,$$

la différentielle de l'équation (C) devient

$$\mathrm{f}'dp + f'dq = 0.$$

Éliminant $\dfrac{dq}{dp}$ de ces deux équations, on trouve

$$\mathrm{f}' \times \mathrm{F}'' = f' \times \mathrm{F}',$$

Ainsi les deux parties du coefficient de s, dans l'équation (D), sont égales entre elles, et ce coefficient devient égal au double de l'une d'elles.

De plus, les deux termes $f' \times F'$ et $f' \times F''$ sont les différences partielles d'une même quantité $f[F(p, q)]$, différentiée en regardant p et q comme variables principales ; il en est de même des deux autres termes $f' \times F'$ et $f' \times F''$, qui sont les différences partielles d'une autre même quantité $f[F(p, q)]$; donc les trois coefficients de l'équation (D) sont les différences partielles du second ordre d'une même fonction de p et q, différentiée en regardant p et q comme variables principales. Nous représenterons cette fonction de p et q par $\Gamma(p, q)$, et ses trois différentielles partielles par R, S, T.

Enfin, dans l'équation (D), le produit des deux coefficients extrêmes est égal au produit des deux parties du coefficient de s ; car ces produits sont égaux l'un et l'autre à $f'' \times f' \times F' \times F''$; donc l'équation (D) peut être mise sous la forme plus simple

$$(E) \qquad r\,R + 2s\,S + t\,T - 1 = 0,$$

les trois quantités R, S, T devant d'ailleurs satisfaire à l'équation

$$(F) \qquad RT - S^2 = 0.$$

On voit donc que la surface dont nous nous occupons est un cas particulier de celle du § XIII, et qu'elle n'est autre chose que ce que devient cette dernière lorsqu'on y introduit la condition exprimée par l'équation (F).

II.

Si, d'après l'équation (D), on se proposait de trouver la caractéristique de la surface, la méthode que nous avons exposée donnerait pour équation de cette courbe

$$f' \times F' dy^2 - [f' \times F'' + f' \times F'] dx\,dy + f' \times F'' dx^2 = 0.$$

qui, ayant les deux facteurs rationnels

$$f' \, dy - f'' \, dx = 0, \qquad F' \, dy - F'' \, dx = 0,$$

indique que les deux branches de la caractéristique sont distinctes, c'est-à-dire que la surface a deux caractéristiques dont les équations peuvent être séparées. La première de ces équations est, comme nous l'avons vu, celle de la projection sur le plan des x, y de la génératrice considérée dans la position qu'elle a lorsqu'elle passe par le point de la surface; la seconde, en vertu de l'équation

$$f' \times F'' = f'' \times F',$$

se réduit à la première. Donc les deux caractéristiques se confondent dans une seule courbe, qui n'est autre chose que la génératrice elle-même.

III.

Toutes les fois qu'on aura une équation aux différences partielles de la forme de (E), et dans laquelle on aura de plus

$$RT - S^2 = 0,$$

cette équation sera celle d'une surface courbe engendrée par le mouvement d'une courbe constante de figure, et qui, sans tourner, se meut le long d'une directrice entièrement arbitraire. Quant à la nature de la génératrice, c'est-à-dire quant aux fonctions F et f, qui déterminent ses projections, elles sont déterminées, mais leurs formes dépendent de celles des trois coefficients R, S, T, supposés connus, et nous allons donner la manière de les trouver.

D'après les formes connues des coefficients R, S, T, on trouvera la fonction F(p, q), dont ils sont les différences partielles secondes, prises en regardant p, q comme variables principales, ce qui dépend du calcul intégral ordinaire. Cela fait, puisque l'on a

$$r' = f[F(p, q)], \qquad r'' = f[F(p, q)],$$

on aura aussi

$$d\Gamma \qquad \text{ou} \qquad \Gamma'dp + \Gamma''dq = dp\Gamma + dqf ;$$

ajoutant au second membre $pd\Gamma + qdf$, pour le rendre une différentielle complète, et retranchant la quantité égale $(p\Gamma' + qf')d\mathrm{F}$, ou simplement $d\mathrm{F}$, à cause de l'équation (C), on aura

$$d\Gamma = d(pf + qf) - d\mathrm{F},$$

dont l'intégrale

$$\Gamma = pf + qf - \mathrm{F},$$

ou

$$\Gamma = p\Gamma' + q\Gamma'' - \mathrm{F},$$

donne la valeur de F en p, q, Γ, et ses différences partielles. Or, nous savons que les trois quantités $x - \Gamma$, $y - f$, $z - \mathrm{F}$, sont toutes trois fonctions d'une même quantité ; que, par conséquent, deux d'entre elles sont fonctions de la troisième : donc si, ayant posé les trois équations

$$x - \Gamma = \Phi\alpha,$$
$$y - \Gamma'' = \psi\alpha,$$
$$z + \Gamma - p\Gamma' - q\Gamma'' = \alpha,$$

on élimine p, q des deux premières, au moyen de la troisième, ce qui est toujours possible dans ce cas, puisque l'on a

$$\mathrm{RT} = \mathrm{S}^2,$$

et que les quantités Γ' et Γ'' sont toutes deux fonctions de $\Gamma - p\Gamma' - q\Gamma''$, ou de $z - \alpha$, on aura les deux équations

$$x - f(z - \alpha) = \Phi\alpha,$$
$$y - f(z - \alpha) = \psi\alpha,$$

dans lesquelles les fonctions f et f seront connues, et qui seront celles de la génératrice considérée dans une quelconque de ses positions; enfin, le résultat de l'élimination de z entre ces deux équations sera en x, y, z, et deux fonctions arbitraires, l'équation de la surface et l'intégrale finie de l'équation (E).

Les deux dernières équations expriment évidemment que la surface est engendrée par le mouvement d'une génératrice constante de figure, dont les équations, lorsqu'elle est dans sa position primitive, sont $x = fz$, $y = fz$, et qui, sans tourner, se meut le long d'une directrice arbitraire dont les équations sont représentées par $x = \varphi z$, $y = \psi z$.

<h3 style="text-align:center">IV.</h3>

Pour trouver les deux équations aux différences premières, il faut se rappeler que, d'après ce qui précède, les trois quantités $x - f$, $y - f$ et $z - F$ sont constantes ensemble et variables ensemble, et que deux quelconques d'entre elles sont, par conséquent, fonctions de la troisième : ainsi ces équations sont deux des suivantes :

$$x - f[F(p, q)] = \varphi[z - F(p, q)],$$
$$y - f[F(p, q)] = \psi[z - F(p, q)],$$
$$x - f[F(p, q)] = \Pi\{y - F[(p, q)]\},$$

dont une quelconque est la suite des deux autres.

Enfin, en représentant par $x = \varphi z$, $y = \psi z$ les équations des deux projections arbitraires de la directrice, l'équation finie de la surface est le résultat de l'élimination de z entre les deux équations

$$x - \varphi a = f(z - a), \qquad y - \psi a = f(z - a).$$

Nous n'entrerons pas dans d'autres détails par rapport à cette surface; mais nous allons placer ici quelques résultats relatifs au § XIII.

V.

Toutes les intégrations d'équations aux différences partielles, considérées comme exprimant des générations de surfaces courbes, fournissent celles des équations analogues aux différences ordinaires à deux variables, et ces intégrations ont ordinairement l'avantage de présenter les équations sous des formes plus favorables à la construction. Nous allons en donner un exemple sur l'équation aux différences partielles secondes

$$(rt - s^2)(RT - S^2) - rR - 2sS - Tt + 1 = 0,$$

qui est celle du § XIII. Si, dans cette équation, on supprime une des deux variables principales, par exemple y, les trois quantités q, S, T deviendront nulles, et l'équation se réduira à

$$rR = 1.$$

Actuellement, pour prendre les formes du calcul aux différences ordinaires en x et z, soient $\dfrac{dz}{dx} = p$ et $\dfrac{dp}{dx} = q$; de plus, $\Gamma(p)$ étant une certaine fonction de p, soient $\Gamma' = \dfrac{d\Gamma}{dp}$ et $\Gamma'' = \dfrac{d\Gamma'}{dp}$. Cela posé, l'équation $rR = 1$ deviendra

$$q\,\Gamma''(p) = 1,$$

équation aux différences ordinaires secondes, qui peut s'intégrer par les méthodes connues, mais qui s'intègre encore plus facilement par le procédé du § XIII. En effet, étant donnée la fonction Γ'', on cherchera les fonctions Γ' et Γ, ce qui ne dépend que des quadratures, et, dans les intégrations, on négligera les constantes arbitraires. Cela fait, les deux équations

$$x - \Gamma' = A,$$
$$z + \Gamma - p\,\Gamma' = B,$$

seront les deux intégrales premières de la proposée, A et B étant les constantes arbitraires particulières à chacune d'elles; et si entre ces deux équations on élimine p, on aura, en $x - A$ et $z - B$, l'intégrale complétée par les deux constantes A et B. Cette équation sera donc celle d'une courbe constante de figure qui, sans tourner, est transportée, suivant une direction quelconque, à une distance quelconque de l'origine.

EXEMPLE.

Soit proposée

$$q \frac{a^2 b^3}{(b^2 + a^2 p^2)^{\frac{3}{2}}} = 1,$$

dans laquelle a et b sont des constantes. On a donc ici

$$\Gamma''(p) = \frac{a^2 b^3}{(b^2 + a^2 p^2)^{\frac{3}{2}}},$$

ce qui donne

$$\Gamma' = \frac{a^2 p}{\sqrt{b^2 + a^2 p^2}} \quad \text{et} \quad \Gamma = \sqrt{b^2 + a^2 p^2},$$

donc les deux intégrales premières de la proposée sont

$$x - \frac{a^2 p}{\sqrt{b^2 + a^2 p^2}} = A,$$

$$z + \frac{b^2}{\sqrt{b^2 + a^2 p^2}} = B,$$

et l'intégrale finie est le résultat de l'élimination de p entre ces deux dernières équations. Cette élimination se fait facilement en mettant d'abord ces équations sous cette autre forme :

$$x - A = \frac{a^2 p}{\sqrt{b^2 + a^2 p^2}},$$

$$z - B = \frac{-b^2}{\sqrt{b^2 + a^2 p^2}},$$

16

puis ajoutant le carré de la première, multiplié par b^2, au carré de la seconde multiplié par a^2, ce qui donne

$$b^2 (x - A)^2 + a^2 (z - B)^2 = a^2 b^2 ; \quad (*)$$

la proposée appartient donc à une ellipse dont les axes, d'abord confondus avec les lignes des x et des z, ont respectivement pour grandeurs $2a$, $2b$, et qui ensuite a été transportée, sans tourner, de manière que son centre soit placé en un point arbitraire dont les coordonnées sont les deux constantes A et B, introduites par l'in-

---

(*) L'équation $q - \dfrac{a^2 b^2}{(b^2 + a^2 p^2)^{\frac{3}{2}}} = 1$ aurait encore pu s'intégrer directement en substituant pour q sa valeur $\dfrac{dp}{dx}$; d'où

$$\frac{dp}{(b^2 + a^2 p^2)^{\frac{3}{2}}} = \frac{dx}{a^2 b^2},$$

ce qui donne

$$\frac{p}{b^2 \sqrt{b^2 + a^2 p^2}} = \frac{x}{a^2 b^2} + A,$$

d'où

$$x - \frac{a^2 p}{\sqrt{b^2 + a^2 p^2}} = A.$$

On doit avoir aussi

$$z = \int p \, dx + B,$$

d'où

$$z = \int \frac{a^2 b^2 \, p \, dp}{(b^2 + a^2 p^2)^{\frac{3}{2}}} + B,$$

d'où

$$z = - \frac{b^2}{\sqrt{b^2 + a^2 p^2}} + B,$$

ou bien

$$z + \frac{b^2}{\sqrt{b^2 + a^2 p^2}} = B.$$

Ces équations sont les mêmes que celles trouvées ci-dessus.

tégration; ce qui fournit une construction facile. Passons actuellement aux différences du premier ordre.

Si l'on a une équation composée d'une manière quelconque des deux quantités $x - \mathrm{f}p$, $z - \mathrm{F}p$, et représentée par

$$f\left[x - \mathrm{f}p,\ z - \mathrm{F}p\right] = 0,$$

quelle que soit la fonction f, pourvu qu'entre les deux fonctions f et F il y ait la relation suivante :

$$d\mathrm{F} = p\,d\mathrm{f},$$

on aura l'intégrale complète de cette équation en posant les trois équations

$$x - \mathrm{f}p = \mathrm{A},$$
$$z - \mathrm{F}p = \mathrm{B},$$
$$f(\mathrm{A},\ \mathrm{B}) = 0,$$

et en éliminant entre elles la quantité p et l'une quelconque des deux constantes arbitraires A, B.

Si l'on élimine d'abord p entre les deux premières, on aura évidemment une équation en $x - \mathrm{A}$ et $z - \mathrm{B}$, qui sera celle d'une courbe pour laquelle l'origine est transportée à une distance A dans le sens des x, et à une distance B dans le sens des z; ou, ce qui revient au même, d'une courbe constante de figure, qui, sans tourner, est transportée à une autre distance de l'origine; et la troisième équation

$$f(\mathrm{A},\ \mathrm{B}) = 0$$

sera celle de la courbe le long de laquelle la première est transportée; ce qui donne un moyen facile de construction.

Enfin, il pourrait arriver que l'équation

$$f(x - \mathrm{f}p,\ z - \mathrm{F}p) = 0$$

fût susceptible d'être mise sous cette forme, dans laquelle on aurait

$$dF = p\,df,$$

et que cependant la manière de l'y ramener ne se présentât pas. Il sera facile de s'en assurer; car, après l'avoir différentiée, si elle est dans ce cas, il sera toujours possible d'en éliminer en même temps x et z au moyen de sa différentielle, ce qui produira une équation aux différences secondes

$$qF''(p) = 1,$$

qui se traitera comme nous l'avons indiqué plus haut.

§ XV.

DES DEUX COURBURES D'UNE SURFACE COURBE.

I.

En représentant par x, y, z les coordonnées d'un point quelconque d'une surface courbe, et par x', y', z' celles de la surface d'une sphère, de manière que l'équation de la sphère qui aurait son centre au point de la surface courbe, et pour rayon la quantité R, soit

$$(A) \qquad (x - x')^2 + (y - y')^2 + (z - z')^2 = R^2,$$

nous avons vu que si l'on regarde x', y', z' comme constantes dans cette équation, et que si on la différentie successivement en regardant d'abord x, et ensuite y, comme seules variables, les deux équations

$$(B) \qquad x - x' + (z - z') p = 0,$$
$$(C) \qquad y - y' + (z - z') q = 0,$$

que l'on obtient, sont, en x', y', z', celles des deux plans normaux à la surface courbe, menés par le point que l'on considère sur la surface, et perpendiculaires, l'un au plan des x, z, l'autre à celui des y, z; que, par conséquent, ces deux équations sont celles des deux projections de la normale à la surface courbe, menée par le même point de la surface. Dans ces deux équations, x', y', z' sont les variables de la normale, et les cinq quantités x, y, z, p, q, qui appartiennent au point de la surface par lequel passe la normale, sont constantes pour la même normale, et varient de grandeur lorsque l'on passe d'une normale à une autre.

Si, du point que l'on considérait d'abord sur la surface, on passe, suivant une certaine direction, à un point infiniment voisin, les cinq quantités x, y, z, p, q croîtront de leurs différentielles respectives dx, dy, dz, dp, dq; on aura entre ces cinq différentielles les trois équations suivantes :

$$dz = p\,dx + q\,dy, \quad dp = r\,dx + s\,dy, \quad dq = s\,dx + t\,dy;$$

et la valeur de la quantité $\dfrac{dy}{dx}$ déterminera, sur le plan des x, y, la projection de la direction suivant laquelle on passe du premier point au second.

Cela posé, si par le second point on conçoit une nouvelle normale à la surface courbe, et si cette normale est dans le même plan que la première, et la coupe, par conséquent, quelque part en un point, ce point d'intersection sera celui de la première normale pour lequel les trois coordonnées x', y', z' ne varient pas lorsque x et y changent de grandeur. Donc, si l'on différentie les deux équations (B), (C), en regardant x', y', z' comme constantes, ce qui donne

$$dx + p^2\, dx + pq\, dy + (z - z')\,(r\, dx + s\, dy) = 0,$$

$$dy + pq\, dx + q^2\, dy + (z - z')\,(s\, dx + t\, dy) = 0,$$

ou bien, éliminant $\dfrac{dy}{dx}$ de la première, et $z - z'$ de la seconde, ce qui produit les deux équations équivalentes aux deux précédentes :

$$(D) \quad (z - z')^2\,(rt - s^2) + (z - z')\left[\begin{array}{l}(1 + q^2)r - 2pqs \\ + (1 + p^2)t\end{array}\right] + 1 + p^2 + q^2 = 0,$$

$$(E) \quad \frac{dy^2}{dx^2}\big[(1 + q^2)s - pqt\big] + \frac{dy}{dx}\left[\begin{array}{l}(1 + q^2)r \\ -(1 + p^2)t\end{array}\right] - (1 + p^2)s + pqr = 0,$$

les quatre équations (B), (C), (D), (E) appartiendront au point d'intersection des deux normales consécutives. Mais, pour déterminer les trois coordonnées x', y', z' de ce point, les trois premières de ces équations suffisent ; la quatrième équation (E), qui ne renferme aucune des coordonnées, est donc une équation de condition qui doit être satisfaite, et qui, en déterminant la valeur de $\dfrac{dy}{dx}$, indique la direction suivant laquelle on doit passer du premier point de la surface au second, pour que la nouvelle normale soit dans le même plan que la première, et ait un point commun avec elle.

Ainsi, lorsque le point d'une surface courbe est déterminé de position, la direction suivant laquelle on doit passer de ce point à un point infiniment voisin pour que les deux normales consécutives se coupent, et les trois coordonnées du point d'intersection de ces deux normales, sont déterminées par les quatre équations (B), (C), (D), (E).

II.

L'équation (E) étant du second degré algébrique, par rapport à $\frac{dy}{dx}$, et fournissant deux valeurs pour cette quantité, il s'ensuit qu'ayant mené une normale par un point quelconque d'une surface courbe, on peut toujours, dans deux directions différentes, passer sur la surface de ce point à un autre point infiniment voisin, pour lequel la normale soit dans un même plan que la première. Ces deux directions sont, en général, les seules pour lesquelles ce résultat puisse avoir lieu; en sorte que, excepté les cas très-particuliers pour lesquels l'équation (E) est toujours satisfaite quelle que soit la valeur de $\frac{dy}{dx}$, si l'on passe du premier point au second suivant toute autre direction, la nouvelle normale ne se trouvera pas dans le même plan avec la première, et n'aura avec elle aucun point commun.

Les deux directions dont il s'agit ont encore entre elles une relation très-remarquable, c'est qu'elles sont à angles droits. En effet, quelle que soit la surface courbe sur laquelle on opère, et quel que soit le point de cette surface que l'on considère, on peut toujours supposer que les trois plans rectangulaires de projection, dont la position était d'abord arbitraire, aient été choisis de manière que le plan tangent à la surface dans ce point soit parallèle au plan des x, y. Dans cette hypothèse, les quantités p, q sont toutes deux égales à zéro, et l'équation (E) devient

$$\frac{dy^2}{dx^2} + \frac{dy}{dx}\left(\frac{r-t}{s}\right) - 1 = 0.$$

Or, si l'on représente par m et m' les deux valeurs de $\frac{dy}{dx}$ que fournit cette équation, on aura

$$mm' + 1 = 0;$$

donc les projections des deux directions sur le plan des x, y sont à angles droits. Mais ces directions elles-mêmes, en tant qu'elles sont dans le plan tangent, sont parallèles à leurs projections : donc elles sont aussi à angles droits.

III.

L'équation (D) étant aussi du second degré algébrique, par rapport à $z - z'$, il est clair que les trois équations (B), (C), (D) donneront deux valeurs pour chacune des trois quantités x', y', z', et que ces doubles valeurs seront celles qui correspondront respectivement aux deux points d'intersection de la première normale avec les deux autres normales, qui sont chacune dans un même plan avec elle.

En opérant sur chacun de ces points d'intersection en particulier, et d'abord sur le premier d'entre eux, si l'on conçoit la sphère dont le centre serait en ce point, et dont la surface passerait par le point de la surface courbe, il est évident que les deux normales de la surface courbe, qui se coupent au centre, seront aussi normales à la sphère : la surface courbe et celle de la sphère auront donc deux normales consécutives communes, et, par conséquent, deux plans tangents consécutifs communs ; elles auront donc la même courbure dans la direction du plan qui passe par les deux normales, c'est-à-dire dans la direction déterminée par la valeur correspondante de $\dfrac{dy}{dx}$, et le centre de cette courbure ne sera autre chose que le point de rencontre des deux normales, c'est-à-dire le centre même de la sphère.

Considérant ensuite le second point d'intersection, si l'on conçoit de même une autre sphère dont le centre serait en ce second point, et dont la surface passerait encore par le point de la surface courbe, la surface courbe et celle de la seconde sphère auront aussi deux normales consécutives communes, deux plans tangents consécutifs communs, et, par conséquent, la même courbure; mais la direction suivant laquelle cette seconde courbure sera la même, sera déterminée par la seconde valeur de $\frac{dy}{dx}$; elle existera dans le plan qui passe par les deux normales communes, et ce second plan sera perpendiculaire à celui qui comprend la direction de la première courbure. Enfin, le second point de rencontre des normales, c'est-à-dire le centre de la seconde sphère, sera le centre de la seconde courbure.

Ainsi, toute surface courbe a dans chacun de ses points deux courbures dont les directions sont dans deux plans normaux perpendiculaires entre eux, et dont les centres sont sur la même normale.

Les trois quantités x, y, z étant les coordonnées du point de la surface, et les trois autres x', y', z' étant les coordonnées du centre de courbure, il est évident que la distance de ces deux points, c'est-à-dire la grandeur du rayon de courbure, n'est autre chose que la quantité R comprise dans l'équation (A). Donc, si entre les quatre équations (A), (B), (C), (D) on élimine les trois quantités $x — x'$, $y — y'$, $z — z'$, on aura une équation du second degré qui donnera, en p, q, r, s, t, les deux valeurs de R, c'est-à-dire celles des deux rayons de courbure.

En faisant, pour abréger,

$$g = rt - s^2,$$
$$h = (1 + q^2)r - 2pqs + (1 + p^2)t,$$
$$k^2 = 1 + p^2 + q^2,$$

le résultat de cette élimination donne

$$g\,\mathrm{R}^2 + hk\mathrm{R} + k^4 = 0;$$

d'où il suit que l'expression des deux rayons de courbure est

$$(F) \qquad R = \frac{k}{2g}\left[-h + \sqrt{h^2 - 4k^2g}\,\right] = \frac{-2k'}{h + \sqrt{h^2 - 4k^2g}}.$$

IV.

Puisque toute normale à une surface courbe est toujours rencontrée par deux autres normales infiniment voisines et placées dans deux plans normaux rectangulaires entre eux, concevons que de la normale au premier point considéré sur la surface on passe, en effet, à l'une des deux normales infiniment voisines qui la coupent; qu'ensuite, de cette deuxième on passe, dans le même sens, à celle qui la coupe; que de cette troisième on passe, dans le même sens, à celle qui la coupe encore, et ainsi de suite pour toute l'étendue de la surface; il est évident qu'on parcourra une surface développable qui sera partout perpendiculaire à la surface courbe, et qui la coupera dans une ligne courbe dont tous les éléments seront dirigés suivant une des courbures de la surface : cette courbe sera donc une ligne de la première courbure. En faisant la même opération, et dans le même sens, pour tous les points de la surface, on aura la suite de toutes les lignes de la première courbure, qui diviseront la surface courbe en zones de largeur variable.

Concevons de même que de la normale au premier point considéré sur la surface on passe à l'autre des deux normales infiniment voisines qui la coupent; que de celle-ci, et dans le même sens, on passe à la suivante, et ainsi de proche en proche dans toute l'étendue de la surface; il est évident que l'on parcourra une nouvelle surface développable, qui sera de même partout perpendiculaire à la surface courbe, qui la coupera suivant une ligne de la seconde courbure, et cette ligne coupera toutes celles de la première courbure à angles droits. Opérant de même, et dans le même sens, pour tous les points de la surface, on aura la suite de toutes les lignes de la seconde courbure. Ces lignes diviseront de même la surface courbe en d'autres zones de largeur variable; mais chacune d'elles sera perpendiculaire à toutes celles de l'autre courbure, et réciproquement; en sorte que ces deux suites de courbes diviseront la surface courbe en éléments qui pourront être regardés comme rectangulaires. Éclaircissons ceci par un exemple simple.

Soit une surface quelconque de révolution; si de l'un de ses points on passe dans le plan du méridien à un point infiniment voisin, les deux normales consécutives se couperont, puisqu'elles seront comprises l'une et l'autre dans le plan même du méridien. Si du premier point on passe à celui qui est infiniment voisin dans la direction du parallèle, les deux normales consécutives se couperont encore, puisqu'elles passeront toutes deux par le même point de l'axe. Mais, dans quelque autre direction que l'on passe d'un point à un autre, les deux normales couperont l'axe dans des points différents, et ne se rencontreront pas. Les méridiens sont donc les lignes d'une des courbures, et les parallèles les lignes de l'autre. Chacun des méridiens coupe tous les parallèles à angles droits, et réciproquement; et les deux suites de ces lignes divisent la surface courbe en éléments qui peuvent être regardés comme rectangulaires.

Nous avons vu que l'équation (E) exprime le rapport qui doit exister entre $\frac{dy}{dx}$ et les cinq quantités p, q, r, s, t, pour que deux normales consécutives se coupent : elle est donc celle de la projection de la ligne de courbure sur le plan des x et y. Donc, si après avoir différentié deux fois l'équation donnée de la surface courbe, pour obtenir en x, y les valeurs de p, q, r, s, t, on substitue ces valeurs dans (E), on aura en $x, y, \frac{dy}{dx}$ une équation aux différences ordinaires, qui sera celle des projections des lignes de courbure. Mais cette équation est du second degré par rapport à $\frac{dy}{dx}$; ainsi, lorsqu'on l'aura intégrée et complétée par une constante arbitraire que nous représenterons par A, cette constante sera élevée au second degré, et l'intégrale sera généralement de la forme

$$A^2 + A\mathfrak{f}(x, y) + f(x, y) = 0,$$

dans laquelle les deux fonctions $\mathfrak{f}$, f seront données par l'intégration. Si donc on veut déterminer quelle doit être la valeur de cette constante pour que la ligne de courbure individuelle soit celle qui passe par un point donné sur la surface et correspondant à $x = a$, $y = b$, il faudra substituer ces deux valeurs particulières x, y dans l'intégrale, qui deviendra

$$A^2 + A\mathfrak{f}(a, b) + f(a, b) = 0,$$

et à laquelle la constante A doit satisfaire. Mais cette équation fournit pour A deux valeurs que nous pouvons représenter par $F(a, b)$ et $\mathfrak{F}(a, b)$, et qui ne différeront entre elles que par les valeurs du radical; si donc on les substitue successivement dans l'intégrale, on aura les deux équations

$$\text{(G)} \qquad [F(a, b)]^2 + [F(a, b)]\mathfrak{f}(x, y) + f(x, y) = 0,$$

$$\text{(H)} \qquad [\mathfrak{F}(a, b)]^2 + [\mathfrak{F}(a, b)]\mathfrak{f}(x, y) + f(x, y) = 0,$$

qui seront celles des deux lignes de courbure qui passent par le point donné. Nous aurons occasion, par la suite, d'éclaircir ce procédé par des applications.

Si, dans l'équation (E) des lignes de courbure on substitue pour r, t leurs valeurs prises dans $dp = r\,dx + s\,dy$, $dq = s\,dx + t\,dy$, la quantité s disparaît en même temps; et, au moyen de $dz = p\,dx + q\,dy$, cette équation prend la forme

$$(E) \qquad dp(dy + q\,dz) = dq(dx + p\,dz),$$

sous laquelle nous verrons qu'elle se présente souvent, et qu'il est nécessaire de connaître.

V.

Nous avons vu qu'à chaque ligne de courbure correspond une surface développable normale à la surface courbe, et qui est le lieu de toutes les normales qui passent par la même ligne de courbure. Pour toutes les lignes de la première courbure on a donc une suite de semblables surfaces développables, qui ne diffèrent entre elles que par une certaine constante, et cette constante peut influer en même temps et sur leur forme et sur leur position. Pour toutes les lignes de la seconde courbure on a de même une autre suite de surfaces développables normales, qui ne diffèrent entre elles que par une autre constante. De plus, les deux surfaces développables normales qui passent par le même point de la surface, se coupant dans la normale qui leur est commune, et étant perpendiculaires l'une à l'autre, il s'ensuit que chacune des surfaces développables de l'une des suites rencontre toutes celles de l'autre suite en lignes droites, à angles droits, et réciproquement. Les deux suites de surfaces développables divisent donc l'espace en éléments infiniment étroits dans les sens des deux courbures, indéfinis dans le sens de la normale, et terminés par quatre plans rectangulaires entre eux, et par quatre arêtes indéfinies et en lignes droites.

Il est facile d'apercevoir qu'étant donnée la surface d'une voûte, la manière la plus naturelle de la diviser en voussoirs par des joints est de prendre pour joints les surfaces développables normales à la surface de la voûte, et espacées entre elles, dans chacune des deux

suites, d'une quantité finie et dépendante de la nature des maté-
riaux. Ces joints seraient tous perpendiculaires à la surface, et rectangulaires entre eux ; les voussoirs n'auraient, par conséquent, que
des angles droits ; les joints qui seraient engendrés par le mouvement d'une ligne droite seraient de l'espèce de ceux auxquels on
donne le nom de *réglés*, et par conséquent d'une exécution facile.
D'ailleurs, si les joints étaient apparents sur la surface de la voûte,
ils y traceraient des courbes toutes rectangulaires entre elles, et qui,
dépendant de la nature même de la surface, en rendraient la génératrice plus apparente : enfin, ces lignes elles-mêmes diviseraient la
surface de la voûte en compartiments tous rectangulaires et susceptibles d'une décoration bien ordonnée et propre à la surface.

Les deux équations (B), (C) étant, en x', y', z', celles de la normale, il est évident que si l'on assujettit cette normale à se mouvoir
dans la surface développable d'une des courbures, elle passera par
la ligne de cette courbure, et les deux quantités x, y auront entre
elles la relation exprimée par celle des deux équations (G), (H), qui
est relative à cette courbure. Donc, si des trois équations (B), (C),
(G), et de celle de la surface courbe, on élimine x, y, z, on aura en
x', y', z', a, b, pour une des courbures, l'équation de la surface
développable normale qui passe par le point déterminé par $x = a$,
$y = b$. Et si l'on élimine de même x, y, z entre les trois équations
(B), (C), (H) et celle de la surface courbe, on aura en x', y', z',
a, b, pour l'autre courbure, la surface développable normale qui
passe par le même point.

VI.

Chacune des surfaces développables normales d'une des suites a
son arête de rebroussement particulière, qui, étant le lieu des intersections successives des normales consécutives pour une ligne de

courbure, est évidemment le lieu des centres d'une des courbures de tous les points de la surface qui sont sur la même ligne de courbure. Si l'on considère donc le système des arêtes de rebroussement de toutes les surfaces développables normales d'une même suite, ce système formera une surface courbe qui sera le lieu de tous les centres d'une des courbures de la surface courbe. De la même manière, le système des arêtes de rebroussement de toutes les surfaces développables normales de l'autre suite formera une autre surface courbe, qui sera le lieu de tous les centres de la seconde courbure de la même surface courbe. Ces deux surfaces des centres de courbure d'une même surface courbe, qui, dans quelques cas particuliers, peuvent avoir leurs équations séparées, mais qui, en général, sont des nappes différentes d'une même surface courbe, et comprises dans une même équation élevée, sont, par rapport à la surface courbe, ce que les développées sont par rapport aux lignes courbes.

Les trois équations (B), (C), (D) donnant les coordonnées x', y', z' du centre de courbure correspondant au point de la surface courbe déterminé par les valeurs arbitraires de x et y, il est évident que si, entre les trois équations (B), (C), (D) et celle de la surface courbe, on élimine x, y, z, l'équation résultante sera, en x', y', z', celle de la surface des centres de courbure.

Lorsque l'équation du second degré (D), après la substitution des valeurs de p, q, r, s, t en x, y, sera divisible en deux facteurs rationnels, c'est-à-dire lorsque les quantités x, y pourront sortir toutes de dessous le radical; en opérant, comme nous venons de le dire, pour chaque facteur en particulier, on aura les équations séparées des surfaces des centres des deux courbures, ces deux surfaces seront alors distinctes; elles pourront même être totalement indépendantes si la quantité qui est sous le radical est un carré parfait, ou n'être liées entre elles que par une relation entre leurs paramètres, si la quantité constante qui est sous le radical n'est pas un carré parfait. Mais lorsque x et y ne pourront sortir entièrement du radical, on ne pourra opérer que sur l'équation du second degré (D) elle-même; le résultat de l'élimination en x', y', z' sera d'un degré pair; les surfaces des centres des deux courbures ne seront plus distinctes, et elles seront les nappes différentes d'une même surface courbe, produites l'une et l'autre par une même génération.

De ce que chaque normale est tangente en même temps aux arêtes de rebroussement des deux surfaces développables normales dont elle est l'intersection, il s'ensuit qu'elle est en même temps tangente aux deux nappes de la surface des centres de courbure; de plus, chacune de ces nappes est l'enveloppe de toutes les surfaces développables normales d'une même suite. Ainsi, tout plan tangent à une de ces surfaces développables sera aussi tangent à la nappe que cette surface touche; donc, si l'on conçoit par la même normale les deux plans tangents aux surfaces développables dont elle est l'intersection, ces deux plans, qui d'ailleurs sont à angles droits, seront tangents, l'un à la première nappe de la surface des centres, et l'autre à la seconde. Donc la surface des centres de courbure d'une surface courbe jouit de cette propriété remarquable, que, de quelque part qu'on la considère, les contours apparents de ses deux nappes paraissent toujours se couper à angles droits.

Il suit de là que toute surface courbe n'est pas habile à être la surface unique des centres de courbure d'une autre surface. Il faut pour cela, 1° que son équation algébrique soit d'un degré pair; 2° que les contours apparents de ses deux nappes soient rectangulaires entre eux. Toutes celles qui ne remplissent pas ces deux conditions ne peuvent former que la surface des centres d'une des courbures, et doivent être conjuguées avec une autre surface courbe, qui sera celle des centres de l'autre courbure, et pour laquelle il suffira que les contours apparents de l'une et de l'autre soient rectangulaires, de quelque point qu'on les regarde.

Si, sur la nappe des centres d'une des courbures, on considère une quelconque des arêtes de rebroussement dont elle est le lieu, cette arête sera, entre deux quelconques de ses points, la ligne la plus courte que l'on pourra tracer sur la nappe. En effet, le plan osculateur de cette arête, c'est-à-dire le plan qui passe par deux de ses tangentes consécutives, est tangent à la surface développable à laquelle appartient l'arête, et qui est le lieu de ses tangentes : il est donc tangent à la nappe des centres de l'autre courbure, et, par conséquent, normal à la première nappe au point d'osculation. Or la ligne dont le plan osculateur est normal à la surface au point d'osculation est la plus courte que l'on puisse tracer, sur cette surface, entre deux quelconques de ses points ; ou, ce qui revient au même, elle est celle que tracerait un fil tendu entre ces deux points. Car si l'on conçoit un fil appliqué sur cette courbe, coïncidant avec elle, et tendu à ses deux extrémités par des forces égales, la résultante des tensions de deux éléments consécutifs sera dirigée dans le plan de ces deux éléments, c'est-à-dire dans le plan osculateur normal à la surface ; et parce que ces deux tensions sont égales entre elles, la direction de la résultante partagera en deux parties égales l'angle formé par les deux éléments consécutifs : ainsi cette résultante sera normale à la surface, et sera entièrement détruite par la résistance de cette surface ; le fil n'aura donc aucune tendance à s'écarter de la courbe sur laquelle il aura été appliqué, et avec laquelle il coïncidera toujours.

Si les deux nappes des centres de courbure se coupent quelque part, elles se couperont à angles droits, et la courbe de leur intersection sera le lieu des centres de courbures sphériques de la surface ; car chacun des points de cette ligne se trouvant en même temps sur les nappes des deux courbures sera le centre commun des deux courbures qui, au point correspondant de la surface, sont égales entre elles, comme celles d'une sphère. De plus, si l'on conçoit toutes les tangentes à la courbe d'intersection des deux nappes, chacune d'elles sera normale à la surface, et la coupera en un point pour lequel les deux courbures auront même rayon et même centre. La courbe qui, sur la surface, passe par tous ces points, est une ligne remarquable; c'est la ligne des *courbures sphériques*, qui ne coïncide avec aucune des lignes de courbure, et qui, sur la surface, coupe toutes celles de l'une et de l'autre espèce. On aura l'équation de cette courbe en égalant entre elles les valeurs des deux rayons de courbure, c'est-à-dire en égalant à zéro le radical de l'équation (D), ce qui donne

$$[(1+q^2)r - 2pqs + (1+p^2)t]^2 = 4(rt-s^2)(1+p^2+q^2).$$

Il est bien évident que la ligne des courbures sphériques sur la surface est une développante de la ligne des centres de courbure sphérique ou de l'intersection des deux nappes des centres. Ainsi, après avoir fixé un fil en un des points de l'intersection des deux nappes des centres, si, en le tendant, on le fait mouvoir de manière qu'il s'enveloppe sur cette intersection, et que la partie rectiligne du fil soit toujours tangente à cette courbe, un des points de ce fil parcourra la ligne de courbure sphérique. Mais si, en tendant le fil, on ne s'assujettit à aucune condition, et en supposant qu'il n'exerce aucun frottement sur les nappes des centres, dans quelque position qu'on le considère, il sera divisé en trois parties; la première sera enveloppée sur une partie de l'intersection des deux nappes; la deuxième sera pliée et tendue sur la nappe des centres dont le fil se sera approché, et sera appliquée sur une des arêtes de rebroussement dont cette nappe est le lieu, et ces deux parties de courbes se toucheront à leur point commun; la troisième partie du fil en ligne droite sera tangente à cette arête de rebroussement, et normale à la surface ; enfin, le même point du fil sera sur la surface elle-même. Ainsi, en agitant le fil constamment tendu, on pourra transporter le même point du fil successivement sur tous les points de la surface.

On voit donc qu'une surface quelconque peut être engendrée par les deux mouvements continus du point d'un fil tendu qui s'enveloppe sur les nappes des centres, de même qu'une courbe plane peut être engendrée par le point tendu d'un fil qui s'enveloppe sur la développée de la courbe.

Nous allons actuellement nous occuper de la génération des surfaces courbes d'après les propriétés de leurs lignes de courbure, de leurs rayons de courbure, etc. Nous aurons souvent occasion d'employer les équations rapportées dans ce paragraphe.

§ XVI.

DES LIGNES DE COURBURE DE LA SURFACE DE L'ELLIPSOÏDE.

I.

Après avoir porté, de part et d'autre de l'origine, sur la ligne des x une première droite a, sur la ligne des y une seconde droite b, et sur la ligne des z une troisième droite c, ce qui détermine six points placés de telle manière que chacun des trois plans rectangulaires en contient quatre ; si l'on conçoit dans chacun de ces plans une ellipse dont les quatre points compris dans ce plan soient les quatre sommets, chacune de ces ellipses, que nous nommerons *ellipses principales*, aura pour demi-axes deux des trois droites a,

b, c, et leurs équations seront

$$b^2 x^2 + a^2 y^2 = a^2 b^2,$$
$$c^2 y^2 + b^2 z^2 = b^2 c^2,$$
$$a^2 z^2 + c^2 x^2 = c^2 a^2.$$

Ensuite, si l'on conçoit qu'un plan se meuve parallèlement à l'un quelconque des plans rectangulaires, dans chacune de ses positions il coupera deux des ellipses principales, chacune en deux points, ce qui déterminera quatre points dans ce plan; enfin, si l'on conçoit l'ellipse dont ces quatre derniers points seraient les quatre sommets, le lieu de toutes les ellipses construites suivant la même loi que la dernière sera la surface de l'ellipsoïde dont nous nous proposons de trouver des lignes de courbure; ou, ce qui revient au même, cette surface peut être regardée comme engendrée par le mouvement de la dernière ellipse, qui est en même temps variable de figure et de position.

Il est évident, d'après cette génération, que la surface est symetrique par rapport à chacune des trois lignes des x, des y et des z, sur lesquelles seront placés ces trois axes, et que les grandeurs de ces axes seront respectivement $2a$, $2b$, $2c$. De ces trois axes nous supposerons que le premier soit le plus grand et que le dernier soit le plus petit.

II.

Pour trouver l'équation de la surface de l'ellipsoïde, supposons que le plan mobile soit parallèle à celui des x, y, et considérons-le lorsqu'il est à une distance quelconque α de l'origine; on aura pour son équation

$$z = \alpha.$$

On trouvera les coordonnées des points dans lesquels il coupe alors les deux ellipses principales, en faisant $z = \alpha$ dans les équations de ces deux courbes, ce qui donnera

$$x^2 = a^2 \frac{c^2 - z^2}{c^2}, \qquad y^2 = b^2 \frac{c^2 - z^2}{c^2};$$

et ces valeurs de x et y seront les demi-axes de l'ellipse mobile, dont l'équation sera, par conséquent,

$$b^2 c^2 x^2 + a^2 c^2 y^2 = a^2 b^2 (c^2 - z^2).$$

Ainsi cette équation et celle du plan mobile sont les deux équations de l'ellipse mobile considérée dans l'espace, et dont la figure, ainsi que la position, sont déterminées par la valeur de z. Donc, pour avoir l'équation de la surface engendrée par le mouvement de cette courbe, il faut éliminer z entre ses deux équations; ce qui donne pour équation de la surface de l'ellipsoïde

$$b^2 c^2 x^2 + a^2 c^2 y^2 + a^2 b^2 z^2 = a^2 b^2 c^2.$$

Si le plan mobile eût été parallèle au plan des x, z, ou à celui des y, z, on aurait eu le même résultat, et l'on aurait, par conséquent, engendré la même surface.

III.

Pour avoir l'équation des lignes de courbure, il faut différentier deux fois celle de la surface, afin d'obtenir les valeurs de p, q, r, s, t, et substituer ces valeurs de l'équation (E), page 126, des lignes de courbure. Or, par la différentiation, on trouve

$$p = -\frac{c^2 x}{a^2 z},$$

$$q = -\frac{c^2 y}{b^2 z},$$

$$r = -\frac{c^4}{a^2 b^2 z^3}(b^2 - y^2),$$

$$s = -\frac{c^4}{a^2 b^2 z^3}xy,$$

$$t = -\frac{c^4}{a^2 b^2 z^3}(a^2 - x^2);$$

substituant donc ces valeurs dans l'équation (E),

$$(E) \left\{ \frac{dy^2}{dx^2}\left[(1+q^2)s - pqt\right] + \frac{dy}{dx}\left[(1+q^2)r - (1+p^2)t\right] \atop - \left[(1+p^2)s - pqr\right] \right\} = 0,$$

et chassant, au moyen de l'équation de la surface, les z qui ne se détruisent pas, on aura, pour les projections des lignes de courbure sur le plan des x, y, l'équation aux différences ordinaires à deux variables

$$a^2(b^2 - c^2)\,xy\,\frac{dy^2}{dx^2} + \frac{dy}{dx}\left[\begin{matrix} b^2(a^2-c^2)x^2 \\ -a^2(b^2-c^2)y^2 \\ -a^2 b^2(a^2-b^2) \end{matrix} \right] - b^2(a^2-c^2)\,xy = 0,$$

qui, en faisant, pour abréger,

$$\frac{a^2(b^2-c^2)}{b^2(a^2-c^2)} = A, \qquad \frac{a^2(a^2-b^2)}{a^2-c^2} = B,$$

devient

$$A\,xy\,\frac{dy^2}{dx^2} + \frac{dy}{dx}(x^2 - Ay^2 - B) - xy = 0,$$

et qu'il s'agit d'intégrer.

IV.

Cette équation étant élevée, on doit la regarder comme résultant de rapports non linéaires établis entre les constantes qui complétaient les intégrales du premier ordre d'une équation différentielle d'un ordre supérieur. Il faut donc chercher cette équation d'un ordre supérieur en éliminant successivement des constantes par la différentiation, l'intégrer ensuite jusqu'aux quantités finies, ce qui introduira autant de constantes arbitraires de trop que l'on aura différentié de fois, et trouver enfin les relations qui doivent subsister entre ces constantes arbitraires pour que la proposée soit satisfaite.

Différentiant donc la proposée, on trouve

$$\frac{d\,dy}{dx^2}\left(2\mathrm{A}xy\,\frac{dy}{dx}+x^2-\mathrm{A}y^2-\mathrm{B}\right)+\left(\mathrm{A}\frac{dy^2}{dx^2}+1\right)\left(x\frac{dy}{dx}-y\right)=0,$$

et éliminant une des constantes A, B, l'autre disparaît aussi, et l'on obtient l'équation aux différences secondes

$$xy\,ddy+dy\,(xdy-ydx)=0,$$

qui est linéaire, et qui peut être mise sous cette forme

$$\frac{y}{x}ddy+dy\,d\frac{y}{x}=0,$$

dont l'intégrale est

$$\frac{y}{x}dy=\beta\,dx,$$

β étant la constante arbitraire introduite par l'intégration.

On pourrait dès à présent substituer dans la proposée, pour $\frac{dy}{dx}$, sa valeur tirée de l'intégrale, et l'on aurait l'intégrale demandée complétée par la constante arbitraire β : dans ce cas même, l'opération serait très-simple ; mais, en général, il vaut mieux remonter directement aux quantités finies, ce qui donne toujours l'équation la plus simple, et déterminer les valeurs des constantes surnuméraires de manière que la proposée soit satisfaite.

Intégrant donc encore une fois, on trouve

$$y^2=\beta x^2+\gamma,$$

équation d'une section conique concentrique à l'ellipsoïde, dont les axes sont dirigés suivant la ligne des x et celle des y, pour laquelle les grandeurs des axes sont arbitraires, et qui peut être une ellipse ou une hyperbole, suivant le signe de la constante β. Mais nous ne devons avoir qu'une seule arbitraire ; donc des deux axes de la section conique il n'y en a qu'un dont nous puissions disposer ; l'autre dépend du premier, et cette relation doit être telle que la proposée soit satisfaite.

Pour trouver cette relation, soient m, n les grandeurs des demi-axes de la section conique, son équation sera

$$n^2 x^2 \pm m^2 y^2 = m^2 n^2,$$

le signe supérieur étant pour les ellipses, et l'inférieur pour les hyperboles ; en la différentiant, on trouvera

$$\frac{dy}{dx} = \mp \frac{n^2 x}{m^2 y};$$

substituant pour y et $\frac{dy}{dx}$ leurs valeurs dans la proposée, x disparaîtra aussi, et l'on trouvera que pour que cette équation soit satisfaite, les deux demi-axes m, n doivent avoir entre eux la relation suivante :

$$m^2 \mp An^2 = B.$$

Ces demi-axes pour chaque ellipse sont donc les coordonnées d'un point d'une même hyperbole déterminée, et pour chaque hyperbole les coordonnées d'un point d'une même ellipse déterminée ; cette hyperbole déterminée et cette ellipse étant d'ailleurs l'une et l'autre concentriques à l'ellipsoïde, ayant, de plus, les mêmes axes, dirigés, l'un suivant la ligne des x, l'autre suivant la ligne des y, et les grandeurs de ces axes étant, pour la moitié du premier, $\sqrt{B}$, et pour la moitié du second, $\frac{\sqrt{B}}{\sqrt{A}}$. Enfin, remettant pour A et B leurs valeurs, les grandeurs des demi-axes communs de l'ellipse et de l'hyperbole déterminées seront respectivement $\frac{a\sqrt{a^2 - b^2}}{\sqrt{a^2 - c^2}}$ et $\frac{b\sqrt{a^2 - b^2}}{\sqrt{b^2 - c^2}}$. D'où suit la construction suivante.

V.

On construira une première hyperbole et une première ellipse,
toutes deux concentriques à l'ellipse principale, et dont les demi-
axes communs seront $\frac{a\sqrt{a^2 - b^2}}{\sqrt{a^2 - c^2}}$ dans le sens des x, et $\frac{b\sqrt{a^2 - b^2}}{\sqrt{b^2 - c^2}}$
dans le sens des y. Nous donnerons à ces deux courbes le nom
d'*hyperbole* et d'*ellipse auxiliaires*. Puis, si d'un point quelconque
de l'hyperbole on abaisse les deux coordonnées rectangulaires, ces
coordonnées seront les demi-axes d'après lesquels, en construisant
une autre ellipse concentrique, on aura la projection, sur le plan des
x, y, d'une des lignes de courbure de l'ellipsoïde. Construisant de
la même manière tant d'ellipses qu'on voudra, on aura les projections de toute la suite des lignes d'une des courbures de la surface.
De même, si d'un point quelconque de l'ellipse auxiliaire on abaisse
les deux coordonnées rectangulaires, elles seront les demi-axes
d'une hyperbole concentrique; chacune des hyperboles construites
de cette manière coupera toutes les ellipses, et réciproquement; et
leur système sera la projection de toute la suite des lignes de l'autre
courbure.

La quantité $a^2 - b^2$ étant toujours moindre que $a^2 - c^2$, il s'ensuit que l'axe commun de l'ellipse et de l'hyperbole auxiliaires, et
qui a pour expression $\frac{2a\sqrt{a^2 - b^2}}{\sqrt{a^2 - c^2}}$, est plus petit que le grand axe $2a$
de l'ellipsoïde; que, par conséquent, les sommets communs de ces
deux courbes tombent en dedans de l'ellipse principale. D'après
cela, il est évident que la plus petite des ellipses, projections des
lignes de courbure, a pour grand axe cet axe commun, et que son
petit axe est nul : elle se confond donc avec la ligne des x; d'où il
suit que l'ellipse principale qui est dans le plan des x, z, est elle-

même une des lignes de courbure de la surface. A mesure que le grand axe des ellipses croît, le petit axe croît aussi; et lorsque le premier de ces axes est égal au grand axe de l'ellipsoïde, l'ellipse se confond avec l'ellipse principale du plan des x, y, qui est donc aussi une ligne de courbure. En effet, si dans l'équation de l'hyperbole auxiliaire $m^2 - An^2 = B$, on fait $m = a$, et si l'on remet pour A et B leurs valeurs, on trouve $n = b$. Il est inutile de construire des ellipses plus grandes que cette dernière; elles tomberaient toutes en dehors de l'ellipsoïde, et seraient étrangères à notre objet.

On voit donc que chacun des deux sommets communs de l'hyperbole et de l'ellipse auxiliaires est embrassé d'un même côté par toutes les ellipses, qui se resserrent toujours à mesure que leurs sommets en approchent, et qui ne perdent leur petit axe que quand elles l'atteignent.

Quant aux hyperboles, il est clair qu'aucune d'elles ne peut avoir, dans le sens des x, un axe plus grand que l'axe commun de l'hyperbole et de l'ellipse auxiliaires. Celle pour laquelle l'axe a cette grandeur a son autre axe nul, et se confond avec la ligne des x; à mesure que cet axe diminue, l'autre augmente, de manière que, lorsque celui-ci est à son maximum, le premier devient nul à son tour, et alors les deux branches de l'hyperbole se confondent avec la ligne des y. Ainsi la troisième ellipse principale est encore, comme les deux autres, une des lignes de courbure de la surface. Chacun des sommets communs de l'hyperbole et de l'ellipse auxiliaires est embrassé par toutes les hyperboles, mais du côté opposé à celui pour lequel les ellipses l'embrassent. Les hyperboles se resserrent à mesure qu'elles approchent de ces points, et elles ne perdent leur petit axe que lorsque leur sommet les atteint.

Ces points vers lesquels et les ellipses et les hyperboles tournent toutes leurs concavités sont les projections de quatre points très-remarquables sur la surface courbe; deux d'entre eux sont placés au-dessus du plan des x, y, et deux au-dessous. Ce sont quatre ombilics autour desquels les lignes des deux courbures sont pliées, toutes les unes d'un côté, et toutes les autres du côté opposé. Ces lignes se resserrent à mesure qu'elles en approchent, et, dès qu'elles les atteignent, elles changent d'espèce.

VI.

Les projections des lignes de courbure ne sont des courbes d'espèces différentes pour les deux courbures que parce que le plan de projection n'est pas placé d'une manière symétrique. En effet, les trois axes de l'ellipsoïde étant supposés inégaux, c'est sur le plan, mené par le plus grand axe et par le moyen, qu'on aurait trouvé, par la même raison, des résultats absolument analogues; mais en choisissant le plan mené par le plus grand axe et par le plus petit, les projections des lignes de courbure sont de la même espèce; elles se construisent toutes par la même loi, et leur construction est plus propre à être employée dans les arts.

Pour avoir l'équation de la projection des lignes de courbure sur le plan des x, z, il faut, de l'équation de la surface courbe

$$b^2 c^2 x^2 + a^2 c^2 y^2 + a^2 b^2 z^2 = a^2 b^2 c^2,$$

éliminer y au moyen de l'équation de la projection, sur le plan des x, y,

$$n^2 x^2 \pm m^2 y^2 = m^2 n^2,$$

dans laquelle on a d'ailleurs, entre les deux constantes arbitraires m, n, la relation suivante :

$$m^2 \pm A n^2 = B,$$

ce qui réduit ces constantes à une seule. Cette élimination est rendue plus facile par l'équation identique

$$A b^2 + B = a^2,$$

et donne

$$c^2(a^2 - m^2) B x^2 + a^2 b^2 m^2 A z^2 = a^2 c^2 m^2 (a^2 - m^2).$$

dans laquelle toutes ambiguïtés de signes se sont détruites. Or nous avons vu que la quantité m, qui est l'axe dans le sens des x des sections coniques de la première projection, ne peut jamais excéder l'axe correspondant a de l'ellipsoïde ; la quantité $a^2 - m^2$ sera donc toujours positive, et l'équation que nous venons de trouver sera celle d'une ellipse concentrique à la surface courbe, dont les axes seront dirigés suivant la ligne des x et celle des z, et qui ne changera pas d'espèce. Soient m', n' les grandeurs des deux demi-axes de cette ellipse, on aura

$$m'^2 = \frac{a^2 m^2}{B},$$

$$n'^2 = \frac{c^2(a^2 - m^2)}{b^2 A};$$

et, éliminant la constante m, qui est étrangère à la projection actuelle, on trouvera que les deux demi-axes de cette ellipse doivent avoir entre eux la relation suivante :

$$c^2 B m'^2 + a^2 b^2 A n'^2 = a^2 c^2.$$

Or cette équation est elle-même, en m', n', celle d'une ellipse déterminée ; donc les deux demi-axes de chacune des ellipses de la projection sur le plan des x, z, sont les deux coordonnées rectangulaires d'un même point, pris sur une ellipse qui est la même pour toutes, et dont les demi-axes ont pour grandeurs $\dfrac{a^2}{\sqrt{B}}$ dans le même sens des m', et $\dfrac{ac}{b\sqrt{A}}$ dans le sens des n'. Enfin, remettant pour A et B leurs valeurs, les grandeurs des demi-axes de cette dernière ellipse sont respectivement $\dfrac{a\sqrt{a^2-c^2}}{\sqrt{a^2-b^2}}$ et $\dfrac{c\sqrt{a^2-c^2}}{\sqrt{b^2-c^2}}$; d'où suit la construction suivante.

VII.

On construira une ellipse auxiliaire concentrique à l'ellipse principale, et dont les demi-axes seront $\dfrac{a\sqrt{a^2-c^2}}{\sqrt{a^2-b^2}}$ dans le sens des x, et $\dfrac{c\sqrt{a^2-c^2}}{\sqrt{b^2-c^2}}$ dans le sens des z. Il suffira de construire un quart de cette courbe. Puis, d'un point quelconque de cette ellipse on abaissera les deux coordonnées rectangulaires, et l'on construira une ellipse concentrique dont les demi-axes, dans le sens des x et dans celui des z, seront égaux à ces coordonnées respectives. Cette ellipse sera la projection d'une des lignes de courbure, et la suite de toutes les ellipses construites de cette manière sera la projection des deux suites des lignes de courbure de toute la surface de l'ellipsoïde. Les demi-axes de l'ellipse auxiliaire $\dfrac{a\sqrt{a^2-c^2}}{\sqrt{a^2-b^2}}$ et $\dfrac{c\sqrt{a^2-c^2}}{\sqrt{b^2-c^2}}$ étant plus grands que les demi-axes correspondants a et c de l'ellipse principale, cette dernière ellipse est entièrement comprise dans la première. De plus, l'ellipse principale est elle-même une de celles que donne la construction précédente; car si, dans l'équation de l'ellipse auxiliaire

$$c^2 B m'^2 + a^2 b^2 A n'^2 = a^2 c^2,$$

on donne à m' la valeur a du grand axe de l'ellipse principale, et en faisant usage de l'équation identique $A b^2 + B = a^2$, on trouve pour l'ordonnée n' la valeur c du petit axe. Donc, si aux extrémités des deux axes de l'ellipse principale on lui mène des tangentes, ces tangentes, qui seront d'ailleurs rectangulaires entre elles, se rencontreront en un point de l'ellipse auxiliaire. Ce point de rencontre divise le quart de l'ellipse auxiliaire en deux parties, dont l'une sert à la construction des lignes de l'une des courbures, et dont l'autre sert à la construction des lignes de l'autre courbure.

En effet, la partie du quart de l'ellipse auxiliaire qui avoisine son premier axe produit des ellipses qui toutes ont leurs grands axes plus grands et leurs petits axes plus petits que les axes correspondants de l'ellipse principale. Ces ellipses, qui se resserrent à mesure que leur grand axe s'allonge, et qui se confondent avec la ligne des x lorsque le grand axe est égal à celui de l'ellipse auxiliaire, divisent l'aire de l'ellipse principale en zones dirigées dans le sens du grand axe, et sont les projections des lignes d'une des courbures. Au contraire, la partie du quart de l'ellipse qui avoisine son second axe produit des ellipses qui toutes ont leurs axes dans le sens des x plus petits, et ceux dans le sens des z plus grands que les axes correspondants de l'ellipse principale. Ces ellipses, qui se resserrent à mesure que l'axe, dans le sens des z, croit, et qui se confondent avec la ligne des z lorsque cet axe est égal à celui de l'ellipse auxiliaire, divisent l'aire de l'ellipse en zones dirigées dans le sens de la ligne des z. Chacune d'elles coupe donc toutes celles de la première espèce en quatre points qui sont compris en dedans de l'ellipse principale; donc elles sont les projections des lignes de l'autre courbure.

VIII.

Dans la dernière projection, si par les extrémités des axes de l'ellipse auxiliaire, prises deux à deux, on mène quatre lignes droites, ce qui formera un parallélogramme équilatéral, toutes les ellipses, projections des lignes de courbure, seront inscrites dans ce parallélogramme, dont chacune d'elles touchera les quatre côtés.

En effet, si de l'équation de ces ellipses

$$n'^2 x^2 + m'^2 z^2 = m'^2 n'^2,$$

on chasse la quantité m' au moyen de l'équation de l'ellipse auxiliaire

$$c^2 B m'^2 + a^2 b^2 A n'^2 = a^2 c^2,$$

l'équation résultante ordonnée par rapport à n',

$$a^2 b^2 A n'^4 + n'^2 \left[c^2 B x^2 - a^2 b^2 A z^2 - a^2 c^2 \right] + a^2 c^2 z^2 = 0,$$

sera celle des ellipses, projections des lignes de courbure, et qui ne diffèrent entre elles que par la valeur particulière de la constante n'. Pour avoir l'enveloppe de toutes ces ellipses, c'est-à-dire la ligne qui termine l'espace qu'elles occupent sur le plan de projection, il faut différentier cette équation en regardant n' comme seule variable, et éliminer n' au moyen de cette différentielle. Or, en différentiant, on a

$$2 a^2 b^2 A n'^2 + c^2 B x^2 - a^2 b^2 A z^2 - a^2 c^2 = 0;$$

donc, en éliminant n'^2, on aura pour équation de l'enveloppe de toutes les ellipses

$$\left[c^2 B x^2 - a^2 b^2 A z^2 - a^2 c^2 \right]^2 - 4 a^2 b^2 c^2 A z^2 = 0.$$

Mais le premier membre de cette équation est la différence de deux carrés; l'équation elle-même se décompose donc dans les deux facteurs

$$c^2 B x^2 - a^2 b^2 A z^2 - a^2 c^2 + 2 a^2 b c z \sqrt{A} = 0,$$

$$c^2 B x^2 - a^2 b^2 A z^2 - a^2 c^2 - 2 a^2 b c z \sqrt{A} = 0,$$

qui, étant eux-mêmes chacun la différence des deux autres carrés, se décomposent dans les quatre facteurs

$$cx\sqrt{B} + abz\sqrt{A} + a^2c = 0,$$
$$- cx\sqrt{B} - abz\sqrt{A} + a^2c = 0,$$
$$- cx\sqrt{B} + abz\sqrt{A} + a^2c = 0,$$
$$cx\sqrt{B} - abz\sqrt{A} + a^2c = 0;$$

ou, remettant pour A et B leurs valeurs

$$cx\sqrt{a^2 - b^2} + az\sqrt{b^2 - c^2} + ac\sqrt{a^2 - c^2} = 0,$$
$$- cx\sqrt{a^2 - b^2} - az\sqrt{b^2 - c^2} + ac\sqrt{a^2 - c^2} = 0,$$
$$- cx\sqrt{a^2 - b^2} + az\sqrt{b^2 - c^2} + ac\sqrt{a^2 - c^2} = 0,$$
$$cx\sqrt{a^2 - b^2} - az\sqrt{b^2 - c^2} + ac\sqrt{a^2 - c^2} = 0,$$

qui sont les équations des quatre droites menées par les extrémités des axes de l'ellipse auxiliaire, prises deux à deux.

IX.

La plupart des autres surfaces ont des ombilics analogues à ceux que nous avons remarqués sur celle de l'ellipsoïde, et il est facile de trouver leurs positions avant même que d'avoir intégré l'équation des lignes de courbure; car les ombilics sont les points dans lesquels les lignes des deux espèces de courbure se changent l'une en l'autre, et, par conséquent, pour chacun desquels les deux lignes de courbure se confondent. Ces points sont donc ceux pour lesquels les deux valeurs de $\frac{dy}{dx}$, que fournit l'équation générale des lignes de courbure, sont égales entre elles; et l'on aura une relation entre leurs coordonnées, en égalant à zéro le radical par lequel ces deux valeurs diffèrent entre elles. Faisons-en l'application au cas de l'ellipsoïde, pour lequel l'équation générale différentielle des lignes de courbure est

$$A xy \frac{dy^2}{dx^2} + \frac{dy}{dx}[x^2 - Ay^2 - B] - xy = 0.$$

Si, après avoir résolu cette équation du second degré algébrique, on égale à zéro le radical, on aura

$$[x^2 - Ay^2 - B]^2 + 4Ax^2y^2 = 0,$$

dont le premier membre est la somme de deux carrés, et qui ne peut rien exprimer de réel, à moins qu'on n'égale à zéro la racine de chacun de ces carrés; ce qui donne en même temps les deux équations

$$x^2 y^2 = 0,$$
$$x^2 - Ay^2 - B = 0;$$

mais la première de ces équations a elle-même deux facteurs qui peuvent avoir lieu séparément. Donc nous avons deux cas à considérer : 1° le cas où l'on aurait en même temps

$$y = 0 \quad \text{et} \quad x^2 - Ay^2 - B = 0;$$

2° celui où l'on aurait en même temps

$$x = 0 \quad \text{et} \quad x^2 - Ay^2 - B = 0.$$

Le premier cas donne

$$y = 0 \quad \text{et} \quad x = \sqrt{B} = \frac{a\sqrt{a^2 - b^2}}{\sqrt{a^2 - c^2}};$$

ce sont les coordonnées que nous avons trouvées pour les projections des ombilics sur le plan des x, y.

Le second cas donne

$$x = 0 \quad \text{et} \quad y = \frac{\sqrt{B}}{\sqrt{A}}\sqrt{-1},$$

qui sont les coordonnées d'un point imaginaire. Ainsi, il n'existe pas sur la surface d'autres ombilics que ceux que nous avons considérés.

Nous aurons occasion, dans la suite, de voir des surfaces dont tous les points sont de semblables ombilics.

X.

S'il était question de voûter un espace circonscrit en projection horizontale par une ellipse, on ne pourrait pas donner à la voûte une surface plus convenable que celle de la moitié d'un ellipsoïde dont une des ellipses principales coïnciderait avec l'ellipse de la naissance; et, en supposant que cette voûte dût être exécutée en pierres de taille, il faudrait que la division en voussoirs fût opérée au moyen des lignes de courbure dont nous avons donné la construction, et que les joints fussent les surfaces développables normales à la voûte. Les lignes de division en voussoirs traceraient sur la surface des compartiments rectangulaires susceptibles de décoration, et ces compartiments eux-mêmes n'auraient rien de fantastique, puisqu'ils ne seraient qu'une suite nécessaire de la première donnée, qui est une ellipse; mais la destination de cet emplacement pourrait influer sur le choix de celui des trois axes qu'il faudrait placer verticalement.

Il n'y aurait aucune raison pour faire l'axe vertical égal à l'un des deux axes horizontaux; ainsi les trois axes seraient inégaux. Dans cette hypothèse, l'axe vertical pourrait être plus grand que les deux autres, et alors la voûte serait surmontée; il pourrait être plus petit, et la voûte serait surbaissée; enfin, il pourrait être compris entre les deux autres, et la voûte serait moyenne. La voûte surmontée aurait, en général, plus de hardiesse et plus de dignité; et, si la naissance était elle-même à une grande hauteur, quelle que fût, d'ailleurs, la destination de l'emplacement, ce serait la voûte surmontée qu'il faudrait employer, parce que sa grande élévation, faisant paraître ses dimensions verticales plus petites qu'elles ne seraient réellement, écraserait trop une voûte d'une autre espèce. La voûte surbaissée, en diminuant le volume de l'air compris dans l'emplacement, serait plus favorable à la voix d'un orateur. Si l'emplacement devait être éclairé par deux lustres suspendus à la voûte, il faudrait que cette voûte fût, ou surmontée ou surbaissée, parce que, dans ces deux cas, sa surface aurait deux ombilics placés symétriquement au-dessus du grand axe de l'ellipse horizontale, et que ces ombilics, rendus très-apparents par les compartiments qui se distribueraient autour d'eux, seraient les points naturels de suspension; alors, on pourrait disposer du rapport entre les trois axes, pour que ces points fussent espacés d'une manière convenable.

Au contraire, si l'emplacement devait avoir quatre grandes ouvertures, ou si la voûte devait être portée par quatre groupes de colonnes, ou enfin si, dans la décoration intérieure, on employait quatre supports distribués symétriquement, il faudrait choisir la voûte moyenne pour laquelle les quatre ombilics sont toujours dans la naissance, et placer les massifs ou les supports aux quatre extrémités des axes, parce que c'est aux environs de ces quatre points, et loin des ombilics, que les lignes de courbure, rendues apparentes par la décoration de la voûte, et qui, d'ailleurs, rencontrent toutes verticalement la naissance, s'écartent plus lentement de la ligne de plus grande pente de la surface.

XI.

On s'occupe aujourd'hui de la construction de salles pour les deux Conseils de la législature; les emplacements dont on a pu disposer, jusqu'à présent, pour de semblables salles, ont forcé de donner à l'amphithéâtre moins de profondeur en face de l'orateur que sur les côtés; mais, l'expérience ayant prouvé que la voix se porte à une plus grande distance en face, il paraît que c'est une disposition toute contraire qu'on devrait adopter. De toutes les formes allongées qu'on pourrait donner à l'amphithéâtre, il n'y en a aucune dont la loi soit plus simple et plus gracieuse que l'ellipse; il faudrait donc que la salle fût elliptique, et qu'elle fût couverte par une voûte en ellipsoïde surbaissée.

Le service des assemblées législatives exige un emplacement pour le bureau, en avant duquel est la tribune de l'orateur. En plaçant le bureau à un des sommets de l'ellipse, on pourrait lui consacrer un espace suffisant pour la commodité du service, et l'orateur se trouverait naturellement placé sous un des ombilics de la voûte; l'amphithéâtre n'occuperait que la partie qui est en avant. Une galerie qui ferait le tour entier de la salle, et qui serait assez élevée pour être très-distincte de l'amphithéâtre, fournirait des places au public. La salle, qui n'aurait ni tribune ni aucune espèce d'irrégularité, pourrait être décorée par des colonnes, à chacune desquelles correspondrait une nervure de la voûte, pliée suivant la ligne de courbure ascendante. Toutes ces nervures, verticales à leur naissance, se courberaient autour de l'un ou de l'autre ombilic, pour redescendre ensuite à plomb sur les colonnes opposées, et elles seraient croisées perpendiculairement par d'autres nervures pliées suivant les lignes de l'autre courbure. Les intervalles de ces nervures pourraient être à jour, soit pour éclairer la salle, soit pour donner des issues à l'air, et formeraient un vitrage moins fantastique que les roses de nos églises gothiques. Enfin, deux lustres suspendus aux ombilics de la voûte, et à la suspension desquels la voûte entière semblerait concourir, serviraient à éclairer la salle pendant la nuit.

Nous n'entrerons pas dans de plus grands détails à cet égard; il nous suffit d'avoir indiqué aux artistes un objet simple, et dont la décoration, quoique très-riche, pourrait n'avoir rien d'arbitraire, puisqu'elle consisterait principalement à dévoiler à tous les yeux une ordonnance très-gracieuse, qui est dans la nature même de cet objet.

EXPLICATION DES FIGURES (*Planches I et II*).

FIGURE 1.

La *fig*. 1 représente les projections des lignes de courbure de la surface de l'ellipsoïde sur le plan qui passe par le grand axe AB et par l'axe moyen CD. Lorsque la voûte est surbaissée, ce plan est celui de la naissance; c'est le cas que nous avons supposé dans l'article XI.

GLO est le quart de l'ellipse auxiliaire; OHI est une partie de l'hyperbole auxiliaire. Il suffit, pour cette dernière courbe, de construire l'arc qui correspond à la partie OB du grand axe. Cette ellipse et cette hyperbole ont les mêmes axes, dont les moitiés sont KG, KO, et dont nous détaillerons la construction dans la *fig*. 2.

Les ellipses, telles que MNM′N′, sont les projections des lignes d'une des courbures; leurs sommets M, N se construisent, pour chacune d'elles, en abaissant d'un point H, pris sur l'hyperbole auxiliaire, les coordonnées rectangulaires HM, HN. Il peut arriver que, de ces deux points M, N, l'un soit déterminé par d'autres considérations. Par exemple, en regardant ces lignes de courbure comme celles qui divisent en voussoirs la surface d'une voûte, on peut désirer que les hauteurs des assises successives diffèrent entre elles le moins possible. Dans ce cas, on pourrait diviser la demi-circonférence CDE de l'ellipse verticale en parties sensiblement égales entre elles, et projeter ces points de division sur l'axe CD, ce qui, pour chaque ligne de courbure correspondante, déterminerait le point M. Alors, pour trouver l'autre sommet N de la même ellipse, il faudrait, par le point M, mener MH parallèle à AB, la prolonger jusqu'à la rencontre de l'hyperbole auxiliaire, et, du point H d'intersection, abaisser sur AB la perpendiculaire HN, qui déterminerait le point N.

Les hyperboles, telles que SPRS′P′R′, sont les projections des lignes de l'autre courbure. Les extrémités P, Q de leurs axes se construisent, pour chacune d'elles, en abaissant d'un même point L, pris sur l'ellipse auxiliaire, les coordonnées rectangulaires LP, LQ. Dans la *fig.* 2, nous indiquerons comment on construirait ces points s'il fallait que l'hyperbole passât par un point déterminé R de la naissance.

O et O′ sont les projections des ombilics.

FIGURE 2.

L'objet de la *fig.* 2 est de donner les détails de la construction des extrémités O, G des axes communs de l'ellipse et de l'hyperbole auxiliaires. Soient ADB la moitié de la grande ellipse horizontale qui passe par les naissances de la voûte surbaissée; F, F ses foyers; AV*e* le quart de l'ellipse verticale dont le plan passe par AB; f, f ses foyers; DUE l'ellipse qui passe par KD; et *f* un de ses foyers. Pour construire le point O, on portera Kf et KF sur l'autre axe, de K en f′ et F′; on mènera la droite f′B, et, par le point F′, on lui mènera la parallèle F′O, qui, par son intersection avec l'axe AB, déterminera le point O. De même, on portera K*f* sur l'autre axe, de K en f′; on mènera la droite f′D, et, par le point F, on lui mènera une parallèle FG, qui, par sa rencontre avec l'axe KD prolongé, déterminera le point G.

Si, la voûte devant être décorée, les lignes de courbure ascendantes, et qui sont projetées sur les hyperboles, devaient être rendues apparentes, soit pour marquer des trumeaux qui correspondraient à des colonnes d'architecture grecque, soit pour tracer des nervures qui correspondraient à des piliers d'architecture gothique, il faudrait que ces colonnes dans un cas, et ces piliers dans l'autre, fussent également espacés, et que les hyperboles divisassent l'ellipse ADB de la naissance en parties sensiblement égales; et alors le point R de cette ellipse, par lequel chaque hyperbole devra passer, serait déterminé antérieurement. Dans ce cas, pour trouver le sommet P de cette hyperbole, il faudrait, du point R, abaisser sur AB la perpendiculaire RT, mener la droite F'T, et, par le point F', mener à cette dernière la parallèle F'P, qui couperait l'axe AB dans le point P. Quant à l'extrémité Q de l'autre axe, on la déterminerait en menant par le point L l'ordonnée PL à l'ellipse auxiliaire, et en abaissant du point L l'autre coordonnée LQ, qui, par sa rencontre avec l'autre axe KG, déterminerait le point Q.

FIGURE 3.

La *fig*. 3 représente les projections des lignes de courbure de la surface de l'ellipsoïde sur le plan qui passe par le plus grand AB, et par le plus petit EE' des trois axes. Lorsque la voûte est surbaissée, comme nous l'avons supposé dans l'article XI, ce plan est vertical.

XLG est le quart de l'ellipse auxiliaire. Nous donnerons, dans la *fig*. 4, les détails de la construction de ses axes.

Les ellipses, telles que MNM'N', qui ont un axe plus grand que le grand axe AB, sont les projections des lignes d'une des courbures; et les ellipses, telles que QPQ'P', qui ont un axe plus grand que le petit axe EE', sont les projections des lignes de l'autre courbure. Ces deux suites d'ellipses se construisent de la même manière, et l'on trouve les extrémités des axes de chacune d'elles en abaissant d'un même point de l'ellipse auxiliaire, sur les deux axes, les perpendiculaires LP, LQ pour celles d'une suite, et HM, HN pour celles de l'autre.

O, O, O, O sont les quatre ombilics qui, dans cette projection, sont placés sur le contour apparent de la surface.

Si, par les extrémités des axes de l'ellipse auxiliaire, on mène les quatre droites XG, GX′, X′G, G′X, qui seront parallèles deux à deux, chacune d'elles touchera toutes les projections de lignes des deux courbures, en sorte que toutes les ellipses qui forment ces projections seront inscrites dans un losange.

FIGURE 4

La *fig.* 4 a pour objet de donner les détails de la construction des extrémités X, G des axes de l'ellipse auxiliaire de la *fig.* 3. Soient AB le grand axe de l'ellipsoïde; KD la moitié de l'axe moyen; KE la moitié du petit axe; F, F les foyers de la grande ellipse, dont on a représenté le quart par ASD; f, f les foyers de l'ellipse moyenne AOE; et f un des foyers de la petite ellipse DUe. Pour construire le sommet X de l'ellipse auxiliaire KLG, on portera KF et Kf sur l'autre axe, de K en F′ et f′; on mènera F′B, et, par le point f′, la parallèle f′X, qui, par sa rencontre avec l'axe AB prolongé, déterminera le point X. De même, pour l'extrémité G de l'autre axe, on portera Kf sur AB, de K en f′; on mènera la droite f′E, et, par le point f, la parallèle fG, qui, par sa rencontre avec l'axe KE prolongé, déterminera le point G.

§ XVII.

DE LA GÉNÉRATION DE LA SURFACE COURBE DONT TOUTES LES LIGNES D'UNE DES COURBURES SONT DANS DES PLANS PARALLÈLES A UN PLAN DONNÉ.

Pour simplifier les opérations, nous supposerons d'abord que le plan donné soit perpendiculaire au plan des x, y. Cette hypothèse n'altérera en aucune manière la figure de la surface courbe; elle ne produira d'autre effet que de lui donner une position déterminée dans l'espace. Ensuite, et lorsque nous aurons trouvé la génération de la surface considérée dans cette position particulière, nous passerons au cas général, pour lequel nous n'aurons plus à faire que des opérations analogues, et nous pourrons exposer ces opérations d'une manière plus rapide.

I.

Soit $y = ax$ l'équation du plan mené par l'origine, et auquel doivent être parallèles tous les plans qui contiennent les lignes de courbure; l'équation générale de ces plans sera

$$y = ax + \alpha,$$

dans laquelle a est une constante absolue dont la valeur est la même pour tous les plans, et α est une quantité constante pour chaque plan et variable d'un de ces plans à l'autre. Pour chaque ligne de courbure en particulier, α sera donc constante, et, en différentiant, on aura

$$\frac{dy}{dx} = a.$$

Donc, en substituant cette valeur de $\frac{dy}{dx}$ dans l'équation de la projection des lignes de courbure

$$(E) \quad \left\{ \frac{dy^2}{dx^2}\left[(1+q^2)s - pqt\right] + \frac{dy}{dx}\left[(1+q^2)r - (1+p^2)t\right] \atop - \left[(1+p^2)s - pqr\right] \right\} = 0,$$

on aura

$$\left\{ a^2\left[(1+q^2)s - pqt\right] + a\left[(1+q^2)r - (1+p^2)t\right] \atop - \left[(1+p^2)s - pqr\right] \right\} = 0,$$

ou, ordonnant par rapport aux différences secondes,

$$(r+as)\left[a(1+q^2) + pq\right] = (s+at)\left[1+p^2 + apq\right],$$

équation qui, exprimant la relation que doivent avoir entre elles les quantités p, q, r, s, t pour que les lignes de courbure soient dans des plans parallèles au plan donné, est, aux différences partielles secondes, celle de la surface demandée.

II.

Pour trouver les deux équations aux différences partielles du premier ordre, nous rechercherons d'abord celle de la caractéristique de la surface. Pour cela, après avoir fait, pour abréger,

$$a(1+q^2) + pq = M,$$
$$1+p^2 + apq = N,$$

ce qui réduit l'équation aux différences secondes à la forme plus simple

$$(r+as)M - (s+at)N = 0,$$

nous la différentierons en regardant r, s, t comme seules variables; et, en nommant R, S, T les coefficients respectifs des différentielles de ces trois quantités, nous trouverons

$$R = M, \quad S = aM - N, \quad T = -aN,$$

et l'équation de la caractéristique sera

$$M \, dy^2 - (aM - N) \, dx \, dy - aN \, dx^2 = o,$$

qui peut être mise sous la forme

$$(dy - a \, dx) (M \, dy + N \, dx) = o.$$

Or cette équation a deux facteurs; donc la surface que nous considérons a deux caractéristiques indépendantes, et dont les projections sur le plan des x, y ont pour équations séparées et distinctes :

$$dy - a \, dx = o,$$
$$M \, dy + N \, dx = o.$$

La première de ces équations est celle d'un plan parallèle au plan donné; d'où il suit que l'une des caractéristiques est la ligne même de courbure qui doit être dans ce plan.

Nous opérerons ensuite pour chacune de ces caractéristiques en particulier, et d'abord pour la première.

La seconde équation de cette caractéristique n'est autre chose que celle

$$(r + as) M - (s + at) N = o$$

de la surface courbe, sur laquelle elle existe tout entière. Donc, si de cette dernière équation on chasse r, s, t au moyen des deux équations

$$dp = r \, dx + s \, dy, \qquad dq = s \, dx + t \, dy,$$

qui ne sont que les définitions de ces trois quantités, et si l'on fait

$$dy - a \, dx = o,$$

ce qui a lieu pour la caractéristique, la seconde équation de cette courbe sera

$$M \, dp - N \, dq = o.$$

Ainsi, en remettant pour M et N leurs valeurs, on aura, pour la caractéristique, les deux équations aux différences ordinaires

$$dy - a\,dx = 0,$$
$$\left[a(1 + q^2) + pq\right]dp - (1 + p^2 + apq)\,dq = 0.$$

Or ces équations sont toutes deux intégrables ; cela est évident pour la première. Quant à la seconde, si l'on ajoute à chacun des coefficients de dp et dq ce qu'il faut pour que la quantité $1 + p^2 + q^2$ y entre complétement, et si l'on retranche ensuite ce qu'on aura ajouté, on aura

$$(1 + p^2 + q^2)(a\,dp - dq) - (ap - q)(p\,dp + q\,dq) = 0,$$

équation séparée. Donc les deux équations intégrales de la caractéristique sont

$$y - ax = a',$$
$$\frac{ap - q}{\sqrt{1 + p^2 + q^2}} = \alpha,$$

α et α' étant les deux constantes arbitraires. La surface est donc telle que, si la première de ces équations a lieu, la seconde a aussi lieu nécessairement, c'est-à-dire que, si α est constant, α' est aussi constant. Donc les quantités α et α' sont constantes ensemble et variables ensemble ; donc la première équation de la surface aux différences partielles du premier ordre est

$$(a) \qquad y - ax = \varphi\left(\frac{ap - q}{\sqrt{1 + p^2 + q^2}}\right).$$

Quant à l'autre caractéristique, si, au moyen de sa première équation

$$M\,dy + N\,dx = 0,$$

on chasse M et N de l'équation de la surface

$$(r + as)\,M - (s + at)\,N = 0,$$

et si de celle-ci on élimine r, s, t par leurs équations

$$dp = r\,dx + s\,dy, \qquad dq = s\,dx + t\,dy,$$

on aura pour seconde équation de cette courbe :

$$dp + a\,dq = 0.$$

Ainsi, en remettant pour M et N leurs valeurs, et à cause de $dz = p\,dx + q\,dy$, on aura, pour la seconde caractéristique, les deux équations aux différences ordinaires

$$dx + a\,dy + (p + aq)\,dz = 0,$$
$$dp + a\,dq = 0.$$

Or, de ces deux équations, la seconde est évidemment intégrable ; quant à la première, elle le devient par l'addition de la quantité $z(dp + a\,dq)$, qui est nulle en vertu de la seconde ; donc les deux équations intégrales de cette courbe sont

$$x + ay + (p + aq)z = \beta',$$
$$p + aq = \beta.$$

Donc, en raisonnant comme pour l'autre caractéristique, les deux quantités β et β' sont fonctions l'une de l'autre, et la seconde équation aux différences du premier ordre de la surface est

$$(b) \qquad x + ay + (p + aq)z = \psi(p + aq).$$

La marche que nous venons de suivre pour parvenir de l'équation en différences secondes aux deux équations en différences premières, est une véritable intégration ; nous avons tâché d'en rendre le procédé clair par la géométrie.

Les deux intégrales premières (a), (b) sont, chacune en particulier, d'une forme que l'on sait traiter ; mais, parce qu'elles appartiennent toutes deux à la même surface, elles se prêtent un secours mutuel pour leur intégration, comme nous allons l'exposer d'une manière générale.

III.

Si l'on avait, entre les cinq quantités x, y, z, p, q, une troisième équation qui appartînt encore à la même surface, et qui fût obtenue par une autre considération, l'intégrale finie serait le résultat de l'élimination de p et de q entre ces trois équations. Or on a

$$dz = p\,dx + q\,dy,$$

qui résulte de la définition des quantités p et q. Il ne s'agit donc que de l'intégrer pour avoir cette troisième équation.

Si p et q étaient constantes, l'intégrale de

$$dz = p\,dx + q\,dy$$

serait

$$z = px + qy + \mathrm{A},$$

dans laquelle A serait une constante arbitraire absolue; mais, p et q étant toutes deux variables, il faut: 1° que A soit une fonction arbitraire des deux quantités p et q, qu'on a regardées comme constantes dans l'intégration; 2° que cette fonction soit telle, que les différentielles de l'intégrale, prises en regardant successivement p et q comme seules variables, soient satisfaites; ainsi, en représentant par π la fonction arbitraire de p, q, on aura les trois équations

$$(c) \qquad z = px + qy + \pi(p, q),$$
$$(d) \qquad x + \pi' = 0,$$
$$(e) \qquad y + \pi'' = 0,$$

qui appartiennent, en général, à toutes les surfaces courbes. Pour qu'elles appartiennent seulement aux surfaces que nous considérons, il faut que la fonction π soit telle, que les cinq équations (a), (b), (c), (d), (e) puissent avoir lieu en même temps, ou qu'en éliminant entre elles les trois coordonnées x, y, z, les deux équations résultantes en p, q, π, π', π'' soient satisfaites. De ces deux équations résultantes on tirera les valeurs de π', π'' en p et q, en les substituant dans

$$d\pi = \pi' dp + \pi'' dq;$$

on aura, entre les trois variables p, q, π, une équation aux différences ordinaires, qui tiendra lieu des deux résultantes, et, par conséquent, de deux quelconques des cinq équations (a), (b), (c), (d), (e). Cette équation appartiendra toujours à une surface courbe, c'est-à-dire pourra toujours être rendue intégrable par un facteur, lorsque (a) et (b) appartiendront elles-mêmes à une même surface courbe; ce qui a lieu dans le cas présent, puisque (a) et (b) sont les deux intégrales premières d'une même équation aux différences secondes.

L'intégrale de cette équation donnera en p et q la forme de la fonction π, que l'on substituera dans trois quelconques des équations (a), (b), (c), (d), (e), par exemple dans les trois dernières; et l'intégrale finie de l'équation aux différences partielles secondes sera le résultat de l'élimination de deux indéterminées p et q entre ces trois équations.

Nous allons appliquer ce procédé au cas présent.

IV.

Pour abréger, nous représenterons par les lettres simples α et β les quantités qui sont sous les fonctions, ce qui donnera

$$\frac{ap - q}{\sqrt{1 + p^2 + q^2}} = \alpha,$$

$$p + aq = \beta,$$

$$1 + p^2 + q^2 = \frac{1 + a^2 + \beta^2}{1 + a^2 - \alpha^2}.$$

puis, éliminant x, y, z entre les cinq équations (a), (b), (c), (d), (e), on aura les deux résultantes

$$(\beta p + 1)\pi' + (\beta q + a)\pi'' = \beta\pi - \psi\beta,$$

$$a\pi' - \pi'' = \Phi a,$$

desquelles on tirera les valeurs suivantes de π' et π'' :

$$(1 + a^2 + \beta^2)\pi' = \beta\pi - \psi\beta + [a(1 + q^2) + pq]\Phi a,$$

$$(1 + a^2 + \beta^2)\pi'' = a\beta\pi - a\psi\beta - [1 + p^2 + apq]\Phi a,$$

qui, étant substituées dans $d\pi = \pi' dp + \pi'' dq$, et mettant pour dp et dq leurs valeurs en a, β, da, $d\beta$, donnent, pour équations aux différences ordinaires,

$$\frac{(1 + a^2 + \beta^2)d\pi - \beta\pi d\beta}{(1 + a^2 + \beta^2)^2} = \frac{\Phi a\, da}{(1 + a^2 - x^2)^2} - \frac{\psi\beta\, d\beta}{(1 + a^2 + \beta^2)}.$$

Le premier membre de cette équation est une différentielle exacte; dans le second, les variables sont séparées, en sorte que, si les fonctions Φ et ψ étaient déterminées et données, l'intégration de ce membre ne dépendrait que des quadratures; mais, dans le cas présent, où les fonctions Φ et ψ sont arbitraires, le second membre doit être regardé comme composé des différentielles de deux autres fonctions arbitraires, l'une de a et l'autre de β. Représentant donc ces nouvelles fonctions par d'autres caractères Φ et Ψ, dont le dernier même exprime ce que devient la fonction quand on a fait disparaître le dénominateur de l'intégrale, cette intégrale sera

$$\pi = \Phi a . \sqrt{(1 + a^2 + \beta^2)} + \Psi\beta;$$

remettant pour a et β les quantités qu'elles représentent, et substituant ensuite pour π sa valeur dans les trois équations (c), (d), (e), la première deviendra

$$z = px + qy + \sqrt{\left[1 + a^2 + (p + aq)^2\right]}\,\Phi\left(\frac{ap - q}{\sqrt{1 + p^2 + q^2}}\right) + \Psi(p + aq);$$

enfin, représentant par $M = 0$ cette équation, l'intégrale finie sera le résultat de l'élimination des deux quantités p, q entre les équations

$$M = 0,$$
$$\left(\frac{dM}{dp}\right) = 0,$$
$$\left(\frac{dM}{dq}\right) = 0.$$

La première de ces équations étant celle d'un plan, il s'ensuit que l'intégrale présente la surface dont nous nous occupons, comme l'enveloppe de l'espace parcouru par un plan qui se meut en vertu de la variation de deux des constantes qui entrent dans son équation, c'est-à-dire que l'intégrale définit la surface par la propriété de son plan tangent. Il serait facile de déduire de là la génération de cette surface; mais d'autres considérations vont nous conduire à un nouveau résultat intégral, qui nous fournira une génération plus simple.

V.

Nous avons vu que les deux équations de la seconde caractéristique sont

$$x + ay + \beta z = \psi'\beta,$$
$$p + aq = \beta.$$

Nous savons, d'ailleurs, que les équations de la normale à la surface courbe sont en x', y', z'.

$$x - x' + (z - z')p = 0,$$
$$y - y' + (z - z')q = 0.$$

22

Donc on aura, en x', y', z', l'équation de la surface qui est le lieu de la suite des normales menées par les points de la même caractéristique, en éliminant entre ces quatre équations trois des cinq quantités x, y, z, p, q. Mais, si l'on élimine trois de ces quantités, les deux autres disparaissent, et l'on a

$$x' + \alpha y' + \beta z' = \psi \beta,$$

dans laquelle β, qui est constante pour une même caractéristique, est aussi constante pour la même surface des normales. Donc cette dernière surface est plane; donc la seconde caractéristique est l'autre ligne de courbure de la surface, ligne qui, comme la première, est une courbe plane, mais qui n'est pas, comme elle, dans un plan constamment parallèle à lui-même.

Connaissant l'équation des surfaces développables normales, relatives à la seconde courbure, il sera facile d'avoir celle de la surface des centres de la première courbure. En effet, cette surface des centres, étant touchée par toutes les surfaces développables normales de la seconde suite, peut être regardée comme leur enveloppe; et son équation sera le résultat de l'élimination de β entre l'équation

$$x' + \alpha y' + \beta z' = \psi \beta$$

des surfaces développables normales, et

$$z' = \psi' \beta,$$

qui est sa différentielle, prise en regardant β comme seule variable. Or l'élimination dont il s'agit est praticable, quoique la fonction ψ soit arbitraire, car la seconde de ces équations exprime que β est une fonction arbitraire de z'; et, en substituant cette valeur dans la première, on aura un résultat composé, d'une manière arbitraire, des deux quantités z' et $x' + \alpha y'$. Donc, représentant par Ψ une nouvelle fonction arbitraire, l'équation de la surface des centres de la première courbure sera

$$z' = \Psi(x' + ay').$$

Donc cette surface est celle d'un cylindre à base quelconque, et dont la droite génératrice est constamment perpendiculaire au plan donné.

On ne peut pas, de la même manière, éliminer à la fois x, y, z, p, q entre les équations de la normale

$$x - x' + (z - z')p = 0,$$
$$y - y' + (z - z')q = 0,$$

et les deux équations

$$y - ax = \Phi a,$$
$$\frac{ap - q}{\sqrt{1 + p^2 + q^2}} = a$$

de la ligne de première courbure; en sorte que l'équation de la surface développable de la normale

$$y' - ax' + a(z - z')\sqrt{1 + p^2 + q^2} = \Phi a,$$

que l'on trouve par l'élimination des x et y, n'est pas entièrement indépendante du point de la surface et du plan tangent en ce point. Mais, si x', y', z' sont les coordonnées du centre de courbure, la quantité $(z - z')\sqrt{1 + p^2 + q^2}$ est l'expression du rayon de courbure que nous avons représenté par R; on aura donc

$$y' - ax' + aR = \Phi a,$$

pourvu que les coordonnées x', y' soient déterminées à être celles du centre de courbure. Or cette condition aura lieu si les coordonnées et le rayon R ne changent pas de grandeur quand a variera, c'est-à-dire quand on passera d'une surface développable normale à la suivante; et alors le rayon R sera celui de la seconde courbure. Il faut donc différentier cette équation en regardant z comme seule variable, ce qui donnera

$$R = \varphi' z;$$

et, éliminant z, on aura, entre x', y' et R, une relation indépendante du point que l'on considère sur la surface courbe. Quoique la fonction φ soit arbitraire, l'élimination de z est praticable; et, en représentant par Φ une nouvelle fonction arbitraire, on aura

$$R = \Phi(y' - ax');$$

donc le rayon de la seconde courbure est l'ordonnée, dans le sens des z, d'une autre surface cylindrique à base quelconque, et dont la droite génératrice est en même temps parallèle et au plan donné et à celui des x, y.

Les lignes de la première courbure étant dans des plans parallèles entre eux, et la surface des centres de cette courbure étant cylindrique et perpendiculaire à ces plans, il s'ensuit que le plan de chaque ligne de la première courbure coupe la surface cylindrique des centres dans une courbe dont cette ligne de courbure est une développante. Si donc on conçoit une nouvelle surface cylindrique parallèle à celle des centres, et dont la base serait une développante de celle de la surface des centres, son équation en x', y', z' sera

$$z' = F(x' + ay'),$$

F étant une fonction dérivée de Ψ, et qui pourra être prise arbitrairement si, désormais, on ne considère plus la fonction Ψ; et chaque ligne de la première courbure aura tous ses points à la même distance de cette nouvelle surface. De plus, cette distance constante pour chaque ligne de la première courbure, et variable d'une de ces lignes à une autre, est constante et variable en même temps que le rayon R de la seconde courbure; elle est donc fonction de ce rayon, et son expression sera

$$f(y' - ax'),$$

la fonction f, dérivée de Φ, pouvant elle-même être prise arbitrairement si l'on cesse de considérer Φ.

Actuellement, si l'on conçoit qu'une sphère variable de rayon, roulant sur la surface cylindrique dont l'équation est

$$z' = F(x' + ay'),$$

en touche successivement tous les points, et que, dans chaque position, son rayon soit égal à l'ordonnée z' de la surface cylindrique dont l'équation est

$$z' = f(y' - ax'),$$

il est évident que la surface courbe parcourue par le centre sera la surface demandée. Or, x, y, z étant les coordonnées du centre, l'équation de la surface de la sphère mobile est

$$(x - x')^2 + (y - y')^2 + [z - F(x' + ay')]^2 = [f(y' - ax')]^2;$$

donc, en représentant cette équation par $M = o$, l'équation de la surface demandée sera le résultat de l'élimination des deux indéterminées x', y' entre les trois suivantes :

$$M = o,$$

$$\left(\frac{dM}{dx'}\right) = o,$$

$$\left(\frac{dM}{dy'}\right) = o,$$

résultat qui présente la génération de la surface d'une manière plus facile que celui auquel nous avons été conduits par l'intégration directe.

VI.

D'après l'article précédent, si l'on prend deux surfaces cylindriques à bases quelconques et parallèles au plan des x, y, mais telles que la droite génératrice de la première soit perpendiculaire au plan donné, et que celle de la seconde soit parallèle au même plan; puis, si par un point pris à volonté sur le plan des x, y, on mène une ordonnée z indéfinie; enfin, si sur cette ordonnée on prend un point dont la distance à la première surface cylindrique soit égale à l'ordonnée correspondante z de la seconde, ce point sera dans la surface demandée.

Il suit de là que : *Si sur un cylindre à base quelconque, et dont la droite génératrice soit perpendiculaire au plan donné, on pousse une moulure d'un profil quelconque, mais constant, et qui ceigne le cylindre parallèlement à sa base, la surface de cette moulure sera la surface générale demandée.*

Il est de même évident que si une surface de révolution quelconque, constante de figure, et dont l'axe soit toujours perpendiculaire au plan donné, se meut sans changer de distance à ce plan, et de manière que son axe engendre une surface cylindrique à base quelconque, l'enveloppe simple de l'espace parcouru par cette surface mobile sera encore la surface générale demandée. Cette dernière génération, qui ne produit qu'une enveloppe simple, conduit à une intégrale qui peut être représentée par deux équations seulement, entre lesquelles on doit éliminer une arbitraire; mais c'en est assez pour cet objet.

VII.

Nous avons vu que la ligne de la seconde courbure de la surface est dans un plan dont l'équation est

$$x' + \alpha y' + \beta z' = A\beta,$$

dans laquelle β est une constante arbitraire qui reçoit différentes valeurs pour les différentes lignes de courbure. Or, si l'on compare ce plan au plan donné, dont l'équation est

$$ax - y = 0,$$

on verra qu'il lui est toujours perpendiculaire, quelles que soient et la valeur de β et la forme de la fonction ψ; car la somme des produits des coefficients de x, des coefficients de y et de ceux de z, dans ces deux équations, est égale à 0. Donc la surface a deux propriétés inséparables, et par chacune desquelles elle pouvait être également définie : 1° d'avoir toutes les lignes d'une des courbures dans des plans parallèles à un plan donné; 2° d'avoir toutes celles de l'autre courbure dans des plans perpendiculaires au même plan. Les surfaces de révolution, qui sont un cas particulier de celle-ci, en fournissent un exemple sensible.

VIII

Pour toutes les surfaces que nous avions considérées jusqu'à présent, et dont les équations intégrales contenaient deux fonctions arbitraires, la quantité qui, dans chaque équation, se trouvait sous les deux fonctions était la même, soit qu'elle fût déterminée en x, y, z, soit que ce fût une indéterminée α, dont la valeur était indifférente, et qui devait disparaître par l'élimination. C'était à cette circonstance que tenait la facilité que nous avons eue de les construire et de déterminer les formes des fonctions pour que la surface individuelle passât par deux courbes données ou enveloppât deux surfaces données. Pour la surface dont nous nous occupons ici, les quantités qui sont sous les fonctions sont différentes : sous l'une, c'est $x' + ay'$; sous l'autre, c'est $y' - ax'$. Cette circonstance fait que la surface n'est déterminée, par la connaissance des deux courbes qu'elle renferme, que quand ce sont certaines courbes particulières : par exemple, la surface actuelle est déterminée si l'on connaît le profil de la moulure et la courbure que parcourt un des points de ce profil, parce que ces deux courbes sont les deux lignes de courbure d'un même point de la surface, et, dans ce cas, la construction est très-facile. Mais, si l'on donnait deux courbes arbitraires par lesquelles la surface dût passer, cette surface ne serait pas déterminée, et la détermination des fonctions dépendrait du calcul général des équations aux différences finies, qui introduirait de nouvelles arbitraires, et dont nous ne nous occupons pas encore.

IX.

Pour le cas général dans lequel le plan donné aurait une position quelconque, les raisonnements seront absolument les mêmes; nous nous contenterons d'en indiquer ici les résultats d'une manière rapide. Soit

$$A x + B y + C z = 0$$

l'équation donnée du plan mené par l'origine, et auquel doit être parallèle celui dans lequel se trouve la ligne de courbure; l'équation de ce dernier plan sera

$$A x + B y + C z = a,$$

dans laquelle a sera constante pour chaque ligne de courbure, et, en différentiant, on aura

$$(A + C p) dx + (B + C q) dy = 0.$$

Substituant la valeur de $\frac{dy}{dx}$ que donne cette équation dans l'équation (E) des lignes de courbure, et faisant, pour abréger,

$$(B + C q) pq - (A + C p)(1 + q^2) = M,$$
$$(A + C p) pq - (B + C q)(1 + p^2) = N,$$

l'équation aux différences partielles secondes de la surface sera

$$[(B+Cq)r - (A+Cp)s]M + [(B+Cq)s - (A+Cp)t]N = 0.$$

X.

Si l'on différentie cette équation en regardant r, s, t comme seules variables, on aura

$$R = (B+Cq)M,$$
$$S = (B+Cq)N - (A+Cp)M,$$
$$T = -(A+Cp)N;$$

et, substituant ces valeurs dans l'équation générale des caractéristiques pour le second ordre, on aura

$$[(B+Cq)dy + (A+Cp)dx](Mdy - Ndx) = 0,$$

qui, ayant deux facteurs, indique que la surface a deux caractéristiques dépendantes, et dont les équations séparées sont

$$(B+Cq)dy + (A+Cp)dx = 0,$$
$$Mdy - Ndx = 0.$$

Employant la première caractéristique, dont l'équation peut être mise sous cette autre forme

$$Adx + Bdy + Cdz = 0,$$

on voit d'abord que cette courbe n'est autre chose que la ligne de courbure elle-même, qui doit être dans un plan parallèle au plan donné; chassant ensuite $\frac{B+Cq}{A+Cp}$ de l'équation aux différences secondes, et remettant pour r, s, t leurs valeurs, on trouve, pour seconde équation de cette première caractéristique,

$$Mdp + Ndq = 0,$$

ou, en remettant pour M et N leurs valeurs, et réduisant,

$$[Bpq - Cp - A(1 + q^2)]dp + [Apq - Cq - B(1 + p^2)]dq = 0,$$

qui, en ajoutant et retranchant ce qu'il faut pour que la quantité $1 + p^2 + q^2$ entre complète dans chacun des coefficients, devient l'équation séparée

$$(1 + p^2 + q^2)(A dp + B dq) - (Ap + Bq - C)(p dp + q dq) = 0;$$

donc les deux équations aux différences ordinaires de la première caractéristique sont intégrables, et leurs intégrales sont

$$Ax + By + Cz = \alpha',$$
$$\frac{Ap + Bq - C}{\sqrt{1 + p^2 + q^2}} = \alpha,$$

dans lesquelles les deux arbitraires α et α', introduites par l'intégration, sont toutes deux constantes pour la même caractéristique, et varient d'une caractéristique à une autre; donc, pour toute l'étendue de la surface, ces deux quantités sont constantes ensemble, et, par conséquent, fonctions l'une de l'autre. On aura donc, pour première équation aux différences partielles du premier ordre,

$$Ax + By + Cz = \varphi\left(\frac{Ap + Bq - C}{\sqrt{1 + p^2 + q^2}}\right).$$

Opérant d'une manière analogue pour la seconde caractéristique, dont l'équation est

$$M dy - N dx = 0,$$

c'est-à-dire chassant de l'équation aux différences secondes $\frac{N}{M}$, et remettant pour r, s, t leurs valeurs, on trouve, pour seconde équation aux différences ordinaires de la même caractéristique,

$$(B + Cq)dp - (A + Cp)dq = 0,$$

qui est séparée, et dont l'intégrale est

$$\frac{B + Cq}{A + Cp} = \beta,$$

β étant une quantité constante pour la même caractéristique, et dont la différentielle est, par conséquent, nulle, tant que le point de la surface ne sort pas de cette courbe. Substituant ensuite pour $\frac{B + Cq}{A + Cp}$ cette valeur dans l'autre équation

$$M\,dy - N\,dx = 0,$$

à cause de

$$dz = p\,dx + q\,dy,$$

on trouve

$$\beta\,dx - dy + (\beta p - q)\,dz = 0,$$

dans laquelle β est une constante, et qui, par l'addition de la quantité $z\,(\beta\,dp - dq)$, qui est nulle, devient

$$\beta\,dx - dy + d\left[z\,(\beta p - q)\right] = 0,$$

qui est une différentielle exacte, et dont l'intégrale est

$$\beta x - y + z\,(\beta p - q) = \beta',$$

ou

$$\beta\,(x + pz) - (y + qz) = \beta',$$

ou enfin, remettant pour β sa valeur,

$$(B + Cq)\,(x + pz) - (A + Cp)\,(y + qz) = (A + Cp)\,\beta'.$$

Les quantités β et β', étant constantes pour la même caractéristique, sont fonctions l'une de l'autre; donc la seconde équation aux différences partielles du premier ordre sera

$$(B + Cq)\,(x + pz) - (A + Cp)\,(y + qz) = (A + Cp)\,\psi\left(\frac{B + Cq}{A + Cp}\right).$$

23.

XI.

Pour obtenir l'intégrale en quantités finies, nous ferons, pour abréger,

$$\frac{Ap + Bq - C}{\sqrt{1 + p^2 + q^2}} = \alpha, \qquad Ap + Bq - C = \gamma,$$

$$\frac{B + Cq}{A + Cp} = \beta, \qquad 1 + p^2 + q^2 = k^2;$$

et les deux intégrales premières deviendront

$$(a) \qquad Ax + By + Cz = \varphi\alpha,$$

$$(b) \qquad (B + Cq)(x + pz) - (A + Cp)(y + qz) = (A + Cp)\,\psi\beta.$$

Substituant, dans ces deux équations, pour x, y, z leurs valeurs prises dans (c), (d), (e) (§ XVII), on aura les deux résultantes

$$(q\gamma - Bk^2)\,\pi' - (p\gamma - Ak^2)\,\pi'' = (Aq - Bp)\,\pi + (A + Cp)\,\psi\beta,$$
$$(A + Cp)\,\pi' + (B + Cq)\,\pi'' = C\pi - \varphi\alpha,$$

desquelles on tirera les valeurs suivantes de π' et π'' :

$$[\gamma^2 - (A^2 + B^2 + C^2)k^2]\,\pi' = [A\gamma - (A^2 + B^2 + C^2)p]\,\pi$$
$$- (p\gamma - Ak^2)\,\varphi\alpha + (A + Cp)(B + Cq)\,\psi\beta,$$

$$[\gamma^2 - (A^2 + B^2 + C^2)k^2]\,\pi'' = [B\gamma - (A^2 + B^2 + C^2)q]\,\pi$$
$$- (q\gamma - Bk^2)\,\varphi\alpha - (A + Cp)^2\,\psi\beta,$$

qui, substituées dans $d\pi = \pi'dp + \pi''dq$, donneront

$$[\gamma^2 - (A^2 + B^2 + C^2)k^2]\,d\pi - \pi\,[\gamma\,d\gamma - (A^2 + B^2 + C^2)k\,dk]$$
$$= \varphi\alpha.[\gamma k\,dk - k^2\,d\gamma] + (A + Cp)\,\psi\beta[(B + Cq)\,dp - (A + Cp)\,dq],$$

équation aux différences ordinaires qui, divisée par

$$[\gamma^2 - (A^2 + B^2 + C^2)k^2]^2,$$

devient

$$d.\frac{\pi}{\sqrt{\gamma^2-(A^2+B^2+C^2)k^2}}=\frac{\varphi\alpha\,d\alpha}{\{\alpha^2-(A^2+B^2+C^2)\}^{\frac{1}{2}}}+\frac{C^2\psi\beta\,d\beta}{\{C^2(1+\beta^2)-(B-A\beta)^2\}},$$

dans lesquelles les variables sont séparées. Si donc les fonctions φ et ψ étaient déterminées et connues, l'intégrale de cette équation dépendrait des quadratures. Mais si, comme dans le cas présent, les fonctions sont arbitraires, elles absorbent les facteurs qui les affectent, et les deux termes du second membre doivent être regardés comme les différences exactes de deux fonctions arbitraires, l'une de α, l'autre de β. Représentant donc ces nouvelles fonctions par les caractères Φ, Ψ, ou, pour mieux dire, ce qu'elles deviennent l'une et l'autre lorsqu'on fait évanouir le dénominateur du premier membre de l'intégrale, on aura

$$\pi = k\Phi\alpha + (A + Cp)\Psi\beta.$$

Remettant pour α, β, k les valeurs qu'elles représentent, et substituant ensuite pour π cette valeur dans (c), (d), (e), la première deviendra

$$z = px + qy + \sqrt{1+p^2+q^2}\,\Phi\left(\frac{Ap+Bq-C}{\sqrt{1+p^2+q^2}}\right)+(A+Cp)\Psi\left(\frac{B+Cq}{A+Cp}\right),$$

et, représentant cette équation par $M = 0$, l'intégrale finie sera le résultat de l'élimination des deux indéterminées p, q entre les trois suivantes :

$$M = 0,$$

$$\left(\frac{dM}{dp}\right) = 0,$$

$$\left(\frac{dM}{dq}\right) = 0.$$

XII.

Si l'on voulait trouver en x', y', z' l'équation de la surface qui
est le lieu des normales menées par tous les points de la seconde
caractéristique, il faudrait éliminer trois des cinq quantités $x, y, z,$
p, q entre les quatre équations

$$x - x' + (z - z')p = 0,$$
$$y - y' + (z - z')q = 0,$$
$$B + Cq = \beta(A + Cp),$$
$$\beta(x + pz) - (y + qz) = \tfrac{1}{4}\beta,$$

dont les deux premières sont celles de la normale, et les deux autres
celles de la caractéristique. Or il arrive que, par cette élimination,
les cinq quantités disparaissent; on a donc, pour équation de la surface des normales,

$$\beta x' - y' + z'\left(\frac{B - A\beta}{C}\right) = \tfrac{1}{4}\beta,$$

qui, parce que β est constante pour la même caractéristique, est
celle d'un plan. Donc la seconde caractéristique est elle-même la
ligne de la seconde courbure, ligne qui est plane, comme la première, mais dont le plan est constamment perpendiculaire au plan
donné.

Ayant l'équation de la surface développable normale, dans laquelle β est un arbitraire qui particularise la surface individuelle,
on aura facilement celle de la surface des centres de l'autre courbure; car cette surface des centres est l'enveloppe de la surface
normale considérée comme mobile. On aura donc son équation en
éliminant β de l'équation de la surface normale, au moyen de sa différentielle prise en regardant β comme seule variable, c'est-à-dire

en éliminant β entre les deux équations suivantes :

$$\beta x' - y' + z'\left(\frac{B - A\beta}{C}\right) = \psi'\beta,$$

$$x' - \frac{A}{C}z' = \psi\beta,$$

ou, ce qui revient au même, entre les deux suivantes :

$$Cx' - Az' = C\psi\beta,$$

$$Cy' - Bz' = C\left[\beta\psi'\beta - \psi\beta\right].$$

Or cette élimination est praticable, quoique la fonction ψ soit arbitraire, car il résulte de ces deux équations que leurs premiers membres sont fonctions arbitraires l'un de l'autre; donc, Ψ représentant une nouvelle fonction arbitraire, l'équation de la surface des centres de la première courbure sera

$$Cy' - Bz' = \Psi(Cx' - Az'),$$

qui est celle d'une surface cylindrique à base quelconque, et dont la droite génératrice est constamment perpendiculaire au plan donné.

Si l'on voulait trouver de même l'équation de la surface développable normale correspondante à la première ligne de courbure, on ne pourrait pas éliminer en même temps les cinq quantités x, y, z, p, q des quatre équations suivantes, qui sont celles de la normale et celles de la première ligne de courbure :

$$x - x' + (z - z')\,p = 0,$$

$$y - y' + (z - z')\,q = 0,$$

$$Ax + By + Cz = \varpi a,$$

$$\frac{Ap + Bq - C}{\sqrt{1 + p^2 + q^2}} = a,$$

il faudrait y joindre encore la suivante :

$$(z - z')\sqrt{1 + p^2 + q^2} = R,$$

qui donne l'expression du rayon de courbure, et alors on aurait

$$A x' + B y' + C z' = \varphi a + a R,$$

dans laquelle a est constante pour la même surface normale, et qui, pour un point quelconque de cette surface, exprime le rapport entre les trois coordonnées x', y', z', et la distance R de ce point à celui de la surface courbe. Mais, si l'on différentie cette équation en regardant a comme seule variable, ce qui donne

$$\varphi' a + R = o,$$

on ne considère plus sur la surface normale que son intersection avec la surface normale consécutive, intersection qui se trouve entièrement sur la surface des centres de la seconde courbure. Donc, si l'on élimine a, ce qui donne

$$R = \Phi \, (A x' + B y' + C z'),$$

dans laquelle Φ indique une nouvelle fonction arbitraire, on aura l'expression du rayon de la seconde courbure en coordonnées du centre de cette courbure, et ce rayon sera constant lorsque la distance du centre au plan sera constante.

Raisonnant ici comme dans le premier cas, on verra que si, après avoir conçu une surface cylindrique parallèle à celle des centres de la première courbure, et qui aurait pour base la développante de la base de cette dernière, on suppose qu'une sphère variable de rayon roule sur cette surface de manière à en toucher successivement tous les points, et que le rayon de la sphère soit constant lorsque la distance du point de contact au plan donné est constante, le centre de la sphère mobile parcourra la surface demandée. Ainsi la surface du cas général ne diffère de celle du cas particulier que par sa position.

Cette dernière génération peut facilement s'écrire en analyse. En effet, l'équation de la surface cylindrique développante de celle des centres de la première courbure est

$$Cy' - Bz' = F(Cx' - Az'),$$

dans laquelle la fonction F, dérivée de la fonction Ψ, peut elle-même être regardée comme arbitraire, si l'on cesse de considérer Ψ. En représentant par x, y, z les coordonnées du centre, l'équation de la surface de la sphère mobile est

$$(x - x')^2 + (y - y')^2 + (z - z')^2 = [f(Ax' + By' + Cz')]^2,$$

dans laquelle le rayon est une fonction arbitraire f de la distance du point de contact au plan donné. Donc, si l'on représente ces deux équations, la première par $M = o$, et la seconde par $N = o$, l'équation intégrale de la surface générale est le résultat de l'élimination des cinq quantités $x', y', z', \left(\dfrac{dz'}{dx'}\right), \left(\dfrac{dz'}{dy'}\right)$, entre les six équations suivantes :

$$M = o, \qquad N = o,$$

$$\left(\frac{dM}{dx}\right) = o, \qquad \left(\frac{dN}{dx}\right) = o,$$

$$\left(\frac{dM}{dy}\right) = o, \qquad \left(\frac{dN}{dy}\right) = o.$$

Ces six équations peuvent toujours être réduites à trois; car 1° les deux quantités $\left(\dfrac{dz}{dx}\right), \left(\dfrac{dz}{dy}\right)$ ne se trouvant pas sous les fonctions arbitraires, leur élimination actuelle peut toujours s'opérer, ce qui réduit à quatre le nombre des équations; 2° si l'on égale à de nouvelles indéterminées u, v les deux quantités qui sont sous les fonctions arbitraires, on aura six équations, entre lesquelles on pourra éliminer actuellement les trois quantités x, y, z, qui ne se trouveront plus sous les fonctions arbitraires, et cette élimination réduira à trois le nombre des équations, entre lesquelles il faudra éliminer les deux indéterminées u et v; ce qui ne pourra avoir lieu que quand on aura déterminé les formes des fonctions arbitraires.

§ XVIII.

DE LA SURFACE DONT UN DES RAYONS DE COURBURE EST CONSTANT.

Nous avons vu qu'une surface courbe avait, pour chacun de ses points, deux rayons de courbure. Ces deux rayons, pour le même point, ont entre eux une relation différente, suivant la génération de la surface. Nous nous proposons de trouver les équations, tant aux différences partielles qu'en quantités finies, de la surface pour laquelle un de ses rayons est constant et égal à a, et ensuite de décrire la génération de cette surface.

I.

L'expression des rayons de courbure étant donnée par l'équation du second degré

$$R^2(rt - s^2) + R\sqrt{1 + p^2 + q^2}\left[\begin{array}{l}(1 + q^2)r - 2pqs \\ \quad + (1 + p^2)t\end{array}\right] + (1 + p^2 + q^2)^2 = 0,$$

si le rayon d'une des courbures doit être constant et égal à a, on aura l'équation aux différences partielles secondes de la surface en faisant $R = a$ dans l'équation précédente, ce qui donne

$$a^2(rt - s^2) + a\sqrt{1 + p^2 + q^2}\left[\begin{array}{l}(1 + q^2)r - 2pqs \\ \quad + (1 + p^2)t\end{array}\right] + (1 + p^2 + q^2)^2 = 0.$$

II.

L'équation que nous venons de trouver est comprise dans celle que nous avons traitée dans les §§ XIII et XIV ; car si, après l'avoir divisée par $(1 + p^2 + q^2)^2$, on fait, pour abréger,

$$\frac{a(1+q^2)}{(1 + p^2 + q^2)^{\frac{3}{2}}} = - \mathrm{R},$$

$$\frac{apq}{(1 + p^2 + q^2)^{\frac{3}{2}}} = \mathrm{S},$$

$$\frac{a(1+p^2)}{(1 + p^2 + q^2)^{\frac{3}{2}}} = - \mathrm{T},$$

elle sera sous la forme

$$(rt - s^2)(\mathrm{RT} - \mathit{s}^2) - \mathrm{R}r - 2\mathrm{S}s - \mathrm{T}t + 1 = 0;$$

de plus, si l'on différentie R, S, T, en regardant p et q comme variables principales, on a

$$\left(\frac{d\mathrm{R}}{dq}\right) = \left(\frac{d\mathrm{S}}{dp}\right)$$

et

$$\left(\frac{d\mathrm{S}}{dq}\right) = \left(\frac{d\mathrm{T}}{dp}\right);$$

ainsi les quantités R, S, T sont les coefficients des différences partielles secondes d'une même fonction de p et q ; ce qui est la condition des §§ XIII et XIV. Nous représenterons cette fonction de p et q par $\Gamma(p, q)$. Donc la surface demandée est l'enveloppe de l'espace parcouru par une autre surface constante de figure, et qui, sans tourner, se meut le long d'une courbe arbitraire.

Pour trouver par intégration la forme de la fonction Γ, nous avons

$$d\Gamma' = \mathrm{R}\,dp + \mathrm{S}\,dq, \qquad d\Gamma'' = \mathrm{S}\,dp + \mathrm{T}\,dq;$$

substituant pour R, S, T les quantités qu'elles représentent, on aura

$$d\Gamma' = \frac{-a(1+q^2)\,dp + apq\,dq}{(1+p^2+q^2)^{\frac{3}{2}}},$$

$$d\Gamma'' = \frac{apq\,dp - a(1+p^2)\,dq}{(1+p^2+q^2)^{\frac{3}{2}}},$$

ce qui donne, en intégrant,

$$\Gamma' = \frac{-ap}{\sqrt{1+p^2+q^2}}, \qquad \Gamma'' = \frac{-aq}{\sqrt{1+p^2+q^2}}.$$

Nous avons de même

$$d\Gamma = \Gamma'\,dp + \Gamma''\,dq,$$

ou, en substituant pour Γ' et Γ'' leurs valeurs,

$$d\Gamma = \frac{-ap\,dp - aq\,dq}{\sqrt{1+p^2+q^2}},$$

dont l'intégrale est

$$\Gamma = -a\sqrt{1+p^2+q^2}.$$

Donc, mettant pour Γ, Γ', Γ'' leurs valeurs dans les formules des §§ XIII et XIV,

$$x + \frac{ap}{\sqrt{1+p^2+q^2}} = \Phi\alpha, \quad y + \frac{aq}{\sqrt{1+p^2+q^2}} = \psi\alpha, \quad z - \frac{a}{\sqrt{1+p^2+q^2}} = \alpha;$$

d'où, éliminant α, les équations aux différences partielles du premier ordre seront deux quelconques des trois suivantes :

$$x + \frac{ap}{\sqrt{1+p^2+q^2}} = \Phi\left(z - \frac{a}{\sqrt{1+p^2+q^2}}\right),$$

$$y + \frac{aq}{\sqrt{1+p^2+q^2}} = \psi\left(z - \frac{a}{\sqrt{1+p^2+q^2}}\right),$$

$$x + \frac{ap}{\sqrt{1+p^2+q^2}} = \Pi\left(y + \frac{aq}{\sqrt{1+p^2+q^2}}\right),$$

dont une est la suite nécessaire des deux autres.

III.

Si, au lieu d'éliminer a, on élimine p et q, on aura pour équation de l'enveloppée

$$(x - \varphi a)^2 + (y - \psi a)^2 + (z - a)^2 = a^2.$$

Donc la surface demandée est l'enveloppe de l'espace parcouru par une sphère dont le rayon constant est égal à a, et dont le centre se meut le long d'une courbe à double courbure arbitraire dans ses deux projections, les équations de cette courbe étant représentées par

$$x = \varphi z, \qquad y = \psi z.$$

Donc enfin l'équation de la surface en quantités finies est le résultat de l'élimination de a entre l'équation de la sphère mobile et la suivante :

$$(x - \varphi a)\varphi' a + (y - \psi a)\psi' a + z - a = 0,$$

qui est sa différentielle prise en regardant a comme seule variable.

IV.

La dernière équation, qui est une de celles de la caractéristique de la surface, appartient aussi à un plan normal à la courbe à double courbure arbitraire, et qui passe par le centre de la sphère; ainsi la caractéristique est l'intersection de ce plan par la surface même de la sphère, a ayant la même valeur pour l'un et pour l'autre. Donc la surface demandée peut aussi être regardée comme engendrée par le mouvement de la circonférence d'un cercle constant de rayon, et qui se meut de manière que son plan soit constamment normal à la courbe arbitraire que parcourt le centre.

Enfin, si l'on conçoit qu'un cercle d'un rayon égal à a, étant tracé sur un plan, ce plan se meuve en s'enveloppant sur une surface développable arbitraire, ou, ce qui revient au même, en roulant autour de deux surfaces courbes arbitraires, la circonférence du cercle engendrera encore la surface demandée, car nous avons vu que, dans l'un et l'autre cas, le plan mobile est toujours normal aux courbes parcourues par chacun de ses points.

V.

Il suit de ce qui précède que, si l'on avait une équation aux différences partielles du premier ordre composée, d'une manière quelconque, des trois quantités

$$x + \frac{ap}{\sqrt{1 + p^2 + q^2}}, \qquad y + \frac{aq}{\sqrt{1 + p^2 + q^2}}, \qquad z - \frac{a}{\sqrt{1 + p^2 + q^2}},$$

de manière qu'en représentant ces quantités respectivement par L, M, N, on eût

$$F(L, M, N) = 0,$$

l'intégrale de cette équation serait le résultat de l'élimination d'une des deux fonctions arbitraires φ ou ψ, et de l'indéterminée a entre les trois équations

$$(x - \varphi a)^2 + (y - \psi a)^2 + (z - a)^2 = 0,$$
$$(x - \varphi a)\varphi' a + (y - \psi a)\psi' a + z - a = 0,$$
$$F(\varphi a, \psi a, a) = 0,$$

qui, parce que l'élimination actuelle d'une des deux fonctions est toujours praticable, peuvent toujours être réduites à deux autres, entre lesquelles il faudra éliminer a.

VI.

Si l'on n'eût pas reconnu que l'équation aux différences secondes était contenue dans celle que nous avons traitée §§ XIII et XIV, on aurait pu l'intégrer par la recherche de sa caractéristique. En effet, si on la différentie en regardant r, s, t comme seules variables, et si l'on représente les coefficients de dr, ds, dt respectivement par R', S', T', que nous accentuons pour les distinguer des mêmes lettres, qui ont d'autres significations dans les articles précédents, on aura

$$R' = a^2 t + a(1 + q^2)\sqrt{1 + p^2 + q^2},$$
$$S' = -2a^2 s - 2apq\sqrt{1 + p^2 + q^2},$$
$$T' = a^2 r + a(1 + p^2)\sqrt{1 + p^2 + q^2},$$

valeurs qu'il faudra substituer dans l'équation générale de la caractéristique

$$R'dy^2 - S'dxdy + T'dx^2 = 0.$$

Or cette équation sera alors un carré parfait, car on a

$$4R'T' - S'^2 = 0,$$

ce qui se vérifie au moyen de la proposée. Donc les deux caractéristiques de la surface se confondent en une seule. La racine de cette équation sera donc indifféremment l'une des deux équations

$$2R'dy - S'dx = 0,$$
$$2T'dx - S'dy = 0,$$

qui, par la substitution des valeurs de R', S', T', et en chassant r, s, t, deviennent

$$adp + [(1 + p^2)dx + pqdy]\sqrt{1 + p^2 + q^2} = 0,$$
$$adq + [(1 + q^2)dy + pqdx]\sqrt{1 + p^2 + q^2} = 0,$$

et qui sont telles que, si l'une a lieu pour certains points de la surface, l'autre a aussi lieu pour les mêmes points. Donc elles équivalent aux équations des deux projections de la caractéristique. Tirant de ces deux équations et de $dz = pdx + qdy$ les valeurs de dx, dy, dz, on trouvera

$$dx + \frac{a\left[(1 + q^2)\,dp - pq\,dq\right]}{(1 + p^2 + q^2)^3} = 0,$$

$$dy + \frac{a\left[(1 + p^2)\,dq - pq\,dp\right]}{(1 + p^2 + q^2)^3} = 0,$$

$$dz + \frac{a(pdp + qdq)}{(1 + p^2 + q^2)^3} = 0,$$

qui équivaudront aux équations des trois projections de la caractéristique. Or ces équations sont toutes intégrables, et elles ont pour intégrales

$$x + \frac{ap}{\sqrt{1 + p^2 + q^2}} = \gamma, \quad y + \frac{aq}{\sqrt{1 + p^2 + q^2}} = \beta, \quad z - \frac{a}{\sqrt{1 + p^2 + q^2}} = \alpha,$$

dans lesquelles les arbitraires γ, β, α sont toutes trois constantes pour la même caractéristique, et changent toutes trois de valeur pour des caractéristiques différentes ; donc deux quelconques d'entre elles sont fonctions de la troisième, et l'on aura

$$\gamma = \varphi \alpha, \quad \beta = \psi \alpha,$$

ce qui donne le même résultat que par l'autre méthode.

VII.

Ce dernier procédé nous fournit le moyen de reconnaître que la caractéristique est une des lignes de courbure de la surface. En effet, si, après avoir mis les équations qui donnent les valeurs de

R', S', T' sous la forme suivante :

$$R' - a^2 t = a(1 + q^2)\sqrt{1 + p^2 + q^2},$$
$$S' + 2a^2 s = - 2apq\sqrt{1 + p^2 + q^2},$$
$$T' - a^2 r = a(1 + p^2)\sqrt{1 + p^2 + q^2},$$

on multiplie la première par $dy\,(r\,dx + s\,dy)$, la deuxième par $t\,dy^2 - r\,dx^2$, et la troisième par $- dx\,(s\,dx + t\,dy)$, et en représentant par $H = 0$ l'équation générale (E) des lignes de courbure, on trouve

$$(2R'dy - S'dx)\,dp - (2T'dx - S'dy)\,dq = 2aH\sqrt{1 + p^2 + q^2}.$$

Or nous avons vu que, pour la caractéristique, on a

$$2R'dy - S'dx = 0, \qquad 2T'dx - S'dy = 0;$$

donc on aura aussi

$$H = 0.$$

Ainsi, la caractéristique de la surface est la ligne de courbure pour laquelle le rayon de courbure est constant. Il est facile, d'après cela, de reconnaître que les lignes de l'autre courbure sont celles qui sont parcourues par les points de la circonférence du cercle générateur, et qui ont toutes les mêmes plans normaux que celle qui est parcourue par le centre.

Dans cette surface, les lignes des deux courbures sont donc distinctes et ont des équations séparées, puisque l'une d'elles est toujours un cercle d'un rayon constant et égal à a. Il en est de même pour les surfaces des centres des deux courbures, et il est évident que l'une de ces surfaces se réduit à la courbe même parcourue par le centre. Pour la surface cylindrique à base circulaire, qui est un cas particulier de celle dont nous venons de nous occuper, une des deux surfaces des centres de courbure se réduit à une ligne droite, qui est l'axe du cylindre.

VIII.

Les deux fonctions arbitraires que renferment les équations intégrales

$$(\text{J}) \qquad (x - \varphi\alpha)^2 + (y - \psi\alpha)^2 + (z - \alpha)^2 = a^2,$$

$$(\text{K}) \qquad (x - \varphi\alpha)\varphi'\alpha + (y - \psi\alpha)\psi'\alpha + z - \alpha = 0$$

étant composées de la même quantité α, il est facile, par la méthode générale que nous avons exposée en traitant des surfaces développables, de déterminer les formes de ces fonctions de manière que la surface passe par deux courbes à double courbure données arbitrairement. Mais, dans ce cas particulier, cette méthode présente une réciprocité singulière que nous devons faire remarquer.

En effet, lorsque la sphère enveloppée se meut de manière que sa surface touche toujours les deux courbes arbitraires données, son centre reste toujours à la distance égale à a de chacune d'elles ; il parcourt donc une courbe qui est l'intersection de deux autres surfaces de même génération, et dont l'une serait l'enveloppe de la même sphère si le centre parcourait la première courbe donnée, et dont l'autre serait l'enveloppe de la sphère si le centre parcourait l'autre courbe. Ainsi, en supposant que les équations données des deux courbes soient $x = Fz$ et $y = \mathcal{F}z$ pour la première, $x = fz$ et $y = \mathit{f}z$ pour la seconde, la détermination des fonctions arbitraires φ et ψ peut être prescrite par le formulaire suivant :

A la place des formes arbitraires des fonctions φ et ψ dans les équations (J), (K), on substituera les formes connues F, $\mathcal{F}$ relatives à la première courbe, et l'on éliminera α, ce qui donnera une première équation résultante en x, y, z.

De même, à la place des fonctions φ et ψ, on substituera les fonctions connues f, f relatives à la seconde courbe, et l'on éliminera α, ce qui donnera une seconde équation résultante en x, y, z.

Des deux résultats on tirera les valeurs de x et y en z, et ces valeurs $x = \varphi z$, $y = \psi z$ donneront en z les formes des deux fonctions demandées φ et ψ.

IX.

Enfin, s'il fallait déterminer les formes des fonctions φ et ψ de manière que la surface touchât deux autres surfaces courbes données arbitrairement, chacune suivant une ligne courbe, c'est-à-dire si la surface devait être l'enveloppe de l'espace parcouru par une sphère qui se mouvrait sans cesser de toucher en même temps les deux surfaces données, il est clair que le centre de la sphère mobile serait toujours à la distance égale à a de chacune de ces surfaces. La courbe que parcourrait ce centre serait donc l'intersection de deux autres surfaces courbes, dont l'une aurait les mêmes normales que la première surface donnée, et en serait à la distance égale à a, et dont l'autre aurait pareillement les mêmes normales que la seconde surface donnée, et en serait aussi à la distance égale à a. Ainsi, dans ce cas particulier, et en supposant que les équations des deux surfaces données soient $z = \mathrm{F}(x, y)$ pour la première, et $z = F(x, y)$ pour la seconde, la détermination des fonctions arbitraires φ et ψ peut se prescrire par le formulaire suivant :

Nommant respectivement $\mathrm{M} = 0$, $\mathrm{N} = 0$ les deux équations suivantes :

$$(x - \beta)^2 + (y - \gamma)^2 + [z - \mathrm{F}(\beta, \gamma)]^2 = a^2,$$
$$(x - \beta)^2 + (y - \gamma)^2 + [z - F(\beta, \gamma)]^2 = a^2,$$

on éliminera β et γ entre les trois équations

$$\mathrm{M} = 0, \qquad \left(\frac{d\mathrm{M}}{d\gamma}\right) = 0, \qquad \left(\frac{d\mathrm{M}}{d\beta}\right) = 0,$$

et l'on aura en x, y, z un premier résultat. On éliminera de même

β et γ entre les trois équations

$$N = o, \qquad \left(\frac{dN}{d\gamma}\right) = o, \qquad \left(\frac{dN}{d\beta}\right) = o,$$

et l'on aura en x, y, z un second résultat. On tirera de ces deux résultats les valeurs de x et y en z, et ces valeurs $x = \varphi z$, $y = \psi z$ donneront en z les formes des deux fonctions demandées φ et ψ, que l'on substituera en α dans les deux équations (J), (K). On éliminera α entre ces deux dernières équations, et l'on aura en x, y, z l'équation de la surface individuelle qui ceint en même temps les deux surfaces données.

§ XIX.

DE LA SURFACE DONT LES DEUX RAYONS DE COURBURE EN CHAQUE POINT SONT ÉGAUX ENTRE EUX ET DIRIGÉS DU MÊME CÔTÉ.

Les centres des deux courbures d'une surface courbe, pour chacun de ses points, sont sur la normale qui passe par ce point; mais la position de ces deux centres sur la normale dépend, en général, de la génération de la surface. Si les centres sont tous deux placés du même côté par rapport à la surface, les deux courbures présentent leurs concavités du même côté; c'est ce qui arrive, par exemple, dans tous les points de la surface engendrée par la révolution d'une ellipse autour d'un de ses axes. Si les centres des deux courbes d'une surface, pour un de ses points, sont placés de différents côtés par rapport à la surface, l'une des deux courbures en ce point présente sa concavité du côté vers lequel l'autre présente, au contraire, sa convexité. Nous verrons par la suite que c'est ce qui arrive dans tous les points de la surface engendrée par la révolution d'une hyperbole autour de son second axe. Cela posé, la surface dont nous nous proposons de trouver la génération est celle pour chacun des points de laquelle, non-seulement les deux rayons de courbure sont égaux entre eux, mais encore les deux courbures présentent leurs concavités du même côté, c'est-à-dire est celle pour laquelle les centres des deux courbures sont toujours confondus. Il est évident que la surface de la sphère en est un cas particulier, dans lequel il arrive, de plus, que ce centre commun des deux courbures est le même pour tous les points de la surface.

I.

Les centres des deux courbures se confondront en chaque point de la surface, si les deux valeurs que donne l'expression du rayon de courbure

$$(\text{F}) \qquad \text{R} = \frac{-2k^2}{h + \sqrt{h^2 - 4k^2 g}}$$

sont égales entre elles et de même signe, c'est-à-dire si le radical, par lequel diffèrent ces deux valeurs, devient nul; enfin si l'on a

$$h^2 - 4k^2 g = 0.$$

Donc, en remettant pour g, h, k les quantités qu'elles représentent, l'équation aux différences partielles secondes de la surface demandée sera

$$4(rt - s^2)(1 + p^2 + q^2) - [(1 + q^2)r - 2pqs + (1 + p^2)t]^2 = 0,$$

et l'expression du rayon de courbure pour cette surface sera indifféremment

$$\text{R} = \frac{-2k^2}{h} \qquad \text{ou} \qquad \text{R} = \frac{-kh}{2g},$$

qui sont égales entre elles.

II.

Avant de quitter les différences secondes, nous observerons qu'en faisant, pour abréger,

$$(1 + q^2) r - pqs = A,$$
$$(1 + q^2) s - pqt = B,$$
$$(1 + p^2) s - pqr = C,$$
$$(1 + p^2) t - pqs = D,$$

ce qui donne

$$A + D = h,$$
$$pq(A - D) = (1 + p^2) B - (1 + q^2) C,$$

l'équation générale (E) des lignes de courbure, qui devient alors

$$B dy^2 + (A - D) dx dy - C dx^2 = 0,$$

produit deux valeurs de $\frac{dy}{dx}$ qui ne diffèrent entre elles que par le radical

$$\sqrt{(A - D)^2 + 4 BC}.$$

Or ce radical est le même que celui qui entre dans la valeur du rayon de courbure, c'est-à-dire que la quantité $(A - D)^2 + 4 BC$, ou $(A + D)^2 - 4 (AD - BC)$ est égale à $h^2 - 4 k'g$, ce qui est facile à vérifier. Donc, dans la surface dont nous nous occupons, et pour laquelle le radical est nul, les deux valeurs de $\frac{dy}{dx}$, relatives aux lignes de courbure, sont égales entre elles. Donc, excepté les cas particuliers pour lesquels les trois quantités B, C, A — D sont chacune égales à 0, et ne déterminent aucune valeur pour $\frac{dy}{dx}$, la surface n'a pour chaque point qu'une seule ligne de courbure; ainsi tous ses points sont des ombilics analogues à ceux que nous avons remarqués être au nombre de quatre sur la surface de l'ellipsoïde. Recherchons d'abord quelles sont les surfaces qui sont dans le cas de l'exception.

Des trois équations B = o, C = o, A — D = o, qui déterminent le cas de l'exception, la troisième est une suite nécessaire des deux autres, et il suffit d'employer les deux premières, qui peuvent être mises sous la forme

$$\left(\frac{d\frac{q}{k}}{dx}\right) = 0, \qquad \left(\frac{d\frac{p}{k}}{dy}\right) = 0.$$

Or, la première étant une différence partielle exacte prise en regardant x comme seule variable, elle doit être intégrée comme une différence ordinaire, et complétée non par une constante absolue, mais par une fonction arbitraire de la quantité y, qui a été regardée constante dans la différentiation; il en est de même pour la seconde, qui doit être complétée par une fonction arbitraire de x. Les intégrales de ces deux équations sont donc

$$p = k\varphi x,$$
$$q = k\psi y.$$

Remettant pour k sa valeur $\sqrt{1 + p^2 + q^2}$, et tirant les valeurs de p et q, on aura

$$p = \frac{\varphi x}{\sqrt{1 - (\varphi x)^2 - (\psi y)^2}},$$

$$q = \frac{\psi y}{\sqrt{1 - (\varphi x)^2 - (\psi y)^2}},$$

valeurs qui, étant substituées dans $dz = pdx + qdy$, donneront

$$dz = \frac{\varphi x.dx + \psi y.dy}{\sqrt{1 - (\varphi x)^2 - (\psi y)^2}}.$$

Nous verrons dans la suite, en traitant de la génération des courbes à double courbure, que, suivant les formes des deux fonctions φ et ψ, cette équation peut appartenir, ou à des surfaces courbes, ou à des lignes courbes ; mais nous avons vu que, dans toute surface courbe, on a toujours $\left(\dfrac{ddz}{dx\,dy}\right) = \left(\dfrac{ddz}{dy\,dx}\right)$, dont les deux membres sont les expressions différentes d'une seule et même quantité. Donc, en exécutant cette opération sur le second membre pour toutes les surfaces courbes auxquelles peut appartenir cette équation, on aura

$$\varphi' x = \psi' y,$$

équation qui ne doit pas servir à déterminer y en x, mais seulement à déterminer les formes des deux fonctions φ et ψ. Or cette équation ne peut pas avoir lieu pour toutes les valeurs de x et de y, à moins que ces quantités n'entrent ni l'une ni l'autre sous leurs fonctions respectives, ou que ces deux fonctions ne soient égales chacune à une même constante $\dfrac{1}{c}$.

Donc on aura en même temps

$$\varphi' x = \frac{1}{c}, \qquad \psi' y = \frac{1}{c},$$

ce qui donne, en intégrant,

$$\varphi x = \frac{x+a}{c}, \qquad \psi y = \frac{y+b}{c},$$

Substituant ces valeurs dans l'équation aux différences ordinaires, elle deviendra

$$dz = \frac{(x+a)\,dx + (y+b)\,dy}{\sqrt{c^2 - (x+a)^2 - (y+b)^2}},$$

dont l'intégrale

$$z - c = -\sqrt{c^2 - (x+a)^2 - (y+b)^2}.$$

ou

$$(x+a)^2 + (y+b)^2 + (z+c)^2 = e^2,$$

est équation de la surface d'une sphère dont la grandeur et la position sont arbitraires.

Il suit de là que, de toutes les surfaces dont les rayons de courbure sont égaux entre eux pour chaque point, celle de la sphère est la seule dont les deux lignes de courbure ne se confondent pas ; et même, la valeur de $\frac{dy}{dx}$ n'étant pas déterminée pour elle dans l'équation (E) des lignes de courbure, il s'ensuit que toute droite tangente à cette surface est aussi tangente à une ligne de courbure, c'est-à-dire que, par chacun de ses points, on peut faire passer une infinité de lignes de courbure différentes, ce qui est d'ailleurs évident, puisqu'on peut y faire passer une infinité de grands cercles.

Pour toute autre surface de ce genre, chaque point est un ombilic par lequel il ne passe qu'une seule ligne de courbure, et l'équation de cette ligne

$$B dy^2 + (A - D)\, dx dy - C dx^2 = 0,$$

étant un carré parfait, peut être remplacée par sa racine carrée, qui est indifféremment l'une des deux suivantes :

$$2B dy + (A - D)\, dx = 0,$$

$$2C dx - (A - D)\, dy = 0;$$

en remettant pour A, B, C, D leurs valeurs, et chassant r, s, t, l'équation de la ligne unique de courbure sera indifféremment

$$dx = \frac{2}{h}\left[(1 + q^2)\, dp - pq dq\right],$$

ou

$$dy = \frac{2}{h}\left[(1 + p^2)\, dq - pq dp\right],$$

équations qui, appartenant à une même courbe, peuvent être regardées comme équivalentes à celles de deux de ses projections.

III.

Pour trouver les intégrales de l'équation aux différences partielles secondes, nous allons d'abord chercher l'équation de la caractéristique. Pour cela, si l'on différentie l'équation en regardant r, s, t comme seules variables, et si l'on représente par R', S', T' les coefficients respectifs de dr, ds, dt, on trouvera, en conservant les abréviations,

$$R' = 4k^2 t - 2h(1 + q^2),$$
$$S' = -8k^2 s + 4hpq,$$
$$T' = 4k^2 r - 2h(1 + p^2),$$

valeurs qu'il faudra substituer dans l'équation générale de la caractéristique

$$R' dy^2 - S' dx\, dy + T' dx^2 = 0.$$

Mais alors cette équation sera un carré parfait ; car, en effectuant la quantité $4R'T' - S'^2$, on trouve qu'elle est égale à $16k^2 (4k^2 g - h^2)$, qui est nulle en vertu de la proposée : donc les deux caractéristiques de la surface se confondent en une seule, qui aura indifféremment pour équation l'une des deux expressions suivantes de la racine de l'équation précédente :

$$2R' dy - S' dx = 0,$$
$$2T' dx - S' dy = 0.$$

Ces deux équations, qui appartiennent à la même courbe, et dont une seule, au moyen de la surface, suffit pour déterminer cette courbe, doivent donc être regardées comme équivalentes à celles de deux projections. Donc, en remettant pour R', S', T' les quantités qu'elles représentent, et chassant r, s, t, les deux équations aux différences ordinaires de la caractéristique seront

$$2k^2 dp - h(dx + p\,dz) = 0,$$

$$2k^2 dq - h(dy + q\,dz) = 0,$$

et, en y joignant

$$dz = p\,dx + q\,dy,$$

qui, étant celle de la surface même sur laquelle cette courbe se trouve, lui appartient aussi, on aura trois équations qui équivaudront à celles de trois de ses projections, et dont deux quelconques suffiront pour la déterminer.

Dans ces trois équations, les variables x, y, z n'entrent pas; il n'y a que les différentielles de ces variables qui s'y trouvent. On peut donc les isoler par l'élimination, ce qui donne

$$dx = \frac{2}{h}\left[(1 + q^2)\,dp - pq\,dq\right],$$

$$dy = \frac{2}{h}\left[(1 + p^2)\,dq - pq\,dp\right],$$

$$dz = \frac{2}{h}\left[p\,dp + q\,dq\right],$$

dont la troisième suit évidemment les deux premières.

Or les deux premières de ces équations sont les mêmes que celles que nous avons trouvées dans l'article précédent pour la ligne unique de courbure de la surface; donc la caractéristique, unique pour chaque point, n'est autre chose que la ligne unique de courbure, et nous pourrons, dans la suite, considérer indifféremment cette courbe sous l'un ou l'autre de ces deux aspects.

Si l'on substitue, dans ces trois équations, pour h sa valeur prise dans l'expression $R = -\dfrac{2k^3}{h}$ du rayon de courbure, elles deviennent

$$dx = - \mathrm{R} d \frac{p}{k},$$

$$dy = - \mathrm{R} d \frac{q}{k},$$

$$dz = \mathrm{R} d \frac{1}{k},$$

qui seraient toutes trois des différentielles exactes si le rayon de courbure R était une quantité constante, et alors leurs intégrales seraient complétées par des arbitraires qui, étant toutes trois constantes pour la même caractéristique individuelle, et variables d'une caractéristique à sa consécutive, seraient fonctions d'une même quantité a, qui particularise la position de cette courbe; mais le rayon de courbure R n'est pas constant. Si donc on intègre ces équations en regardant R comme constant, il faut que les arbitraires soient non-seulement fonctions de la quantité a, mais encore de R, et que ces fonctions soient telles, que les différentielles de chaque équation prise en regardant successivement a et R comme seules variables, aient lieu. Représentant donc par φ, ψ et π trois fonctions arbitraires de a et de R, on aura

$$x = - \frac{p \mathrm{R}}{k} + \varphi \, (\mathrm{R}, \, a),$$

$$y = - \frac{q \mathrm{R}}{k} + \psi \, (\mathrm{R}, \, a),$$

$$z = \frac{\mathrm{R}}{k} + \pi \, (\mathrm{R}, \, a),$$

les trois fonctions devant satisfaire aux deux systèmes d'équations

$$\frac{p}{k} = \varphi', \qquad \varphi'' = 0,$$

$$\frac{q}{k} = \psi', \qquad \psi'' = 0,$$

$$\frac{-1}{k} = \pi', \qquad \pi'' = 0,$$

qui résultent de la différentiation des trois précédentes, opérée en regardant successivement R et α comme seules variables. Or les trois dernières équations $\varphi'' = 0$, $\psi'' = 0$, $\pi'' = 0$, expriment que α n'entre dans aucune des fonctions; par conséquent, si nous regardons désormais les trois fonctions arbitraires φ, ψ, π comme composées de la seule quantité R, ces trois équations seront satisfaites. Quant aux trois autres équations de condition, si l'on fait la somme de leurs carrés, on trouvera

$$\varphi'^2 + \psi'^2 + \pi'^2 = 1,$$

d'où l'on tirera

$$\pi' = \sqrt{1 - \varphi'^2 - \psi'^2},$$

et, par conséquent,

$$\pi = \int d\mathrm{R} \sqrt{1 - \varphi'^2 - \psi'^2},$$

qui tiendra lieu de l'une des trois équations de condition restantes, par exemple de la dernière, et qui servira à déterminer la forme de la fonction surabondante π, d'après celles des deux autres. Quoique cette fonction π soit déterminée, nous la conserverons néanmoins encore pour abréger les expressions.

Les deux intégrales premières de l'équation aux différences partielles du second ordre sont donc comprises dans le système des six équations suivantes :

$$x - \varphi(\mathrm{R}) = \frac{-p\mathrm{R}}{k},$$
$$y - \psi(\mathrm{R}) = \frac{-q\mathrm{R}}{k},$$
$$z - \pi(\mathrm{R}) = \frac{\mathrm{R}}{k},$$
$$\frac{p}{k} = \varphi'(\mathrm{R}),$$
$$\frac{q}{k} = \psi'(\mathrm{R}),$$
$$\pi = \int d\mathrm{R} \sqrt{1 - \varphi'^2 - \psi'^2},$$

qui peuvent toujours être réduites à cinq par l'élimination actuelle de la fonction surnuméraire ϖ, et qui ne comprendront plus alors que les deux fonctions arbitraires φ et ψ. Ces deux intégrales sont inséparables l'une de l'autre; pour les avoir chacune en particulier, il faudrait pouvoir employer deux des trois équations principales, et n'avoir dans le résultat qu'une seule fonction arbitraire, ce qui est impossible. Mais, quoique ces intégrales ne soient pas séparées, elles ne conduisent pas moins directement à l'intégrale finie, comme nous allons le voir.

IV.

Si entre les six équations précédentes on élimine les deux quantités $\frac{p}{k}$, $\frac{q}{k}$, et si l'on en chasse la fonction ϖ, on aura trois autres équations :

$$(x - \varphi)^2 + (y - \psi)^2 + \left[z - \int d\mathrm{R} \sqrt{1 - \varphi'^2 - \psi'^2}\right]^2 = \mathrm{R}^2,$$
$$x = \varphi - \mathrm{R}\varphi',$$
$$y = \psi - \mathrm{R}\psi';$$

et l'élimination de l'indéterminée R entre ces trois équations produira, en x, y, z et deux fonctions arbitraires, deux équations qui seront l'intégrale complète de la proposée. Ainsi, en nous tenant dans la généralité comportée par deux fonctions arbitraires, l'objet de nos recherches étant exprimé par deux équations, il n'est pas une surface courbe, ainsi que nous l'avions supposé; c'est une courbe à double courbure. Comme ce résultat est extraordinaire, nous allons le vérifier par la géométrie; mais auparavant nous donnerons aux équations une forme qui présentera plus de facilité.

Des quatre quantités R, φR, ψR, ϖR, dont les trois dernières sont d'ailleurs liées entre elles par l'équation

$$\varphi'^2 + \psi'^2 + \varpi'^2 = 1,$$

trois étant fonctions de la quatrième, on peut indifféremment prendre celle d'entre elles que l'on voudra pour quantité principale, et regarder les trois autres comme fonctions de cette dernière.

D'après cela, soient

$$\pi \mathrm{R} = \alpha, \qquad \varphi \mathrm{R} = \Phi \alpha, \qquad \psi \mathrm{R} = \Psi \alpha,$$

les caractères Φ, Ψ indiquant de nouvelles fonctions arbitraires, nous aurons

$$(\Phi'^2 + \Psi'^2 + \pi'^2)\, d\mathrm{R}^2 = (1 + \Phi'^2 + \Psi'^2)\, dx^2,$$

d'où nous tirerons

$$d\mathrm{R} = d\alpha \sqrt{1 + \Phi'^2 + \Psi'^2},$$

et

$$\mathrm{R} = \int d\alpha \sqrt{1 + \Phi'^2 + \Psi'^2}.$$

Substituant toutes ces valeurs, nous aurons, à la place des trois équations précédentes, les trois autres équivalentes :

$$(x - \Phi\alpha)^2 + (y - \Psi\alpha)^2 + (z - \alpha)^2 = \left[\int d\alpha \sqrt{1 + \Phi'^2 + \Psi'^2} \right]^2,$$

$$x - \Phi\alpha = (z - \alpha)\, \Phi'\alpha,$$

$$y - \Psi\alpha = (z - \alpha)\, \Psi'\alpha,$$

qui, par l'élimination de la nouvelle indéterminée α, produiront également en x, y, z les deux équations intégrales. La première de ces équations est celle de la surface d'une sphère qui aurait son centre sur une courbe arbitraire, dont les projections auraient pour équations $x = \Phi z$, $y = \Psi z$, le centre étant au point de la courbe correspondante à $z = \alpha$, et son rayon variable étant égal à l'arc de la courbe compris entre le centre et un autre point constant pris sur la courbe pour origine. Les deux autres équations sont celles des projections d'un diamètre de la sphère tangent à la courbe. Il est évident que, pour une même valeur de α, ces trois équations appar-

tiennent au point d'intersection de la surface de la sphère et du diamètre tangent à la courbe, et par conséquent au point de la développante; donc, si l'on élimine a, les deux équations résultantes en
x, y, z appartiendront à la suite de tous les points semblablement
déterminés, et par conséquent à la développante elle-même.

V.

Si l'on conçoit qu'une sphère, variable de grandeur, se meuve
de manière que son centre parcoure la courbe arbitraire dont les
équations sont $x = \Phi z$, $y = \Psi z$, et que son rayon soit égal au
rayon correspondant de la développante de cette courbe, elle parcourra un espace dont l'enveloppe doit jouir de la propriété d'avoir
dans tous ses points les rayons de ses deux courbures égaux entre
eux; car, et dans la direction de la caractéristique de la surface,
c'est-à-dire de l'intersection des surfaces de deux sphères consécutives, et dans la direction perpendiculaire, le rayon de courbure
doit être égal à celui de la sphère correspondante. L'équation de
la surface mobile, considérée lorsque son centre est en un point
pour lequel on a $z = a$, est

$$(x - \Phi a)^2 + (y - \Psi a)^2 + (z - a)^2 = \left[\int dz \sqrt{1 + \Phi'^2 a + \Psi'^2 a} \right]^2,$$

qui est la première des équations intégrales que nous venons de
trouver; celle de l'enveloppe sera donc le résultat de l'élimination
de a entre cette équation et la suivante :

$$(x - \Phi a)\, \Phi' a + (y - \Psi a)\, \Psi' a + z - a$$
$$= - \left[\int da \sqrt{1 + \Phi'^2 a + \Psi'^2 a} \right] \sqrt{1 + \Phi'^2 a + \Psi'^2 a},$$

qui est sa différentielle, prise en regardant a comme seule variable.
Mais dans le cas présent, où la différence entre les rayons de deux
sphères consécutives est égale à la distance de leurs centres, les deux

sphères ne se coupent pas suivant la circonférence d'un cercle; elles se touchent en un point qui est sur leur diamètre commun, c'est-à-dire sur le diamètre tangent à la courbe arbitraire. Donc la caractéristique de l'enveloppe est réduite à un point unique, qui est le point correspondant de la développante, et l'enveloppe elle-même est réduite à la courbe parcourue par ce point, c'est-à-dire à la développante. Et, en effet, si de la dernière équation on élimine la quantité sous le signe d'intégration, au moyen de l'équation de la sphère, elle devient

$$\left.\begin{array}{c}[x - \Phi - (z - \alpha)\Phi']^2 + [y - \Psi - (z - \alpha)\Psi']^2 \\ + [(x - \Phi)\Psi' - (y - \Psi)\Phi']^2\end{array}\right\} = 0,$$

qui, étant la somme de trois carrés, ne peut produire rien de réel, à moins qu'on n'égale à zéro les racines de chacun de ces carrés. Or, si l'on égale à zéro deux quelconques de ces racines, la troisième est nulle nécessairement; ce qui se vérifie facilement. Donc la différentielle de l'équation de la surface de la sphère, prise en regardant a comme seule variable, produit les deux équations suivantes :

$$x - \Phi a = (z - a)\Phi' a,$$
$$y - \Psi a = (z - a)\Psi' a,$$

qui sont les deux dernières des trois équations intégrales.

VI.

Il suit de là que l'équation aux différences secondes appartient à une surface courbe qui, si l'on se maintient dans la généralité comportée par deux fonctions arbitraires, n'a de réel qu'une ligne courbe, et dont l'aire est, par conséquent, nulle.

VII.

Si l'on déterminait la forme d'une des deux fonctions arbitraires Φ ou Ψ, de manière que, des trois équations intégrales, l'une fût la suite nécessaire des deux autres, cette troisième équation deviendrait inutile; l'intégrale serait réduite aux deux autres, et l'élimination de a produirait en x, y, z l'équation d'une surface moins générale, puisqu'il n'y aurait plus qu'une fonction arbitraire, mais dont l'aire ne serait pas nulle, et qui jouirait de la propriété d'avoir en chacun de ses points les centres de ses deux courbures réunis en un même point.

Or, si l'on élimine x et y entre les trois équations intégrales, on a

$$(z - a)\sqrt{1 + \Phi'^2 + \Psi'^2} = \int da\sqrt{1 + \Phi'^2 + \Psi'^2},$$

qui, devant être satisfaite indépendamment de la valeur de z, donne

$$\sqrt{1 + \Phi'^2 + \Psi'^2} = 0,$$
$$\int da\sqrt{1 + \Phi'^2 + \Psi'^2} = 0,$$

et quand même on pourrait satisfaire à la première sans donner à l'une des fonctions arbitraires une forme imaginaire, la seconde, dont le premier membre serait alors une constante qui devrait être nulle, exprimerait que le rayon de la sphère mobile devrait être nul, ce qui réduirait l'enveloppe à la courbe arbitraire elle-même, et l'aire de cette enveloppe serait nulle. Donc, dans la généralité beaucoup moins grande d'une seule fonction arbitraire, toutes les surfaces auxquelles appartient l'équation aux différences secondes ont leur aire nulle.

Enfin, si les deux dernières équations intégrales étaient une suite nécessaire de la première, et par conséquent inutiles, a et ses deux fonctions seraient des constantes absolues, et l'équation intégrale deviendrait

$$(x - a)^2 + (y - b)^2 + (z - c)^2 = e^2,$$

qui est celle de la sphère d'une grandeur et d'une position arbitraires. La surface de la sphère est donc la seule qui jouisse de la propriété d'avoir pour chacun de ses points les centres de ses deux courbures réunis, et dont l'aire ne soit pas nulle.

§ XX.

DE LA SURFACE COURBE DONT LES DEUX RAYONS DE COURBURE SONT TOUJOURS ÉGAUX ENTRE EUX ET DE SIGNES CONTRAIRES.

I.

Nous avons vu que l'expression commune des deux rayons de courbure, pour le même point d'une surface courbe, est

$$R = \frac{k}{2g}\left(-h + \sqrt{h^2 - 4k^2 g}\right).$$

Pour que les deux valeurs de R que donne cette expression ne diffèrent entre elles que par le signe, il faut que l'on ait $h = o$; donc, remettant pour h la quantité qu'elle représente, l'équation aux différences partielles secondes de la surface demandée est

$$(a) \qquad (1 + q^2)\, r - 2pqs + (1 + p^2)\, t = o.$$

Cette équation est la même que celle que M. Lagrange a trouvée pour la surface dont l'aire est un minimum ; donc la surface que nous considérons jouit encore de cette autre propriété remarquable, que si l'on circonscrit une partie de son aire par un contour quelconque, continu ou discontinu, elle est, de toutes les surfaces qui passent par ce contour, celle dont l'aire comprise dans le même contour est la plus petite.

27.

II.

Pour intégrer l'équation (a), nous chercherons d'abord les équations de la caractéristique de la surface à laquelle elle appartient, et pour cela nous différentierons en regardant r, s, t comme seules variables, ce qui donnera

$$R' = 1 + q^2, \quad S' = -2pq; \quad T' = 1 + p^2;$$

et, substituant ces valeurs dans

$$R'dy^2 - S'dx\,dy + T'dx^2 = 0,$$

nous aurons pour première équation de la caractéristique,

$$(b) \qquad (1 + q^2)\,dy^2 + 2pq\,dx\,dy + (1 + p^2)\,dx^2 = 0.$$

Puis, chassant r, s, t de la proposée, et substituant pour $\frac{dy}{dx}$ la valeur que donne l'équation (b), on aura pour seconde équation de la caractéristique,

$$(c) \qquad (1 + q^2)\,dp^2 + 2pq\,dp\,dq + (1 + p^2)\,dq^2 = 0.$$

Cette dernière équation aux différences ordinaires entre les deux variables p, q est facile à intégrer; car, si on la différentie en regardant q comme variable principale, on trouve

$$d\,dp = 0,$$

dont l'intégrale est

$$dp = a\,dq,$$

a étant la constante arbitraire introduite par l'intégration. Substituant donc pour $\frac{dp}{dq}$ la valeur a que donne cette intégrale, l'intégrale de l'équation (c) sera

$$(1 + q^2)\,a^2 - 2apq + 1 + p^2 = 0,$$

ou

$$1 + a^2 + (p - aq)^2 = 0.$$

Cette équation a deux racines ; ainsi la surface a deux caractéristiques distinctes, en sorte que, si l'on représente par α la constante arbitraire de la première caractéristique, et par β celle de la seconde, les équations distinctes de ces deux courbes seront

$$p - \alpha q = \sqrt{-1 - \alpha^2},$$
$$p - \beta q = -\sqrt{-1 - \beta^2},$$

ce qui donne

$$\alpha + \beta = \frac{2pq}{1 + q^2},$$
$$\alpha\beta = \frac{1 + p^2}{1 + q^2},$$
$$\alpha = \frac{pq + \sqrt{-1 - p^2 - q^2}}{1 + q^2},$$
$$\beta = \frac{pq - \sqrt{-1 - p^2 - q^2}}{1 + q^2},$$

et d'où, tirant les valeurs de p et q, on a

$$(\alpha - \beta)\, p = -\beta\sqrt{-1 - \alpha^2} - \alpha\sqrt{-1 - \beta^2},$$
$$(\alpha - \beta)\, q = -\sqrt{-1 - \alpha^2} - \sqrt{-1 - \beta^2}.$$

Quant à l'autre équation de chacune des deux caractéristiques, elle est comprise dans l'équation (b), qui peut être mise sous la forme la plus simple

$$dx^2 + dy^2 + dz^2 = 0,$$

et qui, étant la somme des trois carrés, produit les trois équations :

$$dx = 0,$$
$$dy = 0,$$
$$dz = 0,$$

dont, à cause de $dz = p\,dx + q\,dy$, deux quelconques comportent la troisième, et qui peuvent, par conséquent, se réduire à deux d'entre elles, par exemple aux deux premières

$$dx = 0, \qquad dy = 0.$$

Si ces deux équations, provenant de (b), avaient été facteurs de cette dernière, chacune d'elles pourrait avoir lieu séparément, et elles appartiendraient, l'une à la première caractéristique, et l'autre à la seconde; mais l'équation (b) les produit toutes deux simultanément: elles ont donc lieu toutes deux pour chaque caractéristique. Donc chacune de ces courbes n'est pas déterminée par deux équations seulement, comme dans tous les cas que nous avons considérés jusqu'ici, mais par trois équations; donc enfin chaque caractéristique se réduit à un point. Ainsi l'analyse ne nous présente pas cette surface comme engendrée par le mouvement d'une génératrice variable de figure et de position, en vertu de la variation d'un de ses paramètres; elle nous la montre comme engendrée par le mouvement d'un point mobile en vertu de la variation de deux des constantes qui, dans chaque instant, déterminent sa position.

Autrement. Si l'on considère la surface demandée comme l'enveloppe de l'espace parcouru par une surface mobile et variable de figure, l'enveloppée peut se mouvoir suivant deux directions différentes. Pour chacune de ces directions, deux enveloppées consécutives se coupent en une ligne courbe, et c'est le point d'intersection de ces deux courbes qui est dans la surface. Il y a donc entre la surface du § XIX et celle-ci cette différence, que, pour la première, le point de contact ne pouvait à chaque instant se mouvoir que suivant une seule direction, et, par conséquent, ne pouvait engendrer dans tout le cours de son mouvement qu'une ligne courbe ou une surface dont l'aire était nulle, tandis que, pour la surface actuelle, le point générateur, pouvant à chaque instant se mouvoir suivant deux directions différentes, engendre une surface courbe dont l'aire n'est pas nulle.

Il suit de là que, pour la première caractéristique, les trois quantités z, x, y sont toutes trois constantes; ainsi la première d'entre elles est une fonction des deux autres. Il en est de même de ζ, considérée dans l'autre caractéristique. Donc, en général, les deux coordonnées x, y, et par conséquent la troisième z, sont des fonctions de z et de ζ. Il ne s'agirait plus que de déterminer les formes de ces trois fonctions pour que la proposée fût satisfaite; mais cette considération, qui, d'ailleurs, nous conduirait au même résultat, nous écarterait de la marche de l'intégration que nous allons reprendre.

III.

Quoique l'équation (b) produise deux autres équations simultanées, on peut la traiter comme une équation unique. Par la substitution des valeurs de p et q, elle devient

$$dy^2 + (\alpha + \beta)\,dx\,dy + \alpha\beta\,dx^2 = 0,$$

ou

$$(dy + \alpha dx)(dy + \beta dx) = 0,$$

qui, étant composée de deux facteurs, donne, pour les deux caractéristiques, les deux équations

$$dy + \alpha dx = 0,$$
$$dy + \beta dx = 0;$$

mais, de ces deux équations, c'est la seconde qui appartient à la première caractéristique, et la première qui appartient à la seconde. En effet, si, après avoir chassé r, s, t de la proposée, ce qui donne

$$(1 + q^2)\,dp\,dy + (1 + p^2)\,dq\,dx = 0,$$

on substitue pour $\dfrac{dp}{dq}$ la valeur α, qui convient à la première caractéristique, on a

$$(1 + q^2)\, z\, dy + (1 + p^2)\, dx = 0,$$

ou

$$dy + \beta\, dx = 0.$$

De même, en employant pour $\dfrac{dp}{dq}$ la valeur β, qui convient à la seconde caractéristique, on trouve

$$dy + \alpha\, dx = 0.$$

Les deux équations de la première caractéristique sont donc

$$p - \alpha q = -\sqrt{-1 - \alpha^2},$$
$$dy + \beta\, dx = 0,$$

et celles de la seconde

$$p - \beta q = \sqrt{-1 - \beta^2},$$
$$dy + \alpha\, dx = 0.$$

Or, par rapport à la première, pour laquelle on a $\alpha = constante$, si β était aussi constante, la seconde équation serait intégrable, et son intégrale serait complétée par une constante arbitraire qui serait fonction de α; mais β est variable. Si donc on intègre en regardant β comme constante, l'intégrale doit être complétée par une fonction de α et β, et cette fonction doit être telle que la différentielle de l'intégrale, prise en regardant β comme seule variable, soit satisfaite; ce qui ne suffira pas encore pour la déterminer. Représentant donc par φ cette fonction des deux quantités α, β, l'intégrale de la seconde équation sera d'abord

$$(d) \qquad y + \beta x = \varphi(\alpha, \beta),$$
$$(e) \qquad x = \varphi'.$$

Par la même raison, si l'on représente par ψ une autre fonction de α et β, l'intégrale de la seconde équation de l'autre caractéristique sera d'abord comportée par les deux équations

$$(f) \qquad y + \alpha x = \psi(\alpha, \beta),$$

$$(g) \qquad x = \psi'.$$

Mais, le point de la surface devant être déterminé par l'intersection des deux caractéristiques, les quatre équations (d), (e), (f), (g) doivent avoir lieu pour sa projection sur le plan des x et y, et elles ne peuvent avoir lieu, à moins que les fonctions φ et ψ ne satisfassent aux deux suivantes :

$$(h) \qquad \varphi - \beta \varphi'' = \psi - \alpha \psi',$$

$$(i) \qquad \varphi'' = \psi'.$$

qui résultent de l'élimination de x et y, et dont les intégrales doivent servir à déterminer les formes des fonctions φ et ψ.

Pour intégrer ces deux dernières équations, il faut d'abord séparer les fonctions, et pour cela on les différentiera en regardant successivement α, puis β comme seules variables ; et, éliminant d'abord tout ce qui dépend d'une des fonctions, ensuite ce qui dépend de l'autre, on trouvera les deux équations aux différences partielles secondes

$$(\alpha - \beta)\,\varphi''' + \varphi'' = 0,$$
$$(\alpha - \beta)\,\psi''' + \psi'' = 0,$$

qui peuvent être mises sous la forme suivante :

$$\left(\frac{d \dfrac{\varphi'}{\alpha - \beta}}{d\beta} \right) = 0,$$

$$\left(\frac{d \dfrac{\psi'}{\alpha - \beta}}{d\alpha} \right) = 0.$$

et dont les intégrales sont

$$\varphi' = (\alpha - \beta)\, \Phi'\alpha,$$

$$\psi'' = (\alpha - \beta)\, \Psi''\beta,$$

dans lesquelles Φ et Ψ sont deux nouvelles fonctions arbitraires d'une seule quantité, α pour l'une, β pour l'autre, et que nous accentuons à cause des intégrations subséquentes. Ces deux équations sont elles-mêmes des différentielles exactes, prises, l'une en ne faisant varier que α, l'autre en ne faisant varier que β; et leurs intégrales sont

$$\varphi = (\alpha - \beta)\, \Phi'\alpha + \Phi\alpha + F\beta,$$

$$\psi = (\alpha - \beta)\, \Psi'\beta + \Psi\beta + f\alpha,$$

dans lesquelles f et F sont deux nouvelles fonctions arbitraires d'une seule quantité. Des quatre fonctions arbitraires qui entrent dans ces équations, il n'y en a que deux qui soient nécessaires, parce que c'est volontairement que nous avons différentié les deux équations (h), (i), et que nous nous sommes élevés aux secondes différences. Il faut donc déterminer les formes de deux de ces fonctions, de manière que les équations (h), (i) soient satisfaites. Or, de ces intégrales on tire, par la différentiation,

$$\varphi'' = - \Psi' + F',$$

$$\psi' = \Psi' + f',$$

et, en substituant pour φ, φ'', ψ, ψ' leurs valeurs dans (h) et (i) on trouve que, pour que ces dernières soient satisfaites, on doit avoir

$$F\beta = \Psi\beta,$$

$$f\alpha = - \Phi\alpha,$$

ce qui détermine les formes des deux fonctions surnuméraires

F, f. Donc, substituant pour ces fonctions leurs formes dans les valeurs de φ, ψ, φ'', ψ', on aura

$$\varphi = (\alpha - \beta)\, \Phi'\alpha - \Phi\alpha + \Psi\beta,$$
$$\psi = (\alpha - \beta)\, \Psi'\alpha - \Phi\alpha + \Psi\beta,$$
$$\varphi'' = -\Phi'\alpha + \Psi'\beta,$$
$$\psi' = -\Phi'\alpha + \Psi'\beta;$$

enfin, substituant ces valeurs dans les deux équations (d), (e), ou dans (f), (g), et tirant les valeurs de x, y, on aura pour les coordonnées du point d'intersection des projections des deux caractéristiques

$$(l) \qquad\qquad x = -\Phi'\alpha + \Psi'\beta,$$

$$(m) \qquad\qquad y = -\Phi\alpha + \alpha\Phi'\alpha + \Psi\beta - \beta\Psi'\beta.$$

Ainsi, en remettant à la place de α et β leurs valeurs en p, q, les deux équations (l) et (m) donnent en p, q, pour x, y, les valeurs que l'on tirerait de deux intégrales premières de la proposée, l'une de ces intégrales étant complétée par la fonction arbitraire Φ, l'autre par Ψ; et l'on aurait ces deux intégrales premières, si l'on pouvait tirer de (l) et (m) deux autres équations, dont chacune ne contînt qu'une des fonctions et ses dérivées. Les deux équations (l) et (m) ne sont donc pas les intégrales premières de la proposée; mais, prises ensemble, elles expriment la même chose que les deux intégrales premières, prises de même ensemble; et nous allons voir qu'elles conduisent de même directement à l'intégrale finie.

IV.

En effet, si l'on différentie les deux équations (l), (m), pour avoir les valeurs de dx, dy, et si l'on substitue ces valeurs, ainsi que celles de p, q, dans $dz = p\,dx + q\,dy$, on trouve

$$dz = \Phi'\alpha \,.\, d\alpha \sqrt{(-1-\alpha^2)} + \Psi'\beta \,.\, d\beta \sqrt{(-1-\beta^2)},$$

équation dans laquelle les variables z, α, β sont séparées, et qui donne

$$(n) \quad z = \int \Phi'\alpha \,.\, d\alpha \sqrt{(-1-\alpha^2)} + \int \Psi'\beta \,.\, d\beta \sqrt{(-1-\beta^2)},$$

dont le second membre, lorsque les fonctions Φ, Ψ seront déterminées, ne dépendra que des quadratures. Donc les coordonnées de chaque point de la surface sont données en α et β par les trois équations (l), (m), (n); donc l'équation de cette surface en x, y, z, ou l'intégrale finie de la proposée, est le résultat de l'élimination des deux indéterminées α et β entre ces trois équations.

V.

Il s'agirait actuellement de construire cette intégrale, ou, ce qui revient au même, de trouver la génération de la surface. La seule construction à laquelle nous soyons encore parvenus, procède par courbes infiniment voisines : elle prouve, à la vérité, que l'aire de la surface n'est pas nulle, ce qui est d'ailleurs évident ; mais elle ne peut être d'aucune utilité dans la pratique. Nous allons néanmoins la rapporter, parce qu'elle pourra donner lieu à des efforts plus heureux.

Soit une courbe à double courbure prise arbitrairement dans l'espace. Concevons qu'une de ses tangentes se meuve sans cesser de la toucher ; elle engendrera une surface développable dont la courbe arbitraire sera l'arête de rebroussement ; et un point quelconque de la tangente parcourra une courbe, à laquelle la tangente mobile sera constamment normale, et qui sera une développante de la courbe arbitraire ; nous allons voir que cette déve-

loppante sera une des lignes de courbure de la surface demandée.
Soit prolongé chacun des rayons de la développante au delà de
cette courbe et d'une quantité égale à lui-même; ce qui déterminera sur chacune des tangentes à la courbe arbitraire un point
que nous nommerons second centre, parce qu'il sera le centre de
la seconde courbure du point correspondant de la surface, point
dont le centre de la première courbure sera le point de contact de
la courbure arbitraire. Concevons qu'un cercle variable de rayon
se meuve de manière, 1° que son plan passe toujours par la tangente mobile, et soit toujours normal à la surface développable que
parcourt cette tangente; 2° que son centre dans chaque instant
soit confondu avec le second centre; 3° que sa circonférence passe
toujours par le point correspondant de la développante, et par
conséquent la coupe perpendiculairement; la circonférence de ce
cercle engendrera une surface courbe qui passera par la développante, dont cette dernière ligne sera une ligne de courbure, et dont
les deux rayons de courbure pour chaque point pris sur la développante seront égaux entre eux et de signes contraires. Nous
n'aurons besoin de considérer dans cette surface qu'une zone infiniment étroite, celle qui est bordée par la développante.

Cela posé, supposons que chaque tangente soit mobile autour du
second centre par lequel elle passe, et dans le plan du cercle correspondant, c'est-à-dire dans le plan normal à la surface développable; puis, qu'une de ses tangentes se meuve en effet et décrive
autour du second centre un angle infiniment petit et arbitraire;
que la tangente suivante se meuve de même autour de son second
centre jusqu'à ce qu'elle coupe la tangente précédente considérée
dans sa nouvelle position; que la troisième tangente se meuve aussi
jusqu'à ce qu'elle coupe la seconde; et ainsi de suite de proche en
proche pour toutes les tangentes. Toutes ces droites considérées
dans leurs nouvelles positions seront encore normales à la surface

courbe engendrée par la circonférence de cercle; et parce qu'elles se rencontrent consécutivement deux à deux, elles seront dans une seconde surface développable, dont l'arête de rebroussement sera distincte de la première courbe arbitraire, mais en sera infiniment proche. Cette seconde surface développable sera normale à la surface engendrée par la circonférence du cercle; elle la coupera en une courbe qui sera la ligne de courbure suivante, et qui sera une développante de l'arête de rebroussement de la seconde surface développable. La zone comprise entre cette seconde développante et la première appartiendra à la surface demandée.

Actuellement, si l'on opère sur l'arête de rebroussement de la seconde surface développable et sur sa développante, comme nous avons opéré sur la courbe arbitraire et sur sa développante, on aura la troisième ligne de courbure de la surface demandée; et, continuant ainsi de proche en proche, on aura tous les points de la surface.

Cette construction a toute la généralité nécessaire; car elle suppose une première courbe entièrement arbitraire, et, par conséquent, une fonction arbitraire pour chacune des projections de cette courbe.

Nous ne donnerons pas un plus grand nombre d'exemples de surface dont la génération peut être exprimée par des équations aux différences partielles du second ordre. Quant à celles qui exigent des différences du troisième ordre, nous ne considérerons que le petit nombre de celles qui sont remarquables par la simplicité et par l'emploi qu'on en fait dans les arts.

§ XXI.

DE LA SURFACE COURBE ENGENDRÉE GÉNÉRALEMENT PAR LE MOUVEMENT D'UNE LIGNE DROITE.

Le mouvement d'une droite dans l'espace est déterminé lorsque cette droite est assujettie à s'appuyer perpétuellement contre trois courbes à double courbure données. En effet, si l'on prend sur la première de ces courbes un point arbitraire, la droite qui passe par ce point, et qui s'appuie contre les deux autres courbes, est entièrement déterminée de position; car il est évident que cette droite doit être l'intersection des deux surfaces coniques dont le sommet commun est au point arbitraire, et qui passent, l'une par la seconde courbe donnée, l'autre par la troisième. Si donc on conçoit que la droite se meuve de manière que, s'appuyant constamment sur les deux dernières courbes, elle passe successivement par tous les points de la première : pour chacun de ces points la position de la droite sera déterminée, et la surface qu'elle engendrera par son mouvement sera, par conséquent, unique et déterminée.

La nature de la surface dépend de celles des trois courbes qui dirigent le mouvement de la génératrice; mais quelles que soient ces trois courbes, toutes les surfaces soumises à cette génération ont un caractère général qui peut être exprimé par l'analyse, et dont nous allons chercher directement l'expression : 1° aux différences partielles du troisième ordre; 2° aux différences du second ordre; 3° aux différences du premier; 4° en quantités finies.

De même que nous avons représenté par p, q les coefficients des différences partielles du premier ordre, et par r, s, t ceux des différences partielles du second ordre, nous représenterons par u, m, w, v ceux des différences partielles du troisième ordre, de mamère que l'on aura

$$dr = u\,dx + u\,dy,$$
$$ds = u\,dx + w\,dy,$$
$$dt = w\,dx + v\,dy;$$

équations dans lesquelles le coefficient de dy dans l'une est le même que celui de dx dans la suivante, parce que, les deux quantités p et q étant des fonctions de x et y, on doit avoir

$$\left(\frac{ddp}{dx\,dy}\right) = \left(\frac{ddp}{dy\,dx}\right) \text{ et } \left(\frac{ddq}{dx\,dy}\right) = \left(\frac{ddq}{dy\,dx}\right),$$

ce qui donne

$$\left(\frac{dr}{dy}\right) = \left(\frac{ds}{dx}\right), \quad \text{et} \quad \left(\frac{ds}{dy}\right) = \left(\frac{dt}{dx}\right).$$

I.

Considérons la droite génératrice dans une quelconque de ses positions : elle coupe chacune des trois courbes qui dirigent son mouvement en un point, par lequel concevons la tangente à cette directrice ; puis, par la droite génératrice et par chacune des trois tangentes, concevons un plan : on aura trois plans, qui seront tous trois tangents à la surface courbe, et pour chacun desquels le point de contact sera le même que celui de la directrice correspondante avec sa tangente. Cette surface est donc telle, que trois plans tangents différents peuvent se couper en une ligne droite qui passe par leurs trois points de contact, ou, ce qui revient au même, que, pour quelque point de contact que ce soit, le plan tangent peut changer deux fois de suite de position sans cesser de passer par le premier point de contact. Or, si l'on différentie deux fois de suite l'équation du plan tangent

$$z - z' = p(x - x') + q(y - y'),$$

en regardant comme constantes les coordonnées x', y', z', du point général du plan, ce qui donne

$$(x - x')\,dp + (y - y')\,dq = 0,$$

$$(x - x')\,ddp + (y - y')\,ddq + dp\,dx + dq\,dy = 0,$$

on aura trois équations qui détermineront les coordonnées x', y', z', du point commun aux trois plans tangents consécutifs ; et parce que les trois plans doivent passer par le premier point de contact, ces trois équations doivent avoir lieu en faisant $x = x'$, $y = y'$, $z = z'$, ce qui donne la quatrième équation

$$dp\,dx + dq\,dy = 0.$$

De plus, si de ces quatre équations on élimine les deux quantités $\dfrac{x - x'}{z - z'}$, $\dfrac{y - y'}{z - z'}$, il restera les deux autres

$$dp\,dx + dq\,dy = 0,$$

$$ddp\,dx + ddq\,dy = 0,$$

qui ne peuvent subsister simultanément, à moins que la quantité $\dfrac{dy}{dx}$ ne soit constante, et qui peuvent, par conséquent, être mises sous la forme suivante :

$$r\,dx^2 + 2s\,dx\,dy + t\,dy^2 = 0,$$

$$n\,dx^3 + 3u\,dx^2\,dy + 3v\,dx\,dy^2 + v\,dy^3 = 0.$$

Enfin, de ces deux équations, l'une est destinée à donner la valeur de $\dfrac{dy}{dx}$ qui détermine la direction de la droite suivant laquelle se coupent les trois plans tangents consécutifs ; et si l'on élimine entre elles $\dfrac{dy}{dx}$, on aura une équation de condition qui devra être satisfaite pour que ces trois plans puissent se couper dans une même

ligne droite, et qui sera, par conséquent, l'équation de la surface
demandée. Donc, si l'on représente par a la valeur de $\frac{dy}{dx}$ que
fournit l'une de ces équations, c'est-à-dire si l'on fait, pour abréger,

$$\frac{-s + \sqrt{s^2 - rt}}{t} = a,$$

l'équation aux différences partielles du troisième ordre de la surface courbe généralement engendrée par le mouvement d'une ligne
droite sera

(A) $u + 3ua + 3va^2 + va^3 = 0.$

On peut arriver plus rapidement au même résultat, en considérant que le point de la surface peut se mouvoir dans le premier
plan tangent, puis dans le second, et encore dans le troisième,
sans cesser de se mouvoir en ligne droite; c'est-à-dire que ce
point peut se mouvoir trois fois de suite, sans que les quantités
$\frac{dx}{dz}, \frac{dy}{dz}, \frac{dy}{dx}$ changent de valeur. Donc, si l'on différentie deux fois
de suite l'équation

$$dz = pdx + qdy,$$

en regardant comme constantes les trois quantités $\frac{dx}{dz}, \frac{dy}{dz}, \frac{dy}{dx}$, on
aura les deux équations

$$dp\,dx + dq\,dy = 0,$$
$$ddp\,dx + ddq\,dx = 0,$$

qui, par l'élimination de $\frac{dy}{dx}$, donneront l'équation (A).

II.

Lorsque le point de la surface courbe se meut sans sortir de la
droite génératrice considérée dans la même position, les trois quan-

tités $\frac{dz}{dz}$, $\frac{dy}{dz}$, $\frac{dy}{dx}$, dont deux quelconques déterminent la troisième, sont constantes; et ces quantités varient lorsque le point passe sur la génératrice considérée dans la position suivante: ainsi, de ces trois quantités, deux quelconques sont fonctions de la troisième. Donc, si l'on divise par dx l'équation

$$dz = pdx + qdy,$$

ce qui donne

$$\frac{dz}{dx} = p + q \frac{dy}{dx}$$

puis si l'on met pour $\frac{dy}{dx}$ sa valeur $\frac{-z + \sqrt{(z^2 - m)}}{r}$, que nous continuerons de représenter par α; et, enfin, si l'on fait $\frac{dz}{dx}$ égale à une fonction arbitraire de $\frac{dy}{dx}$, l'équation

$$(\text{B}) \qquad\qquad p + \alpha q = \varphi\alpha,$$

que l'on obtiendra, sera aux différences partielles du second ordre celle de la surface demandée.

Les quantités $\frac{dx}{dz}$, $\frac{dy}{dz}$ ne sont pas les seules qui soient constantes en même temps que $\frac{dy}{dx} = \alpha$. Si l'on représente par

$$y = \alpha x + \gamma,$$
$$z = \beta x + \delta,$$

les équations de la génératrice considérée dans une position quelconque, dans lesquelles on aura

$$\beta = \frac{dz}{dx} = \varphi\alpha,$$

les deux autres quantités γ, δ sont aussi constantes en même temps que α, et par conséquent fonctions de α. Donc, en représentant ces nouvelles fonctions par les caractères ψ, π, les deux équations

$$(C) \qquad\qquad y - ax = \psi a,$$

$$(D) \qquad\qquad z - (p + aq) x = \pi a,$$

seront encore aux différences partielles secondes celles de la surface demandée. Les trois équations (B), (C), (D), dont chacune exprime complétement la génération de la surface, sont les trois intégrales premières de l'équation du troisième ordre (A), et chacune d'elles est complétée par une fonction arbitraire particulière.

III.

Les trois équations (B), (C), (D) ne contiennent les coefficients différentiels du second ordre r, s, t, que parce que ces coefficients entrent dans la quantité a. Donc, si, combinant ces équations deux à deux, on en élimine la quantité a, regardée comme une indéterminée, ce qui peut se faire de trois manières différentes, on aura trois résultats qui ne contiendront que des différences partielles du premier ordre, et dont chacun exprimera la surface d'une manière complète. Ces trois résultats seront les intégrales secondes de l'équation (A), et chacune de ces intégrales sera complétée par deux des trois fonctions arbitraires φ, ψ, π.

IV.

Enfin, des quatre coefficients α, β, γ, δ, qui entrent dans les équations de la droite génératrice, trois quelconques étant fonctions du quatrième, il s'ensuit que le résultat de l'élimination de l'indéterminée a entre les deux équations

$$y - ax = \psi a,$$

$$z - x\varphi a = \pi a,$$

est en quantités finies l'équation de la surface généralement engendrée par le mouvement d'une ligne droite. Ce résultat est l'intégrale finie de l'équation (A), complétée par les trois fonctions arbitraires φ, ψ, ϖ.

V.

De la caractéristique sur les surfaces dont l'équation aux différences partielles est du troisième ordre.

La méthode que nous allons donner pour trouver l'équation de la caractéristique convient à tous les ordres, quoique, dans l'exposition que nous allons en faire, elle ne soit appliquée qu'au troisième. Soit

$$(G) \qquad F\left[x, y, z, p, q, r, s, t, u, u_1, w, v\right] = 0$$

une équation quelconque aux différences partielles du troisième ordre; si dans cette équation on élimine trois quelconques des quatre différences partielles supérieures u, u_1, w, v, au moyen des trois équations

$$dr = u\,dx + u_1\,dy,$$
$$ds = u_1\,dx + w\,dy,$$
$$dt = w\,dx + v\,dy;$$

par exemple, si l'on élimine les trois dernières u_1, w, v, on aura une équation aux différences ordinaires

$$(H) \qquad f\left[x, y, z, p, q, r, s, t, dx, dy, dr, ds, dt, u\right] = 0,$$

à laquelle satisferont les équations particulières de toutes les surfaces individuelles soumises à la génération exprimée par l'équation (G). Quelle que soit donc une de ces surfaces individuelles, son équation particulière pourra toujours être mise sous la forme (H), et les équations des différentes surfaces individuelles, mises sous cette forme, ne différeront entre elles que par la quantité u, qui, dans chacune d'elles, sera différemment composée des quantités x, y, z. Ainsi, en considérant une des surfaces soumises à la génération exprimée par (G), et son équation étant mise sous la forme (H), si l'on suppose qu'une quelconque des trois courbes arbitraires qui dirigent le mouvement de la génératrice vienne à éprouver une variation infiniment petite, l'équation (H) n'éprouvera d'autre changement, sinon que la quantité u changera de valeur et deviendra u'; et les deux surfaces qui correspondent à ces deux valeurs successives de u se couperont en une courbe, pour les points de laquelle les quantités x, y, z, p, q, r, s, t, et leurs différences ordinaires dx, dy, dz, dp, dq, dr, ds, dt auront les mêmes valeurs, soit que l'on considère cette courbe sur la première surface, soit qu'on la considère sur la seconde. Cette courbe, qui est constante, et pour les points de laquelle les différences partielles des ordres inférieurs, ainsi que leurs différences ordinaires, ne changent pas lorsqu'une des directrices éprouve une variation, est donc indépendante de ce qu'il y a de particulier dans cette directrice; elle est donc la courbe à laquelle nous avons donné le nom de *caractéristique*, et il est évident qu'en général il peut y en avoir pour le même point autant qu'il y a de directrices arbitraires dans la génération, et par conséquent autant qu'il y a d'unités dans l'ordre de l'équation (G). Donc, si l'on différentie l'équation (H) en regardant u comme seule variable, l'équation

$$(J) \qquad\qquad \left[\frac{df(\ldots)}{du} \right] = 0,$$

que l'on obtiendra, appartiendra à la caractéristique. Or il est évident que, sans effectuer l'équation (H), on arrivera à un résultat équivalent, si, après avoir différentié l'équation (G), en regardant comme seules variables les différences partielles u, u_i, v, v_i, de l'ordre supérieur, ce qui produira une équation de la forme

$$U\,du + \mathrm{N}\,du + W\,dv + V\,dv = 0,$$

on substitue pour du, dv, dv, les valeurs que l'on trouve en différentiant dans la même hypothèse les valeurs de dr, ds, dt, qui doivent aussi être constantes. Mais cette dernière différentiation donne

$$du\,dx + du\,dy = 0,$$
$$du\,dx + dv\,dy = 0,$$
$$dv\,dx + dv\,dy = 0,$$

et, par conséquent,

$$du = -\frac{dx}{dy}\,du,$$
$$dv = \frac{dx^2}{dy^2}\,du,$$
$$dv = -\frac{dx^3}{dy^3}\,du.$$

Donc, par la substitution, on trouvera, pour l'équation générale de la caractéristique,

$$(K) \qquad U\,dy^3 - \mathrm{N}\,dy^2\,dx + W\,dy\,dx^2 - V\,dx^3 = 0$$

Il est facile de reconnaître la loi d'après laquelle on formera l'équation de la caractéristique pour un ordre quelconque.

VI.

L'équation (K) de la caractéristique est, par rapport à $\frac{dy}{dx}$, d'un degré algébrique aussi élevé que l'ordre de la proposée (G). Lorsque tous les facteurs de cette équation algébrique sont rationnels, il y a pour le même point autant de caractéristiques indépendantes que de facteurs, et chacune d'elles correspond à celle des courbes arbitraires qui la produit par sa variation. Si quelques-uns de ces facteurs sont égaux entre eux, les caractéristiques correspondantes coïncident en une seule ; mais, en général, les facteurs de l'équation (K) sont irrationnels : alors les caractéristiques, dont le nombre est toujours égal au degré algébrique de l'équation (K), n'ont plus d'équations distinctes ; elles ont une équation intégrale commune du même degré algébrique, par rapport à la constante arbitraire, que l'équation (K) ; et si l'on déterminait cette constante de manière que la courbe passât par un point donné de la surface, il viendrait pour cette constante des valeurs différentes, dont chacune conviendrait à une caractéristique particulière.

VII.

Si l'équation aux différences partielles (G) est linéaire par rapport aux différences partielles de l'ordre supérieur, l'équation (H) sera aussi linéaire par rapport à la différentielle partielle restante ; et, en supposant que cette différentielle partielle soit u, l'équation (H) sera de la forme

$$M + Nu = 0,$$

dans laquelle M et N, qui peuvent être fonctions de x, y, z, p, q, r, s, t, dx, dy, dr, ds, dt, ne contiennent point u. Lors donc que l'on différentiera cette dernière équation en regardant u comme seule variable pour avoir l'équation (J), on aura pour équation de la caractéristique $N = 0$; et parce que cette courbe est elle-même sur la surface courbe, et que l'équation

$$M + Nu = 0$$

a aussi lieu pour elle, il s'ensuit que l'on aura encore $M = 0$. Donc on aura pour la caractéristique les deux équations aux différences ordinaires

$$M = 0, \quad N = 0,$$

qui seront toutes deux délivrées de la quantité u, et qui seront, par conséquent, indépendantes de tout ce qu'il y a de particulier dans les courbes arbitraires qui dirigent la génératrice. Il suit de là que si l'on intègre ces deux équations, soit directement, soit au moyen des autres équations aux différences ordinaires

$$dz = pdx + qdy,$$
$$dp = rdx + sdy,$$
$$dq = sdx + tdy,$$

ce qui produira deux équations intégrales

$$X = \alpha, \quad Y = \beta,$$

dans lesquelles α et β sont les constantes arbitraires introduites par l'intégration, et où X et Y sont des fonctions connues de x, y, z, p, q, r, s, t; les deux arbitraires α, β seront toutes deux constantes pour la même caractéristique, et elles varieront toutes deux lorsque l'on passera d'une caractéristique à une autre infiniment voisine : ces deux arbitraires seront donc fonctions l'une de l'autre, et l'on aura pour équation de la caractéristique

$$X = \alpha, \quad Y = \varphi\alpha,$$

α étant l'arbitraire unique qui détermine la position de cette courbe. Or la surface courbe peut être regardée comme le lieu de toutes les caractéristiques successives que l'on obtiendrait en donnant successivement à α toutes les valeurs possibles. Donc on aura l'équation de cette surface en éliminant α entre les deux équations intégrales ; ce qui donnera, pour une des intégrales premières.

$$Y = \varphi X.$$

VIII.

On trouvera pour la caractéristique deux équations aux différences ordinaires, telles que

$$M = o, \quad N = o,$$

non-seulement lorsque la proposée (G) sera linéaire par rapport aux différences partielles de l'ordre le plus élevé u, w, ϖ, v; mais encore lorsque les trois quantités $uv - w^2, uv - uw, uv - \varpi^2$ y entreront elles-mêmes linéaires; car il est facile de vérifier que si l'on chasse de chacune de ces quantités trois des différentielles partielles u, w, ϖ, v, la quatrième se trouve linéaire. L'équation (H) se trouvera donc encore linéaire par rapport à u, et lorsqu'on la différentiera en regardant u comme seule variable, on aura deux équations

$$M = o, \quad N = o.$$

Pour les ordres supérieurs, la caractéristique aura de même deux équations aux différences ordinaires, non-seulement lorsque l'équation aux différences partielles sera linéaire par rapport aux différences de l'ordre le plus élevé, mais encore lorsqu'elle le sera par rapport à toutes les quantités de la forme suivante :

$$\left(\frac{d^i z}{dx^g\, dy^{n-g}} \right) \left(\frac{d^i z}{dx^k\, dy^{n-k}} \right) - \left(\frac{d^i z}{dx^h\, dy^{n-h}} \right) \left(\frac{d^i z}{dx^m\, dy^{n-m}} \right),$$

pourvu que dans chacune des quantités de cette forme on ait

$$g + h = k + m;$$

car, en chassant de ces quantités toutes les différences partielles, excepté une, cette dernière se trouve linéaire.

IX.

Dans tous les autres cas, l'équation (H) ne sera pas linéaire par rapport à u; par conséquent l'équation (J), qui est sa différentielle prise en ne faisant varier que u, ne sera pas délivrée de u. Cette équation ne sera donc pas indépendante de la courbe arbitraire dont la variation doit produire la caractéristique. L'on ne pourra faire disparaître u qu'en éliminant entre les deux équations (H), (J), ce qui produira pour la caractéristique une équation unique aux différences ordinaires. Cette équation unique, qui résultera de l'élimination d'une quantité élevée, sera elle-même élevée, et ne satisfera pas à l'équation connue sous le nom de condition d'intégrabilité, condition qui n'est autre que celle d'appartenir à une surface courbe ; mais cette équation n'en exprimera pas la caractéristique d'une manière moins complète, et l'intégration dont elle est susceptible ne conduira pas moins à l'intégrale de l'équation (G). La manière de traiter les équations de ce genre ouvre une nouvelle branche de calcul intégral, dont nous donnerons quelques exemples en traitant de la génération des courbes à double courbure, ce que nous ferons incessamment, après avoir terminé ce que nous nous proposons de dire sur la génération des surfaces.

Nous allons appliquer les résultats que nous venons de trouver, à l'intégration de l'équation de la surface généralement engendrée par le mouvement d'une ligne droite.

X.

Si l'on différentie l'équation (A) en regardant u, $\iota\iota$, w, ρ comme seules variables, on trouve $U = 1$, $\mathrm{K} = 3\omega$, $W = 3\omega^2$, $V = \omega^3$; et, substituant ces valeurs dans (K), on a, pour première équation de la caractéristique,

$$dy^3 - 3\omega\, dy^2\, dx + 3\omega^2\, dy\, dx^2 - \omega^3\, dx^3 = 0.$$

Or cette équation est un cube parfait ; donc, pour la surface dont il s'agit, les trois caractéristiques coïncident et se confondent en une seule courbe, qui a pour une de ses équations,

$$dy - \omega dx = 0,$$

ou, substituant pour ω la quantité $\dfrac{-s + \sqrt{s^2 - rt}}{t}$ qu'elle représente,

(E) $\qquad\qquad rdx^2 + 2sdxdy + tdy^2 = 0.$

Au moyen de cette équation, et chassant de (A) les quantités u, u', u'', v, on trouve, pour la seconde équation de la caractéristique,

(F) $\qquad\qquad drdx^2 + 2dsdxdy + dtdy^2 = 0.$

Des deux équations (E), (F) de la caractéristique, la seconde est la différentielle de la première prise en regardant $\dfrac{dy}{dx}$ comme constante ; la quantité $\dfrac{dy}{dx}$, ou sa valeur

$$\frac{-s + \sqrt{s^2 - rt}}{t},$$

que, pour abréger, nous continuerons de représenter par α, est donc constante dans toute l'étendue de la même caractéristique. Ainsi, pour cette courbe, à la place des deux équations (E), (F), on peut employer l'équation (E) et la suivante

$$dy = \alpha dx,$$

qui remplacera l'intégrale de (F), et dans laquelle α tiendra lieu d'une constante introduite par intégration. Mais l'équation (E) peut être mise sous la forme

$$dpdx + dqdy = 0,$$

ou

$$dp + \alpha dq = 0 ;$$

de plus, chassant dy de $dz = pdx + qdy$, on a

$$dz - (p + \alpha q) dx = 0.$$

Donc, pour la caractéristique, on a aux différences ordinaires les trois équations suivantes, dont deux comportent la troisième

$$dp + \alpha dq = 0,$$
$$dy - \alpha dx = 0,$$
$$dz - (p + \alpha q)\, dx = 0.$$

Les intégrales de ces trois équations, prises en regardant comme constante la quantité α qui ne varie pas dans la même caractéristique, seront complétées chacune par une arbitraire qui sera aussi constante pour la même caractéristique, et qui sera, par conséquent, une fonction arbitraire de α. Ainsi, en faisant, pour abréger,

$$\frac{-s + \sqrt{s^2 - rt}}{t} = \alpha,$$

les trois intégrales de l'équation (A) seront

$$p + \alpha q = \varphi\alpha,$$
$$y - \alpha x = \psi\alpha,$$
$$z - (p + \alpha q)\, x = \pi\alpha.$$

Enfin, en opérant sur ces trois équations comme nous avons fait dans les articles III et IV, on trouve les trois intégrales secondes et l'intégrale finie.

XI.

Trois courbes à double courbure étant données dans l'espace, trouver l'équation de la surface engendrée par le mouvement d'une droite constamment appuyée sur ces trois courbes.

Les équations intégrales de la surface

$$z - x\varphi\alpha = \pi\alpha$$
$$y - \alpha x = \psi\alpha$$

devant avoir lieu en même temps que celle de chacune des trois courbes données, il s'ensuit que si entre ces deux équations et celles de la première courbe on élimine x, y, z, on aura en z, φz, ψz, πz, une première équation ; opérant de même sur les deux autres courbes, on aura deux autres équations en z, φz, ψz, πz ; tirant de ces trois équations les valeurs de φ, ψ, π, les formes de chacune de ces fonctions seront déterminées. Mais, sans effectuer cette dernière opération qui suppose la résolution des équations, si entre ces trois équations et les deux équations intégrales on élimine les quatre quantités z, φz, ψz et πz, on aura en x, y, z, l'équation de la surface demandée.

<hr>

§ XXII.

DE LA SURFACE COURBE QUI ENVELOPPE UNE SUITE DE SPHÈRES VARIABLES DE RAYON, ET DONT LES CENTRES SONT DISTRIBUÉS SUR UNE COURBE QUELCONQUE.

<hr>

I.

En considérant une quelconque des sphères enveloppées, il est facile de reconnaître que, pour cette sphère, le rayon et les trois coordonnées du centre seront constants ; mais si l'on passe de cette première sphère à une autre, c'est-à-dire si l'on suppose que le rayon varie, la position du centre, et par conséquent les trois coordonnées qui déterminent sa position, varient aussi. Il suit de là que de ces quatre quantités, si une seule est constante ou variable, les trois autres sont de même constantes ou variables : ainsi trois d'entre elles sont des fonctions différentes de la quatrième. La forme de ces fonctions dépend de la nature de la courbe sur laquelle le centre doit être placé, et de la relation établie entre le rayon et la position du centre; et si l'on veut obtenir des résultats qui soient indépendants de cette relation et de la nature de la courbe, ces fonctions doivent être regardées comme arbitraires. Donc, en nommant a le rayon de la sphère, les coordonnées du centre seront φa, ψa, πa, et l'équation de la surface de cette sphère sera

$$(A) \qquad (x - \varphi a)^2 + (y - \psi a)^2 + (z - \pi a)^2 = a^2;$$

l'enveloppe devant toucher deux sphères consécutives, les points de la surface de la sphère qui appartiendront aussi à l'enveloppe seront ceux qui ne changeront pas lorsque la sphère changera, c'est-à-dire lorsque le rayon a et les trois fonctions φ, ψ, π, qui en dépendent, éprouveront une variation. Donc, si l'on différentie l'équation de la sphère en regardant a comme seule variable, ce qui donnera

$$(B) \qquad (x - \varphi)\,\varphi' + (y - \psi)\,\psi' + (z - \pi)\,\pi' = -a,$$

on aura une équation qui appartiendra à la ligne de contact de la sphère avec l'enveloppe, quelle que soit a, c'est-à-dire quelle que soit la sphère que l'on considère. Donc le résultat de l'élimination de l'indéterminée a entre ces deux équations donnera en x, y, z, l'équation finie de l'enveloppe demandée, et cette équation contiendra les trois fonctions arbitraires φ, ψ, π.

II.

La normale menée par un point quelconque de l'enveloppe, étant aussi perpendiculaire à la surface de la sphère qui touche l'enveloppe au même point, passe par le centre de la sphère. Or, en faisant, pour abréger,

$$1 + p^2 + q^2 = k^2,$$

les cosinus des angles que la normale fait avec les trois coordonnées x, y, z sont respectivement

$$\frac{-p}{k}; \qquad \frac{-q}{k}; \qquad \frac{1}{k}$$

Donc il sera facile d'avoir les rapports du rayon de la sphère avec les parties qui lui correspondent sur chacune de ces coordonnées, rapports qui sont exprimés par les trois équations suivantes :

(C) $\qquad\qquad (x - \varphi) k + \alpha p = 0,$

(D) $\qquad\qquad (y - \psi) k + \alpha q = 0,$

(E) $\qquad\qquad (z - \pi) k - \alpha = 0,$

Ces trois équations, combinées deux à deux (ce qui peut se faire de trois manières différentes), donneront, par l'élimination de l'indéterminée α, les trois équations aux différences premières de l'enveloppe demandée, et dont chacune ne renfermera plus que deux fonctions arbitraires ; mais l'élimination ne pouvant s'exécuter tant que les formes des fonctions ne sont pas déterminées, il s'ensuit que ces trois différentielles premières sont représentées chacune par le système de deux équations entre lesquelles il faut éliminer l'indéterminée α.

On arriverait facilement à ce résultat par les différentiations de l'équation (A), prises en regardant d'abord x, puis y, comme seules variables, et en traitant z comme constante dans les deux opérations ; ce qui est permis dans l'équation (B), et éliminant ensuite entre (A) et les deux différentielles une des trois fonctions arbitraires φ, ψ, π.

III.

Les normales à la surface, menées par deux points consécutifs de la ligne de contact avec la même sphère, passent par le centre :

donc le rayon de la sphère, que nous avons jusqu'ici représenté par φ, est un des deux rayons de courbure de la surface enveloppée. Or nous avons vu (§ XV) que l'expression du rayon de courbure est la valeur de R tirée de l'équation

$$(d) \quad k^2 + k\mathrm{R}\left[(1+q^2)r - 2pqs + (1+p^2)t\right] + (rt - s^2)\mathrm{R}^2 = 0.$$

Donc, si dans les trois équations (C), (D), (E) on substitue pour φ cette valeur de R, les trois nouvelles équations

$$(F) \qquad (x - \varphi\mathrm{R})k + p\mathrm{R} = 0,$$
$$(G) \qquad (y - \psi\mathrm{R})k + q\mathrm{R} = 0,$$
$$(H) \qquad (z - \varpi\mathrm{R})k - \mathrm{R} = 0$$

seront, aux différences secondes, celles de la surface demandée. Chacune de ces équations contient encore une fonction arbitraire, et exprime seule toutes les surfaces soumises à la même génération.

IV.

Toutes les normales à la surface menées par les points de sa ligne de contact avec la même sphère, passant par le centre de cette sphère, il s'ensuit, 1° que cette ligne de contact est une des lignes de courbure de la surface enveloppe; 2° que, pour toute une ligne de courbure, le rayon de courbure est constant. Or nous avons vu (§ XV) que l'équation de la ligne de courbure est

$$(e) \quad \frac{dy^2}{dx^2}\left[(1+q^2)s - pqt\right] + \frac{dy}{dx}\left[(1+q^2)r - (1+p^2)t\right] - \left[(1+p^2)s - pqr\right] = 0.$$

Donc, en posant cette dernière équation, on doit avoir

$$d\mathrm{R} = 0.$$

Si donc on représente par ϖ la valeur de $\dfrac{dy}{dx}$ tirée de l'équation (e), il faut qu'on ait en même temps

$$\frac{dy}{dx} = \omega \quad \text{et} \quad \left(\frac{d\mathrm{R}}{dx}\right) dx + \left(\frac{d\mathrm{R}}{dy}\right) dy = 0,$$

quelle que soit la valeur de $\frac{dy}{dx}$: donc, éliminant ce rapport, l'équation aux différences partielles du troisième ordre de la surface demandée pourra être mise sous la forme abrégée

$$(\mathrm{I}) \qquad \left(\frac{d\mathrm{R}}{dx}\right) + \omega \left(\frac{d\mathrm{R}}{dy}\right) = 0,$$

qu'on obtiendrait également en différentiant chacune des équations (F), (G), (H), de manière à faire disparaître la fonction arbitraire qu'elle renferme. Enfin, développant cette équation, et faisant, pour abréger,

$$(1 + p^2) k + \mathrm{R}r = \mathrm{A} \qquad (1 + q^2) r - 2pqs + (1 + p^2) t = \mathrm{M}$$
$$pqk + \mathrm{R}s = \mathrm{B} \qquad\qquad\qquad rt - s^2 = \mathrm{N}$$
$$(1 + q^2) k + \mathrm{R}t = \mathrm{C}$$

ce qui donne, en vertu de (d),

$$\mathrm{AC} - \mathrm{B}^2 = 0,$$

on aura, pour la surface demandée, l'équation linéaire aux différences troisièmes

$$(\mathrm{J}) \left\{ \begin{aligned} &\mathrm{C}u + (\mathrm{C}\omega - 2\mathrm{B}) u + (\mathrm{A} - 2\mathrm{B}\omega)\omega\mathrm{A}\omega + 2k\mathrm{N}(p + \omega q) \\ &\qquad + \left(\frac{4k^2}{\mathrm{R}} + \mathrm{M}\right)\left[\left(\frac{dk}{dx}\right) + \omega\left(\frac{dk}{dy}\right)\right] \end{aligned} \right\} = 0.$$

V.

Étant donnée l'équation linéaire aux troisièmes différences que l'on vient de trouver, si l'on se propose de déterminer la caractéristique de la surface à laquelle elle appartient, en opérant comme on l'a vu dans le paragraphe précédent, on trouve pour équation de cette courbe,

$$(K) \quad Cdy^3 + (2B - C\omega)dy^2 dx + (A - 2B\omega)dy\,dx^2 - A\omega dx^3 = 0,$$

qui est évidemment composée de deux facteurs, et donne les deux équations suivantes :

$$(L) \qquad dy - \omega dx = 0,$$

$$(M) \qquad Cdy^2 + 2Bdxdy + Adx^2 = 0.$$

Le premier de ces facteurs n'étant autre chose que l'équation (c) ci-dessus, il s'ensuit qu'une des caractéristiques, si toutefois elles sont différentes entre elles, est une des lignes de la courbure de la surface. Le second facteur, parce que l'on a $AC = B^2$, est un carré parfait dont les deux racines égales peuvent être exprimées indifféremment par l'une des deux équations suivantes :

$$Adx + Bdy = 0,$$
$$Bdx + Cdy = 0,$$

qui, en remettant pour A, B, C, leurs valeurs, deviennent

$$(N) \qquad k(dx + pdz) + Rdp = 0,$$

$$(O) \qquad k(dy + qdz) + Rdq = 0,$$

et, par l'élimination de R, donnent

$$dq(dx + pdz) - dp(dy + qdz) = 0.$$

Or, si l'on développe cette dernière équation, qui tient lieu de chacun des deux facteurs égaux de l'équation (M), on retrouve encore l'équation (c) ; ce qui est facile à vérifier. Donc les trois facteurs de l'équation de la caractéristique appartiennent à la même courbe. Ainsi, pour chacun de ses points, la surface que nous considérons n'a qu'une seule caractéristique, qui est une de ses deux lignes de courbure, et dont l'équation peut indifféremment être mise sous l'une des trois formes (L), (N), (O). Il suit aussi de là que les trois fonctions arbitraires qui compléteront l'intégrale complète de la proposée seront composées d'une même quantité.

VI.

La caractéristique devant se trouver sur la surface, elle sera exprimée par l'équation de la surface et par une quelconque des trois équations (L), (N), (O). Posons d'abord que ce soit par l'équation (L), et prenons la proposée sous la forme (I), les deux équations de la caractéristique seront donc

$$\left(\frac{d\mathrm{R}}{dx}\right) + \omega\left(\frac{d\mathrm{R}}{dy}\right) = 0,$$
$$dy - \omega dx = 0,$$

qui, par l'élimination de ω, donnent

$$\left(\frac{d\mathrm{R}}{dx}\right) dx + \left(\frac{d\mathrm{R}}{dy}\right) dy = 0 \text{ ou } d\mathrm{R} = 0;$$

d'où il faut conclure que, dans la surface que nous considérons, pour une des lignes de courbure, le rayon de cette courbure est constant. Actuellement, si des deux équations (N), (O), et de $dz = pdx + qdy$, qui appartiennent toutes trois à la caractéristique, on tire les valeurs de dx, dy, dz, ce qui donne

$$dx + \mathrm{R}d\frac{p}{k} = 0, \quad dy + \mathrm{R}d\frac{q}{k} = 0, \quad dz - \mathrm{R}d\frac{1}{k} = 0,$$

les équations de la caractéristique seront indifféremment l'un des trois systèmes suivants de deux équations

$$d\mathrm{R} = 0, \qquad\qquad d\mathrm{R} = 0, \qquad\qquad d\mathrm{R} = 0,$$
$$dx + \mathrm{R}d\frac{p}{k} = 0, \quad dy + \mathrm{R}d\frac{q}{k} = 0, \quad dz - \mathrm{R}d\frac{1}{k} = 0.$$

Or, dans chacun de ces systèmes, en vertu de la première équation, la seconde est une différentielle complète : donc l'intégrale première de la proposée est indifféremment l'une des trois équations

$$x + R\frac{p}{k} = \varphi R,$$

$$y + R\frac{q}{k} = \psi R,$$

$$z - R\frac{1}{k} = \pi R.$$

Si, à la place de R, on substitue sa valeur tirée de l'équation (d), il est évident que chacune de ces trois intégrales sera aux différences partielles secondes, et complétée par une fonction arbitraire particulière.

VII.

Les trois intégrales premières que nous venons de trouver ne contiennent de différences secondes que celles qui entrent dans la valeur de R ; donc, si en combinant ces équations deux à deux, ce qui peut se faire de trois manières différentes, on élimine entre elles la quantité R, les trois résultats, qui ne contiendront plus que des différences premières, et dont chacun renfermera deux fonctions arbitraires, seront les trois intégrales secondes ; mais, la quantité R devant être éliminée, sa valeur est indifférente, et à sa place on peut mettre une indéterminée quelconque α. De plus, cette quantité se trouvant sous les fonctions arbitraires, l'élimination dont il s'agit ne peut être qu'indiquée : donc les trois intégrales secondes de la proposée sont les résultats de l'élimination de α entre deux quelconques des trois équations suivantes :

$$(x - \varphi\alpha)\,k = -\,\alpha p,$$
$$(y - \psi\alpha)\,k = -\,\alpha q,$$
$$(z - \pi\alpha)\,k = \alpha.$$

VIII.

Enfin, éliminant p et q entre les trois équations précédentes et $dz = pdx + qdy$, on aura deux équations délivrées de toutes différences partielles, et qu'on peut obtenir facilement de la manière suivante. Carrant les trois équations et ajoutant, on a d'abord

$$(x - \varphi\alpha)^2 + (y - \psi\alpha)^2 + (z - \pi\alpha)^2 = \alpha^2;$$

puis multipliant la première par dx, la seconde par dy, ajoutant et chassant k au moyen de la troisième, on trouve

$$(x - \varphi\alpha)\,dx + (y - \psi\alpha)\,dy + (z - \pi\alpha)\,dz = 0.$$

Or cette dernière équation étant la différentielle de la précédente, prise en regardant α comme constante, ne peut avoir lieu conjointement avec la précédente, à moins que la différentielle de celle-ci, prise en regardant α comme seule variable, n'ait lieu. Donc, à la place de ces deux équations, on aura les deux suivantes :

$$(x - \varphi\alpha)^2 + (y - \psi\alpha)^2 + (z - \pi\alpha)^2 = \alpha^2,$$
$$(x - \varphi)\,\varphi' + (y - \psi)\,\psi' + (z - \pi)\,\pi' = -\alpha,$$

qui, étant délivrées de toutes différentielles, et comprenant trois fonctions arbitraires, seront l'intégrale complète de la proposée.

---

§ XXIII.

DE LA SURFACE COURBE DONT TOUTES LES NORMALES SONT TANGENTES
À LA SURFACE D'UNE MÊME SPHÈRE.

Génération de la surface.

Si, considérant les normales d'une surface courbe en général, on se propose de passer d'une quelconque de ces normales à une autre infiniment voisine, et qui soit dans le même plan que la première, on sait, par les propriétés des lignes de courbure, que ce passage peut toujours se faire de deux manières différentes, ce qui détermine deux nouvelles normales, et que les deux plans menés par la première normale et les deux autres sont rectangulaires entre eux.

Concevons la surface qui est touchée par toutes les normales, surface qui n'est autre chose que l'enveloppe ou la limite de l'espace qu'elles occupent toutes ; puis considérons une normale quelconque, avec les deux autres normales infiniment voisines de la première, et dont chacune est dans un même plan avec elle : cela posé, si la première normale et une des deux autres ne se rencontrent pas dans un des points de la surface touchée, le plan déterminé par les deux normales sera tangent à cette dernière surface, puisqu'il passera par deux tangentes infiniment voisines, et le second plan déterminé par la troisième normale sera perpendiculaire à la surface touchée dans le point de contact de cette surface avec le premier plan.

Il suit de là, 1° que la première et la troisième normale seront les tangentes consécutives d'une même courbe tracée sur la surface touchée ; 2° que ces deux droites se rencontreront en un des points de cette surface, qui sera, par conséquent, le lieu des centres d'une des courbures de la surface proposée ; 3° que la courbe touchée par la suite des normales qui se coupent ainsi consécutivement sera le lieu des centres de courbure des points de la surface qui sont sur une même ligne de courbure ; 4° que tous les plans osculateurs de cette courbe seront normaux à la surface des centres ; que, par conséquent, cette courbe sera, sur la surface des centres, la plus courte que l'on puisse mener entre ses extrémités ; 5° enfin, que la ligne de courbure dont elle contient les centres sera sa développante ; en sorte que la partie de la normale comprise entre la surface proposée et celle des centres sera égale à l'arc rectifié de cette courbe.

Passant au cas particulier, qui est l'objet que nous traitons, et pour lequel la surface touchée par toutes les normales est celle d'une sphère, on voit que la surface de la sphère est le lieu des centres d'une des courbures de la surface proposée ; que la courbe touchée par la suite des normales qui se coupent successivement sur la sphère, étant la ligne la plus courte sur cette surface, est la circonférence d'un grand cercle ; que, sur la proposée, la ligne de courbure, dont la circonférence de ce cercle contient les centres, est une courbe plane, et que cette courbe est la spirale développante de ce grand cercle.

Actuellement, soient sur la surface proposée deux de ces lignes de courbure consécutives : comme leurs plans passent tous deux par le centre de la sphère, ils se couperont en une droite qui passera aussi par le centre. De plus, si, sur la zone comprise entre ces deux plans, on conçoit les éléments de toutes les lignes de l'autre courbure, ces éléments, qui doivent être perpendiculaires aux lignes de la première courbure, seront perpendiculaires à leurs plans. Donc la zone pourra être regardée comme un fuseau infiniment étroit de la surface de révolution engendrée par le mouvement de la première des lignes de courbure autour de la droite d'intersection des deux plans, et cet axe momentané de révolution sera le lieu des centres de l'autre courbure pour tous les points de la zone à laquelle il correspond.

Si donc on conçoit la suite de toutes les courbes planes de la première courbure, leurs plans se couperont consécutivement dans des droites qui passeront toutes par le centre de la sphère ; ces droites seront, par conséquent, sur une surface conique dont le sommet sera au centre de la sphère, et à laquelle tous les plans des lignes de première courbure seront tangents. Donc, si l'un de ces plans roule autour de la surface conique, à chaque instant du mouvement il tournera autour de la droite de son intersection avec le plan suivant, et la ligne de courbure qu'il contient coïncidera successivement avec toutes les autres. De là se déduit la génération suivante.

Après avoir tracé sur un plan, 1° un cercle d'un rayon égal à celui de la sphère ; 2° une spirale développante de ce cercle, et après avoir mis ce plan en contact avec une surface conique à base quelconque, de manière que le centre du cercle soit au sommet du cône, si l'on conçoit que le plan roule autour de la surface conique, le centre du cercle ne quittera pas le sommet du cône ; la circonférence engendrera la surface de la sphère dont le centre sera au sommet du cône, et la spirale engendrera la surface proposée. En effet, cette surface n'aura aucune normale qui ne soit aussi normale à la spirale génératrice dans le plan de laquelle elle se trouve, qui ne soit, par conséquent, tangente au cercle dont cette spirale est la développante, et qui ne soit enfin tangente à la surface de la sphère dont ce cercle est générateur.

La proposée n'a aucune normale par laquelle ne passe le plan générateur dans un instant de son mouvement ; or, pendant tout le mouvement, ce plan ne cesse d'être tangent à la surface conique : donc il n'y a aucune normale qui ne touche la surface conique, surface qui est le lieu des centres de la seconde courbure, comme celle de la sphère est celui des centres de la première.

La courbe que parcourt chaque point de la spirale génératrice est constamment perpendiculaire à cette spirale, elle est donc une ligne de l'autre courbure ; mais le point décrivant ne change pas de distance au sommet du cône : donc chaque ligne de la seconde courbure est sur la surface d'une sphère dont le centre est au sommet du cône, et dont le rayon, constant pour chacune d'elles en particulier, est variable de l'une à l'autre.

Des arêtes de rebroussement de la surface.

La spirale développante du cercle a, comme on sait, un point de rebroussement placé sur la circonférence du cercle développé ; ce point peut être considéré comme l'origine du développement, et la courbe, par rapport à lui, s'étend de part et d'autre d'une manière symétrique. Lors donc que le plan de la spirale roule autour de la surface conique, il est évident que ce point doit engendrer une arête de rebroussement, et que cette arête est tout entière sur la surface de la sphère touchée par toutes les normales. Ainsi, toutes les nappes de la surface ne peuvent se prolonger vers le centre que jusqu'à ce qu'elles rencontrent la surface de la sphère dans l'arête de rebroussement ; là elles se réfléchissent, en sorte qu'aucune d'elles ne pénètre dans l'intérieur de la sphère. La surface de la sphère étant le lieu des centres d'une des courbures de la surface engendrée, il s'ensuit que, pour tous les points de cette première arête de rebroussement, un des rayons de courbure de la surface est nul.

Indépendamment de cette première arête de rebroussement, la surface en a encore une autre.

En effet, si l'on considère la génératrice dans deux positions consécutives, les deux plans qui conviennent à ces deux positions se coupent dans une droite qui se trouve sur la surface conique, à laquelle ils sont tous deux tangents, et les deux courbes se coupent en un point de cette droite, point qui est, par conséquent, sur la surface conique. Le lieu de tous les points déterminés de cette manière sur la surface conique est une courbe perpétuellement touchée par la génératrice dans tous les instants de son mouvement ; et il est évident qu'elle est une arête de rebroussement, car chaque partie de la génératrice s'approche d'abord de la surface conique jusqu'à ce qu'elle l'ait touchée dans cette courbe à laquelle elle est elle-même tangente; puis, par le progrès de la rotation du plan, elle s'en écarte de nouveau sans pénétrer dans l'espace vers lequel la surface conique tourne sa concavité, espace qui, comme celui de la sphère, est interdit à la surface engendrée. La surface conique étant le lieu des centres de la seconde courbure de la surface engendrée, il s'ensuit que, pour tous les points de cette seconde arête de rebroussement, le rayon de la seconde courbure est nul.

Des deux arêtes de rebroussement que nous venons de considérer, la première, c'est-à-dire celle qui se trouve sur la surface de la sphère, est indépendante de la génération; elle n'existe que parce que la génératrice elle-même a un point de rebroussement. Pour toute autre génératrice qui n'aurait pas de point de rebroussement, la surface engendrée n'aurait pas cette arête. Mais la seconde arête de rebroussement, celle qui se trouve sur la surface conique, est inhérente à la génération; car il est évident que, la génération restant la même, si la génératrice changeait de nature, l'arête changerait de position sur la surface conique, sans cesser d'être arête de rebroussement.

Cependant, lorsque la génératrice ne s'étend pas à l'infini dans son plan, cette seconde arête peut devenir imaginaire pour une certaine partie de l'étendue de la surface, et même, dans un cas particulier, elle peut devenir entièrement imaginaire, ou bien elle peut se réduire à un point unique, qui est alors un point de *striction* de la surface (c'est ainsi qu'on peut appeler le point par lequel une nappe de surface passe tout entière pour se convertir en une autre). Ce cas particulier a lieu lorsque la surface conique autour de laquelle roule le plan générateur se réduit à une ligne droite; alors la surface engendrée est de révolution autour de cette droite, comme axe. Dans ce cas, si la génératrice est tout entière d'un côté de l'axe, l'arête de rebroussement est entièrement imaginaire, et si la génératrice coupe l'axe sous un angle oblique, le point de cette intersection est un point de *striction*. Tel est le sommet d'une surface conique.

De la ligne des courbures égales et de même signe de la surface.

Nous avons vu que la surface n'a aucune normale qui ne touche en même temps, et la surface sphérique, et la surface conique; que ces deux points de contact sont les centres des deux courbures du point de la surface auquel appartient la normale, et que la distance entre ces deux points est la différence des deux rayons de courbure.

Actuellement, considérons une normale quelconque, et concevons que le plan générateur qui passe par cette normale étant fixe, elle se meuve dans ce plan, sans cesser d'être normale, jusqu'à ce que le point de son contact avec le cercle qu'elle touche sans cesse soit le même que celui du contact de ce même cercle avec la surface conique. Dans cette position, la normale touchera la sphère et la surface conique dans le même point : les centres des deux courbures du point de la surface auquel elle appartient alors, seront donc confondus, et les deux courbures de la surface en ce point seront égales entre elles et dans le même sens. Or cette normale, qui touche dans le même point les deux surfaces des centres de courbure, touche aussi dans ce point la courbe qui est l'intersection de ces deux surfaces : de plus, ce que nous venons de dire pour cette normale aurait également lieu pour toute autre qui serait tangente à l'intersection de ces deux surfaces des centres; donc, si l'on conçoit qu'une droite se meuve sans cesser d'être tangente à l'intersection de la surface conique et de la sphère, cette droite tracera sur la surface engendrée une courbe pour chacun des points de laquelle les deux rayons de courbure de la surface seront égaux entre eux. C'est cette courbe qu'on peut appeler *la ligne des courbures égales et de même signe*. Mais la tangente, dans son mouvement, est partout normale à la surface engendrée, et, par conséquent, normale à la courbe qu'elle trace sur cette surface : donc la ligne des courbures égales et de même signe est la développante de l'intersection des deux surfaces des centres.

Du sommet de la surface.

Il est facile d'apercevoir que la ligne des courbures égales, après avoir coupé obliquement toutes les lignes de l'une et de l'autre courbure, vient enfin rencontrer sa développée en un point qui est pour elle un point de rebroussement. Ce point, qui est sur la surface engendrée, puisqu'il est sur la ligne des courbures égales, est aussi sur les deux surfaces des centres, puisqu'il est sur leur intersection : donc, pour ce point, les rayons de courbure de la surface sont non-seulement égaux entre eux, mais ils sont encore tous deux nuls. Ce même point de la surface engendrée, en tant qu'il est sur la surface de la sphère, doit être sur la première arête de rebroussement ; en tant qu'il est sur la surface conique, il doit être sur la seconde arête de rebroussement ; il est aussi sur la ligne des courbures égales : donc, c'est par ce point que passent les trois lignes les plus remarquables de la surface ; savoir : ses deux arêtes de rebroussement, et sa ligne des courbures égales.

De plus, ce point est un point de rebroussement de la première arête de rebroussement ; car, dans le mouvement du plan générateur, le point de rebroussement de la spirale qui engendre cette arête s'approche d'abord de la surface conique, la rencontre perpendiculairement, et se réfléchit ensuite suivant la direction contraire. Il est aussi le point de rebroussement de la seconde arête de rebroussement ; car cette seconde arête n'est autre chose que la spirale génératrice pliée sur la surface conique ; et le point que nous considérons est le point de rebroussement de cette spirale. Nous avons vu que ce point est aussi le point de rebroussement de la ligne des courbures égales ; donc il est le point de rebroussement commun aux trois lignes principales de la surface.

Il suit de là que ce point est un véritable sommet de la surface ; non pas dans le sens qu'on a coutume de donner à ce mot pour une surface conique qui n'a qu'un point de striction au delà duquel se reproduit une autre nappe de la surface égale et semblable à la première, mais dans le sens que ce sommet est une pointe au delà de laquelle la surface devient imaginaire.

Jusqu'ici nous avons parlé de ce sommet comme s'il existait seul de son espèce sur la surface ; cela n'est ainsi que dans le cas particulier où la circonférence du grand cercle de la sphère est multiple de celle de l'intersection des deux surfaces des centres : dans tout autre cas, il peut se trouver plusieurs sommets semblables ; et même le nombre de ces sommets devient infini, lorsque les deux circonférences sont incommensurables.

Comme ce sommet est le point le plus remarquable de la surface, nous le prendrons pour origine dans les développements que nous allons exécuter.

De la génération de la surface par un point susceptible de deux mouvements différents.

Concevons une droite tangente à l'intersection des deux surfaces des centres, et dont le point de contact avec cette courbe soit le sommet même de la surface engendrée ; puis supposons que la droite roule sur cette courbe sans cesser de lui être tangente. Cela posé, si l'on considère sur cette droite, comme point décrivant, celui qui d'abord était confondu avec le sommet de la surface, nous avons vu que ce point parcourra la ligne des courbures égales ; et parce que cette ligne traverse obliquement toutes les lignes de l'une et de l'autre courbure, il s'ensuit qu'il n'y a aucune spirale génératrice sur laquelle le point décrivant ne puisse parvenir, et dans le plan de laquelle la droite mobile ne se trouve alors. Dans cette position, la droite touchera au même point, et la courbe sur laquelle elle a roulé, et le cercle qui est dans le plan de la spirale. Si donc on conçoit qu'elle roule désormais sur la circonférence de ce cercle sans cesser de lui être tangente, il n'y a aucun point sur la spirale génératrice avec lequel le point décrivant ne puisse se confondre : donc il n'y a aucun point de la surface engendrée sur lequel le point décrivant ne puisse se transporter en vertu de ses deux mouvements ; donc ce point est générateur de la surface.

De l'équation de la surface en quantités finies.

D'après la génération que nous venons d'exposer, si l'on considère une normale quelconque et le plan de la spirale qui la contient, il est évident qu'en nommant L l'arc de l'intersection des deux surfaces des centres, étendu depuis le sommet de la surface engendrée jusqu'à son contact avec le plan de la spirale; M l'arc du grand cercle de la sphère, étendu depuis son contact avec la courbe précédente jusqu'à son contact avec la normale ; et N la partie de la normale comprise entre la surface engendrée et son point de contact avec la sphère, on aura

$$L = M + N.$$

Il ne s'agit donc, pour avoir l'équation de la surface, que de trouver les expressions de ces trois quantités.

Or la partie de la normale que nous représentons par N forme, avec le rayon vecteur et le rayon de la sphère, un triangle rectangle ; donc, si ce rayon est exprimé par a, on aura

$$N = \sqrt{x^2 + y^2 + z^2 - a^2}.$$

Pour trouver la quantité L, soit

$$\alpha x + y \varphi \alpha + z = 0$$

l'équation du plan de la spirale, dans laquelle α est la quantité qui détermine la position du plan, et où la fonction φ, qui dépend de la nature de la surface conique, est, par conséquent, arbitraire; si on la différentie en regardant α comme seule variable, l'équation

$$x + y \varphi' = 0,$$

que l'on obtiendra, appartiendra à la droite de contact du plan de la spirale avec la surface conique; et l'équation de cette surface sera le résultat de l'élimination de α entre les deux équations précédentes. L'équation de la sphère étant

$$x^2 + y^2 + z^2 = a^2,$$

il s'ensuit que ces trois équations, après l'élimination de α, exprimeront l'intersection des deux surfaces des centres de courbure.

C'est donc dans ces équations qu'il faut prendre les valeurs de dx, dy, dz, pour les substituer dans la quantité

$$L = \int \sqrt{dx^2 + dy^2 + dz^2}.$$

Or, si de ces trois équations on tire les valeurs de x, y, z, en faisant, pour abréger,

$$1 + \varphi'^2 + (\varphi - \alpha \varphi')^2 = G^2,$$

on trouve

$$G x = a \varphi',$$
$$G y = - a,$$
$$G z = a (\varphi - \alpha \varphi').$$

Différentiant et faisant encore, pour abréger,

$$1 + \alpha^2 + \varphi^2 = h^2,$$

on a

$$G^2 dx = a\varphi'' d\alpha \left[h^2 - \alpha (\alpha + \varphi\varphi') \right],$$
$$G^2 dy = a\varphi'' d\alpha \left[h^2 \varphi' - \varphi (\alpha + \varphi\varphi') \right],$$
$$G^2 dz = a\varphi'' d\alpha \left[- (\alpha + \varphi\varphi') \right].$$

Carrant et ajoutant, on trouve, réduction faite,

$$G^2 (dx^2 + dy^2 + dz^2) = a^2 h^2 \varphi''^2 d\alpha^2.$$

Donc, en substituant dans la valeur de L, on aura

$$L = a \int \frac{\varphi'' d\alpha \sqrt{1 + \alpha^2 + \varphi^2}}{1 + \varphi'^2 + (\varphi - \alpha\varphi')^2}.$$

Quant à la troisième quantité M, il est évident qu'elle est égale à l'arc du grand cercle de la sphère compris entre les droites menées du centre aux deux points de contact de la normale avec les deux surfaces de la sphère et du cône.

Soient x', y', z' les coordonnées du point de contact de la normale avec la sphère, et x'', y'', z'' celles du point de contact de la même droite avec la surface conique; ces deux points de contact et le centre étant les sommets des trois angles d'un triangle rectangle, il est clair que l'on aura

$$M = a \cdot \mathrm{arc} \left[\cos = \frac{a}{\sqrt{x''^2 + y''^2 + f^2}} \right];$$

valeur dans laquelle il faut substituer celles de x'', y'', z''. Or, entre ces trois coordonnées, on a les trois équations suivantes :

$$\alpha x'' + \varphi y'' + z'' = 0,$$
$$x'' + \varphi' y'' = 0,$$
$$x' x'' + y' y'' + z' z'' = a^2,$$

dont les deux premières expriment que le point est sur la droite de contact du plan de la spirale avec la surface conique, et dont la troisième énonce qu'il est sur le plan tangent à la sphère dans le point dont les coordonnées sont x', y', z'.

Donc, tirant de ces équations les valeurs de x'', y'', z'', ce qui, en faisant, pour abréger,

$$x'\varphi' - y' + z'(\varphi - \alpha\varphi') = \omega',$$

donne

$$\omega' x'' = a^2\varphi',$$
$$\omega' y'' = -a^2,$$
$$\omega' z'' = a^2(\varphi - \alpha\varphi'),$$

on aura

$$(x''^2 + y''^2 + z''^2)\,\omega'^2 = a^4\left[1 + \varphi'^2 + (\varphi - \alpha\varphi')^2\right];$$

et il ne restera plus qu'à trouver les valeurs de x', y', z', pour les substituer dans ω'.

Mais pour le point de contact de la normale avec la surface de la sphère, on a les trois équations suivantes :

$$x'^2 + y'^2 + z'^2 = a^2,$$
$$\alpha x' + \varphi y' + z' = 0,$$
$$xx' + yy' + zz' = a^2,$$

qui expriment, la première, que ce point est sur la surface de la sphère; la seconde, qu'il est dans le plan de la spirale; et la troisième, qu'il est dans le plan tangent à la sphère mené par le point de la surface engendrée. Tirant les valeurs de x', y', z', faisant, pour abréger,

$$x^2 + y^2 + z^2 = n^2,$$
$$1 + \alpha^2 + \varphi^2 = h^2,$$

et observant que le point de la surface étant sur le plan de la spirale, on doit avoir

$$ax + \varphi y + z = 0,$$

on trouve

$$hu^2 x' = ha^2 x + a(y - \varphi z)\sqrt{u^2 - a^2},$$
$$hu^2 y' = ha^2 y - a(x - az)\sqrt{u^2 - a^2},$$
$$hu^2 z' = ha^2 z + a(\varphi x - xy)\sqrt{u^2 - a^2};$$

mettant ces valeurs de x', y', z' dans ω', et faisant encore, pour abréger,

$$x\varphi' - y + z(\varphi - a\varphi') = \omega,$$

on a

$$u^2 \omega' = a^2 \omega + ah(x + y\varphi')\sqrt{u^2 - a^2}.$$

Donc, en substituant cette valeur de ω', on aura

$$\sqrt{x'^2 + y'^2 + z'^2} = \frac{au^2\sqrt{1 + \varphi'^2 + (\varphi - x\varphi')^2}}{a\omega + h(x + y\varphi')\sqrt{u^2 - a^2}};$$

et, par conséquent, la valeur de M sera

$$M = a \cdot \text{arc cos}\left[\frac{a\omega + h(x + y\varphi')\sqrt{u^2 - a^2}}{u^2\sqrt{1 + \varphi'^2 + (\varphi - x\varphi')^2}}\right].$$

Donc enfin, mettant pour L, M et N leurs valeurs dans l'équation L = M + N, on aura

$$a\int \frac{\varphi' dz\sqrt{1 + a^2 + \varphi^2}}{1 + \varphi'^2 + (\varphi - a\varphi')^2} = a \cdot \text{arc cos}\left[\frac{a\omega + h(x + y\varphi')\sqrt{u^2 - a^2}}{u^2\sqrt{1 + \varphi'^2 + (\varphi - x\varphi')^2}}\right] + \sqrt{u^2 - a^2},$$

et parce que le point de la surface engendrée se trouve dans le plan de la spirale, on a d'ailleurs pour lui,

$$ax + y\varphi + z = 0;$$

33.

il s'ensuit que l'équation de la surface engendrée est le résultat de l'élimination de z entre les deux équations précédentes.

Lorsque l'équation d'une surface est représentée par le système de deux autres équations, entre lesquelles il faut éliminer une indéterminée z, aucune de ces deux équations n'est nécessaire individuellement; et il existe une infinité d'autres systèmes d'équations, qui, par l'élimination d'autres indéterminées, produisent la même équation de la surface. Les deux équations que nous venons de trouver, et auxquelles nous avons été conduits directement par la propriété énoncée dans la définition de la surface, ne sont ni aussi simples ni aussi fécondes que celles que nous allons obtenir par une autre considération.

D'une autre manière de trouver l'équation en quantités finies.

Nous avons vu que la surface est engendrée par le mouvement de la spirale dont le centre est au sommet d'un cône, et dont le plan roule sur la surface de ce cône. Cherchons d'abord l'équation de la spirale considérée dans son plan et rapportée, par des coordonnées x et y, à deux axes rectangulaires menés par le centre du cercle.

Si, par un point quelconque de la courbe, on conçoit une normale, elle touchera la circonférence du cercle dont la spirale est la développante en un point; et si l'on représente par x', y' les coordonnées de ce point de contact, l'équation de la normale, en tant qu'elle est tangente au cercle en ce point, sera

$$xx' + yy' = a^2;$$

et parce que le point de la courbe est un de ceux de la normale, cette équation aura aussi lieu pour lui.

Mais les quantités x' et y' sont les sinus et cosinus de l'arc de cercle dont le développement est égal au rayon de courbure de la spirale ; et ce rayon de courbure étant le côté d'un triangle rectangle dont le rayon vecteur est l'hypoténuse, et dont le rayon du cercle est l'autre côté, son expression sera $\sqrt{x^2 + y^2 - a^2}$.

On aura donc

$$x' = \sin\left[-A + \sqrt{x^2 + y^2 - a^2}\right];$$
$$y' = \cos\left[-A + \sqrt{x^2 + y^2 - a^2}\right];$$

équations dans lesquelles A est une constante arbitraire, au moyen de laquelle l'origine du développement du cercle, ou le sommet de la spirale, peut être porté partout où l'on veut.

Si l'on fait, pour abréger, $\sqrt{x^2 + y^2 - a^2} = u$, l'équation de la spirale, considérée dans son plan, sera

$$x \sin(u - A) + y \cos(u - A) = a^2.$$

Cela posé, concevons que la spirale, dans son mouvement, entraîne avec elle la droite sur laquelle nous venons de compter les x ; cette droite engendrera une autre surface conique dont le sommet sera au centre de la sphère, et dont la nature dépendra de la première surface conique que nous avons considérée jusqu'ici, puisqu'elle en sera une développante : en sorte que si l'équation de la première surface conique était donnée, celle de la seconde ne pourrait s'obtenir que par intégration. Mais dans le cas général que nous traitons, la première surface conique était arbitraire; donc, si la seconde est désormais la seule que nous considérions, nous pouvons aussi la regarder comme arbitraire et primitive.

Soit donc $\frac{y}{z} = \Phi\left(\frac{x}{z}\right)$ l'équation de la nouvelle surface conique, dans laquelle la fonction arbitraire Φ n'est pas la même que celle que nous avons précédemment exprimée par φ, et qui en est une dérivée; si l'on fait $x = az$, cette équation sera le résultat de l'élimination de z entre les deux suivantes :

$$x = az, \quad y = \Phi az.$$

Actuellement, si, d'un point quelconque de la surface engendrée, on abaisse une perpendiculaire sur la surface conique, cette perpendiculaire sera la quantité que, dans l'équation de la spirale, nous avons appelée y, et nous l'exprimerons désormais par Y; la droite menée du sommet du cône au pied de cette perpendiculaire sera ce que nous avons appelé x, et nous la représenterons désormais par X. De plus, le rayon de courbure qui, dans l'équation de la spirale, était $\sqrt{x^2 + y^2 - a^2}$, est évidemment ici $\sqrt{x^2 + y^2 + z^2 - a^2}$; donc, si l'on fait, pour abréger,

$$x^2 + y^2 + z^2 - a^2 = U^2,$$

l'équation de la surface engendrée sera

$$X \sin(U - A) + Y \cos(U - A) = a^2,$$

dans laquelle il ne s'agit plus que de trouver les valeurs de X et Y.

Pour cela, soient x', y', z' les coordonnées du pied de la perpendiculaire; comme ce point est sur la surface du cône, on aura

$$x' = az', \quad y' = \Phi z';$$

et l'on aura évidemment

$$X^2 = x'^2 + y'^2 + z'^2 = z'^2 (1 + a^2 + \Phi^2),$$
$$Y^2 = (x - x')^2 + (y - y')^2 + (z - z')^2,$$
$$= (x - az')^2 + (y - \Phi z')^2 + (z - z')^2.$$

Mais la perpendiculaire Y étant un *minimum*, sa grandeur ne doit pas varier lorsque son pied varie, soit en vertu de la variation seule de z', soit en vertu de celle de α. Donc, les différentielles de Y prises successivement, en regardant z' et α comme seules variables, doivent être nulles. On aura donc les deux équations

$$(x - \alpha z')\alpha + (y - \Phi z')\Phi + (z - z') = 0,$$

$$(x - \alpha z') + (y - \Phi z')\Phi' = 0,$$

qui, en faisant, pour abréger,

$$\alpha x + \Phi y + z = M,$$

$$1 + \alpha^2 + \Phi^2 = h^2,$$

deviennent

$$z' h^2 = M,$$

et

$$z'(\alpha + \Phi\Phi') = y\Phi' + x.$$

Ces deux équations, par l'élimination de z', donnent d'abord une première équation

$$(A) \qquad h^2 (x + y\Phi') = M(\alpha + \Phi\Phi')$$

à laquelle nous reviendrons.

Substituant pour z' sa valeur dans celles de x' et y', on aura

$$x' h^2 = \alpha M,$$

$$y' h^2 = \Phi M,$$

$$z' h^2 = M,$$

qui, étant carrées pour former la quantité $x'^2 + y'^2 + z'^2 = X^2$, donneront

$$X^2 h^2 = M^2 \quad \text{ou} \quad Xh = M;$$

puis formant les quantités $x - x'$, $y - y'$, $z - z'$, dont la somme des carrés doit être égale à Y^2, on trouvera

$$Yh = \sqrt{h^2(U^2 + a^2) - M^2}.$$

Ainsi, substituant pour X et Y leurs valeurs dans l'équation de la surface, on aura

$$M \sin(U - A) + \sqrt{h^2(U^2 + a^2) - M^2} \cos(U - A) = a^2 h,$$

dans laquelle, indépendamment des coordonnées x, y, z de la surface, entre encore l'indéterminée a : mais nous avons vu que nous avions d'ailleurs l'équation

$$\text{(A)} \qquad\qquad h^2(x + y\Phi') = M(a + \Phi\Phi');$$

donc l'équation de la surface sera le résultat de l'élimination de a entre les deux dernières équations.

Les deux équations que nous venons de trouver, pourraient rester dans l'état où elles sont ; mais si l'on carre la première d'entre elles pour faire disparaître le radical, il est facile de la ramener à la forme suivante :

$$a \sin(U - A) + U \cos(U - A) = \frac{aM}{h},$$

dont la différentielle, prise en regardant comme seule variable la quantité a qui n'entre que dans le second membre, n'est autre chose que l'équation (A) ; donc, si, pour abréger, on fait

$$a \sin(U - A) + U \cos(U - A) - \frac{aM}{h} = N,$$

l'équation de la surface sera le résultat de l'élimination de l'indéterminée a entre les deux équations

$$N = 0,$$

$$\text{(A)} \qquad\qquad \left(\frac{dN}{da}\right) = 0.$$

Avant de quitter cet objet, il convient d'examiner les deux équations que nous venons de trouver, et qui vont nous conduire à une nouvelle génération de la surface.

De ces deux équations, l'une étant la différentielle de l'autre, prise en regardant un certain paramètre z comme seule variable, il suit que la surface engendrée est l'enveloppe ou la limite de l'espace que parcourt une autre surface en vertu de la variation de ce paramètre.

La première de ces équations $N = o$, c'est-à-dire celle de la surface mobile, en regardant z comme constant, appartient à une surface de révolution autour de l'axe, dont les équations sont $x = \alpha z$, $y = \varphi z$; car on sait que l'équation de cette surface de révolution est

$$\frac{\alpha x + \varphi y + z}{\sqrt{1 + \alpha^2 + \varphi^2}} = \psi\,(x^2 + y^2 + z^2),$$

ou, en conservant les abréviations ci-dessus,

$$\frac{M}{h} = \psi U\,;$$

et il est évident que l'équation $N = o$ est de cette forme. De plus, nous n'avons trouvé cette équation qu'en transportant dans le plan du méridien de la surface de révolution, la spirale génératrice. Ainsi, la surface mobile résulte de la révolution de la spirale autour de l'axe, dont les équations sont $x = \alpha z$, $y = \varphi z$.

La seconde équation, c'est-à-dire l'équation (A), ainsi qu'il est facile de le vérifier, est celle d'un plan normal à la surface conique, dont l'équation résulte de l'élimination de z entre les deux suivantes $x = \alpha z$, $y = \varphi z$, ce plan normal devant d'ailleurs passer par le sommet qui est à l'origine : elle est donc celle du méridien dans lequel se coupent deux surfaces de révolution consécutives,

34

lorsque l'axe se meut de manière à parcourir la surface conique. De là suit une nouvelle génération de la surface.

Si, après avoir mené dans le plan d'une spirale développante d'un cercle, et par le centre du cercle, une droite quelconque, on fait tourner la spirale autour de cette droite pour engendrer une surface de révolution, et si ensuite on fait mouvoir cette surface de manière que son axe, sans cesser de passer par le même centre, parcoure une surface conique quelconque, dont le sommet sera, par conséquent, au centre du cercle, l'enveloppe de l'espace que parcourra la surface mobile sera la surface générale, dont toutes les normales seront tangentes à la sphère engendrée par la rotation du cercle dont la spirale est la développante.

Des équations en quantités finies des deux arêtes de rebroussement.

Nous avons vu que la surface engendrée a deux arêtes de rebroussement, dont l'une est sur la surface de la sphère, et dont l'autre est sur la surface conique perpétuellement touchée par le plan de la spirale.

Pour la première de ces courbes, l'équation de la sphère doit avoir lieu, c'est-à-dire que l'on doit avoir U = o. Or, si l'on introduit cette équation dans N = o, c'est-à-dire dans

$$a \sin (U - A) + U \cos (U - A) = \frac{aM}{h}$$

tout le premier membre se réduit à une constante arbitraire, que nous représenterons par B, et l'équation devient

$$Bh = aM.$$

Donc, des deux équations de cette arête de rebroussement, l'une est

$$x^2 + y^2 + z^2 = a^2,$$

et l'autre est le résultat de l'élimination de α entre l'équation

$$B\sqrt{1 + \alpha^2 + \varphi^2} = (\alpha x + \varphi y + z)\,\alpha,$$

et sa différentielle, prise en regardant α comme seule variable.

Quant à la seconde arête de rebroussement, nous avons vu qu'elle est perpétuellement touchée par la spirale, lorsque celle-ci se meut pour engendrer la surface ; donc le point de la spirale dont les coordonnées x, y, z ne changent pas, lorsqu'elle change de position, est un point de l'arête. Or les deux équations de la spirale, considérées dans une position quelconque, sont

$$N = 0,$$
$$\left(\frac{dN}{d\alpha}\right) = 0.$$

Donc, si l'on différentie ces deux équations, en regardant α comme seule variable, ce qui ne produit qu'une nouvelle équation

$$\left(\frac{ddN}{d\alpha^2}\right) = 0,$$

et si l'on suppose que ces trois équations aient lieu à la fois, les quantités x, y, z qu'elles renferment, appartiendront à l'arête de rebroussement ; donc les deux équations de cette courbe sont le résultat de l'élimination de α entre les trois équations

$$N = 0,$$
$$\left(\frac{dN}{d\alpha}\right) = 0,$$
$$\left(\frac{ddN}{d\alpha^2}\right) = 0.$$

De l'équation de la surface en différences partielles.

Puisque les normales de la surface sont toutes tangentes à une même sphère dont le rayon est α, et dont le centre est à l'origine,

34.

il s'ensuit que la perpendiculaire, abaissée de l'origine sur une normale quelconque, est constante et égale a.

Si, les coordonnées du point de la surface étant x, y, z, celles de la normale sont x', y', z', les deux équations de cette droite sont

$$x' = -pz' + x + pz,$$
$$y' = -qz' + y + qz.$$

Or, si les équations d'une droite sont

$$x' = Az' + B,$$
$$y' = Cz' + D,$$

le carré de la distance de l'origine à cette droite est

$$\frac{B^2 + D^2 + (AD - BC)^2}{1 + A^2 + C^2}.$$

De plus, dans le cas présent, on a

$$A = -p,$$
$$C = -q,$$
$$B = x + pz,$$
$$D = y + qz.$$

Donc, mettant ces valeurs dans l'expression du carré de la distance, et l'égalant au carré du rayon, on aura pour équation de la surface

$$(x + pz)^2 + (y + qz)^2 + (qx - py)^2 = a^2 (1 + p^2 + q^2),$$

équation qui, développée, peut être mise sous la forme suivante :

$$(x^2 + y^2 + z^2 - a^2)(1 + p^2 + q^2) = (z - px - qy)^2,$$

équation aux différences partielles, qu'on aurait pu obtenir par la différentiation des équations intégrales

$$N = 0,$$
$$\left(\frac{dN}{dz}\right) = 0.$$

Actuellement, nous allons traiter cette équation comme si nous l'avions obtenue par d'autres recherches, c'est-à-dire que nous allons l'intégrer et étudier la surface à laquelle elle appartient.

De la caractéristique de la surface à laquelle appartient l'équation aux différences partielles.

Lorsqu'une équation aux différences ordinaires à trois variables appartient à une surface courbe, à cause de la constante arbitraire comportée par son intégrale, le lieu de cette équation est indifféremment l'une quelconque d'une suite infinie de surfaces courbes, qui toutes ont la même nature, et qui ne diffèrent entre elles que par un paramètre, constant pour chacune d'elles, et variable de l'une à l'autre. Par exemple, le lieu de l'équation

$$x\,dx + y\,dy + z\,dz = 0,$$

dont l'intégrale est

$$x^2 + y^2 + z^2 = a^2,$$

est l'une quelconque des surfaces sphériques dont le centre est à l'origine ; et toutes ces surfaces ne diffèrent entre elles que par le rayon a, qui est constant pour chacune d'elles.

Les équations aux différences partielles sont d'une plus grande généralité : leur propriété est d'exprimer les générations des surfaces courbes, indépendamment des courbes qui conduisent les génératrices ; en sorte que le lieu géométrique d'une de ces équations est indifféremment l'une quelconque d'une suite infinie de surfaces toutes engendrées par le même procédé, mais qui diffèrent par les courbes qui servent à la génération. Par exemple, l'équation

$$py - qx = o,$$

dont l'intégrale est

$$z = \varphi (x^2 + y^2),$$

appartient non-seulement, comme la précédente, aux surfaces de toutes les sphères dont le centre est à l'origine, quel que soit le rayon ; non-seulement à toutes celles dont le centre est dans l'axe des z, quel que soit encore le rayon ; mais même à toutes les surfaces de révolution autour de cet axe des z, quelle que soit la courbe génératrice.

Les surfaces auxquelles appartient une même équation aux différences partielles diffèrent donc entre elles par quelque chose de plus considérable que ce par quoi diffèrent les lieux d'une même équation aux différences ordinaires. Néanmoins elles ont cela de commun, qu'elles peuvent être toutes regardées comme le lieu de séries infinies de lignes courbes, qui ont toutes la même équation aux différences ordinaires, et qui, par conséquent, ne diffèrent entre elles que par des paramètres ; et ces surfaces ont de particulier, que pour chacune d'elles la série de ces mêmes courbes est différente. Par exemple, toutes les surfaces de révolution autour de l'axe des z sont les lieux de séries de circonférences de cercles dont les centres sont dans l'axe, dont les plans sont perpendiculaires à cet axe, et qui ne diffèrent entre elles que par le rayon ; et ce que chacune de ces surfaces a de particulier, c'est que, pour elle, cette série diffère de celle de toutes les autres.

C'est à cette courbe, dont toutes les surfaces soumises à la même génération sont pour ainsi dire composées, qu'on aurait dû consacrer le nom de *génératrice ;* mais ce mot est déjà employé dans un

sens qui n'est pas toujours le même que celui-ci : j'ai donc cru nécessaire de me servir d'un nouveau mot, et j'ai nommé cette courbe
caractéristique.

Pour les équations aux différences partielles d'ordres supérieurs,
il peut y avoir plusieurs caractéristiques; en général, il y en a autant qu'il y a de quantités différentes dont sont composées les fonctions arbitraires. Mais je me propose de revenir sur cette matière
dans un Mémoire dont elle sera l'unique objet, lorsque cela sera
devenu plus facile par l'exposition d'un plus grand nombre de générations de surfaces.

J'ai fait voir qu'ayant une équation quelconque aux différences
partielles du premier ordre, en x, y, z, p, q, si on la différentie aux
différences ordinaires, ce qui donne un résultat de cette forme

$$X\,dx + Y\,dy + Z\,dz + P\,dp + Q\,dq = 0,$$

les équations suivantes

$$P\,dy - Q\,dx = 0,$$

$$(X + pZ)\,dq - (Y + qZ)\,dp = 0,$$

appartenaient toutes deux à la caractéristique de la surface exprimée par la proposée. Or, si l'on différentie l'équation de la surface
que nous considérons, on trouve

$$X = x(1 + p^2 + q^2) + p(z - px - qy),$$
$$Y = y(1 + p^2 + q^2) + q(z - px - qy),$$
$$Z = z(1 + p^2 + q^2) - (z - px - qy),$$
$$P = p(x^2 + y^2 + z^2 - a^2) + x(z - px - qy),$$
$$Q = q(x^2 + y^2 + z^2 - a^2) + y(z - px - qy).$$

Donc, si l'on substitue ces valeurs dans les deux équations générales de la caractéristique, elles deviendront

$$-(y+qz)\,dx + (x+pz)\,dy + (qx-py)\,dz = 0,$$
$$-(y+qz)\,dp + (x+pz)\,dq = 0.$$

Actuellement, faisons, pour abréger,

$$\frac{y+qz}{qx-py} = -\alpha,$$
$$\frac{x+pz}{qx-py} = \beta,$$

ce qui donne

$$\alpha x + \beta y + z = 0,$$
$$\alpha p + \beta q - 1 = 0,$$

et introduisons ces abréviations dans les équations de la caractéristique; elles deviennent

$$\alpha\,dx + \beta\,dy + dz = 0, \qquad \alpha\,dp + \beta\,dq = 0.$$

Or ces deux équations sont les différentielles des deux précédentes, prises en regardant α et β comme constantes; elles ne peuvent donc subsister en même temps que les précédentes, à moins que les différentielles de ces deux-ci, prises en regardant α et β comme seules variables, n'aient lieu; on aura donc aussi

$$x\,d\alpha + y\,d\beta = 0, \qquad p\,d\alpha + q\,d\beta = 0,$$

équations qui ne donnent d'autre résultat différentiel que

$$d\alpha = 0, \qquad d\beta = 0.$$

Donc, dans la surface que nous considérons, pour la même caractéristique les deux quantités α et β sont toutes deux constantes, et l'on aura $\beta = \varphi\alpha$.

Il suit de là que l'équation de la caractéristique

$$\alpha\,dx + \beta\,dy + dz = 0$$

est celle d'un plan dont l'intégrale, à cause des abréviations, ne peut être autre que

$$\alpha x + \beta y + z = 0;$$

donc la caractéristique est une courbe plane dont le plan passe toujours par l'origine.

Si l'on compare l'équation du plan de la caractéristique

$$\alpha\,dx + \beta\,dy + dz = 0$$

avec

$$p\,dx + q\,dy - dz = 0,$$

qui est celle de l'élément de la surface courbe considéré comme plan, on voit qu'en vertu de l'équation

$$\alpha p + \beta q - 1 = 0,$$

ces deux plans sont toujours rectangulaires; donc le plan de la caractéristique est partout normal à la surface courbe. On doit conclure de là : 1° que la surface courbe est engendrée par une courbe plane constante de forme, dont le plan, passant toujours par l'origine, roule, par conséquent, sur une surface conique dont l'origine est le sommet; 2° que, le plan de la caractéristique contenant toutes les normales à la surface engendrée qui passent par les différents points de cette courbe, elle est une des lignes de courbure de la surface.

Cette dernière conclusion peut être fournie immédiatement par l'analyse : car, pour une même caractéristique, on a

$$\alpha\,dp + \beta\,dq = 0;$$

mais, puisqu'on a en même temps $d\alpha = 0$ et $d\beta = 0$, on aura aussi

$$\alpha\, d\beta - \beta\, d\alpha = 0;$$

éliminant α et β entre ces deux équations, on aura

$$d\alpha\, dp + d\beta\, dq = 0,$$

dans laquelle, substituant pour α et β leurs valeurs obtenues par la différentiation, on aura

$$dp\, d(y + qz) = dq\, d(x + pz),$$

équation générale des lignes de courbure : donc une des deux lignes de courbure de la surface est toujours plane, et son plan passe toujours par l'origine.

Jusqu'ici nous n'avons considéré de la caractéristique que l'équation du plan qui la contient. Cette équation ne la détermine pas, et il faut y joindre celle de la surface engendrée sur laquelle elle se trouve, pour que cette courbe soit déterminée, et encore ne le serait-elle pas d'une manière abstraite, puisqu'on la considérerait alors comme étant un individu de la série dont la surface engendrée est le lieu géométrique. Mais si l'on pose les trois équations suivantes :

$$(x^2 + y^2 + z^2 - a^2)\,(1 + p^2 + q^2) = (z - px - qy)^2,$$

$$-(y + qz)\, dx + (x + pz)\, dy + (qx - py)\, dz = 0,$$

$$dz = p\, dx + q\, dy,$$

dont la première est l'équation de la surface aux différences partielles, dont la seconde est celle du plan de la caractéristique, et dont la troisième contient la définition des quantités p et q, et si entre ces trois équations on élimine p et q, l'équation aux différences ordinaires

$$(x\,dx + y\,dy + z\,dz)^2 = a^2\,(dx^2 + dy^2 + dz^2),$$

qu'on obtiendra, sera celle de la caractéristique considérée d'une manière abstraite et indépendamment de la relation qui doit exister entre cette courbe et celles qui sont infiniment voisines, pour former la série qui doit constituer, pour ainsi dire, la surface engendrée.

Si l'équation aux différences partielles avait été linéaire en p et q, par le même procédé, nous aurions trouvé pour la caractéristique deux équations aux différences ordinaires, desquelles on aurait pu tirer celles de ses projections sur les trois plans des x, y, z. Lorsque l'équation aux différences partielles est élevée, la caractéristique n'a qu'une seule équation aux différences ordinaires, qui n'appartient pas à une surface. Mais, quoique cette équation soit unique, elle ne détermine pas moins la nature de la caractéristique d'une manière abstraite, en exprimant dans ce cas-ci, par exemple, qu'elle est la courbe dont tous les plans normaux passent à la même distance a de l'origine.

En effet, soient x, y, z les coordonnées des points d'une courbe quelconque considérée dans l'espace, et x', y', z' les coordonnées du plan normal à la courbe en ce point ; on aura l'équation de ce plan normal en différentiant l'équation

$$(x - x')^2 + (y - y')^2 + (z - z')^2 = \text{constante},$$

sans faire varier x', y', z', ce qui donne, pour ce plan,

$$(x - x')\,dx + (y - y')\,dy + (z - z')\,dz = 0,$$

ou

$$x'\,dx + y'\,dy + z'\,dz = x\,dx + y\,dy + z\,dz.$$

Or on sait que si l'équation d'un plan est

$$A x' + B y' + C z' = D,$$

le carré de la distance de ce plan à l'origine est

$$\frac{D^2}{A^2 + B^2 + C^2}.$$

De plus, on a, dans le cas présent,

$$A = dx,$$
$$B = dy,$$
$$C = dz,$$
$$D = x\,dx + y\,dy + z\,dz.$$

Donc le carré de la distance du plan normal à l'origine sera

$$\frac{(x\,dx + y\,dy + z\,dz)^2}{dx^2 + dy^2 + dz^2};$$

donc l'équation de la courbe pour laquelle cette distance est constante, et $= a$, est

$$(x\,dx + y\,dy + z\,dz)^2 = a^2\,(dx^2 + dy^2 + dz^2),$$

équation qui est la même que celle que nous avons trouvée pour la caractéristique considérée d'une manière abstraite.

De l'équation aux différences ordinaires de l'arête de rebrousse-ment produite par la génération.

Nous venons de voir que la surface à laquelle appartient l'équation aux différences partielles est engendrée par le mouvement d'une courbe plane, dont le plan roule autour d'un cône qui a son sommet à l'origine : ainsi, deux caractéristiques consécutives sur la même surface se coupent en un point, et le lieu de toutes ces intersections pour la série des caractéristiques d'une même surface est une courbe, qui est l'arête de rebroussement de la surface. Cette courbe, qui est touchée par toutes les caractéristiques de la surface, n'a aucun élément qui ne se confonde avec un élément d'une des caractéristiques, et pour lequel le plan normal ne se confonde avec celui de la caractéristique qui la touche en ce point. La propriété de cette courbe est donc aussi, que tous les plans normaux sont à la distance a de l'origine : son équation est donc encore

$$(x dx + y dy + z dz)^2 = a^2 (dx^2 + dy^2 + dz^2).$$

Si toutes les caractéristiques auxquelles appartient cette équation étaient sur une même surface individuelle, l'arête de rebroussement qui les touche toutes, et à laquelle appartient encore la même équation aux différences ordinaires, serait l'intégrale particulière de cette équation, et elle serait unique ; mais toutes les caractéristiques qui sont sur une même surface individuelle ne composent qu'une série prise parmi toutes les courbes de ce genre qui existent dans l'espace : il peut y avoir autant de ces séries différentes entre elles, qu'il y a de surfaces coniques ayant leurs sommets à l'origine, et autour desquelles le plan générateur peut rouler ; et chacune de ces séries aura son arête de rebroussement particulière à laquelle appartiendra la même équation. Le nombre des arêtes de rebroussement exprimées par cette équation est donc infini. Il est même facile de voir que, dans le cas que nous traitons (et cela est vrai en général), la caractéristique pour laquelle l'arête de rebroussement ne semblait être d'abord que le lieu d'une intégrale particulière n'est elle-même qu'un cas particulier de l'arête de rebroussement considérée en général ; car elle n'est autre chose que ce que devient cette arête lorsque la surface conique se réduit à un plan mené par l'origine.

L'équation

$$(x dx + y dy + z dz)^2 = a^2 (dx^2 + dy^2 + dz^2)$$

(et il en est de même de toutes les équations aux différences ordinaires qui n'appartiennent pas à des surfaces) est donc susceptible de deux intégrations différentes. Si l'on se propose seulement d'avoir les caractéristiques, les deux équations intégrales seront complétées par trois constantes arbitraires indépendantes ; mais si l'objet est d'avoir les arêtes de rebroussement, ces arbitraires ne sont plus des constantes : deux d'entre elles sont fonctions arbitraires de la troisième, et ces deux fonctions sont dérivées l'une de l'autre ; l'on voit donc que la première de ces intégrales n'est qu'un cas particulier de la seconde. Mais je reviendrai sur cette matière en général, dans le Mémoire que j'ai annoncé.

Intégration de l'équation aux différences ordinaires

$$(x dx + y dy + z dz)^2 = a^2 (dx^2 + dy^2 + dz^2),$$

considérée comme appartenant à la caractéristique, prise d'une manière abstraite.

Nous savons que la caractéristique est dans un plan mené par l'origine, et dont l'équation peut être exprimée par

$$\alpha x + \beta y + z = 0,$$

dans laquelle α et β sont des constantes pour chaque courbe individuelle. Soit fait de plus, pour abréger,

$$x^2 + y^2 + z^2 = u^2 ;$$

il est évident que si, de ces deux équations, on tire les valeurs de x, y, dx, dy, pour les substituer dans la proposée, on aura une équation aux différences ordinaires entre les deux seules variables u, z.

Différentiant donc, et tirant les valeurs de dx et dy, on trouve

$$dx(\beta x - \alpha y) = \beta u\, du + (y - \beta z)\, dz,$$
$$dy(\beta x - \alpha y) = -\alpha u\, du + (x - \alpha z)\, dz;$$

ce qui, en faisant, pour abréger,

$$1 + \alpha^2 + \beta^2 = h^2,$$

donne

$$(dx^2 + dy^2 + dz^2)(\beta x - \alpha y)^2 = h^2 (u\,dz - z\,du)^2 + du^2 [u^2(\alpha^2 + \beta^2) - h^2 z^2].$$

On tire aussi des mêmes équations

$$(\beta x - \alpha y)^2 = u^2(\alpha^2 + \beta^2) - h^2 z^2.$$

Ainsi, on aura

$$dx^2 + dy^2 + dz^2 = du^2 + \frac{h^2(u\,dz - z\,du)^2}{u^2(\alpha^2 + \beta^2) - h^2 z^2};$$

substituant dans la proposée, elle deviendra

$$(u^2 - a^2)\, du^2 = \frac{a^2 h^2 (u\,dz - z\,du)^2}{u^2(\alpha^2 + \beta^2) - h^2 z^2},$$

qui, en faisant $\frac{u}{z} = v$, devient

$$\frac{du\sqrt{u^2 - a^2}}{u} = ah \frac{dv}{v\sqrt{v^2(\alpha^2 + \beta^2) - h^2}},$$

équation dans laquelle les variables sont séparées, et dont l'intégrale est

$$\sqrt{u^2 - a^2} = a\left\{\arccos\frac{a}{u} - \arccos\frac{h}{v\sqrt{\alpha^2 + \beta^2}}\right\} + \gamma,$$

γ étant la constante arbitraire introduite par intégration. Ainsi, en remettant pour u et v leurs valeurs, les deux équations en quantités finies de la caractéristique considérée d'une manière abstraite sont

$$\sqrt{x^2 + y^2 + z^2 - a^2} = a \left\{ \begin{array}{l} \text{arc cos } \dfrac{a}{\sqrt{x^2 + y^2 + z^2}} \\[2mm] + \text{arc cos } \dfrac{hz}{\sqrt{x^2 + y^2 + z^2}\,\sqrt{a^2 + \beta^2}} \end{array} \right\} + \gamma,$$

équations qui sont complétées par les trois constantes arbitraires a, β, γ.

La première de ces équations est compliquée et ne montre pas d'une manière facile la nature de la courbe. Pour l'étudier, considérons-la dans son propre plan. Soit abaissée d'un point quelconque de la courbe, une perpendiculaire sur l'intersection de son plan avec celui des x, y; nommons Y cette perpendiculaire, et X la distance de son pied à l'origine. Cela posé, il est facile de voir que l'on aura

$$z = \frac{\sqrt{a^2 + \beta^2}}{h}\, Y;$$

on a d'ailleurs évidemment

$$x^2 + y^2 + z^2 = X^2 + Y^2,$$

Substituant donc ces valeurs dans l'équation intégrale, elle deviendra

$$\sqrt{X^2 + Y^2 - a^2} = a \left\{ \text{arc cos } \frac{a}{\sqrt{X^2 + Y^2}} + \text{arc cos } \frac{Y}{\sqrt{X^2 + Y^2}} \right\} + \gamma.$$

Or cette équation est celle de la développante d'un cercle dont le rayon égale a, et dont le centre est à l'origine, et pour laquelle la constante γ fixe l'origine du développement : de plus, les changements qu'on pourrait apporter à la valeur de γ, en transportant ailleurs l'origine du développement, ne feraient que faire tourner la courbe dans son plan et autour de son centre, sans altérer sa forme; donc la caractéristique est la développante d'un cercle dont le rayon égale a, et dont le centre est à l'origine, quelle que soit d'ailleurs la position de son plan déterminé par les deux arbitraires α et γ, et quelle que soit la position qu'elle prenne dans son plan, en tournant autour du centre, position qui est déterminée par la troisième arbitraire γ.

En regardant les trois constantes α, β, γ comme susceptibles, chacune en particulier, de toutes les valeurs possibles, on aura toutes les courbes qui, prises par séries, auront pour lieu géométrique une des surfaces dont nous nous occupons dans ce paragraphe. Pour former une de ces séries, il faut établir entre les trois constantes α, β, γ, deux conditions, ce qui les réduira à une seule d'entre elles; et le résultat de l'élimination de cette dernière entre les deux équations intégrales sera, en x, y, z, l'équation de la surface, qui sera le lieu de cette série individuelle.

Si l'on voulait former cette série de la manière la plus arbitraire, il faudrait poser $\beta = \varphi \alpha$, $\gamma = \psi \alpha$, et par l'élimination de α entre les deux équations,

$$\sqrt{x^2 + y^2 + z^2 - a^2} = a \left\{ \begin{array}{l} \text{arc cos } \dfrac{a}{\sqrt{x^2 + y^2 + z^2}} \\[2ex] + \text{arc cos } \dfrac{z\sqrt{1 + a^2 + \varphi^2}}{\sqrt{x^2 + y^2 + z^2}\sqrt{x^2 + \varphi^2}} \end{array} \right\} + \psi \alpha,$$

$$\alpha x + y \varphi \alpha + z = 0,$$

on aurait en x, y, z, l'équation de la surface engendrée par le mouvement de la développante du cercle dont le rayon égale a, et dont le centre est à l'origine, le plan de la courbe étant d'ailleurs mobile d'une manière quelconque autour de l'origine, et la courbe elle-même, constante de forme, étant mobile d'une manière quelconque dans son plan autour de l'origine.

Mais cette surface, dont l'équation comprend les deux fonctions arbitraires φ et ψ, est plus générale que celle dont nous nous occupons, et pour laquelle, des deux relations à établir entre les constantes α, β, γ, il n'y en a qu'une seule de disponible, l'autre devant être déduite de la nature de la question. En effet, nous avons vu que le plan de la caractéristique doit être partout normal à la surface; les points de cette courbe, considérée comme génératrice, doivent donc se mouvoir de manière que leurs directions soient toutes perpendiculaires à son plan ; donc la spirale doit être fixée dans son propre plan; donc deux de ces spirales consécutives doivent se couper dans chacune de leurs branches ; donc enfin la forme de la fonction ψ n'est pas arbitraire, et doit être déterminée de manière que cette condition soit remplie.

Intégration de la même équation aux différences ordinaires

$$(xdx + ydy + zdz)^2 = a^2\,(dx^2 + dy^2 + dz^2)$$

considérée comme appartenant aux arêtes de rebroussement.

L'arête de rebroussement est la courbe touchée par toutes les caractéristiques d'une même série : cette série doit donc être formée de manière que deux caractéristiques consécutives se coupent; par conséquent, la fonction ψ ne doit pas être arbitraire, et il s'agit de déterminer sa forme. Or, en conservant les abréviations, les équations de la caractéristique, considérée comme faisant partie d'une série, sont

$$\sqrt{u^2 - a^2} = a\left\{\operatorname{arc\,cos}\frac{a}{u} + \operatorname{arc\,cos}\frac{hz}{u\sqrt{a^2 - \varphi^2}}\right\} + \psi\alpha,$$

$$\alpha x + y\varphi + z = 0;$$

et le point de contact de cette courbe avec l'arête de rebroussement est celui par lequel les x, y, z ne varient pas dans ces deux
équations quand a varie : donc, si l'on différentie ces deux équations, en regardant a comme seule variable, ce qui donne

$$\frac{a(x+y\varphi')}{(x^2+\varphi^2)h\sqrt{\frac{u^2}{z^2}(x^2+\varphi^2)-h^2}} + \psi' = 0,$$

$$x + y\varphi' = 0,$$

on aura quatre équations, dans lesquelles les x, y, z sont les coordonnées du point de l'arête de rebroussement. Donc, si, entre ces
quatre équations, on élimine x, y, z, l'équation résultante en ψ, ψ'
et a sera celle qui servira à déterminer la forme de la fonction ψ,
de manière que deux caractéristiques consécutives se coupent ;
mais de la seconde et de la quatrième on tire

$$x(\varphi - a\varphi') = z\varphi',$$

$$y(\varphi - a\varphi') = -z,$$

et, par conséquent,

$$\frac{u^2}{z^2} = \frac{1+\varphi'^2+(\varphi-a\varphi')}{(\varphi-a\varphi')^2};$$

donc, en substituant cette valeur dans la troisième, on aura

$$\frac{a(\varphi - a\varphi')}{(x^2+\varphi^2)\sqrt{1+x^2+\varphi^2}} + \psi' = 0,$$

et, par conséquent,

$$\psi = -a\int \frac{(\varphi - a\varphi')\,da}{(x^2+\varphi^2)\sqrt{1+x^2+\varphi^2}};$$

ce qui détermine la forme de la fonction ψ. Cette valeur, substituée

dans la première équation, tiendra lieu d'une des quatre, et l'arête
de rebroussement sera exprimée par les trois équations

$$\sqrt{u^2 - a^2} = a\left\{\operatorname{arc\,cos}\frac{a}{u} + \operatorname{arc\,cos}\frac{hz}{u\sqrt{x^2 + y^2}}\right\} - a\int\frac{(y - x\varphi)\,dx}{(a^2 - y^2)\sqrt{h}}.$$

$$ax + y\varphi + z = 0,$$

$$x - y\varphi' = 0.$$

Donc les deux équations de l'arête de rebroussement seront le résultat de l'élimination de l'indéterminée a entre les trois équations
précédentes.

C'est ce résultat complété par la fonction arbitraire φ, sa dérivée
φ', et par une constante absolue A comprise sous le signe d'intégration $\int$, qui est l'intégrale complète de l'équation aux différences
ordinaires

$$(x\,dx + y\,dy + z\,dz)^2 = a^2\,(dx^2 + dy^2 + dz^2);$$

et l'intégrale que nous avions d'abord trouvée en la considérant
comme appartenant aux caractéristiques, quoiqu'elle fût complétée
par les trois constantes arbitraires α, β, γ, n'en était qu'une solution particulière.

Intégration de l'équation aux différences partielles

$$(x^2 + y^2 + z^2 - a^2)(1 + p^2 + q^2) = (z - px - qy)^2.$$

Nous avons vu que la surface à laquelle appartient l'équation
aux différences partielles est le lieu de la série de caractéristiques
formée de manière que deux de ces courbes consécutives se coupent : or nous avons trouvé, dans l'article précédent, la forme que
doit avoir la fonction φ pour que cette condition soit remplie ; les
deux équations d'une caractéristique, considérée dans une quel-

conque de ces séries, seront donc

$$\sqrt{u^2 - a^2} = a \left\{ \mathrm{arc\,cos}\, \frac{a}{u} + \mathrm{arc\,cos}\, \frac{hz}{u \sqrt{a^2 + \varphi^2}} \right\} - a \int \frac{(\varphi - x\varphi') \, dx}{(a^2 + \varphi^2) \, h},$$

$$ax + y\varphi + z = 0,$$

dans lesquelles la fonction arbitraire φ détermine la nature de la série, et α, qui est constante pour chaque caractéristique, détermine chacune de ces courbes dans la série. Donc l'intégrale de l'équation aux différences partielles (ou l'équation du lieu de la série) doit être le résultat de l'élimination de α entre les deux équations précédentes. Cette intégrale, comme on voit, est complétée, et par la fonction arbitraire φ, et par la constante absolue A qui est comprise sous le signe d'intégration $\int$.

Propriétés de la surface relatives à la quadrature de son aire, et à la cubature de l'espace qu'elle termine.

Si l'on considère une zone de la surface comprise entre deux positions consécutives de la génératrice, il est évident que l'aire de cette zone sera égale à la somme des éléments de l'arc générateur, multipliés chacun par l'espace parcouru; et parce que la direction du mouvement de chaque point est perpendiculaire aux deux plans consécutifs, cette aire sera égale au moment de l'arc générateur par rapport au plan suivant, ou au produit de cet arc par l'espace que parcourt son centre de gravité. La même chose devant avoir lieu pour toutes les zones consécutives, il s'ensuit que l'espace parcouru par un arc quelconque de la génératrice, et compris entre deux positions quelconques du plan générateur, est égal au produit de cet arc multiplié par l'arc qu'aura parcouru son centre de gravité.

Il est facile de voir qu'il en est de même par rapport à la cubature de l'espace qu'aura parcouru un segment quelconque de la génératrice.

Cette surface, ainsi que toutes celles de révolution, ne jouissent de cette propriété que parce qu'elles sont des cas particuliers de la surface plus générale engendrée par le mouvement d'une courbe plane quelconque, dont le plan roule autour d'une surface développable quelconque, surface dont nous nous occuperons dans un autre paragraphe.

§ XXIV.

DE LA SURFACE COURBE DONT TOUTES LES NORMALES SONT TANGENTES À UNE MÊME SURFACE CONIQUE À BASE ARBITRAIRE.

Génération de la surface.

Concevons la surface conique, à base arbitraire, qui doit être touchée par toutes les normales de la surface proposée, et un plan quelconque tangent à cette surface conique, et qui la touchera, par conséquent, dans une droite menée par le sommet : cela posé, si l'on considère la série des normales à la proposée qui touchent la surface conique dans les différents points de cette droite, il est évident que toutes ces normales seront dans le plan tangent au cône ; d'où il suit, 1° que ce plan sera normal à la surface proposée dans tous les points de son intersection avec elle ; 2° que cette intersection elle-même sera une des lignes de courbure de la surface, puisque les normales à la surface, pour les différents points de cette courbe, se coupent consécutivement. Donc, si l'on conçoit que ce plan normal à la surface proposée tourne infiniment peu autour de sa droite de contact avec le cône, considérée comme axe (mouvement pendant lequel il ne cessera pas d'être tangent au cône), et qu'il entraine avec lui la courbe suivant laquelle il coupait d'abord la surface; comme tous les points de la courbe se mouvront perpendiculairement au plan, il est clair que cette courbe ne sortira pas de la surface, et que dans la seconde position elle sera encore l'intersection de la même surface avec le plan qui la contient alors. Donc la zone comprise entre les deux plans consécutifs peut être regardée comme engendrée par le mouvement d'une courbe plane et constante de forme autour d'un des côtés de la surface conique considérée comme axe.

Mais ce qu'on vient de dire pour une des zones peut être dit consécutivement pour toutes les autres, en observant qu'à mesure que le plan mobile change de position sans cesser d'être tangent à la surface conique, sa rotation, dans chaque instant, se fait autour de la droite de son contact actuel avec la surface conique.

Donc la surface proposée peut être regardée comme engendrée par le mouvement d'une courbe quelconque plane et constante de forme, dont le plan roule autour d'une surface conique à base quelconque.

Dans cette génération, la route de chaque point de la génératrice est constamment normale au plan mobile, et, par conséquent, perpendiculaire à la génératrice, quelle que soit la position de cette dernière. Or nous avons vu que la génératrice est la ligne d'une des courbures de la surface engendrée; donc les courbes parcourues par tous les points de la génératrice sont les lignes de l'autre courbure. Mais pendant tout le mouvement du plan, chaque point de la génératrice ne change pas de distance au sommet du cône; la courbe qu'il décrit est donc sur la surface d'une sphère dont le centre est à ce sommet : donc la surface que nous considérons est telle, que toutes les lignes d'une de ses courbures sont dans des plans tangents à la surface conique, et que toutes celles de l'autre sont sur des surfaces de sphères concentriques, et dont le centre commun est au sommet du cône.

La génératrice n'ayant aucun mouvement dans son plan, lorsque ce plan tourne autour d'un des côtés du cône pour passer à la position infiniment voisine, le point dans lequel la génératrice coupe le côté du cône ou touche sa surface n'a aucun mouvement, et se trouve encore sur cette courbe quand elle est parvenue dans la position suivante; deux génératrices consécutives se coupent donc en un point de la surface du cône, et le lieu de tous ces points d'intersections consécutives, qui est une courbe tracée sur la surface du cône, est une arête de rebroussement de la surface engendrée, dont toutes les nappes viennent rencontrer la surface convexe du cône dans l'arête de rebroussement, et se réfléchissent ensuite, sans qu'aucune d'elles entre dans l'espace vers lequel la surface du cône présente sa concavité.

La surface conique est évidemment le lieu des centres de la courbure dont les lignes sont sphériques. L'arête de rebroussement se trouvant en même temps et sur la surface conique et sur la surface engendrée, il s'ensuit que, pour tous les points de cette courbe, un des deux rayons de courbure de la surface est nul; et ce rayon est celui de la courbure dont les lignes sont sphériques.

La génération que nous venons de trouver est peut-être la plus facile à concevoir; néanmoins son expression analytique ne conduit pas directement à un résultat aussi simple que celle de la génération suivante, que nous emploierons.

Concevons que dans le plan mobile, et par le sommet du cône qui est toujours dans ce plan, on mène une droite qui ne change pas de position par rapport à la génératrice, et à laquelle cette courbe, pendant tout son mouvement, puisse être rapportée comme à une directrice mobile; il est évident que, dans toutes les positions du plan générateur, les distances d'un même point de la génératrice à la directrice et au sommet du cône ne changeront pas. La directrice, par son mouvement, engendrera une autre surface conique qui aura même sommet que la première, et à laquelle le plan mobile sera constamment normal. Cette seconde surface conique dépendra de la première, qui en est une développée; en sorte que si l'équation de la première était déterminée, celle de la seconde en serait dérivée par intégration. Mais si la première surface conique est considérée comme arbitraire, la seconde, qui est, par conséquent, aussi arbitraire, peut, à son tour, être considérée comme indépendante, et comme la seule qui serve à la génération. Donc la surface proposée peut aussi être regardée comme engendrée par le mouvement d'une courbe plane quelconque, dont la directrice parcourt la surface d'un cône à base quelconque, et dont le plan est constamment normal à la surface conique, la courbe n'ayant d'ailleurs aucun mouvement dans son plan.

Il suit de là que la surface dont il s'agit est celle d'une moulure quelconque poussée sur une surface conique à base quelconque, et dont le profil arbitraire, mais constant, est toujours dans un plan normal à la surface conique, et à la même distance du sommet.

Équation de la surface en quantités finies.

En employant la seconde génération, nous avons vu que pour tous les points d'une même ligne de la seconde courbure, c'est à-dire de la courbe engendrée par un même point de la génératrice, la distance à la surface conique et la distance au sommet du cône sont toutes deux constantes; et il est évident qu'en passant d'une des lignes de cette courbure à une autre de la même espèce, ces deux distances varient. Ces deux grandeurs qui, pour les différents points de la surface engendrée, sont constantes ensemble et variables ensemble, sont donc fonctions l'une de l'autre.

Or, en supposant que le sommet du cône soit à l'origine, et représentant par x, y, z les coordonnées du point de la surface engendrée, et par x', y', z' celles du pied de la perpendiculaire abaissée de ce point sur la surface conique, le carré de la distance du point au sommet du cône sera $x^2 + y^2 + z^2$, et celui de sa distance à la surface conique sera $(x — x')^2 + (y — y')^2 + (z — z')^2$; on aura donc pour équation de la surface

$$(x — x')^2 + (y — y')^2 + (z — z')^2 = \psi^2 (x^2 + y^2 + z^2),$$

dans laquelle la fonction ψ est arbitraire, et où il ne s'agit plus que de trouver les valeurs de x', y' et z'.

On sait que l'équation générale de la surface conique dont le sommet est à l'origine, est $\frac{y}{z} = \varphi \left(\frac{x}{z} \right)$, la fonction φ étant arbitraire ; ou qu'en représentant par α la quantité qui est sous la fonction, elle est le résultat de l'élimination de α entre les deux équations

$$x = z\alpha, \quad y = z\varphi\alpha.$$

Le pied de la perpendiculaire étant sur la surface conique, on aura donc entre ses trois coordonnées les deux équations suivantes :

$$x' = z'\alpha, \quad y' = z'\varphi,$$

et le carré de la perpendiculaire deviendra

$$(x — z'\alpha)^2 + (y — z'\varphi)^2 + (z — z')^2.$$

Mais cette perpendiculaire étant un *minimum*, sa grandeur ne doit point varier, soit qu'on fasse varier z' seule, soit qu'on fasse varier α seule : donc ses différentielles, prises en regardant successivement z' et x comme seules variables, doivent être nulles; ce qui donne les deux équations

$$(x - z'\alpha)\, \alpha + (y - z'\varphi)\, \varphi + z - z' = 0,$$

$$(x - z'\alpha) + (y - z'\varphi)\, \varphi' = 0.$$

On aura donc, entre les trois coordonnées x', y', z', quatre équations. Tirant des trois premières les valeurs de ces coordonnées, et faisant, pour abréger,

$$\alpha x + y\varphi + z = M,$$

$$1 + \alpha^2 + \varphi^2 = h^2,$$

on aura

$$x'h^2 = M\alpha, \quad y'h^2 = M\varphi, \quad z'h^2 = M;$$

substituant ces valeurs dans l'équation de la surface, et développant, on aura

$$x'^2 + y'^2 + z'^2 - \frac{M^2}{h^2} = \psi^2(x^2 + y^2 + z^2);$$

et parce que la fonction ψ, qui est arbitraire, absorbe la quantité $x^2 + y^2 + z^2$, qui est dans le premier membre, cette équation deviendra

$$M = h\,\psi(x^2 + y^2 + z^2),$$

ou

$$\alpha x + y\varphi + z = \sqrt{1 + \alpha^2 + \varphi^2}\;\psi(x^2 + y^2 + z^2).$$

Mais, des quatre équations que nous avions entre les trois coordonnées x', y', z', nous n'en avons encore employé que trois. Si donc on substitue pour z' sa valeur dans la quatrième, on aura

$$x + y\varphi' = \frac{M(\alpha + \varphi\varphi')}{1 + \alpha^2 + \varphi^2}.$$

ou, à cause de l'équation précédente,

$$x + y\varphi' = \frac{(\alpha + y\varphi')\psi(x^2 + y^2 + z^2)}{\sqrt{1 + \alpha^2 + \varphi^2}},$$

équation qui doit aussi avoir lieu, et qui servira à éliminer α de l'équation de la surface.

Donc l'équation de la surface engendrée est le résultat de l'élimination de α entre les suivantes :

$$\alpha x + y\varphi + z = \sqrt{1 + \alpha^2 + \varphi^2}\,\psi(x^2 + y^2 + z^2),$$
$$x + y\varphi' = \frac{(\alpha + y\varphi')\psi(x^2 + y^2 + z^2)}{\sqrt{1 + \alpha^2 + \varphi^2}}.$$

De ces deux équations, il est facile de voir que la seconde est la différentielle de la première prise en ne faisant varier que α : ainsi, en représentant la première par $N = o$, l'équation de la surface est le résultat de l'élimination de α entre les deux suivantes :

$$N = o,$$
$$\left(\frac{dN}{d\alpha}\right) = o.$$

Il suit de là que la surface engendrée peut être considérée comme l'enveloppe de l'espace parcouru par la surface dont l'équation serait la première des deux précédentes, et qui se mouvrait en vertu de la variation du paramètre α. Mais, en regardant α et $\varphi\alpha$ comme deux constantes indépendantes, ce qui arrête le mouvement de la surface mobile, la première de ces équations $N = o$, ou

$$\alpha x + y\varphi + z = \sqrt{1 + \alpha^2 + \varphi^2}\,\psi(x^2 + y^2 + z^2),$$

est celle d'une surface de révolution, dont l'axe, déterminé d'ailleurs de position par les deux constantes α et $\varphi\alpha$, passe par l'origine, et dont la distance à l'origine est indépendante de la quantité α. De plus, si, comme nous le supposons ici, les quantités α et $\varphi\alpha$ sont des variables dépendantes l'une de l'autre, lorsque la quantité α varie, l'axe dont les équations sont $x = \alpha z$ et $y = z\varphi\alpha$, parcourt une surface conique quelconque, dont le sommet est à l'origine; donc la surface peut être engendrée d'une troisième manière, ainsi qu'il suit :

Si une surface quelconque de révolution se meut de manière, 1° que son axe, passant toujours par l'origine, parcoure une surface conique quelconque; 2° qu'un même point de la surface mobile ne change pas de distance au sommet du cône, l'enveloppe de l'espace qu'elle parcourra sera la surface que nous considérons.

Cette troisième génération, qu'on aurait pu démontrer à priori, fournit une vérification des équations que nous avons trouvées.

Équations des deux lignes de courbure en quantités finies.

Si, dans les deux équations $N = 0$, $\left(\dfrac{dN}{d\alpha}\right) = 0$, on regarde la quantité α comme une constante arbitraire qui doive subsister, ces deux équations sont celles de la génératrice considérée dans la position déterminée par la valeur de α, qui est constante pour elle; par conséquent, elles sont celles de la ligne plane de courbure, et il est facile de voir qu'elles appartiennent à une courbe plane, puisque. par l'élimination de la fonction φ, on obtient l'équation d'un plan.

Mais, si la quantité α est regardée comme une variable indéterminée qui doive disparaître par l'élimination, les deux équations $N = 0$, $\left(\dfrac{dN}{d\alpha}\right) = 0$ se réduisent à une seule, qui est celle de la surface engendrée; et parce que la ligne de la seconde courbure est sur la surface d'une sphère dont le centre est à l'origine, et dont le rayon, variable en général, est constant pour chaque ligne individuelle, il s'ensuit que, des équations de la ligne sphérique de courbure, la première sera

$$x^2 + y^2 + z^2 = \gamma^2.$$

et la seconde sera le résultat de l'élimination de l'indéterminée α entre les deux équations

$$N = 0,$$

$$\left(\frac{dN}{d\alpha}\right) = 0,$$

dans lesquelles γ est la constante arbitraire qui détermine la ligne de courbure individuelle.

Équations de l'arête de rebroussement en quantités finies.

Nous venons de voir que les équations de la génératrice sont $N = 0$, $\left(\frac{dN}{d\alpha}\right) = 0$, dans lesquelles α est la constante qui détermine la position de cette courbe. Donc, si l'on différentie ces équations, en regardant α comme seule variable, les x, y, z, qui se trouveront dans les différentielles, appartiendront au point d'intersection de deux génératrices consécutives, et, par conséquent, au point de l'arête de rebroussement; mais, par la différentiation, on n'obtient qu'une équation nouvelle, savoir $\left(\frac{ddN}{d\alpha^2}\right) = 0$: ainsi, entre les trois coordonnées x, y, z, du point de l'arête de rebroussement, on aura les trois équations

$$N = 0,$$

$$\left(\frac{dN}{d\alpha}\right) = 0,$$

$$\left(\frac{ddN}{d\alpha^2}\right) = 0,$$

au moyen desquelles ces trois coordonnées pourront être déterminées d'après une valeur de la constante arbitraire α. Donc les équations de la courbe qui est le lieu de tous les points semblablement déterminés, c'est-à-dire les équations de l'arête de rebroussement, sont le résultat de l'élimination de α entre les trois équations précédentes.

Des deux équations de la surface aux différences partielles du premier ordre.

Si, par un point quelconque de la surface courbe, on conçoit un plan tangent, la distance de l'origine à ce plan, et celle de la même origine au point de contact, seront toutes deux variables en général. Mais, si le point de la surface se meut sans sortir de la même ligne sphérique de courbure, et entraîne avec lui le plan qui ne cesse pas d'être tangent, il est évident que ces deux distances seront constantes : donc, pour la surface que nous considérons, ces deux grandeurs sont constantes ensemble et variables ensemble, et, par conséquent, fonctions l'une de l'autre, la nature de la fonction étant, d'ailleurs, déterminée par celle de la génératrice.

Or le carré de la distance de l'origine au point de la surface courbe est $x^2 + y^2 + z^2$; de plus, en représentant par x', y', z' les coordonnées du plan tangent, l'équation de ce plan est

$$z' - px' - qy' = z - px - qy;$$

et l'on sait que, si l'équation d'un plan est

$$Ax + By + Cz = D,$$

la grandeur de la perpendiculaire abaissée de l'origine sur ce plan est

$$\frac{D}{\sqrt{A^2 + B^2 + C^2}};$$

dans le cas présent on a

$$A = - p,$$
$$B = - q,$$
$$C = 1,$$
$$D = z - px - qy ;$$

par conséquent, la distance de l'origine au plan tangent est

$$\frac{z - px - qy}{\sqrt{1 + p^2 + q^2}}.$$

Donc, en exprimant que cette quantité est une fonction arbitraire de la première, une des équations aux différences partielles du premier ordre sera

$$z - px - qy = \sqrt{1 + p^2 + q^2}\, \Psi (x^2 + y^2 + z^2),$$

dans laquelle la fonction Ψ n'est pas de même forme que la fonction ψ, qui entre dans l'équation intégrale, quoique l'une soit une dérivée de l'autre.

Passons actuellement à l'autre équation aux différences partielles du premier ordre.

Pour tous les points d'une même génératrice, le plan mené par l'origine et la normale est invariable, puisque ce plan est celui de la courbe elle-même, que l'on regarde en cet instant comme fixe. Or l'équation du plan mené par l'origine et la normale est, en x', y', z',

$$-x' (y + qz) + y' (x + pz) + z' (qx - py) = 0;$$

donc, pour tous les points d'une même génératrice, les deux quantités $\dfrac{y + qz}{qx - py}$ et $\dfrac{x + pz}{qx - py}$ conservent les mêmes valeurs, et elles en changent dans le passage d'une génératrice à une autre. Ces deux quantités, qui sont constantes ensemble et variables ensemble pour les différents points de la surface, sont donc fonctions l'une de l'autre; donc la seconde équation de la surface engendrée, aux différences partielles du premier ordre, est

$$\frac{x + pz}{qx - py} = \Phi\left(\frac{y + qz}{qx - py}\right),$$

dans laquelle la fonction Φ n'est pas de même forme que celle qui est exprimée par φ dans l'intégrale linie, quoiqu'elle en soit dérivée.

Cette seconde équation aux différences partielles du premier ordre peut être trouvée par une autre considération, qui la produit sous une forme différente, et qu'il est bon de connaître.

Il suit de tout ce qui précède, que la surface des centres d'une des courbures de la surface courbe que nous considérons est celle d'un cône à base quelconque dont le sommet est à l'origine. Or, si l'on représente par x', y', z' les coordonnées du centre de cette courbure, en tant que ce centre se trouve sur la normale, on aura d'abord, entre les quantités x', y', z', les deux équations de la normale

$$x' + pz' = x + pz,$$
$$y' + qz' = y + qz.$$

De plus, si l'équation de la surface conique est $\frac{y}{z} = \phi\left(\frac{x}{z}\right)$, ou, ce qui revient au même, si elle est le résultat de l'élimination de α entre les deux équations $x = z\alpha$, $y = z\phi\alpha$, on aura encore, entre les mêmes coordonnées, les deux équations

$$x' = z'\alpha, \quad y' = z'\phi\alpha.$$

Enfin le point de la surface doit être sur le plan qui touche la surface conique dans le centre de courbure, et l'équation de ce plan est

$$- x\phi' + y - z(\phi - a\phi') = 0;$$

donc, si des quatre premières ou élimine les trois quantités x', y', z', il restera, en x, y, z, les deux suivantes :

$$(x + pz)\, \varphi - (y + qz)\, \alpha + qx - py = 0,$$
$$- x\varphi' + y + z\,(\varphi - \alpha\varphi') = 0;$$

ou bien, éliminant φ de la seconde, au moyen de la première,

$$(x + pz)\, \varphi - (y + qz)\, \alpha + qx - py = 0,$$
$$(x + pz)\, \varphi' - (y + qz) = 0;$$

et la seconde équation aux différences du premier ordre sera le résultat de l'élimination de α entre les deux équations précédentes, dans lesquelles la fonction arbitraire φ diffère de celles que nous avons ci-devant représentées par φ et Φ.

La seconde de ces équations étant la différentielle de la première, prise en regardant α comme seule variable, la surface peut donc être regardée comme l'enveloppe de l'espace parcouru par la surface à laquelle appartient la première de ces équations, et qui change de forme et de position en vertu du paramètre α. Cette surface mobile est la surface développable engendrée par la tangente de la génératrice; elle est circonscrite à une sphère dont le centre est à l'origine, et dont le rayon, constant pour la surface engendrée par la même tangente, change pour celle qui est engendrée par une autre, et deux de ces surfaces consécutives se coupent dans une des lignes sphériques de courbure de la surface principale. Mais en voilà assez sur cet objet, que nous terminerons par l'observation suivante.

Des deux équations que nous venons de trouver en dernier lieu, l'une est destinée à éliminer α de l'autre; or il est clair que si cette élimination était exécutée, ce qui ne peut se faire tant que la forme de la fonction φ n'est pas déterminée, il ne resterait dans la résultante d'autres quantités que $\dfrac{x + pz}{qx - py}$ et $\dfrac{y + qz}{qx - py}$; donc ces deux quantités sont fonctions arbitraires l'une de l'autre, ce qui coïncide avec l'équation unique que nous avions d'abord trouvée.

Équations de la surface aux différences partielles du second ordre.

De même qu'une équation aux différences partielles du premier ordre n'est que l'expression de la propriété du plan tangent ou de la normale de la surface à laquelle elle appartient, de même une équation aux différences partielles du second ordre n'est que l'expression de la propriété des rayons ou des lignes de courbure. Or, dans la surface que nous traitons, nous connaissons les propriétés de ses deux lignes de courbure ; donc nous pourrons obtenir son équation aux différences secondes, de deux manières différentes ; et d'abord, en considérant sa ligne sphérique de courbure.

L'équation générale des lignes de courbure est

$$dy^2\left[(1+q^2)s - pqt\right] + dx\,dy\left[(1+q^2)r - (1+p^2)t\right]$$
$$- dx^2\left[(1+p^2)s - pqr\right] = 0.$$

Pour la ligne sphérique de courbure, on a

$$x\,dx + y\,dy + z\,dz = 0,$$

ou

$$(x + pz)\,dx + (y + qz)\,dy = 0.$$

Ces deux équations appartenant à la même courbe, la propriété de la surface est donc que les valeurs de $\frac{dy}{dx}$, qu'elles donnent, soient égales entre elles. Donc l'équation aux différences secondes est le résultat de l'élimination de $\frac{dy}{dx}$ entre ces deux équations.

Si l'on fait, pour abréger,

$$\frac{y + qz}{qx - py} = -\alpha, \qquad \frac{x + pz}{qx - py} = \beta.$$

ce qui donne les deux équations

$$\alpha x + \beta y + z = 0, \qquad \alpha p + \beta q - 1 = 0,$$

le résultat de l'élimination de $\dfrac{dy}{dx}$, et, par conséquent, l'équation aux différences secondes sera

$$(\alpha r + \beta s)(\beta + q) = (\alpha + p)(\alpha s + \beta t).$$

Si nous employons la considération de la ligne plane de courbure, nous savons que cette courbe est dans le plan mené par la normale et l'origine, plan dont l'équation en x', y', z' est

$$- x'(y + qz) + y'(x + pz) + z'(qx - py) = 0,$$

et dont l'équation différentielle est

$$- dx'(y + qz) + dy'(x + pz) + dz'(qx - py) = 0.$$

Mais, si sur ce plan on ne considère que la ligne de courbure, les coordonnées x', y', z' deviennent respectivement égales aux x, y, z de la surface ; on aura donc, pour toute ligne de courbure plane,

$$- dx(y + qz) + dy(x + pz) + dz(qx - py) = 0 ;$$

ou, mettant pour dz sa valeur $pdx + qdy$, et employant les mêmes abréviations que ci-dessus,

$$(\alpha + p)\, dx + (\beta + q)\, dy = 0 :$$

donc, en substituant pour $\dfrac{dy}{dx}$ cette valeur dans l'équation générale des lignes de courbure, on aura l'équation de la surface, qui se trouve, comme précédemment,

$$(\alpha r + \beta s)(\beta + q) = (\alpha + p)(\alpha s + \beta t).$$

Actuellement nous allons traiter cette équation aux différences

secondes comme si elle était le résultat des recherches d'autre nature, nous allons trouver ses intégrales des différents ordres, et
nous en déduirons, par la seule analyse, les principales propriétés
de la surface à laquelle elle appartient.

*Des caractéristiques de la surface à laquelle appartient l'équation
aux différences secondes.*

J'ai fait voir que, si la différentielle d'une équation aux différences partielles du second ordre, prise en ne faisant varier que
les seules quantités r, s, t, est

$$R\,dr + S\,ds + T\,dt = 0,$$

l'équation générale de ses caractéristiques est

$$R\,dy^2 - S\,dx\,dy + T\,dx^2 = 0.$$

or, dans le cas présent, on a

$$R = \alpha\,(\beta + q),$$
$$S = \beta\,(\beta + q) - \alpha\,(\alpha + p),$$
$$T = -\,\beta\,(\alpha + p);$$

donc l'équation des caractéristiques sera

$$\alpha\,(\beta + q)\,dy^2 - \left[\beta\,(\beta + q) - \alpha\,(\alpha + p)\right]\,dx\,dy - \beta\,(\alpha + p)\,dx^2 = 0,$$

qui, pouvant être mise sous la forme

$$(\alpha\,dy - \beta\,dx)\left[(\beta + q)\,dy + (\alpha + p)\,dx\right] = 0,$$

est composée de deux facteurs, et donne les deux équations

$$\alpha\,dy - \beta\,dx = 0,$$
$$(\beta + q)\,dy + (\alpha + p)\,dx = 0;$$

donc la surface a deux caractéristiques indépendantes, et les quantités dont seront composées les deux fonctions arbitraires qui compléteront son intégrale finie seront différentes entre elles.

L'équation de la première caractéristique est

$$\alpha \, dy - \beta \, dx = 0,$$

ou, remettant pour α et β leurs valeurs,

$$(x + pz) \, dx + (y + qz) \, dy = 0,$$

ou enfin

$$x \, dx + y \, dy + z \, dz = 0,$$

dont l'intégrale

$$x^2 + y^2 + z^2 = \gamma^2$$

appartient à la surface d'une sphère dont le centre est à l'origine, et dont le rayon γ, constant pour chaque courbe individuelle, est variable de l'une à l'autre. Donc la première caractéristique est l'intersection de la surface par celle d'une sphère dont le centre est à l'origine, et dont le rayon γ est arbitraire.

Il suit de là que cette caractéristique ne peut pas produire d'arête de rebroussement sur la surface; car, chaque courbe individuelle étant contenue sur la surface d'une sphère particulière, et les surfaces de sphères concentriques n'ayant aucun point commun, deux caractéristiques individuelles consécutives ne peuvent pas se couper, et, par leur intersection, donner lieu à une arête.

Reprenons l'équation de la première caractéristique

$$\alpha \, dy - \beta \, dx = 0.$$

Les abréviations donnent, comme nous l'avons vu,

$$\alpha p + \beta q = 1.$$

Si de ces deux équations on tire les valeurs de α et β, on trouve

$$\alpha dz = dx, \qquad \beta dz = dy;$$

ces valeurs, substituées dans l'équation aux différences secondes, donnent

$$(rdx + sdy)(dy + qdz) = (dx + pdz)(sdx + tdy),$$

ou

$$dp(dy + qdz) = (dx + pdz)dq,$$

équation générale des lignes de courbure.

Donc la première caractéristique de la surface est la ligne d'une de ses courbures. Ainsi la surface est telle, que les lignes d'une de ses courbures sont les intersections de la surface par une série de sphères concentriques, et dont le centre commun est à l'origine.

Passons actuellement à la seconde caractéristique, dont nous avons vu que l'équation est

$$(\alpha + p)\,dx + (\beta + q)\,dy = 0,$$

ou

$$\alpha dx + \beta dy + dz = 0.$$

Cette équation serait celle d'un plan, si les deux quantités α, β étaient constantes. Or, pour tous les points de cette même caractéristique, ces deux quantités sont, en effet, constantes; car, si l'on différentie les deux équations

$$\alpha x + \beta y + z = 0, \qquad \alpha p + \beta q - 1 = 0,$$

que fournissent les abréviations, on aura

$$xd\alpha + yd\beta + \alpha dx + \beta dy + dz = 0,$$
$$pd\alpha + qd\beta + \alpha dp + \beta dq = 0,$$

qui, pour la seconde caractéristique, dans laquelle on a

$$\alpha\,dx + \beta\,dy + dz = 0,$$

deviennent

$$x\,d\alpha + y\,d\beta = 0, \qquad p\,d\alpha + q\,d\beta + \alpha\,dp + \beta\,dq = 0;$$

tirant de ces deux équations les valeurs de $d\alpha$ et $d\beta$, on a

$$d\alpha\,(qx - px) = y\,(\alpha\,dp + \beta\,dq),$$
$$d\beta\,(qx - py) = -\,x\,(\alpha\,dp + \beta\,dq);$$

donc les différentielles $d\alpha$, $d\beta$ seront toutes deux nulles, et les quantités α et β seront toutes deux constantes lorsque l'on aura

$$\alpha\,dp + \beta\,dq = 0.$$

Or, pour tous les points de la seconde caractéristique, cette dernière équation a lieu; car l'équation de cette courbe est

$$\alpha\,dx + \beta\,dy + dz = 0,$$

et, à cause des abréviations, on a

$$\alpha x + \beta y + z = 0,$$

ce qui donne pour α et β les deux valeurs suivantes :

$$\alpha\,(y\,dx - x\,dy) = y\,dz - z\,dx,$$
$$\beta\,(y\,dx - x\,dy) = x\,dz - z\,dx,$$

qui, substituées dans l'équation aux différences partielles du second ordre, donnent

$$-\,dp\,(y + qz) = dq\,(x + pz) = 0,$$

ou

$$\alpha\,dp + \beta\,dq = 0.$$

Donc, pour toute l'étendue de la même seconde caractéristique, les quantités α et β sont toutes deux constantes; donc l'équation de cette courbe

$$\alpha\, dx + \beta\, dy + dz = 0$$

est celle d'un plan. Ainsi la seconde caractéristique est une courbe plane.

L'intégrale de cette équation est, en général,

$$\alpha x + \beta y + z = \text{constante};$$

mais les abréviations donnent

$$\alpha x + \beta y + z = 0 :$$

donc la constante introduite par intégration est nulle, et le plan de la courbe passe par l'origine.

Ainsi la seconde caractéristique est une courbe plane dont le plan passe toujours par l'origine.

Reprenons l'équation de la seconde caractéristique

$$\alpha\, dx + \beta\, dy + dz = 0;$$

les abréviations donnent

$$\alpha p + \beta q + 1 = 0.$$

Ces deux équations donnent pour α et β les valeurs suivantes:

$$\alpha\,(q\,dx - p\,dy) = -\,dy - q\,dz,$$
$$\beta\,(q\,dx - p\,dy) = dx + p\,dz,$$

qui, substituées dans l'équation aux différences partielles du second ordre, donnent

$$dp\,(dy + q\,dz) = (dx + p\,dz)\,dq,$$

équation générale des lignes de courbure; donc la seconde caractéristique est la ligne de l'autre courbure de la surface, qui est par conséquent plane, et dont le plan passe constamment par l'origine.

En résumant cet article, on voit que la surface à laquelle appartient l'équation aux différences secondes

$$(\alpha r + \beta s)(\beta + q) = (\alpha + p)(\alpha s + \beta t)$$

a deux caractéristiques différentes; que ces caractéristiques ne sont autre chose que les lignes de ses deux courbures; et que de ces deux lignes, l'une est une courbe plane dont le plan passe par l'origine, et l'autre est sur la surface d'une sphère dont le centre est à l'origine. De cela seul il serait facile de déduire les générations que nous avons exposées précédemment.

Des deux intégrales premières de l'équation aux différences partielles du second ordre.

Chacune des caractéristiques devant fournir une intégration, nous allons d'abord employer la première, dont l'équation est

$$\alpha\, dy - \beta\, dx = 0,$$

ou

$$x\, dx + y\, dy + z\, dz = 0,$$

ou enfin, en intégrant,

$$x^2 + y^2 + z^2 = \gamma^2.$$

Si, dans la proposée

$$[\alpha r + \beta s](\beta + q) = (\alpha + p)[\alpha s + \beta t],$$

on substitue pour r et t leurs valeurs tirées de $dp = r\, dx + s\, dy$, $dq = s\, dx + t\, dy$, en vertu de l'équation de la caractéristique, elle

devient

$$dp\,(\beta + q) = (\alpha + p)\,dq;$$

mais en faisant, pour abréger,

$$1 + p^2 + q^2 = k^2,$$
$$z - px - qy = v,$$

si l'on substitue pour α et β leurs valeurs dans la dernière équation, elle devient

$$dp\left[k^2 x + pv\right] + dq\left[k^2 y + qv\right] = 0,$$

ou

$$k^2\left[x\,dp + y\,dq\right] + v\left[p\,dp + q\,dq\right] = 0,$$

ou enfin

$$- k^2\,dv + vk\,dk = 0,$$

dont l'intégrale est $\dfrac{v}{k} = \delta$, δ étant la constante arbitraire. La caractéristique sphérique a donc les équations intégrales

$$x^2 + y^2 + z^2 = \gamma^2,$$
$$\frac{z - px - qy}{\sqrt{1 + p^2 + q^2}} = \delta,$$

dans lesquelles les quantités γ, δ, qui sont généralement variables, sont néanmoins toutes deux constantes pour toute l'étendue d'une même caractéristique individuelle; donc ces deux quantités sont fonctions arbitraires l'une de l'autre; donc une des intégrales premières de la proposée est

$$z - px - qy = \sqrt{1 + p^2 + q^2}\,\Psi\,(x^2 + y^2 + z^2),$$

qui coïncide avec celle que nous avons trouvée par les considérations géométriques.

Pour trouver l'autre intégrale première, il faut employer la seconde caractéristique, dont l'équation est

$$(\beta + q)\,dy + (\alpha + p)\,dx = 0,$$

ou

$$\alpha\,dx + \beta\,dy + dz = 0,$$

Nous avons vu que les quantités α et β, qui sont généralement variables, sont toutes deux constantes pour tous les points de cette courbe; ces deux quantités sont donc fonctions l'une de l'autre, et l'on aura, pour la seconde des deux intégrales premières,

$$\beta = \Phi\alpha,$$

ou

$$\frac{x - pz}{qx - py} = \Phi\,\frac{-y - qz}{qx - py},$$

qui coïncide avec une de celles que nous avons trouvées directement.

Si l'on introduit $\beta = \Phi\alpha$ dans les équations produites par les abréviations, elles deviendront

$$\alpha x + y\,\Phi\alpha + z = 0,$$
$$\alpha p + q\,\Phi\alpha - 1 = 0,$$

qui auront lieu en même temps pour la caractéristique plane et dans lesquelles α est la constante qui détermine la position de la courbe individuelle : donc le résultat de l'élimination de α entre ces deux équations appartiendra encore à la surface, et sera la même intégrale que la précédente, présentée sous une autre forme. Cette intégrale exprime que si l'on pose la première des deux équations $\alpha x + y\,\Phi\alpha + z = 0$, c'est-à-dire que si l'on coupe la surface par un plan tangent à la surface d'un cône à base quelconque dont le sommet est à l'origine, on doit aussi avoir la seconde équation $xp + q\Psi z - 1 = 0$; c'est-à-dire que ce plan sera partout perpendiculaire à la surface. D'où il est facile de conclure que la surface est engendrée par une courbe plane quelconque et constante de forme, dont le plan roule autour d'un cône à base quelconque, dont le sommet est à l'origine.

$$\textit{Intégration de l'intégrale première}$$

$$z - px - qy = \sqrt{1 + p^2 + q^2}\,\Psi(x^2 + y^2 + z^2).$$

On sait que si la différentielle de la proposée prise en regardant p et q comme seules variables est $P\,dp + Q\,dq = 0$, l'équation de la caractéristique est $P\,dy - Q\,dx = 0$. Or, en faisant, pour abréger, $1 + p^2 + q^2 = k^2$, on a, dans le cas présent,

$$P = x + \frac{p\Psi}{k},$$

$$Q = y + \frac{q\Psi}{k}.$$

L'équation de la caractéristique est donc

$$[kx + p\Psi]\,dy - [ky + q\Psi]\,dx = 0;$$

ou, chassant Ψ au moyen de la proposée,

$$- (y + qz)\,dx + (x + pz)\,dy + (qx - py)\,dz = 0,$$

équation qui sera celle d'un plan si les quantités $\dfrac{y + qz}{qx - py}$ et $\dfrac{x + pz}{qx - py}$ sont toutes deux constantes pour tous les points de cette courbe.

Or cela a lieu, en effet; car, après avoir représenté ces deux quantités, la première par $-\alpha$, la seconde par β, ce qui donne

$$\alpha x + \beta y + z = 0,$$

$$\alpha p + \beta q - 1 = 0$$

on trouve, par la différentiation, que les différentielles $d\alpha$, $d\beta$ sont toutes deux multiples de $\alpha dp + \beta dq$, et sont, par conséquent, toutes deux nulles, quand on a $\alpha dp + \beta dq = 0$. De plus, cette dernière équation a lieu pour toutes les caractéristiques: car, si l'on différentie la proposée en regardant successivement x et y comme seules variables, on a

$$Pr + Qs + 2k\,(x + qz)\,\Psi' = 0,$$
$$Ps + Qt + 2k\,(y + qz)\,\Psi' = 0,$$

qui, par l'élimination de Ψ', donnent

$$\alpha\,(Pr + Qs) + \beta\,(Ps + Qt) = 0,$$

ou

$$P\,(\alpha r + \beta s) + Q\,(\alpha s + \beta t) = 0,$$

équation qui appartient à toute la surface. Mais l'équation de la caractéristique est

$$Pdy - Qdx = 0;$$

donc, éliminant $\dfrac{P}{Q}$ des deux dernières équations, on aura, pour toute l'étendue de la caractéristique,

$$(\alpha r + \beta s)\,dx + (\alpha s + \beta t)\,dy = 0,$$

ou enfin

$$\alpha dp + \beta dq = 0.$$

Les quantités α et β sont donc toutes deux constantes pour une même caractéristique. L'équation de la caractéristique

$$\alpha dx + \beta dy + dz = 0$$

est celle d'un plan; et parce qu'à cause des abréviations, cette intégrale ne peut être que

$$\alpha x + \beta y + z = 0,$$

il s'ensuit que la caractéristique est une courbe plane, dont le plan passe constamment par l'origine.

Pour avoir l'expression de cette courbe, indépendamment de la surface sur laquelle on la considère, il faut, au moyen de son équation et de $dz = p\,dx + q\,dy$, éliminer de la proposée les deux quantités p et q. Le résultat de cette élimination, qui, en faisant, pour abréger,

$$x^2 + y^2 + z^2 = u^2,$$

est l'équation unique aux différences ordinaires,

$$dx^2 + dy^2 + dz^2 = \frac{u^2\,du^2}{u^2 - \psi'^2(u^2)},$$

exprime donc la caractéristique considérée d'une manière abstraite. La propriété qu'énonce cette équation est que l'arc de la courbe est une certaine fonction du rayon vecteur, ou que la distance de l'origine au plan normal est aussi fonction du même rayon vecteur.

La caractéristique étant exprimée par une seule équation aux différences ordinaires, qui appartient aussi à toutes les courbes touchées par les différentes séries de caractéristiques, il s'ensuit que la surface a une arête de rebroussement qui résulte de la génération elle-même, et qui a lieu, quelle que soit la génératrice.

Intégrons d'abord l'équation aux différences ordinaires considérée comme appartenant aux caractéristiques. Pour cela, si, des deux équations

$$\alpha x + \beta y + z = 0, \quad x^2 + y^2 + z^2 = u^2,$$

et de leurs différentielles

$$\alpha\,dx + \beta\,dy + dz = 0, \quad x\,dx + y\,dy + z\,dz = u\,du,$$

on tire les valeurs de x, y, dx, dy, pour les substituer dans la proposée, on les réduira à une équation aux différences ordinaires entre les deux seules variables u et z. Dans ces équations, α et β sont des constantes arbitraires. De ces quatre équations, les deux dernières donnent pour dx et dy les valeurs suivantes :

$$dx(\beta x - \alpha y) = \beta u \, du + dz(\gamma - \beta z),$$

$$dy(\beta x - \alpha y) = \alpha u \, du + dz(x - \alpha z),$$

qui, en faisant, pour abréger, $1 + \alpha^2 + \beta^2 = h^2$, donnent

$$(dx^2 + dy^2 + dz^2)(\beta x - \alpha y)^2$$
$$= h^2(u \, dz - z \, du)^2 + du^2 \left[u^2(\alpha^2 + \beta^2) - h^2 z^2\right].$$

Mais des deux premières on tire

$$(\beta x - \alpha y)^2 = u^2(\alpha^2 + \beta^2) - h^2 z^2;$$

donc on aura

$$dx^2 + dy^2 + dz^2 = du^2 + \frac{h^2(u \, dz - z \, du)^2}{u^2(\alpha^2 + \beta^2) - h^2 z^2}.$$

Substituant cette valeur de $dx^2 + dy^2 + dz^2$ dans l'équation aux différences ordinaires, elle deviendra

$$\frac{du \cdot \Psi u^2}{\sqrt{u^2 - \Psi^2}} = \frac{h(u \, dz - z \, du)}{\sqrt{u^2(\alpha^2 + \beta^2) - h^2 z^2}},$$

dans laquelle on séparera les variables en faisant $\frac{u}{z} = v$; ce qui donne

$$\frac{du \cdot \Psi}{u \sqrt{u^2 - \Psi^2}} + \frac{h \, dv}{v \sqrt{v^2(\alpha^2 + \beta^2) - h^2}} = 0,$$

qui s'intègre par les quadratures, et dont l'intégrale est

$$\int \frac{\Psi \, du}{u \sqrt{u^2 - \Psi^2}} + \operatorname{arc\,cos} \frac{h}{v \sqrt{\alpha^2 + \beta^2}} = \gamma.$$

ou, mettant pour v sa valeur $\frac{u}{z}$,

$$\int \frac{\Psi\, du}{u\sqrt{u^2 - \Psi^2}} + \text{arc cos } \frac{hz}{u\sqrt{\alpha^2 + \beta^2}} = \gamma,$$

γ étant la constante arbitraire introduite par cette intégration. Mais on a aussi, pour la caractéristique,

$$\alpha x + \beta y + z = 0,$$

Donc ces deux équations, qui sont complétées par les trois constantes arbitraires α, β, γ, appartiennent à la caractéristique considérée d'une manière abstraite ; en sorte que, si l'on regarde α, β, γ comme susceptibles, chacune en particulier, de toutes les valeurs possibles, ces deux équations expriment toutes les caractéristiques planes qui se trouvent sur toutes les surfaces susceptibles de la génération exprimée par l'équation aux différences partielles.

Si l'on voulait prendre une série de ces courbes telle, que le lien de toute la série fût une surface courbe, il faudrait établir entre α, β, γ deux relations, ce qui se réduirait à faire $\beta = \varphi\alpha$, $\gamma = \pi\alpha$; les deux équations, qui deviendraient alors

$$\int \frac{\Psi\, du}{u\sqrt{u^2 - \Psi^2}} + \text{arc cos } \frac{z\sqrt{1 + \alpha^2 + \varphi^2}}{u\sqrt{\alpha^2 + \varphi^2}} = \pi\alpha,$$

$$\alpha x + y\varphi + z = 0,$$

appartiendraient seulement aux caractéristiques qui se trouveraient sur la surface. La nature de cette surface dépendrait de la forme des fonctions φ et π, et chacune des courbes serait déterminée sur cette surface par la valeur particulière de la constante α, la seule qui subsisterait alors ; par conséquent, en éliminant α entre ces deux équations, on aurait celle de la surface qui serait le lieu de la série.

Mais, pour la surface que nous considérons, la série ne doit pas être formée d'une manière entièrement arbitraire. Dans chaque série, deux courbes consécutives quelconques doivent se couper, et la suite de ces intersections doit donner lieu à l'arête de rebroussement. Il s'agit donc de trouver la relation qui doit exister entre α, $\varphi\alpha$, $\pi\alpha$, pour que cette condition soit remplie.

Or le point de la caractéristique qui appartient aussi à l'arête de rebroussement est celui dont les coordonnées x, y, z ne changent pas dans les deux équations précédentes quand α varie. Donc, si l'on différentie ces deux équations en regardant α comme seule variable, les deux nouvelles équations

$$\frac{\alpha + \varphi\varphi'}{h(\alpha^2 + \varphi^2)\sqrt{\dfrac{u^2}{z^2}(\alpha^2 + \varphi^2) - h^2}} = \pi',$$

et

$$x + y\phi' = 0,$$

qu'on obtiendra, appartiendront, ainsi que les deux précédentes, au point de l'arête de rebroussement. Donc, si, entre ces quatre équations, on élimine les trois coordonnées x, y, z, l'équation résultante en α, $\varphi\alpha$, $\pi\alpha$ détermine la forme que doit avoir la fonction π, pour que toutes les caractéristiques d'une même série se coupent consécutivement.

De ces quatre équations, la première et la quatrième donnent

$$x(\varphi - \alpha\phi') = z\phi', \qquad y(\varphi - \alpha\phi') = -z,$$

et, par conséquent,

$$\frac{u^2}{z^2} = \frac{1 + \varphi'^2 + (\varphi - \alpha\varphi')^2}{(\varphi - \alpha\varphi')^2}.$$

Cette valeur, substituée dans la troisième, opère l'élimination dont le résultat

$$\frac{\varphi - x\psi}{(x^2 + \varphi^2)\sqrt{1 + x^2 + \varphi^2}} = \pi'$$

doit déterminer la forme de la fonction π, que l'on trouve en intégrant

$$\pi = \int \frac{(\varphi - x\psi')\,dx}{(x^2 + \varphi^2)\sqrt{1 + x^2 + \varphi^2}}.$$

La valeur de π, substituée dans les quatre équations, tient lieu d'une
d'entre elles ; elles se trouvent par là réduites aux trois suivantes :

$$\int \frac{\Psi\,du}{u\sqrt{u^2 - \Psi^2}} + \text{arc cos}\,\frac{zh}{u\sqrt{x^2 + \varphi^2}} = \int \frac{(\varphi - x\psi')\,da}{(x^2 + \varphi^2)\sqrt{1 + x^2 + \varphi^2}}$$

$$ax + y\varphi + z = 0,$$

$$x + y\varphi' = 0,$$

qui, pour une valeur de z, déterminent celles des trois coordonnées
x, y, z du point de l'arête de rebroussement. Donc les deux équations qui résultent de l'élimination de z entre les trois équations
précédentes, sont l'intégrale complète de l'équation aux différences
ordinaires. Ce résultat comprend, comme cas particulier, l'intégrale
qui n'était complétée que par les trois constantes arbitraires α, β, γ.
De ces trois équations intégrales, les deux premières sont celles de
la caractéristique regardée comme faisant partie d'une série dont le
lieu est une des surfaces que nous considérons ; et la constante
arbitraire α, par sa valeur, détermine dans cette série la courbe
individuelle. Donc le résultat de l'élimination de α entre ces deux
premières équations sera l'équation de la surface, et, par conséquent, l'intégrale complète de l'équation aux différences partielles.

Lorsque la fonction Ψ est arbitraire, ce qui a lieu si l'on considère la proposée comme l'intégrale de l'équation aux différences
partielles du second ordre, la quantité $\int \dfrac{\Psi\,du}{u\sqrt{u^2 - \Psi^2}}$ est aussi une

fonction arbitraire que l'on peut représenter par un signe particulier π. Donc l'intégrale finie de l'équation aux différences partielles du second ordre est le résultat de l'élimination de α entre les deux équations :

$$\pi(x^2 + y^2 + z^2) + \arccos \frac{x\sqrt{1 + x^2 + q^2}}{\sqrt{x^2 + y^2 + z^2}\sqrt{x^2 + q^2}} = \int \frac{(q - \alpha q')\,d\alpha}{(\alpha^2 + q'^2)\sqrt{1 + x^2 + q^2}},$$

$$\alpha x + y\Phi + z = 0.$$

Intégration de l'autre intégrale première

$$\frac{x + pz}{qx - py} = \Phi\left(\frac{-y - qz}{qx - py}\right).$$

Si l'on représente par α la quantité qui est sous le signe de la fonction Φ, on aura les deux équations

$$y + qz = -\alpha(qx - py),$$
$$x + pz = \Phi\alpha(qx - py).$$

Ces deux équations peuvent être remplacées par les deux suivantes :

$$\alpha x + y\Phi + z = 0,$$
$$\alpha p + q\Phi - 1 = 0,$$

dont la première est destinée à éliminer l'indéterminée α de la seconde, et dans lesquelles les différences partielles sont linéaires.

Or il est évident que, quelle que soit la forme de la fonction Φ, la valeur de α, prise dans la première et substituée dans la seconde, n'y introduira que les quantités x, y, z : donc, si l'on différentie la seconde en regardant p et q comme seules variables, on aura $P = \alpha$, $Q = \Phi$; par conséquent, l'équation de la caractéristique sera $\alpha\,dy - \Phi\,dx = 0$, ou, remettant pour α et Φ leurs valeurs,

$$(y + qz)\,dy + (x + pz)\,dx = 0,$$

ou enfin

$$x\,dx + y\,dy + z\,dz = 0,$$

dont l'intégrale est

$$x^2 + y^2 + z^2 = \gamma^2,$$

γ étant la constante arbitraire.

Ainsi la caractéristique est sur la surface d'une sphère dont le centre est à l'origine, et dont le rayon γ a une valeur particulière pour chaque caractéristique individuelle; c'est-à-dire que, si l'on conçoit la surface coupée par une série de surfaces sphériques dont les centres soient à l'origine, les intersections seront la série des caractéristiques. Or les surfaces de sphères concentriques ne se coupent en aucun point : donc deux de ces caractéristiques consécutives ne peuvent se couper; donc leur série ne peut donner lieu à une arête de rebroussement; donc enfin la surface, en vertu de sa génération, n'aura d'autre arête de rebroussement que celle qui est touchée par toutes les caractéristiques planes, et dont nous avons parlé dans l'article précédent. On pourrait encore conclure que la caractéristique sera exprimée aux différences ordinaires par deux équations distinctes, et cette conséquence, ainsi que les précédentes, résulterait de ce que les différences partielles sont linéaires dans la proposée. Mais, pour éviter de trop grandes généralités, nous nous contenterons ici de prouver cette dernière proposition à posteriori.

Si, dans la proposée qui résulte de l'élimination de α entre les deux équations

$$\alpha x + y\Phi + z = 0,$$
$$\alpha p + q\Phi - 1 = 0,$$

on substitue pour q sa valeur tirée de $dz = p\,dx + q\,dy$, la seconde devient

$$p\,(\alpha\,dy - \Phi\,dx) = dy - \Phi\,dz,$$

et appartient encore à la surface entière; mais, si l'on considère seulement la caractéristique pour laquelle on a $\alpha\,dy - \Phi\,dz = 0$, le premier membre devient nul. Le second l'est donc aussi pour elle, et l'on a

$$dy = \Phi\,dz,$$

et, par conséquent encore,

$$dx = \alpha\,dz.$$

Éliminant α entre ces deux équations, on aura aussi pour la caractéristique l'équation aux différences ordinaires

$$\frac{dy}{dz} = \Phi\left(\frac{dx}{dz}\right),$$

qu'on peut réduire aux deux seules variables x, y, en chassant z et dz au moyen de la première équation de cette courbe. Ainsi la caractéristique a donc les deux équations aux différences ordinaires distinctes

$$x\,dx + y\,dy + z\,dz = 0,$$

$$\frac{dy\sqrt{\gamma^2 - x^2 - y^2}}{x\,dx + y\,dy} = \Phi\left(\frac{dx\sqrt{\gamma^2 - x^2 - y^2}}{x\,dx + y\,dy}\right),$$

dans la dernière desquelles γ est une constante.

De ces deux équations, l'une est déjà intégrée, et son intégrale est complétée par la constante arbitraire γ. Lorsque nous aurons intégré l'autre, dont l'intégrale sera complétée par une autre constante arbitraire δ, si l'on regarde les deux constantes γ, δ comme susceptibles de toutes les valeurs possibles, les deux équations intégrales appartiendront à la caractéristique sphérique considérée d'une manière abstraite, c'est-à-dire à toutes les caractéristiques individuelles qui se trouvent sur toutes les surfaces soumises à la génération dont il s'agit; le lieu de toutes ces caractéristiques sphériques sera l'espace entier. Mais si l'on veut former une série de ces courbes dont le lieu soit sur une surface courbe, il faut établir entre γ et δ une relation; ce qui se réduit à faire $\delta = \Psi\gamma$: alors les deux intégrales ne renfermeront plus que la seule constante arbitraire γ, dont la valeur déterminera sur la surface la caractéristique individuelle; et, par conséquent, l'élimination de γ entre ces deux intégrales produira en x, y, z l'équation de la surface qui sera le lieu de la série. Cette surface sera la plus générale qu'il sera possible, et son équation sera l'intégrale complète de l'équation aux différences partielles, si la fonction Ψ est arbitraire. Tout se réduit donc actuellement à intégrer la seconde équation aux différences ordinaires

$$\frac{dy\sqrt{\gamma^2 - x^2 - y^2}}{xdx + ydy} = \Phi\left(\frac{dx\sqrt{\gamma^2 - x^2 - y^2}}{xdx + ydy}\right).$$

Pour cela, soit représentée par ω la quantité qui est sous le signe de la fonction, on aura

$$dx\sqrt{\gamma^2 - x^2 - y^2} = (xdx + ydy)\,\omega,$$
$$dy\sqrt{\gamma^2 - x^2 - y^2} = (xdx + ydy)\,\Phi\omega,$$

desquelles on tire les deux suivantes, qui en tiendront lieu,

$$\omega dy - \Phi dx = 0,$$
$$\omega x - y\Phi = \sqrt{\gamma^2 - x^2 - y^2}.$$

Si ω était constante, l'intégrale de la première serait

$$\omega y - x\Phi = \text{constante};$$

mais, ω étant variable, la constante doit être une fonction de ω, que nous représenterons par $f\omega$, et qui doit d'abord être telle, que la différentielle de l'intégrale, prise en ne faisant varier que ω, ait lieu. A la place des deux équations précédentes, on aura donc les trois suivantes :

$$(a)\qquad \omega y - x\Phi = f\omega,$$

$$(b)\qquad y - x\Phi' = f',$$

$$(c)\qquad \omega x - y\Phi = \sqrt{\gamma^2 - x^2 - y^2},$$

qui, par l'élimination des deux variables x, y, donneront en ω, Φ et f une équation aux différences ordinaires qui servira à déterminer la forme de la fonction f.

Or, en faisant, pour abréger, $\frac{f}{\sqrt{\omega^2+\varphi^2}} = v$, le résultat de cette élimination est

$$\frac{dv}{\sqrt{\gamma^2 - v^2}} = \frac{(\Phi - \omega\Phi')\,d\omega}{(\omega^2+\Phi^2)\sqrt{1+\omega^2+\Phi^2}},$$

équation dans laquelle les variables sont séparées, et dont l'intégrale complétée par la constante arbitraire δ est

$$v = \gamma \sin\left[\delta + \int \frac{(\Phi - \omega\Phi')\,d\omega}{(\omega^2+\Phi^2)\sqrt{1+\omega^2+\Phi^2}}\right].$$

Remettant pour v sa valeur, et faisant, comme nous l'avons dit, $\delta = \Psi\gamma$, on aura, pour la valeur de f,

$$f = \gamma\sqrt{\omega^2+\Phi^2}\,\sin\left[\Psi\gamma + \int \frac{(\Phi - \omega\Phi')\,d\omega}{(\omega^2+\Phi^2)\sqrt{1+\omega^2+\Phi^2}}\right].$$

Cette valeur, substituée dans les trois équations (a), (b), (c), tiendra lieu de l'une d'elles, de la troisième par exemple ; et parce que la seconde est la différentielle de la première, prise en regardant ω comme seule variable, il s'ensuit que, si l'on représente par M la quantité suivante :

$$\omega y - x\Phi = \gamma\sqrt{\omega^2+\Phi^2}\,\sin\left[\Psi\gamma + \int \frac{d(\varphi - \omega\varphi')\,d\omega}{(\omega^2+\varphi^2)\sqrt{1+\omega^2+\varphi^2}}\right],$$

dans laquelle on a

$$\gamma^2 = x^2 + y^2 + z^2,$$

l'intégrale complète de l'intégrale aux différences partielles sera le résultat de l'élimination de ω entre les deux équations

$$M = 0,$$
$$\left(\frac{dM}{d\omega}\right) = 0.$$

La zone de la surface comprise entre deux caractéristiques planes consécutives peut être regardée comme le fuseau infiniment étroit d'une surface de révolution autour de l'intersection des deux plans, considérée comme axe; l'aire de cette zone est donc égale à l'arc de la génératrice multiplié par l'espace que parcourt le centre de gravité de l'arc pendant la génération de la zone. Donc l'aire finie, parcourue par un arc quelconque de la génératrice, est égale au produit de cet arc multiplié par l'arc que parcourt le centre de gravité de l'arc générateur. Il est facile de voir aussi que la cubature de l'espace parcouru par un segment ou un secteur de la génératrice est égale au produit de l'aire de ce segment ou de ce secteur, multiplié par l'arc que parcourt le centre de gravité du segment ou du secteur. Cette surface, quoique son équation contienne deux fonctions arbitraires, n'est encore qu'un cas particulier de celle qui jouit de la même propriété, et dont nous nous occuperons dans un autre paragraphe.

§ XXV.

DE LA SURFACE COURBE DONT TOUTES LES NORMALES SONT TANGENTES À UNE MÊME SURFACE DÉVELOPPABLE QUELCONQUE.

PRÉLIMINAIRES.

I.

On sait que toutes les normales d'une surface courbe sont en même temps tangentes à deux autres surfaces, dont la première est le lieu des centres d'une des courbures de la surface primitive, et dont la seconde est le lieu des centres de l'autre courbure. En général, les deux surfaces des centres de courbure sont les nappes distinctes d'une même surface courbe; elles sont exprimées par une même équation d'un degré pair, et dont les radicaux ont des signes différents pour l'une et pour l'autre. Cependant, pour certains cas particuliers dont le nombre est encore infiniment grand, les équations des deux nappes de la surface des centres de courbure sont séparées; elles ne sont pas de nature à s'échanger l'une en l'autre dans aucune hypothèse, et l'une de ces surfaces peut être entièrement construite sans qu'on ait déterminé un seul point de l'autre : mais, même alors, il existe entre ces deux surfaces une relation dont nous allons nous occuper.

Par exemple, pour une surface quelconque de révolution, le lieu des centres de la courbure, dans le sens des parallèles, se réduit à une ligne droite qui est l'axe de révolution. Les équations de cette droite sont absolues, et n'ont aucun rapport avec l'équation du lieu des centres de la courbure dans le sens des méridiens : mais, par cela seul que cette première nappe est une ligne droite, la seconde est assujettie à certaines conditions; elle est elle-même une autre surface de révolution autour du même axe, et l'on voit aisément que le méridien de cette nouvelle surface de révolution est la développée du méridien de la première.

Ainsi deux surfaces ne peuvent pas être prises arbitrairement pour être les deux nappes du lieu des centres de courbure d'une troisième surface. De ces deux nappes une seule peut être prise arbitrairement; et celle-ci étant donnée, l'autre s'ensuit nécessairement : ce qui donne lieu au problème suivant, que nous allons d'abord résoudre.

II.

Une surface courbe quelconque donnée étant regardée comme le lieu des centres d'une des courbures d'une autre surface, trouver l'équation du lieu des centres de l'autre courbure.

La normale devant toucher les deux surfaces des centres de courbure, soient x', y', z' les coordonnées de son point de contact avec la première, et x'', y'', z'' celles de son point de contact avec la seconde. De plus, soient

$$dz' = p'dx' + q'dy'$$

l'équation différentielle de la première surface des centres, et

$$dz'' = p''dx'' + q''dy''$$

celle de la seconde surface; il est clair que p', q' seront des fonctions de x' et y', et que p'', q'' seront des fonctions de x'', y''.

Cela posé, si par le point de contact de la normale avec la première surface des centres, et dont les coordonnées sont x', y', z', on mène un plan tangent à cette surface, l'équation de ce plan en

x, y, z sera

$$z - z' = p'(x - x') + q'(y - y').$$

Mais ce plan contient la normale, et passe par conséquent par le point de contact de cette droite avec l'autre surface des centres, point dont les coordonnées sont x'', y'', z''; donc l'équation de ce plan aura lieu entre les trois coordonnées du second point de contact, et l'on aura

$$z'' - z' = p'(x'' - x') + q'(y'' - y').$$

De même, si, par le point de contact de la normale avec la seconde surface des centres, et dont les coordonnées sont x'', y'', z'', on mène un plan tangent à cette surface, l'équation de ce plan en x, y, z sera

$$z - z'' = p''(x - x'') + q''(y - y'');$$

et, parce que ce second plan contient encore la normale, et passe, par conséquent, par le point de contact de la normale avec la première surface des centres, point dont les coordonnées sont x', y', z', il s'ensuit que l'équation du plan doit avoir lieu entre ces trois dernières coordonnées; donc on aura

$$z'' - z' = p''(x' - x') + q''(y' - y').$$

De plus, par la propriété des courbures des surfaces courbes, les deux plans tangents que nous venons de considérer, et qui passent par la même normale, sont rectangulaires entre eux; donc les coefficients de leurs équations auront entre eux la relation suivante :

$$p'p'' + q'q'' + 1 = 0.$$

On aura donc, entre les coordonnées des deux surfaces des centres de courbure, les trois équations que nous réunissons ici :

$$z'' - z' = p'(x'' - x') + q'(y'' - y'),$$
$$z'' - z' = p''(x'' - x') + q''(y'' - y'),$$
$$p'p'' + q'q'' + 1 = 0.$$

Actuellement, si l'une des surfaces des centres est donnée, celle, par exemple, dont les coordonnées sont x', y', z', on aura entre ces trois coordonnées une équation que nous pourrons représenter par

$$F(x', y', z') = 0,$$

et de laquelle on tirera, par la différentiation, les valeurs de p' et q' en x', y', z'. Ces valeurs étant substituées, si des quatre équations on élimine les trois quantités x', y', z', on aura, en x'', y'', z'', p'', q'', une équation aux différences partielles du premier ordre, qui sera celle de la seconde surface des centres demandée.

Appliquons ce résultat à un cas particulier simple et connu.

III.

Supposons que la première surface des centres de courbure se réduise à une ligne droite qui se confonde avec l'axe des z, ce qui est, comme on sait, le cas d'une surface quelconque de révolution autour de cet axe, et qu'il faille trouver l'équation de l'autre surface des centres; on aura, pour la première surface, les deux équations

$$x' = 0, \quad y' = 0,$$

ce qui donne

$$p' = \infty, \quad q' = \infty.$$

Substituant dans les trois équations ci-dessus, elles se réduiront aux deux suivantes :

$$p'x'' + q'y'' = 0, \quad p'p'' + q'q'' = 0,$$

entre lesquelles éliminant p', q', seules quantités qui contiennent encore x', y', on aura

$$p''y'' - q''x'' = 0,$$

équation aux différences partielles du premier ordre qui appartient à une surface quelconque de révolution autour de l'axe des z, et qui d'ailleurs ne statue rien sur la nature du méridien de cette surface, qui est par conséquent arbitraire.

Donc, lorsqu'une des surfaces des centres se réduit à une droite, l'autre surface des centres est de révolution autour de cette droite considérée comme axe.

IV.

Passons maintenant à un autre cas particulier relatif à l'objet du paragraphe suivant, et supposons que la première surface des centres soit une surface développable quelconque ; l'équation de cette surface sera, comme on sait, le résultat de l'élimination de l'indéterminée α entre les deux équations suivantes :

$$z' = x'\Phi\alpha + y'\Psi\alpha + \alpha, \quad 0 = x'\Phi'\alpha + y'\Psi'\alpha + 1,$$

dont la seconde est la différentielle de la première, prise en regardant α comme seule variable, et dans lesquelles les fonctions Φ et Ψ sont arbitraires.

En différentiant, on aura

$$p' = \Phi\alpha, \quad q' = \Psi\alpha ;$$

et substituant pour z', p', q' leurs valeurs dans les équations ci-dessus, on trouvera

$$z'' = x'' \Phi z + y'' \Psi z + \alpha, \quad o = p'' \Phi z + q'' \Psi z + 1.$$

En sorte que l'équation de la seconde surface des centres est le résultat de l'élimination de z entre les deux équations précédentes, élimination qui ne peut s'effectuer que lorsque les fonctions Φ et Ψ sont déterminées. Cette équation se présente sous la forme d'une différentielle partielle du premier ordre, et l'est, en effet, quand les formes des deux fonctions sont déterminées ; mais si ces fonctions sont regardées comme arbitraires, ce qui a lieu lorsque la première surface des centres est considérée comme une surface développable quelconque, l'équation de la seconde surface des centres, pour ne plus rien contenir d'arbitraire, et être délivrée de toutes les fonctions, doit être portée aux différences partielles du troisième ordre. Nous aurons bientôt occasion de voir que cette surface n'est autre chose que celle qui va faire l'objet de ce paragraphe.

Ces préliminaires étant posés, nous allons nous occuper de la surface dont toutes les normales sont tangentes à une même surface développable quelconque.

V.

Générations de la surface.

Première génération. — Une surface courbe étant telle, que toutes ses normales soient tangentes à une même surface développable, concevons un premier plan quelconque tangent à la surface développable, et qui la touchera, par conséquent, en une droite ; ce plan coupera la surface proposée dans une courbe, pour chaque point de laquelle la normale à la surface sera dans le plan : il sera donc lui-même normal à la surface dans chacun des points de son intersection avec elle, de la même manière que le plan d'un méridien quelconque d'une surface de révolution est normal à cette surface dans chacun des points de la courbe du méridien. Concevons ensuite un second plan tangent à la surface développable, infiniment voisin du premier, et qui coupera le premier dans la droite de son contact avec la surface développable; ce second plan tangent coupera la surface proposée dans une nouvelle courbe, et sera lui-même normal à la surface dans tous les points de cette intersection. L'élément de la surface proposée compris entre ces deux intersections consécutives, et qui sera partout perpendiculaire en même temps aux plans qui les produisent, pourra donc être regardé comme le fuseau indéfini d'une surface de révolution compris entre ces deux plans considérés comme méridiens consécutifs, et dont l'axe de rotation sera la droite d'intersection de ces deux plans. Cet élément pourra donc être regardé comme engendré par le commencement de rotation de l'intersection de la surface par le premier plan autour de la droite de son intersection avec le second; et, par conséquent, la courbe génératrice viendra s'appliquer sur l'intersection de la surface du second plan, et se confondre avec elle.

Concevons encore un troisième plan tangent à la surface développable, et infiniment voisin du second; il coupera le second plan dans une autre droite infiniment voisine de la première, et qui, comme elle, sera sur la surface développable. Ce troisième plan sera aussi normal à la surface dans tous les points de son intersection avec elle; l'élément de la surface compris entre cette troisième intersection et la seconde pourra aussi être regardé comme engendré par le commencement de la rotation de la seconde autour de la seconde droite; et, dans ce mouvement, la seconde intersection vient s'appliquer sur la troisième et se confondre avec elle.

En continuant de considérer ainsi la suite des plans consécutivement tangents à la surface développable, et qui touchent cette surface dans les droites consécutives dont elle est le lieu général, on voit que chacun de ces plans produit une section sur la surface proposée, et que ces sections sont telles, que si la première se meut d'abord en tournant autour de la droite de son plan avec la surface développable, et qu'elle continue à se mouvoir en tournant toujours autour de la droite variable du contact de son plan actuel, elle viendra successivement s'appliquer sur toutes les autres, et se confondre entièrement avec chacune d'elles.

Il suit de là que la surface proposée peut être regardée comme engendrée par le mouvement d'une courbe plane arbitraire, constante de forme et de grandeur, et dont le plan roule sans glisser sur une surface développable quelconque.

VI.

Quelle que soit la nature de la surface développable sur laquelle roule le plan de la génératrice, et quelle que soit la nature de la génératrice elle-même considérée dans son plan, la surface engendrée a plusieurs propriétés générales indépendantes de ces particularités. L'énoncé de chacune de ces propriétés générales peut être regardé comme une définition complète et suffisante de la surface: et toutes ces propriétés sont exprimées dans une seule équation, ou peuvent en être déduites par les règles de l'analyse. Nous allons d'abord nous occuper de celles de ces propriétés générales qui se déduisent le plus facilement de la génération que nous venons de trouver.

VII.

Par chacun des points d'une surface courbe quelconque passent toujours deux lignes de courbure qui se coupent à angles droits sur la surface; et chacune de ces deux lignes est telle, que si par tous les points on mène des normales à la surface, ces normales se rencontrent consécutivement deux à deux, c'est-à-dire sont toutes tangentes à une même courbe, qui, en général, est à double courbure, et réciproquement. Or, si, considérant la génératrice de la proposée dans une position quelconque, on mène par tous ses points des normales à la surface, ces droites, qui seront aussi normales à la génératrice, seront toutes dans le plan générateur; elles se rencontreront donc consécutivement deux à deux, et elles seront toutes tangentes à une même courbe, qui, dans ce cas, sera la développée plane de la génératrice.

Il suit de là, 1° que la génératrice, dans toutes ses positions, est la ligne d'une des courbures de la surface engendrée; 2° que cette ligne de courbure est toujours plane. Mais un plan ne peut être susceptible d'une seule série de positions, et être mobile d'une manière plus générale que de rouler sur une surface développable quelconque : donc il n'y a point d'autre surface qui jouisse de la même propriété; donc la surface engendrée est définie d'une manière complète lorsque l'on énonce qu'une de ses lignes de courbure est constamment plane.

La courbe parcourue par chacun des points de la génératrice est perpétuellement normale au plan générateur; elle est donc aussi perpétuellement normale à la génératrice, et, par conséquent, aux lignes d'une des courbures : donc elle est une des lignes de l'autre courbure.

VIII.

Il est bien évident que la surface développable touchée par toutes les normales, ou sur laquelle roule le plan générateur, est la surface des centres d'une des courbures; mais nous venons de voir qu'en considérant le plan générateur dans une position quelconque, toutes les normales à la surface qu'il contient sont tangentes à la développée plane de la génératrice : cette développée est donc sur la surface des centres de l'autre courbure, surface qui est le lieu de toutes les développées qui conviennent aux positions différentes et successives du plan générateur. Or, la génératrice est constante de forme et de position dans son plan mobile; sa développée est, par conséquent, aussi constante de forme et de position dans le même plan : donc, en même temps que la génératrice engendre la surface proposée, sa développée constante engendre la surface des centres de la seconde courbure.

La surface proposée est donc définie d'une manière complète lorsque l'on dit que la surface des centres de l'une de ses courbures est engendrée par le mouvement d'une courbe plane constante de forme, dont le plan, sans glisser, roule sur une surface développable quelconque, ou lorsque l'on dit que la surface des centres d'une de ses courbures a toutes ses normales tangentes à la même surface développable.

IX.

La surface proposée peut avoir des lignes singulières ou des points singuliers qui dépendent et de la surface développable sur laquelle roule le plan générateur, et de la nature même de la génératrice; mais, indépendamment de ces particularités, elle a une arête de rebroussement nécessaire, qui est une suite de sa génération. En effet, concevons que le plan générateur roule sur la surface jusqu'à ce que la génératrice se soit entièrement appliquée sur elle, et que les points dans lesquels se fait cette application laissent leurs traces sur la surface développable; on aura sur cette surface une courbe à double courbure, qui sera en même temps sur la surface engendrée. Cela posé, considérons un point quelconque de la génératrice; ce point décrit une courbe qui d'abord s'approche de plus en plus de la surface développable, à laquelle elle devient perpendiculaire au moment où le point décrivant s'applique sur cette surface. Le point décrivant, ne pouvant pas pénétrer au delà de la surface développable, se réfléchit; la nouvelle branche de la courbe qu'il parcourt commence par être encore normale à la surface développable, dont elle s'éloigne ensuite de plus en plus. La ligne de seconde courbure qu'il parcourt a donc un point de rebroussement placé sur la surface développable en un des points de la trace de la génératrice. La même chose ayant lieu pour toutes les autres lignes de seconde courbure, il s'ensuit que la surface engendrée a une arête de rebroussement; que cette arête est la trace même de la génératrice sur la surface développable; qu'elle est perpétuellement touchée par la génératrice, et qu'elle est, par conséquent, le lieu de l'intégrale particulière de toutes les lignes de courbure planes.

X.

Si l'on suppose que le plan générateur continue de rouler sur la surface développable jusqu'à ce que la développée de la génératrice s'y soit aussi entièrement appliquée, et que cette développée y ait aussi laissé sa trace, on aura sur la surface développable une nouvelle courbe à double courbure, qui sera évidemment une arête de rebroussement pour la surface des centres de la seconde courbure. Cette arête se trouvant en même temps sur les deux surfaces des centres, chacun de ses points sera un centre commun aux deux courbures. Donc, si l'on conçoit toutes les tangentes possibles à cette arête, chacune de ces droites sera normale à la surface engendrée, et la coupera en un point pour lequel les deux courbures de la surface seront égales entre elles et dans le même sens. Donc la courbe qui passera par tous ces points sera sur la surface une ligne singulière; ce sera celle de ses courbes sphériques.

XI.

La surface engendrée jouit généralement de la propriété exprimée par la règle de Guldin ; car, si l'on suppose qu'un arc fini et constant de la génératrice soit entraîné par le plan générateur et parcoure une zone finie sur la surface, cette zone finie pourra être considérée comme divisée, par les positions consécutives de la génératrice, en fuseaux infiniment étroits de surface de révolution : l'aire de chacun de ces fuseaux sera égale à l'arc multiplié par le chemin que parcourt le centre de gravité de cet arc ; donc l'aire de la zone entière sera égale à cet arc, facteur commun, multiplié par la somme des espaces parcourus par le centre de gravité.

On reconnaît de même que si l'on circonscrit sur le plan générateur un espace par une courbe quelconque continue ou discontinue, mais rentrante en elle-même, la solidité du volume parcouru par cet espace est égale au produit de l'aire de l'espace multiplié par l'arc que parcourt le centre de gravité de l'aire.

XII.

Si la génératrice est une droite fixe dans le plan et mobile avec lui, la surface engendrée sera une nouvelle surface développable, dont l'arête de rebroussement, perpétuellement touchée par la droite génératrice, est entièrement sur la première surface développable. Cette nouvelle surface développable est perpétuellement normale au plan générateur, tandis que la première est perpétuellement touchée par lui. Enfin, ces deux surfaces développables ont entre elles cette relation, que la première est la développée de la seconde : ainsi les surfaces développables ne sont qu'un cas infiniment particulier de la surface que nous considérons.

XIII.

Seconde génération. — Une surface quelconque de révolution, constante de forme et de grandeur, étant supposée fixe sur son axe, mais mobile avec lui, concevons que l'axe tourne autour d'un de ses propres points, et entraîne la surface de révolution dans une seconde position, à une distance quelconque de la première ; on aura alors deux surfaces de révolution semblables et égales entre elles, et placées à égales distances du point d'intersection de leurs axes. Ces deux surfaces se couperont dans une courbe plane, dont le plan passera par le point commun aux deux axes, sera perpendiculaire au plan des deux axes, et partagera en deux parties égales l'angle que les deux axes forment entre eux.

Cela posé, concevons que l'axe de la surface de révolution roule sur une courbe à double courbure quelconque, c'est-à-dire se meuve de manière à être perpétuellement tangent à cette courbe, sans glisser sur elle, et qu'il entraîne avec lui la surface de révolution ; il engendrera une surface développable qui aura pour arête de rebroussement la courbe perpétuellement touchée, et la surface de révolution, constante de forme et de grandeur, parcourra un espace dont l'enveloppe sera la surface dont nous nous occupons.

En effet, considérons deux enveloppées consécutives qui sont ici deux surfaces de révolution semblables et égales entre elles, dont les axes se coupent, puisqu'ils sont deux tangentes consécutives d'une même courbe, et qui sont toutes deux à la même distance de ce point de rencontre des deux axes. La courbe d'intersection de ces deux enveloppées, courbe qui sera la caractéristique de l'enveloppe, sera plane, ne différera pas du méridien de l'enveloppée, et sera, par conséquent, constante de forme comme lui. Le plan de cette caractéristique passera par le point commun aux deux axes, et sera perpendiculaire au plan qui passe par ces deux axes; il sera donc perpendiculaire au plan tangent à la surface développable parcourue par l'axe. Enfin ce plan, devant partager en deux parties égales l'angle infiniment petit formé par deux axes consécutifs, pourra être considéré comme passant par l'un d'eux, et, par conséquent, comme tangent à la courbe touchée par l'axe mobile. Donc le plan de la caractéristique sera perpétuellement tangent à la surface développable qui est la développée de celle que parcourt l'axe. Mais ce plan est normal à l'enveloppe dans tous les points de la caractéristique : donc il contiendra toutes les normales pour les différents points de la caractéristique; donc toutes ces normales seront tangentes à la surface développable, développée de celle qu'engendre l'axe; donc l'enveloppe est telle, que toutes ses normales sont tangentes à une même surface développable.

XIV.

Dans la génération que nous venons de donner, les points qui se correspondent dans les différentes caractéristiques sont tous à la même distance de leurs axes respectifs; les courbes qui passent par ces points homologues ont donc tous leurs points à la même distance de la surface développable parcourue par l'axe de l'enveloppée; donc la surface que nous considérons n'est autre chose que celle de la *moulure générale* poussée sur une surface développable quelconque, au moyen d'un profil arbitraire continu ou discontinu, mais qui doit être plan, et dont le plan doit toujours être normal à la surface développable, et être tangent à l'arête de rebroussement de cette dernière surface.

Cette propriété comporte encore une définition complète et exacte de la surface que nous considérons.

XV.

Toute surface de révolution peut être regardée comme l'enveloppe de l'espace parcouru par une sphère variable de rayon, et dont le centre se meut sur l'axe. Dans la génération précédente, chacune des enveloppées peut donc elle-même être regardée comme l'enveloppe de l'espace parcouru par une sphère variable arbitrairement de rayon, et dont le centre se meut sur une des droites de la surface développable ; mais ce qu'il y a d'arbitraire dans la variation du rayon n'a lieu que pour une seule surface de révolution : en sorte que, pour toutes les autres, les sphères dont les centres se trouvent sur une même ligne de courbure de la surface développable doivent avoir le même rayon que celle qui leur correspond dans la première surface de révolution.

D'après cela, étant donnée une surface développable quelconque, si l'on conçoit qu'une sphère variable de rayon se meuve de manière que son centre parcoure successivement tous les points de cette surface, avec cette condition cependant que la sphère soit toujours de même rayon lorsque son centre est sur la même ligne de courbure de la surface développable, quelle que soit d'ailleurs la loi suivant laquelle elle en change quand le centre passe d'une des lignes de courbure à une autre, cette sphère parcourra un espace dont l'enveloppe générale, ou la double enveloppe, sera la surface que nous considérons.

Il est nécessaire de donner une épithète à l'enveloppe dont il s'agit ici, parce qu'elle diffère de toutes celles dont nous nous sommes occupés jusqu'à présent. Les enveloppes simples touchent l'enveloppée dans une courbe qui est la caractéristique et qui est l'intersection de deux enveloppées consécutives. L'enveloppe que nous considérons ne touche chaque enveloppée qu'en un seul point, déterminé sur l'enveloppée par l'intersection des deux caractéristiques. Dans le cas présent, une quelconque des sphères est coupée dans la circonférence d'un de ses petits cercles par celle qui la suit immédiatement, et dont le centre est placé sur la même droite de la surface développable; elle est coupée dans la circonférence d'un de ses grands cercles par celle qui la suit immédiatement, et dont le centre est sur la même ligne de courbure de la surface développable: et c'est dans le point d'intersection de ces deux circonférences qu'elle est touchée par la double enveloppe.

La courbe qui touche la série des petits cercles de mêmes rayons, et qui est leur intégrale particulière, est une des caractéristiques de la double enveloppe; celle qui touche une série de grands cercles de rayons différents, et qui est leur intégrale particulière, est l'autre caractéristique de la double enveloppe: et c'est encore dans l'intersection de ces deux caractéristiques que la double enveloppe touche la sphère individuelle.

XVI.

Dans la dernière génération, si l'on considère la suite des sphères de même rayon, dont les centres sont placés sur la même ligne de courbure de la surface développable, l'enveloppe simple de ces sphères sera la surface d'un tuyau circulaire de rayon constant, et dont l'axe curviligne sera la ligne de courbure elle-même. Cette surface sera touchée par la surface engendrée dans une courbe dont tous les points seront distants de la ligne de courbure, d'une quantité égale au rayon constant du tuyau; et si l'on considère les surfaces de deux de ces tuyaux consécutifs et de rayons différents, elles se couperont dans la courbe de contact du tuyau avec la surface engendrée.

Donc, si l'on suppose que la surface du tuyau soit mobile, de

43

manière, 1° que son axe curviligne se confonde successivement avec les différentes lignes de courbure de la surface développable; 2° que son rayon, qui est constant pour toute l'étendue du tuyau, varie d'une manière quelconque, en même temps que l'axe curviligne change de position, elle parcourra un espace dont l'enveloppe simple sera la surface engendrée. La surface du tuyau mobile est donc une enveloppée nouvelle, et l'intersection de deux de ces enveloppées consécutives produit la seconde caractéristique de l'enveloppe, comme l'intersection de deux surfaces de révolution consécutives produit la première.

Donc enfin, en regardant la seconde caractéristique comme une génératrice, la surface est engendrée par le mouvement d'une courbe variable de forme et de grandeur, qui se ment de manière qu'elle soit perpétuellement une trajectoire orthogonale du plan mobile qui contient la génératrice plane.

XVII.

Recherche de l'équation intégrale de la surface.

Nous avons vu que la surface dont toutes les normales sont tangentes à une même surface développable quelconque est susceptible de cinq générations essentiellement différentes.

Elle peut être engendrée par une courbe mobile de deux manières différentes : ou par une courbe plane, constante de forme, de grandeur et de position dans son plan, mais dont le plan roule sans glisser sur la surface développable; ou par une courbe à double courbure, variable de grandeur, qui se meut de manière qu'elle ne cesse pas d'être une trajectoire orthogonale au plan mobile qui contient la génératrice plane.

Elle peut être considérée comme enveloppe simple de l'espace parcouru par deux surfaces mobiles essentiellement différentes : ou par une surface de révolution quelconque constante de forme et de position sur son axe, mais dont l'axe se meut de manière à être perpétuellement tangent à une même courbe à double courbure; ou par la surface d'un tuyau à section circulaire, dont le rayon est constant dans toute son étendue, dont l'axe curviligne se confond perpétuellement avec la ligne de courbure d'une même surface développable, et qui se meut de manière qu'elle change de rayon suivant une loi quelconque, lorsque l'axe curviligne change de position et passe d'une ligne de courbure à une autre.

Enfin, elle peut être considérée comme l'enveloppe générale de l'espace parcouru par une sphère mobile et variable de rayon, dont le centre parcourra successivement tous les points d'une même surface développable quelconque, et dont le rayon, constant lorsque le centre reste sur la même ligne de courbure de la surface développable, change de grandeur d'une manière quelconque, lorsque le centre passe d'une des lignes de courbure à une autre.

Chacune de ces cinq générations peut conduire directement à toutes les équations de la surface, tant intégrale qu'aux différences partielles de tous les ordres; mais elles ne le font pas avec la même facilité. Pour l'équation intégrale, c'est la dernière génération qui exige des considérations moins compliquées, et c'est elle que nous allons employer : ainsi nous regarderons la surface comme enveloppe générale de l'espace parcouru par une sphère mobile.

XVIII.

La surface développable parcourue par le centre de la sphère mobile peut être regardée en même temps et comme le lieu des tangentes de son arête de rebroussement, et comme le lieu des développements de cette arête; en sorte qu'un point est déterminé sur cette surface, lorsqu'on indique la tangente de l'arête de rebroussement et la développante de cette arète, à l'intersection desquelles il doit se trouver.

Cela posé, soient

$$x = \varphi z, \quad y = \psi z$$

les deux équations de l'arète de rebroussement de la surface développable parcourue par le centre de la sphère mobile; puis, considérant la tangente de cette arète dans une position quelconque, soit α la valeur de z au point de contact : les trois coordonnées de ce point de contact seront

$$x = \varphi\alpha, \quad y = \psi\alpha, \quad z = \alpha.$$

Les deux équations de la tangente en x, y seront donc

$$x - \varphi = (z - \alpha)\varphi'\alpha, \quad y - \psi = (z - \alpha)\psi'\alpha.$$

La position de cette tangente sur la surface développable sera déterminée par la valeur de α; et si l'on élimine α entre les deux équations précédentes, on aura l'équation du lieu des tangentes, c'est-à-dire de la surface développable elle-même.

L'élément de l'arc de l'arète de rebroussement sera évidemment

$$d\alpha\sqrt{1 + \varphi'^2 + \psi'^2},$$

ou, en faisant, pour abréger, $1 + \varphi'^2 + \psi'^2 = h^2$, l'expression de cet élément sera

$$h\,d\alpha,$$

et, par conséquent, la longueur de l'arc rectifié de l'arète de rebroussement sera

$$\int h\,d\alpha.$$

Cette expression comprend implicitement une constante arbitraire qui dépend du point de l'arète par lequel commence sa rectification.

Actuellement, si, pour obtenir le point d'une développante, on porte l'arc rectifié sur la tangente, à partir du point de contact et du côté de l'arc rectifié, l'amplitude de cet arc, dans le sens de chacune des coordonnées x, y, z, sera

$$\text{dans le sens des } x, \quad \frac{x'}{h}\int h\,dz\,;$$

$$\text{dans le sens des } y, \quad \frac{y'}{h}\int h\,dz\,;$$

$$\text{dans le sens des } z, \quad \frac{1}{h}\int h\,dz\,;$$

et les coordonnées du point de la développante qu'on aura ainsi déterminé seront

$$x = \varphi - \frac{x'}{h}\int h\,dz,$$

$$y = \psi - \frac{y'}{h}\int h\,dz,$$

$$z = z - \frac{1}{h}\int h\,dz.$$

La position de ce point sur la tangente dépendra de la grandeur de la constante arbitraire comportée par le signe d'intégration; mais si l'on suppose que cette constante conserve toujours la même valeur, les points déterminés pour les différentes valeurs de z, c'est-à-dire pour toutes les tangentes successives, seront tous sur la même développante de l'arête de rebroussement: en sorte que, si l'on complète l'intégrale de manière que sa valeur soit nulle lorsque z a une valeur déterminée, par exemple lorsque l'on a $z = 0$, le point sera sur la développante qui passe par l'intersection de l'arête de rebroussement avec le plan des x, y.

Prenant donc cette première développante comme une origine arbitraire à laquelle nous rapporterons toutes les autres, et considérant que chacune des autres développantes a tous ses points à égales distances de la première; si l'on suppose que pour l'une quelconque d'entre elles, cette distance soit exprimée par β, les trois coordonnées d'un point quelconque de cette nouvelle développante seront

$$x = \varphi - \frac{\varphi'}{h}\left(\beta + \int h\,d\alpha\right),$$

$$y = \psi - \frac{\psi'}{h}\left(\beta + \int h\,d\alpha\right),$$

$$z = \alpha - \frac{1}{h}\left(\beta + \int h\,d\alpha\right).$$

Les valeurs de ces trois coordonnées sont donc celles d'un point déterminé sur la surface développable par les valeurs des deux quantités α, β, dont la première indique la tangente de l'arête de rebroussement, dont la seconde indique la développante de cette arête, et qui, par leur intersection, déterminent ce point sur la surface.

XIX.

Il n'est peut-être pas inutile d'observer, en passant, 1° que les trois dernières équations appartenant au point général d'une surface développable, si l'on élimine entre elles les deux quantités α, β, le résultat de l'élimination en x, y, z n'est autre chose que l'équation de la surface développable elle-même; 2° que si l'on élimine β seule, ce qui entraîne aussi l'élimination de $\int h\,d\alpha$, les deux équations résultantes

$$x - \varphi = (z - \alpha)\varphi',$$
$$y - \psi = (z - \alpha)\psi',$$

sont celles de la tangente dont la position est déterminée par la valeur de α; 3° enfin, que si l'on élimine α seule, ce qui ne peut s'effectuer tant que les fonctions φ et ψ sont regardées comme arbitraires, les deux équations résultantes sont celles de la développante de l'arête de rebroussement déterminée par la valeur de β qui reste dans les équations.

XX.

Considérons actuellement la sphère mobile, et représentons par x', y', z' les coordonnées de son centre ; comme ce centre est un point de la surface développable, on aura

$$x' = \varphi - \frac{\varphi'}{h}(\beta + \textstyle\int h\,d\alpha),$$

$$y' = \psi - \frac{\psi'}{h}(\beta + \textstyle\int h\,d\alpha),$$

$$z' = \alpha - \frac{1}{h}(\beta + \textstyle\int h\,d\alpha).$$

D'ailleurs le rayon de la sphère étant constant lorsque son centre est sur une même développante de l'arête de rebroussement, et variable lorsque le centre passe d'une développante à une autre, ce rayon est donc constant et variable en même temps que β, et, par conséquent, fonction de β. De plus, la forme de cette fonction dépend uniquement de la nature de la génératrice plane, qui est arbitraire : ainsi le rayon de la sphère mobile est une fonction arbitraire de β que nous représenterons par $\pi\beta$. Donc l'équation en x, y, z de la sphère mobile sera

$$(x - x')^2 + (y - y')^2 + (z - z')^2 = (\pi\beta)^2.$$

ou, en remettant pour x', y', z' leurs valeurs,

$$\left.\begin{aligned}
&\left[x - \varphi + \frac{\varphi'}{h}(\beta + \textstyle\int h\,d\alpha)\right]^2 \\
+\ &\left[y - \psi + \frac{\psi'}{h}(\beta + \textstyle\int h\,d\alpha)\right]^2 \\
+\ &\left[z - \alpha + \frac{1}{h}(\beta + \textstyle\int h\,d\alpha)\right]^2
\end{aligned}\right\} = (\pi\beta)^2,$$

que, pour abréger, nous représenterons par $M = o$.

Or, si l'on considère deux sphères consécutives dont les centres soient sur la même développante, la quantité β aura la même valeur pour toutes deux; leurs équations ne différeront entre elles que par la valeur de α qui aura varié de l'une à l'autre. Elles se couperont dans un grand cercle dont la circonférence passera par le point de contact de l'enveloppée avec l'enveloppe générale, et la différentielle de $M = o$, prise en regardant α comme seule variable, c'est-à-dire

$$\left(\frac{dM}{d\alpha}\right) = o,$$

appartiendra à la circonférence de ce grand cercle.

De même, si l'on considère deux sphères consécutives dont les centres soient sur la même tangente à l'arête de rebroussement, les équations de ces deux sphères ne différeront entre elles que par la valeur de β qui aura varié de l'une à l'autre. Ces sphères se couperont dans un petit cercle dont la circonférence passera encore par le point de contact de l'enveloppée avec l'enveloppe générale; et la différentielle de $M = o$, prise en ne faisant varier que β, c'est-à-dire

$$\left(\frac{dM}{d\beta}\right) = o,$$

appartiendra à la circonférence de ce petit cercle.

Donc on aura pour le point de contact de la sphère mobile avec l'enveloppe générale, les trois équations

$$M = o,$$

$$\left(\frac{dM}{d\alpha}\right) = o,$$

$$\left(\frac{dM}{d\beta}\right) = o;$$

mais le point de contact, en vertu des valeurs dont sont susceptibles les deux indéterminées α, β peut être transporté successivement sur tous les points de la surface engendrée, qui n'est autre chose que le lieu de tous les points qu'on peut obtenir en donnant successivement à α et à β, dans ces trois équations, toutes les valeurs possibles; donc le résultat de l'élimination des deux indéterminées α et β, entre les trois équations précédentes, est, en x, y, z, l'équation intégrale de la surface engendrée.

XXI.

Si des trois équations précédentes on ne considère que les deux premières

$$M = 0,$$
$$\left(\frac{dM}{d\alpha}\right) = 0,$$

dans lesquelles la quantité β ait une valeur déterminée et constante, il est clair qu'elles appartiennent à la circonférence du grand cercle dans laquelle la sphère mobile est coupée par celle qui est de même rayon et infiniment voisine. Le plan de ce cercle est normal à la surface développable, et passe par une tangente à l'arête de rebroussement; son centre est toujours sur une même développante de cette arête: la position du centre sur la développante est déterminée par la valeur de α, et le rayon est constant. Le lieu de tous les cercles qu'on obtiendrait en donnant à α, dans les équations, toutes les valeurs possibles, est la surface d'un tuyau à section circulaire, de rayon constant, et dont l'axe curviligne serait une des développantes de l'arête de rebroussement de la surface développable.

Donc le résultat de l'élimination de α entre les deux seules équations est, en x, y, z et β, l'équation intégrale de la surface du tuyau à section circulaire, constant de rayon, et dont l'axe curvi ligne est une des lignes de courbure de la surface développable, équation dans laquelle la valeur de β détermine quelle est la ligne de courbure qui sert d'axe curviligne.

La surface de ce tuyau est un cas particulier de la surface engendrée; c'est celui où la génératrice plane, constante de forme et de position dans son plan, est la circonférence d'un cercle : et nous avons déjà vu qu'en le supposant mobile en vertu de la variation de son paramètre β, elle est une enveloppée de la surface engendrée, considérée comme une enveloppe simple.

XXII.

De même, si des trois équations qui comportent l'équation intégrale de la surface engendrée on ne considère seulement que la première et la dernière, c'est-à-dire

$$M = o,$$
$$\left(\frac{dM}{d\beta}\right) = o,$$

dans lesquelles α ait une valeur déterminée et constante, il est évident qu'elles appartiennent à la circonférence du petit cercle dans lequel la sphère mobile est coupée par celle qui est infiniment voisine, et dont le centre est sur la même tangente à l'arête de rebroussement de la surface développable. Le plan de ce cercle est perpendiculaire à la tangente; son centre est sur cette même tangente, et la position du centre est déterminée par la valeur de β. Le lieu des circonférences de tous les cercles qu'on obtiendrait ainsi, en donnant dans ces deux équations toutes les valeurs possibles à β, est évidemment une surface de révolution autour de la tangente considérée comme axe. Donc le résultat de l'élimination de β, entre ces deux équations seulement, est, en x, y, z et α, l'équation intégrale d'une surface de révolution dont le méridien est arbitraire et invariable, qui est fixe sur son axe, et dont l'axe est tangent à une courbe à double courbure. Dans cette équation, la grandeur de α détermine la position de l'axe de révolution.

Cette surface de révolution est encore un cas particulier de la surface engendrée, car elle n'est autre chose que ce que celle-ci devient lorsque la surface développable, autour de laquelle roule le plan générateur, est réduite à une droite; et nous avons vu qu'en la supposant mobile, en vertu de la variation de son paramètre α, c'est-à-dire qu'en supposant que son axe roule sans glisser sur l'arête de rebroussement de la surface développable, elle est une autre enveloppée de la surface engendrée considérée comme enveloppe simple.

XXIII.

Reprenons les trois équations

$$M = o,$$

$$\left(\frac{dM}{d\alpha}\right) = o,$$

$$\left(\frac{dM}{d\beta}\right) = o,$$

et supposons que des deux quantités α, β la première ait une valeur déterminée et invariable, tandis que la seconde est encore susceptible de toutes les valeurs possibles. Le centre de la sphère mobile ne pourra plus se transporter sur tous les points de la surface développable; il ne pourra se mouvoir que le long de la seule tangente de l'arête de rebroussement déterminée par la valeur de α. Le point de contact de la sphère mobile avec l'enveloppe générale, point auquel appartiennent les trois équations, ne pourra plus parcourir successivement toute cette enveloppe; quelque valeur

que l'on donne à β, il se trouvera toujours sur la courbe de contact
de l'enveloppe générale avec la surface de révolution autour de la
tangente individuelle déterminée par la valeur de α. Or cette courbe
de contact, qui est le lieu du point pour toutes les valeurs possibles de β, est évidemment la première caractéristique de la surface engendrée. Donc, si entre ces trois équations on élimine la
seule quantité β, les deux équations résultantes seront, en x, y,
z, α, et sous forme intégrale, celles de la première caractéristique
de la surface engendrée, et, dans ces équations, la valeur de α déterminera la caractéristique individuelle.

<h2 style="text-align:center">XXIV.</h2>

Supposons, au contraire, que dans les trois équations du point
de contact de la sphère mobile avec l'enveloppe générale, ce soit β
qui ait une valeur déterminée et invariable, tandis que α est à son
tour susceptible de toutes les valeurs possibles; le centre de la
sphère mobile ne pourra plus se mouvoir que sur une certaine
développante individuelle de l'arête de rebroussement, développante qui sera déterminée par la valeur particulière de β. Quelque
valeur que l'on donne à α, le point de contact se trouvera sur la
courbe de contact de l'enveloppe générale avec la surface du tuyau
circulaire dont l'axe curviligne correspond à la valeur particulière
de β. Mais cette courbe de contact, lieu de ce point pour toutes les
valeurs possibles de α, est la seconde caractéristique de l'enveloppe
générale : donc si, entre les trois équations

$$M = 0,$$
$$\left(\frac{dM}{d\alpha}\right) = 0,$$
$$\left(\frac{dM}{d\beta}\right) = 0,$$

on élimine seulement la quantité α, les deux équations résultantes seront, en x, y, z, β, et sous forme intégrale, celles de la seconde caractéristique de la surface engendrée, équations dans lesquelles la valeur de β déterminera la caractéristique individuelle.

XXV.

Le raisonnement que nous venons de faire pour trouver les équations intégrales des caractéristiques est général, et peut être employé pour toute surface dont l'équation résulte de l'élimination de deux indéterminées α, β entre trois équations dont les deux dernières sont les différentielles de la première, prise en regardant α (pour l'une) et β (pour l'autre) comme seules variables; c'est-à-dire pour toute surface qui, dans son équation intégrale, est regardée comme enveloppe générale.

Mais, dans le cas présent, et pour la première caractéristique, l'opération devient beaucoup plus simple, car l'équation $\left(\dfrac{d\,\mathrm{M}}{d\alpha}\right) = 0$ est immédiatement

$$(x - \varphi)\left(h\varphi'' - \varphi'\frac{dh}{d\alpha}\right) + (y - \psi)\left(h\psi'' - \psi'\frac{dh}{d\alpha}\right) - (z - \alpha)\frac{dh}{d\alpha} = 0,$$

dans laquelle la quantité β a naturellement disparu; en sorte que l'élimination de β est toute opérée: ainsi cette équation appartient purement à la première caractéristique. Or, pour une même valeur de α, c'est-à-dire pour une même caractéristique individuelle, cette équation est évidemment celle d'un plan; donc la première caractéristique est une courbe plane. D'ailleurs le plan passe par le point de l'arête de rebroussement pour lequel on a

$$x - \varphi = 0, \quad y - \psi = 0, \quad z - \alpha = 0.$$

De plus, il est facile de reconnaître qu'il est tangent à cette arête, et normal au plan osculateur de cette courbe; donc le plan de la première caractéristique passe par une tangente de l'arête de rebroussement, et est toujours normal à la surface développable, et, par conséquent, est toujours tangent à la surface développable, développée de celle-ci, etc.; propositions que nous avions trouvées précédemment par des considérations géométriques, et qui se déduisent analytiquement de l'équation intégrale obtenue par d'autres considérations.

XXVI.

Recherches des équations aux différences partielles du premier ordre.

Le propre des équations aux différences partielles du premier ordre est d'exprimer les propriétés des surfaces par rapport à leurs plans tangents ou à leurs normales; il s'agit donc d'exprimer que toutes les normales sont tangentes à une même surface développable, ou que chacune d'elles est dans un plan tangent à une même surface développable.

En représentant par x, y, z les coordonnées du point de la surface, et si l'on représente par x', y', z' celles de la normale en ce point, les équations de la normale sont

$$x' - x + p(z' - z) = 0,$$
$$y' - y + q(z' - z) = 0;$$

or l'équation du plan tangent à une surface développable quelconque est

$$z' = x'\Phi\alpha' + y'\Psi\alpha' + \alpha',$$

dans laquelle la valeur de α' détermine le plan tangent individuel, et dans laquelle les formes des deux fonctions Φ et Ψ sont invariables, et la surface développable est toujours la même. Il faut donc que les deux équations de la normale satisfassent à celle du plan; mais si l'on élimine entre ces trois équations deux quelconques des coordonnées x', y', z', la troisième disparaît aussi, et l'on a

$$p\Phi x' + q\Psi y' + 1 = 0,$$

équation qui doit avoir lieu pour tous les points de la surface. De plus, le point de la surface devant se trouver sur le plan tangent à la surface développable, on aura aussi

$$z = x\Phi x' + y\Psi x' + x',$$

Donc une des équations aux différences partielles du premier ordre de la surface proposée est le résultat de l'élimination de l'indéterminée x' entre les deux équations précédentes.

XXVII.

On peut obtenir le même résultat par la considération du plan tangent, dont la propriété est évidemment d'être constamment perpendiculaire au plan générateur. En effet, le plan générateur étant toujours tangent à une même surface développable, a pour équation

$$z = x\Phi x' + y\Psi x' + x',$$

de plus, l'équation du plan tangent est évidemment

$$z = px + qy + \text{constante},$$

dans laquelle les quantités p, q et la constante sont fonctions des coordonnées du point de contact, constant pour chaque plan tangent. Or ces deux plans doivent être rectangulaires; donc il doit y avoir entre les coefficients de leurs équations la relation suivante :

$$p\Phi x' + q\Psi x' + 1 = 0.$$

On a donc pour tous les points d'une même génératrice plane, déterminée par la valeur particulière de α', les deux équations

$$z = x\Phi\alpha' + y\Psi\alpha' + \alpha',$$

$$o = p\Phi\alpha' + q\Psi\alpha' + 1\,;$$

donc le résultat de l'élimination de α' entre les deux équations appartiendra au lieu général de la génératrice plane, c'est-à-dire à la
surface qu'elle engendre par son mouvement.

XXVIII.

Si, dans les deux équations précédentes, on regarde α' comme
constante, la seconde est celle d'une surface cylindrique à base
quelconque, dont la droite génératrice est constamment perpendiculaire au plan qui a pour équation la première; or les quantités p
et q, qui entrent dans l'équation de la surface cylindrique, sont les
mêmes que celles qui appartiennent à la surface engendrée : donc la
surface cylindrique touche la surface engendrée dans toute l'étendue de la caractéristique plane qui peut être considérée comme sa
base; donc on peut la regarder comme l'enveloppée cylindrique de
la surface engendrée : ce qui fournit la génération suivante.

Si l'on conçoit qu'une surface cylindrique quelconque, constante
de base, se meuve de manière que, si on la considère dans deux
positions consécutives, la courbe suivant laquelle les deux surfaces
cylindriques se coupent soit toujours dans le plan parallèle à la
base mobile, cette surface parcourra un espace dont l'enveloppe
sera la surface que l'on considère.

XXIX.

Nous avons vu (art. IV) que si le lieu des centres d'une des
courbures est une surface développable quelconque, l'équation du

lieu des centres de l'autre courbure est le résultat de l'élimination de α entre les deux équations

$$z = x\Phi\alpha + y\psi\alpha + \alpha,$$
$$o = p\Phi\alpha + q\Psi\alpha + 1.$$

Or nous venons de voir que cette même équation est celle de la surface engendrée par une courbe plane dont le plan roule sans glisser sur la même surface développable; la surface que nous considérons est donc telle, que le lieu des centres de la courbure, prise dans le sens de la génératrice plane, est une surface soumise à la même génération qu'elle; ce que nous avions déjà trouvé par des considérations géométriques.

XXX.

La quantité que nous représentons par z' dans l'équation aux différences partielles n'est pas la même que celle que nous avons exprimée par z dans l'intégrale; de même les fonctions arbitraires Φ et Ψ ne sont pas les mêmes que les fonctions φ et ψ qui entrent dans l'intégrale; mais ces six quantités ont entre elles une relation qu'il est facile de trouver. En effet, l'équation

$$z = x\Phi\alpha' + y\Psi\alpha' + z'$$

est celle du plan générateur pour lequel (art. XXV) nous avons trouvé une autre équation en α, φ, ψ. Si l'on met cette dernière équation sous la forme précédente, on a

$$z = x\left(\frac{h\varphi' dx}{dh} - \varphi\right) + y\left(\frac{h\psi' dx}{dh} - \psi\right) + z + \varphi\varphi' + \psi\psi' - \frac{h(\varphi\varphi'' + \psi\psi'') dx}{dh}$$

Ces deux équations appartenant au même plan, il faut que leurs coefficients soient respectivement égaux; donc, en mettant pour

deux équations aux différences ordinaires de la caractéristique, qui seront

$$\Phi\left(\frac{x\,dx + y\,dy + z\,dz}{dz}\right) + \frac{dx}{dz} = 0,$$

$$\Psi\left(\frac{x\,dx + y\,dy + z\,dz}{dz}\right) + \frac{dy}{dz} = 0.$$

XXXII.

L'équation intégrale contenant les trois fonctions arbitraires φ, ψ, π doit être susceptible de trois équations aux différences partielles du premier ordre, dans chacune desquelles une des trois fonctions arbitraires ait disparu. Nous venons de trouver celle de ces trois équations qui est délivrée de la fonction π; il resterait donc à trouver celles qui ne contiendraient que φ et π pour l'une, et ψ et π pour l'autre. Ces deux équations sont de la nature de celles qu'on a coutume de regarder comme intégrales intermédiaires qui n'existent pas; elles existent néanmoins, mais on ne peut les obtenir que sous la forme d'équations aux différences mêlées, ordinaires et partielles, celles-ci étant du premier ordre. Je ne pourrais être clair sans entrer dans des détails préliminaires trop étendus, et je réserve à en parler dans un Mémoire dont l'unique objet sera la théorie et la construction des surfaces exprimées par les équations aux différences mêlées, ordinaires et partielles, et dans lequel la surface dont nous nous occupons entrera comme un exemple remarquable.

XXXIII.

Recherche des équations aux différences partielles du second ordre.

Les équations aux différences partielles du second ordre expriment les propriétés des surfaces, relatives ou à leurs lignes de cour-

bure ou à leurs rayons de courbure. Or la surface que nous considérons jouit, par rapport à ses courbures, de deux propriétés qui
conviennent à toutes les surfaces individuelles de la même génération, et qui ne conviennent qu'à elles : la première est qu'une de ses
lignes de courbure est constamment plane; la seconde est que, pour
l'autre ligne de courbure, le rayon de la première courbure est
constant. Donc, pour trouver les équations aux différences partielles du second ordre, il faut exprimer ces deux propriétés.
Occupons-nous d'abord de la première.

Un plan ne peut convenir à toutes les lignes successives d'une
même courbure, à moins qu'il ne soit mobile en vertu de la variation d'un seul de ses paramètres, ou que son équation ne soit de
cette forme,

$$z = x\Phi\alpha + y\Psi\alpha + a,$$

dans laquelle α est constante pour chacune des lignes de courbure
plane, et variable d'une de ces lignes à la suivante. De plus, ce plan
devant contenir toutes les normales à la surface qui passent par les
points de la ligne de courbure, on doit avoir l'équation

$$p\Phi\alpha + q\Psi\alpha + 1 = 0.$$

Actuellement l'équation générale des lignes de courbure est, comme
on sait,

$$(dx + pdz)\,dq = (dy + qdz)\,dp.$$

Pour que cette courbe soit dans le plan, il faut que la valeur de $\dfrac{dy}{dx}$,
produite par son équation, soit égale à celle que donne l'équation
du plan, différentiée en regardant α comme constante, c'est-à-dire
soit égale à $-\dfrac{\Phi\alpha - p}{\Psi\alpha - q}$. Faisant cette substitution, on trouve

$$(\Psi\alpha - q)(r\Phi\alpha + s\Psi\alpha) = (\Phi\alpha - p)(s\Phi\alpha + t\Psi\alpha).$$

On a donc entre les trois quantités α, $\Phi\alpha$, $\Psi\alpha$ trois équations desquelles il est facile de tirer les valeurs, et entre lesquelles on peut, par conséquent, éliminer l'indéterminée α.

En faisant, pour abréger,

$$1 + p^2 + q^2 = k^2$$

et

$$(1 + q^2)r - 2pqs + (1 + p^2)t - \sqrt{[(1 + q^2)r - 2pqs + (1 + p^2)t]^2 - 4k^2(rt - s^2)} = 2N,$$

on trouve pour les quantités α, $\Phi\alpha$, $\Psi\alpha$ les valeurs suivantes :

$$\alpha = z + \frac{x(ps + qt - qN) - y(pr + qs - pN)}{pqr + (q^2 - p^2)s - pqt},$$

$$\Phi\alpha = \frac{ps + qt - qN}{pqr + (q^2 - p^2)s - pqt},$$

$$\Psi\alpha = \frac{pr + qs - pN}{pqr + (q^2 - p^2)s - pqt},$$

Donc, en éliminant α, on a pour la surface les deux équations aux différences partielles du second ordre

$$\frac{ps + qt - qN}{pqr + (p^2 - q^2)s - pqt} = \Phi\left[z + \frac{x(ps + qt - qN) - y(pr + qs - pN)}{pqr + (q^2 - p^2)s - pqt}\right],$$

$$\frac{pr + qs - pN}{pqr + (q^2 - p^2)s - pqt} = -\Psi\left[z + \frac{x(ps + qt - qN) - y(pr + qs - pN)}{pqr + (q^2 - p^2)s - pqt}\right],$$

dont chacune contient encore une des deux fonctions arbitraires Φ, Ψ, et est, par conséquent, aussi générale que l'intégrale finie, qui en contient trois.

XXXIV

Les deux équations que nous venons de trouver d'après la propriété que la ligne de courbure a d'être plane, auraient pu être obtenues par la différentiation partielle de celle du premier ordre. Nous avons vu, en effet (art. XXVI), que celle-ci est le résultat de l'élimination de α' entre les deux équations

$$z = x\Phi\alpha' + y\Psi\alpha' + \alpha',$$
$$o = p\Phi\alpha' + q\Psi\alpha' + 1.$$

Or, si l'on différentie partiellement ces deux équations, et si l'on fait $d\alpha' = p'dx + q'dy$, on a

$$\Psi\alpha' - q = \mathrm{M}p',$$
$$\Psi\alpha' - p = \mathrm{M}q',$$
$$r\Phi\alpha' + s\Psi\alpha' = \mathrm{N}p',$$
$$s\Phi\alpha' + t\Psi\alpha' = \mathrm{N}q',$$

dans lesquelles il est inutile de développer les valeurs de M, N qui contiennent Φ' et Ψ'. Retranchant le produit des deux moyennes du produit des deux extrêmes, les quantités M, N, p', q' disparaissent toutes quatre, et l'on a

$$(\Psi\alpha' - q)(r\Phi\alpha' + s\Psi\alpha') = (\Phi\alpha' - p)(s\Phi\alpha' + t\Psi\alpha');$$

ce qui donne, entre les trois quantités α', $\Phi\alpha'$, $\Psi\alpha'$, les mêmes équations que, dans l'article précédent, nous avons trouvées entre α, $\Phi\alpha$, $\Psi\alpha$, et qui, par l'élimination de α', produisent les mêmes équations aux différences partielles secondes.

XXXV.

Le radical que contient la quantité V est celui qui entre dans l'expression du rayon de courbure : si donc on prend sa valeur dans cette expression, pour la substituer dans celle de V, en nommant R le rayon de courbure, on aura

$$\mathrm{V} = (1 + q^2)r - 2pqs + (1 + p^2)t + \frac{\mathrm{R}(rt - s^2)}{k};$$

et employant pour V cette valeur, au lieu d'une abréviation qui a quelque chose de capricieux, on en aura une autre qui emploie le rayon de courbure. Faisant donc cette substitution, les valeurs de α, $\Phi\alpha$, $\Psi\alpha$ deviennent

$$\alpha = z - px - qy + \frac{k^2\left[x(qr-ps)+y(qs-pt)\right]+(qx-py)(rt-s^2)\mathrm{R}}{k\left[pqr+(q^2-p^2)s-pqt\right]},$$

$$\Phi\alpha = p - \frac{k^2(qr-ps)+q(rt-s^2)\mathrm{R}}{k\left[pqr+(q^2-p^2)s-pqt\right]},$$

$$\Psi\alpha = q - \frac{k^2(qs-pt)-p(rt-s^2)\mathrm{R}}{k\left[pqr+(q^2-p^2)s-pqt\right]};$$

et mettant pour α sa valeur dans les deux autres équations, on aura les deux équations aux différences partielles du second ordre.

Il est nécessaire de remarquer ici que le rayon R qui entre dans ces équations est celui de la courbe plane.

XXXVI.

On aurait pu se contenter d'employer une seule des trois équations

$$z = x\Phi\alpha + y\Psi\alpha + \alpha,$$

$$0 = p\Phi\alpha + q\Psi\alpha + 1,$$

$$(\Psi\alpha - q)(r\Phi\alpha + s\Psi\alpha) = (\Phi\alpha - p)(s\Phi\alpha + t\Psi\alpha),$$

pour chasser des deux autres l'une des deux fonctions arbitraires; et alors les deux équations aux différences partielles du second ordre auraient été, l'une le résultat de l'élimination de z entre les deux équations

$$z = x\Phi\alpha - y\frac{1+p\Phi\alpha}{q} + \alpha,$$

$$\left.\begin{array}{l}(1+q^2+p\Phi\alpha)\left[qr\Phi\alpha - s(1+p\Phi\alpha)\right]\\[4pt] \quad + q(\Phi\alpha - p)\left[qs\Phi\alpha - t(1+p\Phi\alpha)\right]\end{array}\right\} = 0,$$

et l'autre le résultat de l'élimination de z entre les deux suivantes :

$$z = -x\frac{1 + q\Psi\alpha}{p} + y\Psi\alpha + \alpha,$$

$$0 = p(\Psi\alpha - q)\left[r(1 + q\Psi\alpha) - ps\Psi\alpha\right]$$
$$+ (1 + p^2 + q\Psi\alpha)\left[s(1 + q\Psi\alpha) - pt\Psi\alpha\right];$$

d'où l'on voit que si les fonctions Φ et Ψ étaient déterminées et connues, ces deux différentielles secondes seraient linéaires en r, s, t ; ce qui prouve que la surface à laquelle elles appartiennent peut être engendrée par une courbe déterminée, qui est ici la génératrice plane, et qu'il n'est pas nécessaire de la considérer comme une enveloppe.

XXXVII.

S'il s'agissait d'intégrer l'une ou l'autre de ces équations sous la forme que nous venons de leur donner, et à laquelle on peut toujours les ramener en égalant à z la quantité qui est sous les fonctions arbitraires, il faudrait d'abord chercher les équations de la caractéristique ; or on sait que si la différentielle de la proposée, prise en regardant r, s, t comme seule variable, est

$$R\,dr + S\,ds + T\,dt = 0,$$

l'équation de la projection de la caractéristique sur le plan des x, y est

$$R\,dy^2 - S\,dx\,dy + T\,dx^2 = 0.$$

En opérant donc sur la première, on trouve pour la caractéristique

$$\left. \begin{array}{l} dy^2(q^2 + 1 + p\Phi\alpha)q\Phi\alpha \\ + dx\,dy\left[(q^2 + 1 + p\Phi\alpha)(1 + p\Phi\alpha) - q^2\Phi\alpha(\Phi\alpha - p)\right] \\ - dx^2q(1 + p\Phi\alpha)(\Phi\alpha - p) \end{array} \right\} = 0,$$

équation qui a deux facteurs rationnels, et qui produit les deux
équations

$$(q^2 + 1 + p\Phi\alpha)\,dy - q(\Phi\alpha - p)\,dx = 0,$$

$$q\Phi\alpha\,dy + (1 + p\Phi\alpha)\,dx = 0.$$

On peut conclure de là : 1° que la surface a deux caractéristiques
indépendantes, et dont l'une quelconque peut changer, tandis que
l'autre reste la même; 2° que les fonctions arbitraires qui complètent les intégrales premières et finies sont composées de deux quantités différentes pour l'une et pour l'autre.

L'équation de la première caractéristique peut facilement être
mise sous la forme

$$dz = \Phi\alpha\,dx - \frac{1 + p\Phi\alpha}{q}\,dy,$$

et l'équation arbitraire de la proposée est

$$z = x\Phi\alpha - \frac{1 + p\Phi\alpha}{q}\,y + \alpha.$$

Or, de ces deux équations, la première est la différentielle de la seconde, prise en regardant α comme constante, et toutes deux ont
lieu pour la première caractéristique : donc, pour cette caractéristique, la quantité α est constante, ainsi que les deux coefficients de
l'équation

$$dz = \Phi\alpha\,dx - \frac{1 + p\Phi\alpha}{q}\,dy;$$

donc le coefficient de dy doit être une fonction arbitraire de α : et
si l'on représente cette nouvelle fonction par $\Psi\alpha$, on aura

$$p\Phi\alpha + q\Psi\alpha + 1 = 0;$$

d'où il suit qu'une des intégrales premières de la proposée est le résultat de l'élimination de α entre les deux équations

$$z = x\Phi\alpha + y\Psi\alpha + \alpha,$$

$$0 = p\Phi\alpha + q\Psi\alpha + 1;$$

ce que l'on savait déjà.

Quant à la seconde caractéristique, son équation, que nous venons de trouver, peut facilement être mise sous la forme

$$\Phi\alpha = \frac{-\,dx}{dz};$$

mettant pour $\Phi\alpha$ cette valeur dans l'équation auxiliaire, on a

$$\alpha = \frac{x\,dx + y\,dy + z\,dz}{dz},$$

ce qui produit deux des équations de cette caractéristique que nous avons trouvées art. XXXI.

XXXVIII.

Nous avons déjà dit que la surface engendrée jouissait, par rapport à ses courbures, d'une autre propriété générale qui pouvait servir à en donner une définition complète; cette propriété est que, pour tous les points d'une même ligne de la seconde courbure, le rayon de la première courbure est constant. En effet, chacun des points de la génératrice plane engendre une des lignes de la seconde courbure; or cette génératrice est constante de forme: donc, pour le même point générateur, le rayon de courbure de la génératrice, c'est-à-dire le rayon de la courbure plane de la surface, est constant.

La ligne de la seconde courbure étant toujours normale au plan générateur, les équations différentielles de ses projections sur les trois plans rectangulaires sont

$$\Phi z\, dy - \Psi z\, dx = o,$$

$$\Phi z\, dz + dx = o,$$

$$\Psi z\, dz + dy = o.$$

Donc la surface est telle, que si le point de la génératrice plane ne change pas, c'est-à-dire que si l'une des trois équations précédentes a lieu, par exemple

$$\Phi z\, dy - \Psi z\, dx = o,$$

le rayon de courbure R de la génératrice plane ne change pas. Il faut donc que l'on ait

$$\Phi z\, dy - \Psi z\, dx = \Pi R\, dR.$$

Si, dans cette équation, on met pour Φz et Ψz les valeurs que nous avons trouvées art. XXXV, et qui contiennent la même quantité R, on aura une équation aux différences mêlées, ordinaires et partielles, qui seule exprimera toutes les surfaces soumises à la génération dont nous nous sommes occupés. Cette équation est aux différences partielles du second ordre, puisqu'elle contient les quantités r, s, t, R ; elle est délivrée des deux fonctions arbitraires Φ, Ψ, qui dépendent de la nature de la surface développable sur laquelle roule le plan générateur, et elle ne contient que la fonction Π, qui dépend de la nature de la génératrice plane; elle est, de plus, aux différences ordinaires : elle est donc la différentielle ordinaire de la troisième équation aux différences partielles du second ordre, équation qu'elle peut suppléer, soit pour descendre de l'intégrale finie à l'équation aux différences partielles du troisième ordre, soit pour remonter de celle-ci à l'intégrale finie.

XXXIX.

L'équation aux différences mêlées que nous venons de trouver est la même que celle qu'on aurait obtenue si l'on avait d'abord différentié l'équation intégrale de l'art. XX aux différences partielles du second ordre; ce qui n'aurait pas suffi pour éliminer l'indéterminée x et les fonctions φ et ψ, ainsi que toutes leurs dérivées. Il eût fallu, pour cela, différentier ensuite une fois aux différences ordinaires, ce qui aurait introduit le mélange des différences ordinaires et partielles; et alors l'équation résultante eût encore différé de celle que nous venons de trouver, parce que les quantités β et $\Pi\beta$ qu'elle renferme ne sont pas respectivement les mêmes que R et ΠR; mais il est facile de ramener l'une de ces équations à l'autre, en observant, ce qui est évident, que la quantité que nous avons exprimée par $\Pi\beta$ dans l'intégrale est précisément celle que, dans l'équation aux différences mêlées, nous représenterons par R.

XL.

Recherches de l'équation aux différences partielles du troisième ordre.

Nous avons vu que, pour tous les points de la même ligne d'une courbure, le rayon de l'autre courbure est constant. Or on sait que l'expression du rayon de courbure et l'équation de la ligne de courbure sont

$$R = \frac{h}{2(rt - s^2)}\left\{(1+q^2)r - 2pqs + (1+p^2)t + \sqrt{\left[(1+q^2)r - 2pqs + (1+p^2)t\right]^2 - 4h^2(rt - s^2)}\right\}$$

$$\frac{dy}{dx} = \frac{(1+p^2)t - (1+q^2)r - \sqrt{\left[(1+q^2)r - 2pqs + (1+p^2)t\right]^2 - 4h^2(rt - s^2)}}{2\left[(1+q^2)s - pqt\right]}$$

équations dans lesquelles le radical, qui est le même, a des signes différents, s'il s'agit de la ligne et du rayon de la même courbure; mais, si l'on veut comparer le rayon d'une des courbures avec la ligne de l'autre, comme dans le cas présent, il faut que les signes du radical soient les mêmes pour l'un et pour l'autre.

Notre surface est donc telle, qu'en donnant à $-\dfrac{dy}{dx}$ la valeur qui convient à la seconde courbure, c'est-à-dire en faisant

$$\frac{dy}{dx} = \frac{(1+p^2)t - (1+q^2)r + \sqrt{\left[(1+q^2)r - 2pqs + (1+p^2)t\right]^2 - 4k^2(rt-s^2)}}{2\left[(1+q^2)s - pqt\right]},$$

où le signe du radical est le même que dans la valeur de R, on ait

$$R = \text{constante};$$

par conséquent

$$dR = 0,$$

ou

$$\left(\frac{dR}{dx}\right) dx + \left(\frac{dR}{dy}\right) dy = 0.$$

Faisant cette substitution, et effectuant les différentiations partielles de R, on aura l'équation aux différences partielles du troisième ordre.

XLI.

Cette équation du troisième ordre, que nous venons de trouver directement par les considérations géométriques, pouvait être obtenue par la différentiation de chacune des trois équations du second ordre. Commençons d'abord par l'équation aux différences mêlées

$$\Phi_z \, dy - \Psi_z \, dx = \Pi R \, dR,$$

qui, étant regardée comme une différentielle ordinaire totale, donne pour différentielles partielles

$$-\Psi_z = \Pi'R \left(\frac{dR}{dx}\right),$$

$$\Phi_z = \Pi'R \left(\frac{dR}{dy}\right).$$

En éliminant la fonction, on a l'équation

$$\Phi\alpha \left(\frac{d\mathrm{R}}{dx}\right) + \Psi\alpha \left(\frac{d\mathrm{R}}{dy}\right) = 0,$$

qui, si l'on effectue les différentiations partielles de R, et si l'on substitue pour $\Phi\alpha$ et $\Psi\alpha$ leurs valeurs trouvées, ou dans l'article XXXIII, ou dans l'art. XXXV, produira la même équation aux différences partielles du troisième ordre.

XLII.

Enfin, c'est encore la même équation qu'on obtient par la différentiation de l'une quelconque des deux autres équations du second ordre, et qui sont chacune le résultat de l'élimination de l'une des deux fonctions arbitraires $\Phi\alpha$, $\Psi\alpha$, entre les trois équations

$$z = x\Phi\alpha + y\Psi\alpha + \alpha,$$

$$0 = p\Phi\alpha + q\Psi\alpha + 1,$$

$$(\Psi\alpha - q)(r\Phi\alpha + s\Psi\alpha) = (\Phi\alpha - p)(s\Phi\alpha + t\Psi\alpha).$$

C'est cette équation que nous allons effectuer, parce qu'elle présente des formes plus simples. Soient

$$dr = u\,dx + u\,dy,$$

$$ds = u\,dx + w\,dy,$$

$$dt = w\,dx + v\,dy,$$

$$d\alpha = p'\,dx + q'\,dy.$$

En différentiant partiellement l'équation en r, s, t, on trouve

$$(\Psi\alpha - p)(v\Phi\alpha + u\Psi\alpha) - (\Phi\alpha - p)(u\Phi\alpha + w\Psi\alpha) + (rt - s^2)\Psi\alpha = \mathrm{L}p',$$

$$(\Psi\alpha - q)(u\Phi\alpha + w\Psi\alpha) - (\Phi\alpha - p)(w\Phi\alpha + v\Psi\alpha) - (rt - s^2)\Phi\alpha = \mathrm{L}q';$$

mais, en différentiant partiellement l'équation en x, y, z, on a

$$\Phi z - p = M p',$$
$$\Psi z - q = M q',$$

dans lesquelles il est inutile de développer les valeurs de L et de M. De ces quatre équations, si l'on multiplie l'une par l'autre les deux extrêmes, et l'une par l'autre les deux moyennes, et si l'on retranche l'une de l'autre ces deux produits, les quantités p', q', L et M disparaissent à la fois, et l'on a

$$\left.\begin{aligned}(\Phi z - q)^2(u\Phi z + u'\Psi z) - 2(\Psi z - q)(\Phi z - p)(u\Phi z + v\Psi z)\\ + (\Phi z - p)^2(v\Phi z + v'\Psi z) + (rt - s^2)(1 + \overline{\Phi z}^2 + \overline{\Psi z}^2)\end{aligned}\right\} = 0,$$

équation dans laquelle il n'y a plus qu'à substituer pour Φz et Ψz leurs valeurs en différences partielles du second ordre, que nous avons trouvées art. XXXIII ou XXXV, et l'on aura l'équation aux différences partielles du troisième ordre, qui exprime généralement la surface que nous considérons, indépendamment de toute fonction arbitraire.

Cette équation, comme on voit, est linéaire en u, u', v, v'.

J'en resterai là par rapport à cette surface, sur laquelle je me propose de revenir, comme exemple, lorsque je traiterai de la construction et de l'intégration aux différences mêlées, ordinaires et partielles; mais elle a quelques rapports avec une autre surface dont je ne crois pas qu'il faille la séparer, et dont je vais m'occuper dans le paragraphe suivant.

§ XXVI.

SUR LA SURFACE COURBE QUI ENVELOPPE L'ESPACE PARCOURU PAR
UNE SPHÈRE VARIABLE DE RAYON, ET DONT LE CENTRE PARCOURT
UNE COURBE A DOUBLE COURBURE QUELCONQUE.

I.

Si l'on suppose qu'une sphère variable de rayon se meuve de
manière que son centre parcoure une courbe à double courbure
quelconque, et que la grandeur de son rayon dépende de la position du centre, cette surface parcourra un espace dont l'enveloppe
est la surface dont nous allons nous occuper. Je pourrais citer plusieurs exemples de surfaces soumises à cette génération, dont une
des plus remarquables est celle de la colonne torse, qui n'est autre
chose que l'enveloppe de l'espace parcouru par une sphère variable de rayon, et dont le centre parcourt une hélice de vis dont
l'axe est vertical.

II.

Le centre de la sphère mobile étant assujetti à être sur une courbe
à double courbure, ses trois coordonnées ont entre elles les deux
relations exprimées par les deux équations de la courbe : ainsi deux
d'entre elles sont fonctions de la troisième ; mais le rayon qui dépend aussi de la position du centre doit être de même une fonction
de l'ordonnée principale : donc le rayon et les trois coordonnées du
centre sont tels, que trois de ces quantités sont fonctions de la quatrième. Prenant donc le rayon lui-même pour quantité principale,
et en la représentant par z, les trois coordonnées du centre seront
des fonctions de z, et ces fonctions seront arbitraires. Ainsi, pour
une valeur du rayon égale à z, l'équation de la surface de la sphère

mobile, considérée comme enveloppe, sera

$$(x - \varphi z)^2 + (y - \psi z)^2 + (z - \pi z)^2 = z^2,$$

dans laquelle les trois fonctions φ, ψ, π sont arbitraires.

Pour avoir une équation de la caractéristique, c'est-à-dire de l'intersection de deux sphères consécutives, il faut différentier l'équation de la sphère, en regardant z comme seule variable; ce qui donne

$$(x - \varphi)\varphi' + (y - \psi)\psi' + (z - \pi)\pi' + z = 0.$$

Mais la caractéristique, à laquelle appartiennent les deux équations précédentes, peut être regardée comme la génératrice de la surface enveloppe, en regardant cette courbe comme mobile dans l'espace en vertu de la variation de z. Ou, ce qui revient au même, l'enveloppe n'est autre chose que le lieu de toutes les caractéristiques individuelles qu'on obtiendrait en donnant à z successivement toutes les valeurs possibles : donc l'équation intégrale de l'enveloppe n'est autre chose que le résultat de l'élimination de z entre les deux équations précédentes; opération qui ne peut s'effectuer que lorsque les formes des trois fonctions φ, ψ, π sont déterminées.

III.

L'équation intégrale de la caractéristique que nous venons de trouver est évidemment, en x, y, z, celle d'un plan : donc cette courbe est l'intersection de la surface de la sphère mobile par un plan aussi mobile, et est, par conséquent, la circonférence d'un cercle; mais ce plan ne passe pas par le centre de la sphère, puisque, indépendamment des trois termes qui contiennent $x - \varphi$, $y - \psi$ et $z - \pi$, l'équation a un quatrième terme z; donc ce cercle n'est point un grand cercle de la sphère; donc son plan n'est normal à l'enveloppe en aucun point de la caractéristique, et ne contient aucune des normales de la surface.

IV.

Si l'on considère la suite des caractéristiques dont la surface est le lieu, il est facile de reconnaître que deux quelconques d'entre elles, prises consécutivement, se rencontrent en deux points qui sont sur la droite d'intersection de leurs plans. Le lieu de tous les points ainsi déterminés est sur la surface une courbe à double courbure qui a deux branches, et qui est touchée dans chacune de ses branches par chaque caractéristique. Cette courbe est une ligne singulière de la surface; c'est une arête de rebroussement, suite nécessaire de la génération.

Chacun des points de l'arête de rebroussement étant à l'intersection de deux caractéristiques consécutives, les coordonnées x, y, z de ce point sont celles de la caractéristique qui ne changent pas lorsque, dans ces équations, α change et devient $\alpha + d\alpha$: on aura donc une équation relative à ce point, si l'on différentie les équations de la caractéristique, en regardant x, y, z comme constantes, et α comme seule variable : ce qui donne la troisième équation

$$(x - \varphi)\varphi'' + (y - \psi)\psi'' + (z - \pi)\pi'' + 1 - \varphi'^2 - \psi'^2 - \pi'^2 = 0.$$

Pour un α déterminé, les trois équations donnent les valeurs des coordonnées x, y, z du point correspondant de l'arête de rebroussement; et cette arête elle-même est le lieu de tous les points qu'on obtiendrait ainsi en donnant successivement à α toutes les valeurs possibles.

Donc les équations intégrées de l'arête de rebroussement sont le résultat de l'élimination de α entre les trois équations précédentes.

V.

Les valeurs de x, y, z, que produisent les trois équations précédentes, contiennent toutes le même radical. Si les quantités z, φ,
ψ, π ont entre elles une relation telle, que la valeur de ce radical
commun soit nulle, deux caractéristiques quelconques ne se coupent plus en deux points; elles n'ont qu'un seul point de commun,
et ce point est un point de contact. Les deux branches de la courbe
touchée par toutes les caractéristiques se confondent en une seule;
et cette courbe, sans cesser d'être une ligne singulière de la surface, n'est plus une arête de rebroussement, elle est une ligne de
striction.

Il est facile de trouver qu'en faisant, pour abréger,

$$1 - \varphi'^2 - \psi'^2 - \pi'^2 = h^2,$$

l'équation qui établit la relation que doivent avoir entre elles les
quatre quantités z, φ, ψ, π, pour que le radical s'évanouisse, est

$$\left[z(\varphi'\varphi'' + \psi'\psi'' + \pi'\pi'') - h^2 \right]^2 + h^2 \left[z^2(\varphi''^2 + \psi''^2 + \pi''^2) - h^2 \right] = 0.$$

Cette relation est destinée à chasser une des trois fonctions φ, ψ, π.
Pour ce cas particulier, l'équation intégrale ne doit donc renfermer
que deux des trois fonctions φ, ψ, π, et son équation aux différences partielles, délivrée de toute fonction arbitraire, ne doit donc
être que du second ordre. Mais l'équation en z, φ, ψ, π, que nous
venons de trouver, n'est pas algébrique; elle est aux différences
ordinaires du second ordre : on ne peut donc, par son moyen, éliminer une des trois fonctions arbitraires et ses deux dérivées, à
moins qu'on ne différentie aux différences ordinaires les autres
équations qui appartiennent à la surface. L'équation différentielle
de ce cas particulier doit donc être aux différences mêlées, ordinaires et partielles. Je reviendrai sur cette surface, et je la traiterai

dans le plus grand détail, lorsque je l'emploierai comme exemple dans le Mémoire que je donnerai sur les équations aux différences mêlées.

VI.

Lorsqu'une surface est du premier ordre, ou, pour mieux dire, lorsque l'équation de son enveloppée ne contient qu'une seule fonction arbitraire de z, son arête de rebroussement est toujours susceptible d'être exprimée par une seule équation aux différences ordinaires, délivrée de z et de la fonction. En effet, soit $M = 0$ l'équation de l'enveloppée qui ne soit composée que de x, y, z, z, φz; les équations intégrales de l'arête de rebroussement seront

$$M = 0,$$

$$\left(\frac{dM}{dz} \right) = 0,$$

$$\left(\frac{d^2 M}{dz^2} \right) = 0.$$

On pourra donc différentier les deux premières, en regardant z comme constante; ces deux premières, et leurs différentielles ordinaires, ne contiendront, par rapport à z, que z, φz, $\varphi' z$: on pourra donc toujours éliminer ces trois quantités entre les quatre équations, et l'équation aux différences ordinaires résultante exprimera, en général, les arêtes de rebroussement de toutes les surfaces soumises à la même génération, et renfermera, comme cas particuliers, toutes les caractéristiques de ces surfaces.

Dans les surfaces d'ordres supérieurs, comme celle que nous traitons, et dont l'équation de l'enveloppée contient plus d'une fonction arbitraire de z, quelque loin que l'on pousse les différentiations ordinaires, il est, en général, impossible d'éliminer toutes les fonctions, parce que chaque différentiation introduit des dérivées nouvelles; et l'on ne peut avoir, pour l'arête de rebroussement, une équation délivrée de α et de toutes ses fonctions, qu'aux différences mêlées, ordinaires et finies. Cela tient à ce que, dans notre cas par exemple, pour qu'un point appartienne à une arête de rebroussement, il ne suffit pas que chacun de ses points soit déterminé par l'intersection de deux circonférences de cercles consécutifs et variables de rayon; car si l'on faisait mouvoir un cercle variable de rayon de manière qu'il fût perpétuellement tangent à une même courbe donnée, sa circonférence n'engendrerait pas la surface dont nous nous occupons. Il faut que les circonférences des deux cercles consécutifs se coupent en deux points, et que ces deux points soient sur les deux branches de l'arête de rebroussement. Dans l'équation différentielle de cette arête, on est donc obligé de considérer en même temps deux points placés à une distance finie: ce qui introduit nécessairement les différences finies. Dans un Mémoire où je m'occuperai de la construction des équations aux différences mêlées, ordinaires et finies, l'arête de rebroussement dont il s'agit ici entrera naturellement comme exemple.

VII.

Pour trouver directement les équations de la surface aux différences partielles du premier ordre, il faut exprimer une propriété générale du plan tangent ou de la normale : or la surface a évidemment cette propriété, que si, par un quelconque de ses points, on lui mène une normale, cette droite, qui sera aussi normale à la sphère enveloppée que la surface touche en ce point, passera par le centre de la sphère. Or, en nommant x', y', z' les coordonnées du point variable de la normale, les deux équations de cette droite sont, comme on sait,

$$x' - x + p(z' - z) = 0,$$
$$y' - y + q(z' - z) = 0;$$

la normale devant passer par le centre de la sphère dont les coordonnées sont φz, ψz, πz, ces deux équations doivent donc avoir lieu pour la surface, en mettant, pour x', y', z', les valeurs respectives φ, ψ, π : donc on aura

$$x - \varphi + p(z - \pi) = 0,$$
$$y - \psi + q(z - \pi) = 0.$$

Tirant de ces deux équations et de celle de la sphère les valeurs de x, y, z, et faisant, pour abréger,

$$1 + p^2 + q^2 = k^2,$$

on aura les trois équations

$$(x - \varphi)k + zp = 0,$$
$$(y - \psi)k + zq = 0,$$
$$(z - \pi)k - z = 0,$$

qui comprennent les trois équations aux différences partielles du premier ordre de la surface; c'est-à-dire que, si l'on prend ces trois équations deux à deux, ce qui se peut faire de trois manières différentes, le résultat de l'élimination de z, entre chacun de ces trois systèmes, sera une des trois équations différentielles du premier ordre. Ainsi ces trois équations sont, la première, le résultat de l'élimination de z entre les deux équations

$$(x - \varphi)k + zp = 0,$$
$$(y - \psi)k + zq = 0;$$

la seconde, le résultat de l'élimination de z entre les deux suivantes :

$$(y - \psi)k + zq = 0,$$
$$(z - \pi)k - z = 0;$$

et la troisième, le résultat de l'élimination de α entre les deux
autres :

$$(z - \pi)k - \alpha = 0,$$

$$(x - \varphi)k + \alpha p = 0,$$

où l'on voit que chacune de ces trois différentielles est délivrée
d'une des trois fonctions arbitraires φ, ψ, π.

VIII.

Puisque toutes les normales à la surface, menées par les points
de la génératrice considérée dans une position fixe, passent par le
même point, qui est le centre de la sphère correspondante, la génératrice est telle, que les normales qui passent par deux de ses points
consécutifs sont dans un même plan; elle est donc la ligne d'une des
courbures de la surface. Il y a donc entre la surface que nous considérons ici, et celle qui fait l'objet du paragraphe précédent, cette
analogie, que dans l'une et l'autre, la ligne d'une des courbures est
plane; mais il y a cette différence, que dans la surface précédente
le plan de cette ligne de courbure contient toutes les normales qui
passent par ses différents points, tandis que dans celle-ci le plan
n'en contient aucune. Le lieu des normales qui passent par la même
ligne plane de courbure est la surface d'un cône à base circulaire,
dont le sommet est au centre de la sphère, et dont la base est dans
le plan de la ligne de courbure.

IX.

Pour tous les points de la même ligne de courbure plane, le
centre de cette même courbure n'est autre chose que le centre de
la sphère enveloppée : donc, dans la surface que nous considérons,
le lieu des centres d'une des courbures cesse d'être une surface

courbe; il se réduit à une ligne courbe, qui est celle que parcourt le centre de la sphère mobile, comme cela arrive aux surfaces de révolution, qui en sont des cas particuliers.

X.

D'après cela, il est facile de trouver, par des considérations géométriques, les trois équations aux différences partielles du second ordre; car il évident que, pour tous les points de la ligne plane de courbure, le rayon de cette courbure est constant et égal au rayon de la sphère enveloppée, que nous avons représenté par α. Or l'expression générale du rayon de courbure est donnée en R par l'équation

$$R^2(rt - s^2) + Rk[(1+q^2)r - 2pqs + (1+p^2)t] + k^4 = 0;$$

donc, tirant de cette équation la valeur de R, et la substituant pour α dans les trois équations aux différences premières, les trois équations aux différences partielles secondes seront

$$(x - \varphi R)k + pR = 0,$$
$$(y - \psi R)k + qR = 0,$$
$$(z - \varpi R)k - R = 0.$$

équations qui sont séparées, et dont chacune ne contient plus qu'une fonction arbitraire.

Ces équations sont les mêmes que celles qu'on aurait obtenues en différentiant partiellement les trois équations aux différences premières.

XI.

Les équations aux différences partielles du troisième ordre expriment les propriétés des surfaces courbes, relatives aux variations de leurs lignes de courbure ou de leurs rayons de courbure : or, par rapport à ces variations, la surface que nous considérons jouit évidemment de cette propriété, que, pour tous les points de la ligne plane de courbure, le rayon de cette même courbure est constant ; ce qui établit une opposition entre cette surface et celle du paragraphe précédent, dans laquelle le rayon de la courbure plane est constant pour tous les points d'une même ligne de l'autre courbure. Si donc on représente par

$$A\,dx + B\,dy = 0$$

l'équation générale de la ligne de courbure que nous avons donnée art. XI. du paragraphe précédent, et dans laquelle le signe du radical doit être différent de celui qui entre dans l'expression du rayon de courbure R, afin que le rayon et la courbe appartiennent à la même courbure, il faut qu'en donnant à $\frac{dy}{dx}$ la valeur qu'elle a dans cette équation, le rayon de courbure soit constant, ou que l'on ait

$$dR = 0,$$

ou enfin

$$\left(\frac{dR}{dx}\right)dx + \left(\frac{dR}{dy}\right)dy = 0.$$

On aura donc, pour tous les points de notre surface,

$$B\left(\frac{dR}{dx}\right) - A\left(\frac{dR}{dy}\right) = 0.$$

Si l'on effectue les différentiations partielles indiquées dans cette équation, on aura l'équation unique aux différences partielles du troisième ordre de la surface.

XII.

Pour effectuer les différentiations partielles de l'article précédent, et arriver à un résultat mieux ordonné, je reprends, dès l'origine, la recherche des lignes et des rayons de courbure.

Les équations de la normale, en x', y', z' sont, comme on sait,

$$x' - x + p(z' - z) = 0,$$
$$y' - y + q(z' - z) = 0.$$

Si l'on considère deux normales consécutives, telles qu'elles soient dans un même plan, ou qu'elles se coupent, il faut différentier ces deux équations, en regardant x', y', z' comme constantes; ce qui donne

$$dx\left[1 + p^2 - (z' - z)r\right] + dy\left[pq - (z' - z)s\right] = 0,$$
$$dx\left[pq - (z' - z)s\right] + dy\left[1 + q^2 - (z' - z)t\right] = 0,$$

dans lesquelles la valeur de $\dfrac{dy}{dx}$ est celle qui convient à la ligne de courbure par laquelle passent les deux normales consécutives, et dans les quatre équations, les coordonnées x', y', z' sont celles du point de rencontre des deux normales, et, par conséquent, du centre de la courbure; on aura donc

$$(x' - x)^2 + (y' - y)^2 + (z' - z)^2 = R^2,$$

ou

$$z' - z = \frac{R}{k};$$

substituant cette valeur de $z' - z$ dans les deux équations différentielles, elles deviendront

$$dx\left(1 + p^2 - \frac{Rr}{k}\right) + dy\left(pq - \frac{Rs}{k}\right) = 0,$$
$$dx\left(pq - \frac{Rs}{k}\right) + dy\left(1 + q^2 - \frac{Rt}{k}\right) = 0.$$

Actuellement, soit fait, pour abréger,

$$Rr - (1 + p^2)k = A,$$
$$Rs - pqk = B,$$
$$Rt - (1 + q^2)k = C;$$

l'équation de la projection de la ligne de courbure sera, indifféremment, l'une des deux suivantes :

$$A dx + B dy = 0, \qquad B dx + C dy = 0,$$

entre lesquelles éliminant $\frac{dy}{dx}$, on aura, pour l'équation qui donne la valeur du rayon de la même courbure,

$$AC - B^2 = 0.$$

C'est cette équation qu'il faut différentier partiellement pour avoir les valeurs de $\left(\frac{dR}{dx}\right)$, $\left(\frac{dR}{dy}\right)$.

XIII.

La différentielle ordinaire de l'équation $AC - B^2 = 0$ est

$$C dA - 2B dB + A dC = 0,$$

ou, en mettant pour dA, dB, dC leurs valeurs,

$$\left. \begin{aligned} & dR\,(Cr - 2Bs + At) + R\,(Cdr - 2Bds + Adt) \\ & - 2k\,[\,Cpdp - B\,(pdq + qdp) + Aqdq\,] \\ & - dk\,[\,(1 + p^2)\,C - 2pq\,B + (1 + q^2)\,A\,] \end{aligned} \right\} = 0.$$

Donc, si l'on fait

$$dr = u dx + u dy,$$
$$ds = u dx + w dy,$$
$$dt = w dx + v dy,$$

les deux différences partielles de cette équation sont

$$\left(\frac{dR}{dx}\right)(Cr - 2Bs + At) + R(Cu - 2Bu + Aw) - 2k\,[\,Cpr - B(qr + ps) + Aqs\,]$$
$$- \frac{pr + qs}{k}\,[\,(1 + p^2)\,C - 2pq\,B + (1 + q^2)\,A\,] = 0,$$

$$\left(\frac{dR}{dy}\right)(Cr - 2Bs + At) + R(Cu - 2Bw + Av) - 2k\,[\,Cps - B(qs + pt) + Aqt\,]$$
$$- \frac{ps + qt}{k}\,[\,(1 + p^2)\,C - pq\,B + (1 + q^2)\,A\,] = 0.$$

Pour substituer ces valeurs de $\left(\dfrac{d\mathrm{R}}{dx}\right)$, $\left(\dfrac{d\mathrm{R}}{dy}\right)$ dans

$$\mathrm{B}\left(\frac{d\mathrm{R}}{dx}\right) - \mathrm{A}\left(\frac{d\mathrm{R}}{dy}\right) = 0,$$

il faut multiplier la première par B, la seconde par A, et retrancher; ce qui donne, pour l'équation aux différences partielles du troisième ordre,

$$\mathrm{R}\left\{ \begin{aligned} &\mathrm{BC}u - 2\mathrm{B}^2 u + \mathrm{AB}w \\ &\quad - \mathrm{AC}w + 2\mathrm{AB}w - \mathrm{A}^2 v \end{aligned} \right\} - 2k(\mathrm{B}p - \mathrm{A}q)(\mathrm{C}r - 2\mathrm{B}s - \mathrm{A}t) \left.\begin{aligned}&\\&\end{aligned}\right\} \;$$
$$- \frac{\mathrm{B}(pr + qs) - \mathrm{A}(ps + qt)}{k}\left[(1 + p^2)\mathrm{C} - 2pq\mathrm{B} + (1 + q^2)\mathrm{A}\right] \Big\} = 0.$$

Mais des trois termes dont cette équation est composée, le second est le double du troisième. En effet, si dans les équations qui donnent les valeurs de A, B, C, on prend celles de $1 + p^2$, pq, $1 + q^2$, pour les substituer dans le dernier facteur du troisième terme, on trouve, à cause de $\mathrm{AC} - \mathrm{B}^2 = 0$,

$$(1 + p^2)(\mathrm{C} - 2\mathrm{B}pq + (1 + q^2)\mathrm{A} = \frac{\mathrm{R}}{k}(\mathrm{C}r - 2\mathrm{B}s + \mathrm{A}t),$$

et, prenant dans les mêmes équations pour r, s, t leurs valeurs pour les substituer dans le premier facteur du même terme, on trouve

$$\frac{\mathrm{B}(pr + qs) - \mathrm{A}(ps + qt)}{k} = (\mathrm{B}p - \mathrm{A}q)\frac{k^3}{\mathrm{R}^3},$$

donc le troisième terme de l'équation aux différences partielles du troisième ordre sera

$$- k(\mathrm{B}p - \mathrm{A}q)(\mathrm{C}r - 2\mathrm{B}s + \mathrm{A}t),$$

et, par conséquent, la moitié du second terme; donc, réduisant et chassant C au moyen de $\mathrm{AC} - \mathrm{B}^2 = 0$, cette équation sera

$$\left.\begin{aligned} &\mathrm{R}\,(\mathrm{B}^3 u - 3\mathrm{B}^2\mathrm{A}w + 3\mathrm{B}\mathrm{A}^2 w - \mathrm{A}^3 v) \\ &- 3k(\mathrm{B}p - \mathrm{A}q)(\mathrm{B}^2 r - 2\mathrm{A}\mathrm{B}s + \mathrm{A}^2 t) \end{aligned}\right\} = 0.$$

dans laquelle il n'y a plus qu'à substituer pour A et B leurs valeurs, qui sont en différences partielles du second ordre.

XIV

S'il s'agissait d'intégrer cette équation, sa simplicité rendrait l'opération très-facile. En effet, l'équation de la projection de la caractéristique est

$$B^3 dy^3 + 3B^2 A dy^2 dx + 3BA^2 dy dx^2 + A^3 dx^3 = 0,$$

qui est un cube parfait, et dont la racine est, indifféremment,

$$Bdy + Adx = 0,$$

ou

$$Cdy + Bdx = 0,$$

à cause de $AC - B^2 = 0$; ce qui prouve que la surface n'a qu'une seule caractéristique, et que la quantité qui doit entrer sous les trois fonctions arbitraires qui complètent son intégrale finie, est la même.

Remettant dans ces équations, pour A, B, C, leurs valeurs, elles deviennent

$$(Rs - pqk) dy + [Rr - (1 + p^2) k] dx = 0,$$
$$[Rt - (1 + q^2) k] dy + (Rs - pqk) dx = 0,$$

ou

$$Rdp - k (dx + pdz) = 0,$$
$$Rdq - k (dy + qdz) = 0,$$

entre lesquelles, si l'on élimine la quantité R, on trouve pour la caractéristique,

$$(dy + qdz) dp = (dx + pdz) dq,$$

qui est l'équation générale de la ligne de courbure; donc la caractéristique est une des lignes de courbure de la surface.

Si, des deux équations

$$R\,dp - k\,(dx + p\,dz) = 0,$$

$$R\,dq - k\,(dy + q\,dz) = 0,$$

et de

$$dz - p\,dx - q\,dy = 0,$$

on tire les valeurs de dx, dy, dz, on trouve

$$dx = R\,d\frac{p}{k},$$

$$dy = R\,d\frac{q}{k},$$

$$dz = -\,R\,d\frac{1}{k},$$

équations qui, en regardant R comme constante, sont des différentielles exactes. Or ces trois équations ont lieu pour la caractéristique; donc, pour tous les points de cette courbe, la quantité R est constante; donc, en intégrant ces trois équations, et les complétant chacune par une fonction arbitraire de la quantité R, qui a été regardée comme constante, on aura, pour la surface courbe, les trois équations premières séparées

$$x - \varphi R = R\,\frac{p}{k},$$

$$y - \psi R = R\,\frac{q}{k},$$

$$z - \varpi R = -\,R\,\frac{1}{k},$$

dans lesquelles il faut mettre, pour R, la valeur du rayon de courbure en différences partielles du second ordre.

La quantité R étant la seule, dans ces équations, qui contienne des différences partielles du second ordre, il est évident que, si l'on éliminait R entre deux quelconques de ces équations, le résultat ne renfermerait plus que des différences partielles du premier ordre, et contiendrait deux des fonctions arbitraires; ce résultat serait donc une des intégrales secondes. L'élimination dont il s'agit ici ne peut s'effectuer tant que les fonctions qui contiennent R sont arbitraires, et l'on ne peut que l'indiquer. Donc les trois intégrales secondes sont les résultats de l'élimination de l'indéterminée R entre les trois équations précédentes considérées deux à deux; ce qui peut se faire de trois manières différentes.

Enfin, si l'on fait la somme des carrés des trois équations précédentes, on trouve

$$(x - \varphi R)^2 + (y - \psi R)^2 + (z - \varpi R)^2 = R^2,$$

qui est l'équation de l'enveloppée mobile, en vertu de la variation de l'indéterminée R. L'équation intégrale finie est donc le résultat de l'élimination de R entre cette équation et sa différentielle, prise en regardant R comme seule variable.

XV.

L'équation aux différences partielles du second ordre, que nous venons de traiter, appartenant à une surface qui n'a qu'une seule caractéristique, et l'intégrale finie de l'enveloppée ne contenant les quantités x, y, $\varphi\alpha$, $\psi\alpha$ que sous les parenthèses $(x - \varphi\alpha)$, $(y - \psi\alpha)$, elle peut être intégrée d'une autre manière, que je ne dois pas passer sous silence, parce qu'elle convient à toutes les autres équations qui sont dans le même cas, et pour les ordres supérieurs au premier.

Nous avons vu que l'équation de la caractéristique, déduite de l'équation du troisième ordre, est indifféremment l'une des deux suivantes :

$$B\,dy + A\,dx = o, \quad C\,dy + B\,dx = o;$$

mettant pour $\frac{B}{A}$ sa valeur $\frac{-dx}{dy}$ dans la proposée, elle devient

$$R\left(u\,dx^3 + 3\,u\,dx^2\,dy + 3\,w\,dx\,dy^2 + v\,dy^3\right) \atop -3k\,(p\,dx + q\,dy)\,(r\,dx^2 + 2\,s\,dx\,dy + t\,dy^2)\Bigg\} = 0.$$

Si l'on considère cette équation comme appartenant à la surface, et, par conséquent, aussi à l'enveloppée, de manière que dx et dy puissent être regardées l'une et l'autre comme constantes, elle peut être mise sous la forme suivante :

$$R\,d^3z - 3k\,dz\,ddz = 0.$$

Actuellement, des deux équations de la caractéristique, si l'on multiplie la première par dx, la seconde par dy, et si l'on ajoute, on a

$$C\,dy^2 + 2\,B\,dx\,dy + A\,dx^2 = 0,$$

qui, par la restitution des valeurs de A, B, C, donne

$$R\left(r\,dx^2 + 2\,s\,dx\,dy + t\,dy^2\right) \atop -k\left[(1 + p^2)\,dx^2 + 2\,pq\,dx\,dy + (1 + q^2)\,dy^2\right]\Bigg\} = 0,$$

ou

$$R\,ddz - k\,(dx^2 + dy^2 + dz^2) = 0;$$

au moyen de laquelle chassant $\frac{R}{k}$ de l'autre équation aux différences ordinaires de z, on trouve pour la surface, et par conséquent pour l'enveloppée, l'équation aux différences ordinaires du troisième ordre,

$$(dx^2 + dy^2 + dz^2)\,d^3z - 3\,dz\,ddz^2 = 0,$$

qu'avec un peu d'habitude on reconnaît aisément pour être l'équation générale de la sphère, quelles que soient et la position de son centre dans l'espace, et la grandeur de son rayon; mais si on ne la reconnaissait pas, il serait très-facile de l'intégrer, car elle n'est autre chose que

$$d\left(\frac{dx^2 + dy^2 + dz^2}{ddz} + z\right) = 0,$$

dont l'intégrale, complétée par la constante arbitraire δ, est

$$dx^2 + dy^2 + dz^2 + (z - \delta)\,ddz = 0.$$

En regardant dx et dy comme constantes, cette intégrale est une autre différentielle exacte, qui peut se mettre sous la forme suivante:

$$d\left[xdx + ydy + (z - \delta)\,dz\right] = 0,$$

dont l'intégrale doit être complétée par une quantité de cette forme $\beta dx - \gamma dy$, puisque dx et dy ont été regardées toutes deux comme constantes dans la différentiation; donc l'intégrale seconde sera

$$(x - \beta)\,dx + (y - \gamma)\,dy + (z - \delta)\,dz = 0,$$

dans laquelle β et γ sont deux nouvelles constantes arbitraires introduites par la même intégration: ainsi, l'intégrale troisième de l'équation de l'enveloppée sera

$$(x - \beta)^2 + (y - \gamma)^2 + (z - \delta)^2 = \alpha^2.$$

Or la surface à laquelle appartient la proposée n'a qu'une seule caractéristique; par conséquent, des quatre constantes arbitraires que contient l'intégrale précédente, trois quelconques sont des fonctions arbitraires de la quatrième: donc l'équation intégrale de l'enveloppée, considérée comme mobile en vertu de la variation de son rayon, est

$$(x - \varphi\alpha)^2 + (y - \psi\alpha)^2 + (z - \pi\alpha)^2 = \alpha^2;$$

donc, enfin, l'équation intégrale de l'enveloppe est le résultat de l'élimination de z entre cette équation et sa différentielle, prise en regardant z comme seule variable.

XVI.

Lorsqu'une surface courbe n'a qu'une seule caractéristique, c'est-à-dire lorsque les fonctions arbitraires qui complètent son équation intégrale sont toutes composées d'une même quantité z, il est toujours possible de déterminer quelles doivent être les formes de toutes ces fonctions, pour que la surface passe par autant de courbes données arbitrairement dans l'espace, ou embrasse autant de surfaces courbes données. Mais, comme le procédé est un peu compliqué, je vais en donner la marche pour l'un et pour l'autre cas.

XVII.

Trois courbes étant données arbitrairement dans l'espace, déterminer les formes des fonctions arbitraires qui entrent dans l'intégrale, pour que la surface passe par ces trois courbes, ou, ce qui revient au même, pour que l'enveloppée, dans son mouvement, soit perpétuellement tangente à ces trois courbes.

Représentons les deux équations qui comprennent l'intégrale, par

$$L = o, \quad \left(\frac{dL}{dz}\right) = o;$$

puis, soient

$$M = o, \quad N = o,$$

les deux équations données en x, y, z de la première des trois courbes par lesquelles la surface doit passer. Si l'on considère ensemble les trois équations

$$L = o, \quad M = o, \quad N = o,$$

c'est-à-dire si l'on regarde les coordonnées x, y, z comme ayant respectivement les mêmes valeurs dans les trois équations, ces coordonnées sont celles d'un point commun à l'enveloppée et à la courbe; mais il ne suffit pas que ce point soit commun à la courbe et à la surface, il faut qu'il soit un point de contact: donc, si l'on différentie aux différences ordinaires ces trois équations, ce qui, pour la première, donnera

$$(x - \varphi\alpha)\, dx + (y - \psi\alpha)\, dy + (z - \pi\alpha)\, dz = 0,$$

et, pour les deux autres,

$$X'\, dx + Y'\, dy + Z'\, dz = 0,$$
$$X''\, dx + Y''\, dy + Z''\, dz = 0,$$

dans lesquelles les six coefficients sont connus et donnés par la différentiation, il faudra que les deux quantités $\frac{dx}{dz}$, $\frac{dy}{dz}$, qui déterminent la direction de la tangente de la courbe, aient chacune la même valeur dans ces trois équations; donc, si l'on élimine ces deux quantités entre les trois équations, on aura en x, y, z, φ, ψ, π, une équation que je représente par

$$G = 0,$$

et qui doit avoir lieu pour que la courbe et l'enveloppée se touchent dans le point que l'on considère. Ainsi l'on aura, entre les trois coordonnées de ce point, les quatre équations

$$L = 0, \quad M = 0, \quad N = 0, \quad G = 0.$$

Donc, si l'on élimine entre elles les trois coordonnées x, y, z du point de contact, on aura en α, $\varphi\alpha$, $\psi\alpha$, $\pi\alpha$ une équation que je représente par

$$H = 0,$$

et qui exprimera la relation que doivent avoir entre elles les trois fonctions arbitraires, pour que l'enveloppée touche la première courbe dans un certain point.

Actuellement, si, pour chacune des deux autres courbes données par lesquelles doit passer la surface, on fait les opérations analogues, on aura deux autres équations

$$H' = 0, \quad H'' = 0,$$

qui seront aussi en α, $\varphi\alpha$, $\psi\alpha$, $\pi\alpha$, et qui donneront les relations que les fonctions arbitraires doivent avoir entre elles, pour que l'enveloppée touche chacune de ces deux courbes.

Mais il ne suffit pas que l'enveloppée touche chacune des trois courbes ; il faut que ce contact ait lieu pendant tout son mouvement, c'est-à-dire il faut que les relations que nous venons d'exprimer ne cessent pas, quand même α varie : donc il faut que l'on ait encore

$$d H = 0,$$
$$d H' = 0,$$
$$d H'' = 0,$$

équations qui contiendront les quantités α, $\varphi\alpha$, $\psi\alpha$, $\pi\alpha$, $\varphi'\alpha$, $\psi'\alpha$, $\pi'\alpha$. Nous aurons donc, entre ces sept quantités, les huit équations

$$L = 0, \qquad \left(\frac{dL}{d\alpha}\right) = 0,$$
$$H = 0, \qquad d H = 0,$$
$$H' = 0, \qquad d H' = 0,$$
$$H'' = 0, \qquad d H'' = 0.$$

Donc, en éliminant les sept quantités entre ces huit équations, on aura en x, y, z une équation délivrée de α et de toutes les fonctions arbitraires, et qui sera celle de la surface demandée.

XVIII.

Trois surfaces courbes étant données arbitrairement dans l'espace, déterminer les formes que doivent avoir les fonctions arbitraires dans l'équation intégrale, pour que la surface engendrée touche chacune des surfaces données dans une courbe de contact, c'est-à-dire pour que l'enveloppée, dans son mouvement, touche perpétuellement ces trois surfaces.

Représentons de même par

$$L = o, \quad \left(\frac{dL}{d\alpha}\right) = o,$$

les deux équations qui comprennent l'intégrale, et soit

$$M = o$$

l'équation donnée d'une des trois surfaces que doit toucher la surface engendrée. Si l'enveloppée et la surface donnée se touchent en un certain point, non-seulement les coordonnées x, y, z de ce point satisferont aux deux équations

$$L = o, \quad M = o,$$

mais encore le plan tangent en ce point à l'une des surfaces coincidera avec le plan tangent à l'autre surface en ce même point : donc, si l'on différentie partiellement les équations de ces deux surfaces, ce qui, pour la première, donnera

$$p = -\frac{x - \varphi\alpha}{z - \pi\alpha},$$

$$q = -\frac{y - \psi\alpha}{z - \pi\alpha};$$

et, pour la seconde,

$$p = P,$$

$$q = Q,$$

dans lesquelles P et Q sont obtenues en x, y, z par la différentiation, il faudra que les valeurs de p et q, fournies par les deux équations, soient respectivement égales entre elles ; ce qui donnera les deux équations

$$x - \varphi z + P(z - \pi z) = 0,$$
$$y - \psi z + Q(z - \pi z) = 0.$$

On aura donc, entre les coordonnées x, y, z du point de contact, quatre équations, savoir, les deux précédentes, et, de plus,

$$L = 0, \quad M = 0;$$

donc, si, entre ces quatre équations, on élimine les trois coordonnées, on aura, en z, φz, ψz, πz, une équation que je représente par

$$H = 0,$$

et qui exprimera la relation qui doit avoir lieu entre les trois équations arbitraires, pour que l'enveloppée touche la première des trois surfaces données en un certain point.

En opérant d'une manière analogue sur chacune des deux autres surfaces données, on aura en z, φz, ψz, πz deux autres équations

$$H' = 0, \quad H'' = 0,$$

qui exprimeront les relations que doivent avoir les trois fonctions arbitraires, pour que l'enveloppée touche aussi ces deux autres surfaces. Mais il ne suffit pas que ces trois contacts aient lieu pour une certaine position de l'enveloppée, il faut qu'ils aient encore lieu si l'enveloppée vient à se mouvoir ; c'est-à-dire il faut que les trois relations subsistent quand même z viendrait à varier : donc il faut que l'on ait encore

$$dH = 0, \quad dH' = 0, \quad dH'' = 0.$$

Ces trois dernières équations contiennent les sept quantités α, $\varphi\alpha$, $\psi\alpha$, $\pi\alpha$, $\varphi'\alpha$, $\psi'\alpha$, $\pi'\alpha$. Or, entre ces sept quantités, nous avons les huit équations

$$L = 0, \qquad \left(\frac{dL}{d\alpha}\right) = 0,$$
$$H = 0, \qquad dH = 0,$$
$$H' = 0, \qquad dH' = 0,$$
$$H'' = 0, \qquad dH'' = 0;$$

donc, si, entre ces huit équations, on élimine les sept quantités, on aura en x, y, z une équation délivrée de toute fonction arbitraire, et qui sera celle de la surface demandée.

§ XXVII.

SUR LES DÉVELOPPÉES, LES RAYONS DE COURBURE ET LES DIFFÉRENTS GENRES D'INFLEXIONS DES COURBES A DOUBLE COURBURE.

Tout ce que l'on a fait jusqu'à présent sur les développées des courbes, en général, se réduit à avoir trouvé celles des courbes planes; encore, parmi le nombre infini de développées que peut avoir une courbe plane, n'a-t-on considéré, jusqu'ici, que celle qui se trouve dans le même plan qu'elle : or je me propose de démontrer qu'une courbe quelconque, plane ou à double courbure, a une infinité de développées, toutes à double courbure, à l'exception d'une seule pour chaque courbe plane, et de donner la manière de trouver les équations de telle de ces courbes qu'on voudra, étant données les équations de la développante. Tout ce qu'on connaît sur les développées n'est donc qu'un cas particulier de l'objet de ce paragraphe.

I.

Si l'on conçoit une droite menée par le centre d'un cercle perpendiculairement à son plan, et prolongée de part et d'autre à l'infini, tout le monde sait que chacun des points de cette droite sera à égales distances de tous les points de la circonférence; que, par conséquent, cette circonférence sera tout aussi rigoureusement décrite, si l'on imagine qu'une seconde droite, terminée, d'une part, à un des points de la circonférence, et, de l'autre, à un point quelconque de la perpendiculaire, tourne autour de cette perpendiculaire comme axe, en faisant constamment le même angle avec elle, que si l'on eût fait tourner le rayon autour du centre et dans le plan du cercle. Cette dernière description, qui n'est qu'un cas particulier de la première, est, à la vérité, plus propre que l'autre à donner idée de l'étendue du cercle, parce qu'alors il suffit de donner le rayon pour que le cercle soit connu; tandis que, par l'autre, il ne suffit pas de connaître la longueur de la ligne décrivante, il faut que l'on connaisse encore, ou l'angle qu'elle forme avec l'axe, ou la partie de l'axe comprise entre le pôle et le plan du cercle, ou, enfin, quelque chose d'équivalent, ce qui comporte nécessairement deux données. Mais tant qu'il ne sera question que de description dans l'espace et non sur un plan résistant, celle des deux méthodes qui aurait quelque avantage sur l'autre serait la générale; parce qu'en prenant sur l'axe deux pôles placés de part et d'autre du plan du cercle, et menant par ces deux points deux droites qui se couperaient en un point de la circonférence, et faisant enfin mouvoir le système de ces deux droites autour de l'axe, de manière que leur point d'intersection fût fixe sur l'une et sur l'autre, le point décrirait rigoureusement la circonférence du cercle, sans qu'on eût eu besoin de connaître auparavant le plan dans lequel elle doit se trouver.

II.

Soit KAaD (*fig.* 1, *Pl. III*) (*) une courbe à double courbure quelconque tracée dans l'espace. Par un point A de cette courbe, soit mené un plan MNOP perpendiculaire à la tangente en A ; par le point a infiniment proche, soit pareillement mené un plan mnOP perpendiculaire à la tangente en a : ces deux plans se couperont quelque part en une droite OP, qui sera l'axe du cercle dont le petit arc Aa de la courbe peut être censé faire partie ; de manière que si des points A et a on abaisse deux perpendiculaires sur cette droite, ces perpendiculaires, égales entre elles, la rencontreront en un même point G qui sera le centre de ce cercle. Tous les autres points g, g',...., de cette droite seront chacun à égales distances de tous les points de l'arc infiniment petit Aa, et pourront, par conséquent, en être regardés comme les pôles. Ainsi, si d'un point quelconque g de cet axe, on mène deux droites aux points A et a, les droites gA et ga seront égales entre elles, et formeront avec l'axe des angles AgO et agO égaux entre eux : en sorte que, 1° si l'on voulait définir la courbure de la courbe au point A, il faudrait donner la longueur du rayon AG du cercle osculateur ; 2° si l'on voulait assigner le sens de la courbure, il faudrait donner la position du centre G dans l'espace. Mais s'il s'agissait simplement de décrire le petit arc, il serait également suffisant, ou de faire tourner la droite AG autour de l'axe, sans altérer l'angle AgO qu'elle fait avec lui, ou de faire tourner le rayon AG perpendiculairement à cet axe.

(*) C'est à cette même *Pl. III* que se rapportent tous les numéros de figures qui sont suivis dans ce paragraphe.

III.

Il suit de là que la droite OP peut être regardée comme la ligne des pôles de l'élément A*a*; que le centre G de courbure de cet élément est celui de ses pôles dont la distance à l'élément est un minimum; enfin, que son rayon de courbure est la perpendiculaire AG, abaissée de l'élément sur la ligne des pôles.

IV.

Que l'on fasse actuellement, sur tous les points de la courbe à double courbure, la même opération que nous venons de faire sur un de ses éléments, c'est-à-dire que, par tous ses points consécutifs A, A′, A″, A‴, etc. (*fig.* 2), on fasse passer des plans MNOP, chacun perpendiculaire à la tangente de la courbe, au point dans lequel il la coupe, le premier de ces plans rencontrera le second dans une droite OP, qui sera le lieu géométrique des pôles de l'arc AA′; le second rencontrera le troisième dans la droite O′P′, lieu des pôles de l'arc A′A″; le troisième rencontrera le quatrième dans la droite O″P″, lieu des pôles de l'arc A″A‴, et ainsi de suite. Il est évident que le système de toutes ces droites d'intersection, ou la surface courbe qu'elles forment par leur assemblage, sera le lieu géométrique des pôles de la courbe KAD; car cette courbe n'aura point de pôles qui ne se trouvent sur cette surface, et la surface n'aura pas de point qui ne soit le pôle de quelqu'un des éléments de la courbe.

V.

Quoique la nature de cette surface courbe dépende absolument de celle de la courbe KAD, cependant toutes les surfaces engendrées de cette manière jouissent d'un caractère général et indépendant, pour chacune d'elles, de la courbe particulière qui a servi à la former. Ce caractère est de pouvoir être développées sur un plan, comme les surfaces coniques et cylindriques à bases quelconques, sans duplicature et sans solution de continuité. En effet, les hèdres OPP'O' dont est composée la surface de la *fig.* 2, sont des portions de plans infiniment étroites, infiniment longues, et qui se coupent consécutivement suivant des lignes droites. Cela posé, on peut toujours concevoir que la première hèdre OPP'O' tourne autour de la droite O'P' comme charnière, jusqu'à ce qu'elle parvienne dans le plan de l'hèdre suivante O'P'P''O''; qu'ensuite leur système tourne autour de O''P'', et en ne faisant qu'un même plan, jusqu'à ce qu'il soit dans le plan de la troisième O''P''P'''O''', et ainsi de suite : d'où l'on voit que rien n'empêche que de cette manière tous les éléments de la surface ne viennent, sans rupture, se ranger dans un même plan. Donc la surface des pôles d'une courbe à double courbure quelconque est toujours une surface développable.

VI.

Une courbe quelconque plane ou à double courbure a une infinité de développées, dont le lieu géométrique est aussi la surface des pôles de cette courbe.

DÉMONSTRATION. Du point A de la courbe par lequel passe le premier plan normal MNOP, soit menée dans ce plan, et suivant une direction arbitraire, une droite Ag, jusqu'à ce qu'elle rencontre la section OP quelque part en un point g; par les points A' et g soit menée, dans le second plan normal, la droite A'g, prolongée jusqu'à ce qu'elle rencontre la section O'P' en un point g'; soit pareillement menée A''g'g'', et ainsi de suite : je dis que la courbe qui passe par tous les points g, g', g'',... est une des développées de la courbe KAD; car, 1° toutes les droites Ag, A'g', A''g'',...

sont les tangentes de la courbe $g\,g'g''\ldots$, puisqu'elles sont les prolongements des éléments de cette courbe; 2° si l'on conçoit que la première Ag tourne autour du point g pour venir s'appliquer sur la suivante $A'g$, elle n'aura pas cessé d'être tangente à la courbe $g\,g'g''\ldots$, et son extrémité A, après avoir parcouru l'arc AA', se confondra avec l'extrémité A' de la seconde. Que l'on fasse de même tourner la seconde ligne $A'g'$ autour du point g', pour qu'elle vienne s'appliquer sur la troisième $A''g'$, elle ne cessera pas de toucher la courbe $g\,g'g''\ldots$, et son extrémité A' ne sortira pas de l'arc $A'A''$, et ainsi de suite. Donc la courbe $g\,g'g''\ldots$ est telle, que si l'on conçoit qu'une de ses tangentes tourne autour de cette courbe sans jamais cesser de lui être tangente, et sans avoir de mouvement dans le sens de sa longueur, un des points de cette tangente décrira la courbe KAD; donc elle est une de ses développées. Mais la direction de la première droite Ag était arbitraire, et, suivant quelque autre direction qu'on l'eût menée dans le plan normal, on aurait trouvé une autre courbe $g\,g'g''\ldots$, qui aurait été pareillement une des développées de la courbe KAD; donc une courbe quelconque a une infinité de développées toutes comprises sur la surface développable qui est le lieu de ses pôles: or cette surface renferme tous les pôles de la courbe, et est, par conséquent, la seule qui en contienne les développées; donc elle est leur lieu géométrique.

VII.

Remarquons que tous les plans M, N, O, P étant tangents à la surface développable, puisque chacun d'eux est le prolongement d'un de ses éléments, la droite Ag, qui, dans tous les instants de son mouvement, se trouve dans un de ces plans, est aussi nécessairement tangente à cette surface.

VIII.

Si du point A on abaisse sur OP la perpendiculaire AG, du point A′ sur O′P′ la perpendiculaire A′G′, du point A″ sur O″P″ la perpendiculaire A″G″, et ainsi de suite, nous avons vu que les points G, G′, G″,… seront les centres de courbure des éléments correspondants de la courbe KAD; que, par conséquent, la courbe qui passerait par tous les points G, G′, G″,… serait le lieu géométrique de ces centres de courbure. Je dis que cette courbe ne peut être une des développées de la proposée, à moins que la proposée ne soit plane, auquel cas elle devient la seule dont on se soit occupé jusqu'à présent. En effet, lorsqu'une courbe est à double courbure, deux tangentes consécutives, quelque part qu'on les prenne, sont bien dans un même plan; mais trois tangentes prises de suite ne peuvent plus s'y trouver : donc trois plans consécutifs, chacun normal à la courbe, ne peuvent pas être perpendiculaires à un même plan, et, par conséquent, l'intersection du premier et du second ne saurait être parallèle à l'intersection du second et du troisième. Donc, pour une courbe à double courbure, les droites OP, O′P′, O″P″,… ne peuvent pas être parallèles.

Cela posé, la droite AG étant perpendiculaire à OP, la droite A′G lui sera aussi perpendiculaire, et, prolongée jusqu'en k, ne rencontrera pas O′P′ perpendiculairement; elle sera, par conséquent, distincte de la droite A′G′ abaissée perpendiculairement du point A′ sur O′P′. Donc les deux droites consécutives AG et A′G′ ne rencontreront pas la droite OP dans le même point; mais deux droites, considérées dans des plans différents, ne peuvent se rencontrer, à moins que ce ne soit sur l'intersection des deux plans dans lesquels on les considère; donc les droites AG et A′G′ ne se rencontrent pas, et ne sont, par conséquent, pas dans un même plan. Il en est de même de la suite des droites A′G′, A″G″, A‴G‴,…, prises deux à deux consécutivement ; donc toutes ces droites ne peuvent pas être les tangentes consécutives d'une même courbe. Il suit aussi de là que si, par deux points consécutifs G et G′, l'on conçoit une droite qui sera tangente à la courbe GG′G″..., cette droite ne passera pas par le point A′ : or, en tant qu'elle est sur le second plan normal, elle ne pourrait couper la courbe KAD que dans le point A′, où ce plan la coupe lui-même ; donc la courbe GG′G″... est telle, qu'aucune de ses tangentes prolongées ne rencontre la courbe KAD ; donc elle ne peut être une de ses développées.

Si la courbe KAD était plane, toutes les droites OP, O′P′, O″P″,... seraient perpendiculaires au plan de la courbe, et, par conséquent, parallèles entre elles. Les droites AG, A′G′, A″G″.... seraient toutes dans le plan de la courbe, et se rencontreraient consécutivement dans la courbe GG′G″,... , dont elles seraient les tangentes ; et il est évident que cette courbe ne serait alors autre chose que ce qu'on a appelé, jusqu'à présent, la développée de la courbe KAD.

IX.

On aura une des développées d'une courbe quelconque, plane ou à double courbure, si, par un de ses points, et suivant une direction arbitraire, on mène une tangente à la surface développable, qui est le lieu de ses pôles, et si l'on plie librement sur cette surface le prolongement de cette tangente, c'est-à-dire que la courbe g g′g″... est celle que formerait sur la surface OPP‴O″ une droite pliée librement sur cette surface, et dirigée, au premier instant, suivant Ag.

Pour le démontrer, observons ce qui arrive à une droite ou à un fil que l'on plie librement sur une surface. Ce fil peut être considéré, ou comme ayant une largeur infiniment petite, c'est-à-dire comme un ruban infiniment étroit, ou comme n'ayant aucune largeur. Soient OP, P″O″ (*fig.* 3 et 4) deux éléments plans ou deux hèdres consécutives d'une surface courbe, jointe par la droite infiniment petite O′P′. Soit, pour le premier cas, ABG (*fig.* 3) un ruban infiniment étroit, appliqué sur un de ces éléments suivant une direction quelconque; il est clair que la partie BG ne peut pas se rapprocher de l'élément suivant pour s'appliquer sur lui, sans faire une partie de révolution autour de B*b* ou de O′P′; et comme cette révolution doit se faire librement, ce qui comporte que ce ruban doit, dans tous ses points, toucher la surface, l'angle P′BG doit rester constant: le ruban prendra donc une position BC telle, que l'angle P′BC sera égal à l'angle O′BA. Dans le second cas, soit ABC (*fig.* 4) un fil tendu sur l'arête commune O′P′ des deux éléments de la surface. Comme ce fil n'a aucun mouvement, il doit être également tiré par ses deux extrémités, et l'on pourra prendre, de part et d'autre du point B, des droites égales BA, BC, pour représenter ces tensions. On pourra décomposer chacune de ces deux forces en deux autres, l'une parallèle et l'autre perpendiculaire à O′P′; et, en abaissant des points A et C des perpendiculaires sur O′P′, ces quatre forces seront représentées par AD, BD, BE et CE. Puisque le fil est en équilibre, le point B n'a de mouvement ni vers O′ ni vers P′: on aura donc

$$BD = BE;$$

donc on aura

$$\text{l'angle } EBC = \text{l'angle } ABD.$$

De quelque manière donc que l'on considère la ligne que forme, sur une surface courbe, une droite pliée librement, elle doit faire des angles égaux de part et d'autre avec chaque arête que l'on considère sur la surface. Or la ligne $g\,g'g''\ldots$ (*fig.* 2) jouit de cette propriété; car on a

$$\text{l'angle } A'g'O' = \text{l'angle } A''g'O' = \text{l'angle } P'g'g'';$$

et ce que nous venons de dire par rapport à l'arête O'P' doit aussi se dire par rapport à toute autre arête. Donc la courbe $g g' g''$... est celle que formerait, sur la surface OPP'''O'', une droite pliée librement, avec une direction Ag au premier instant; donc, etc.

X.

La courbe que forme une droite pliée librement sur une surface courbe est la plus courte entre ses extrémités que l'on puisse mener sur cette surface.

DÉMONSTRATION. Pour le démontrer, il suffit de faire voir que la ligne ABC (*fig.* 4), ou la somme des deux droites AB + BC, est plus courte que la somme de deux autres droites quelconques AM + MC, menées par les deux points A et C. Pour cela, soient

$$AD = a, \quad DE = b, \quad EC = c \quad \text{et} \quad EM = x;$$

on aura

$$MC = \sqrt{c^2 + x^2}, \quad AM = \sqrt{a^2 + (b - x)^2},$$

et, par conséquent,

$$AM + MC = \sqrt{c^2 + x^2} + \sqrt{a^2 + (b - x)^2},$$

dont la différentielle, égalée à zéro, donne

$$(b - x) : \sqrt{a^2 + (b - x)^2} = x : \sqrt{c^2 + x^2};$$

ce qui exprime que, dans le cas du *minimum*, l'angle AMD doit être égal à l'angle EMC, et que, réciproquement, lorsque ces angles sont égaux, la somme AB + BC est un *minimum*. Donc, etc.

XI.

On aurait pu démontrer que chaque développée est la plus courte entre ses extrémités que l'on puisse mener sur la surface développable, par une considération beaucoup plus simple; car, puisque l'on a partout l'angle $gg'O' = \mathrm{P}'g'g''$, l'angle $g'g''O'' = \mathrm{P}''g''g'''$, et ainsi de suite, il est évident que si l'on développe la surface développable sur un plan, la courbe $gg'g''\ldots$ doit s'étendre en ligne droite; d'où il suit immédiatement qu'elle est la plus courte entre ses extrémités qui puisse exister sur la surface développable. Mais cette démonstration ne peut avoir lieu que pour les surfaces développables. D'ailleurs ce n'est pas là la propriété des développées qu'il importait de connaître : il est bien plus utile, dans la pratique, de savoir qu'ayant construit la surface développable, lieu géométrique des développées d'une courbe quelconque à double courbure, on a mécaniquement une de ses développées en menant, par un point de la courbe, un fil dans une direction quelconque tangent à cette surface, et pliant ensuite librement le fil sur la surface, ce qui est simple, et suit immédiatement de l'art. IX.

XII.

Une courbe plane a donc une infinité de développées qui se trouvent toutes sur la surface du cylindre, qui a pour base celle de ces développées qui est dans le plan de la courbe; et toutes ces développées sont à double courbure, à l'exception seulement de celle dont on s'est occupé jusqu'à présent, et qui sert de base à la surface cylindrique.

XIII.

Réciproquement, une surface cylindrique à base quelconque est le lieu des développées d'une infinité de courbes, dont aucune ne

peut être à double courbure. Soient, en effet (*fig.* 5), BB'B"B"'....
une courbe plane quelconque, et OO'O"O"'.... sa développée
plane; par tous les points B, B', B",... soient menés dans le plan
de la courbe les rayons de développées BO, B'O', B"O",..., qui se
couperont consécutivement dans la développée OO'O"O"'..., à laquelle ils seront tangents. Par les points O, O', O", O"',... soient
menées, perpendiculairement au plan de la courbe, les droites OP,
O'P', O"P",..., dont l'assemblage formera une surface cylindrique
qui, d'après l'article précédent, sera le lieu de l'infinité de développées de la courbe BB'B"B"',.... Par le point B, et suivant une
inclinaison quelconque, soit menée sur OP la droite BP; par les
points B' et P soit menée la droite B'P, prolongée jusqu'à ce
qu'elle rencontre O'P' quelque part en P'; de même, soit menée
B"P', prolongée jusqu'à ce qu'elle rencontre O"P" en P", et ainsi
de suite; ou, ce qui revient au même, par le point B, et suivant
une direction quelconque BP, soit menée une tangente à la surface
cylindrique, et soit librement pliée cette droite sur la surface en
PP'P"P"'...; on aura une des développées à double courbure de
la courbe plane BB'B"B"'.... Cela posé, la courbe PP'P".... est
bien, à la vérité, la développée d'une infinité d'autres développantes que de BB'B"...; mais il est clair que toutes ces développantes doivent être comprises dans la surface courbe formée par
les rayons de développées BP, B'P', B"P",..., et qu'on aura une
de ces développantes en allongeant ou diminuant tous ces rayons
d'une quantité constante B*b* : ainsi les courbes *bb'b"b"'*..., décrites
par l'extrémité du rayon de développée, augmenté ou diminué de
la quantité B*b*, ont aussi, pour une de leurs développées, la courbe
PP'P"P"'.... Or, si des points *b*, *b'*, *b"*, *b"'*,..., on abaisse des perpendiculaires sur le plan de la courbe BB'B"B"'..., on aura autant
de triangles rectangles B*b*β, B'*b'*β',..., égaux entre eux et semblables, puisque tous les rayons des développées sont également

inclinés à ce plan : donc toutes les perpendiculaires bk, $b'k'$, $b''k''$, ...
seront égales ; donc tous les points de chaque courbe $bb'b''b'''$...
seront à égales distances du plan de la première ; donc ces courbes
seront planes : ainsi la courbe $PP'P''P'''$... ne peut être la développée que de courbes planes. Mais ce que l'on vient de dire de la
courbe $PP'P''P'''$... peut s'appliquer à toute autre décrite de la
même manière sur la surface cylindrique ; donc une surface cylindrique à base quelconque ne peut être le lieu des développées que
de courbes planes.

<h3 style="text-align:center">XIV.</h3>

Toute courbe tracée sur la surface d'une sphère a pour lieu de
ses développées la surface d'un cône dont le sommet est au centre
de la sphère, et dont la base dépend de la nature de la courbe ; car
tous les plans perpendiculaires aux éléments de la courbe le sont
aussi à la surface sphérique, et passent, par conséquent, par le
centre.

<h3 style="text-align:center">XV.</h3>

Réciproquement, une courbe quelconque, dont le lieu des développées est la surface d'un cône à base quelconque, est sphérique,
et a pour centre le sommet du cône ; car, pour en trouver une développée, il est indifférent de donner telle direction que l'on voudra au rayon de développée, pourvu qu'il soit normal à la courbe,
ou, ce qui revient au même, qu'il soit tangent à la surface conique :
on peut donc le diriger au sommet du cône, autour duquel il fera
une infinité de révolutions sans s'allonger sensiblement, et le point
décrivant restera toujours à la même distance de ce sommet.

<h3 style="text-align:center">XVI.</h3>

Donc une courbe qui n'est ni plane ni sphérique a pour lieu de
ses développées une surface développable, dont deux arêtes recti-

lignes consécutives se rencontrent bien quelque part, mais dont trois prises de suite ne se rencontrent pas dans un même point. La suite de ces points d'intersection forme une courbe qu'il est fort aisé de reconnaître pour ne devoir jamais être plane, parce qu'alors la surface développable, dont toutes les arêtes ne sont autre chose que les tangentes de cette courbe, serait réduite à un plan.

XVII.

Donc, 1° lorsque le lieu des développées d'une courbe à double courbure aura deux arêtes consécutives parallèles entre elles, la partie correspondante de la courbe sera plane, et réciproquement; 2° lorsque trois de ces arêtes consécutives se rencontreront dans le même point, la partie correspondante de la courbe sera sphérique, et son centre sera au point de rencontre des trois arêtes.

Avant que d'aller plus loin, disons quelque chose des surfaces développables en général.

XVIII.

Il suit de tout ce qui précède, que les surfaces développables sont toutes composées du système d'une infinité de droites prolongées à l'infini, et qui, toutes prises deux à deux consécutivement, sont dans un même plan. Il peut donc arriver ces trois cas: 1° qu'elles soient toutes parallèles entre elles, et alors la surface développable est cylindrique à base quelconque; 2° qu'elles se rencontrent toutes dans un même point : dans ce cas, la surface est celle d'un cône à base quelconque; 3° enfin, que toutes ces droites se rencontrent deux à deux consécutivement dans une suite de points, dont le système forme une courbe à double courbure, à laquelle toutes ces droites sont tangentes, et c'est le cas général des surfaces développables. Cette courbe, pour chaque surface en particulier, est singulièrement remarquable, et jouit, en général, des propriétés suivantes :

1°. Cette courbe suffit pour déterminer la surface développable à laquelle elle appartient, puisque cette surface n'est autre chose que le lieu géométrique de ses tangentes.

2°. Elle est la limite de la surface développable, puisqu'aucune des droites dont est composée la surface ne peut passer du côté vers lequel cette courbe est concave. Ceci s'entendra mieux par un exemple. Que l'on conçoive que toutes les tangentes possibles de l'hélice d'une vis soient prolongées à l'infini, et forment, par leur système, une surface développable : cette surface aura un nombre infini de *nappes*, et chacune de ces nappes sera d'une étendue infinie, comme les droites dont elle est composée; mais aucune d'elles n'entrera dans le cylindre sur la surface duquel est tracée l'hélice : elles viendront donc toutes se terminer à cette courbe, qui sera, par conséquent, leur limite.

3°. Cette courbe est pour la surface développable ce qu'un point de rebroussement est pour une courbe ordinaire ; car les tangentes d'une courbe peuvent également être prolongées dans les deux sens, chacune par rapport à son point de contact : or leurs prolongements dans un sens forment une nappe particulière; leurs prolongements dans l'autre sens forment une nappe distincte de la première, tant que la courbe n'est pas plane, et néanmoins ces deux nappes passent à la fois par la courbe qui est leur limite commune. Cette courbe est donc, à proprement parler, *l'arête de rebroussement* de la surface développable; c'est aussi le nom que je lui donnerai. J'appellerai donc désormais *arête de rebroussement* d'une surface développable la courbe touchée par toutes les droites dont cette surface est composée, ou, pour parler plus rigoureusement, la courbe constamment touchée par la droite qui, en se mouvant, engendre la surface.

Il ne s'agit plus actuellement que d'appliquer l'analyse à tout ce qui précède.

XIX.

Étant données les équations d'une courbe à double courbure rapportée à trois plans rectangulaires, trouver celle du plan normal mené par un point déterminé de la courbe.

SOLUTION. Le plan normal étant perpendiculaire à la tangente de la courbe au point où elle est coupée par ce plan, il suit du premier problème qu'on aura facilement l'équation demandée, lorsqu'on aura celles des projections de cette tangente; or ces projections sont elles-mêmes les tangentes aux projections de la courbe dans des points qui correspondent à la même abscisse : la question est donc réduite à trouver les équations des tangentes des projections. Soient

$$y = \varphi x \quad \text{et} \quad z = \psi x$$

les équations des projections de la courbe, φ et ψ indiquant des fonctions quelconques; soient, de plus, x' l'abscisse du point déterminé de la courbe par lequel on doit mener le plan normal, et, par conséquent, $\varphi x'$ et $\psi x'$ les autres coordonnées de ce point : cela posé, cherchons d'abord l'équation de la tangente à la projection sur le plan des x et y.

Cette équation doit généralement être de cette forme,

$$y = Ax + B,$$

A étant la tangente de l'angle que fait cette droite avec l'axe des x. Or cet angle est le même que celui que fait avec le même axe l'élément de la projection qui correspond aux coordonnées x' et $\varphi x'$; donc on aura

$$A = \frac{d.\varphi x'}{dx'} = \varphi' x'.$$

La tangente devant, de plus, passer par cet élément, il faut que la constante B soit telle, qu'en faisant $x = x'$ on ait

$$y = \varphi x';$$

l'équation de la tangente à la projection sur le plan des x et y sera donc

$$y - \varphi x' = (x - x') \varphi' x'.$$

Par un semblable raisonnement, on trouvera que l'équation de la tangente à la projection sur le plan des x et z, pour la même abscisse du point de contact, est

$$z - \psi x' = (x - x') \psi' x'.$$

Ces deux équations sont celles des projections de la tangente de la courbe à double courbure, et l'équation demandée du plan normal sera

$$\text{(A)} \qquad (z - \psi x') \psi' x' + (y - \varphi x') \varphi' x' + x - x' = 0.$$

XX.

Étant données les équations d'une courbe à double courbure rapportée à trois plans rectangulaires, trouver celle de la surface développable qui est le lieu géométrique de toutes ses développées.

SOLUTION. Soient, comme précédemment,

$$y = \varphi x \quad \text{et} \quad z = \psi x$$

les équations de la courbe proposée, de manière que celle du plan normal mené par le point de la courbe qui correspond à l'abscisse x' soit, en vertu du problème précédent,

$$\text{(A)} \qquad (z - \psi x') \psi' x' + (y - \varphi x') \varphi' x' + x - x' = 0.$$

Si l'on prend encore sur la courbe un point infiniment voisin du premier, et correspondant à l'abscisse $x' + dx'$, l'équation du plan normal mené par ce nouveau point se trouvera en mettant, dans la précédente, $x' + dx'$ à la place de x', et sera

$$(a) \quad \left\{ \begin{aligned} &[z - \psi(x'+dx')]\psi'(x'+dx') \\ &+ [y - \varphi'(x'+dx')]\varphi'(x'+dx') + x - (x'+dx') \end{aligned} \right\} = 0;$$

et si, dans les deux équations (A) et (a), on fait les x, y et z de l'une égales respectivement aux x, y et z de l'autre, ces deux équations seront celles de la droite d'intersection des deux plans infiniment voisins; ou bien, retranchant (A) de (a), négligeant les infiniment petits du second ordre, et divisant par dx', on aura pour cette droite d'intersection les deux équations suivantes :

$$(A) \qquad (z - \psi x')\psi'x' + (y - \varphi x')\varphi'x' + x - x' = 0,$$

$$(B) \quad (z - \psi x')\psi''x' + (y - \varphi x')\varphi''x' - [1 + (\varphi'x')^2 + (\psi'x')^2] = 0.$$

Or cette intersection se trouve tout entière sur la surface des développées, et renferme tous les pôles de l'élément de la courbe compris entre les limites x' et $x' + dx'$; donc, pour avoir entre x, y et z une relation qui convienne à tous les pôles de la courbe, indépendamment de l'abscisse x', on n'aura qu'à éliminer x' des deux équations (A) et (B), et l'équation qui résultera sera celle de la surface demandée.

XXI.

On peut déduire immédiatement l'équation (B) de l'équation (A), en remarquant qu'elle est la différentielle de celle-ci prise en regardant x' comme seule variable. Donc, pour trouver l'équation de la surface développable, qui est le lieu géométrique des développées d'une courbe à double courbure, il faut d'abord chercher l'équation du plan normal à la courbe, qui sera nécessairement de cette forme,

$$Az + By + Cx + D = 0,$$

et dans laquelle les constantes A, B, C, D sont des fonctions connues de l'abscisse x', correspondante au point de la courbe par lequel passe le plan normal; différentier ensuite cette équation en ne faisant varier que x', ce qui donnera une seconde équation qui servira à éliminer x' de celle du plan, et l'équation en x, y et z qu'on obtiendra, sera celle de la surface demandée.

XXII.

Étant données les équations d'une courbe à double courbure, trouver celle de l'arête de rebroussement de la surface développable qui est le lieu géométrique de ses développées.

SOLUTION. Les deux équations du problème précédent étant celles de l'intersection des deux plans perpendiculaires à la courbe, menés par les points qui correspondent aux abscisses x' et $x' + dx'$, et, par conséquent, celles d'une des droites qui composent la surface des développées; si l'on suppose que dans ces deux équations, x' devienne $x' + dx'$, et que $x' + dx'$ devienne $x' + 2dx'$, ce qui donnera

$$(a) \quad \left\{ \begin{array}{l} [z - \psi(x' + dx')]\psi'(x' + dx') + [y - \varphi(x' + dx')]\varphi'(x' + dx') \\ + x - (x' + dx') \end{array} \right\} = 0,$$

$$(b) \quad \left\{ \begin{array}{l} [z - \psi(x' + 2dx')]\psi'(x' + 2dx') + [y - \varphi(x' + 2dx')]\varphi'(x' + 2dx') \\ + x - (x' + 2dx') \end{array} \right\} = 0,$$

ces deux équations seront celles d'une droite qui se trouve encore sur la surface des développées, infiniment près de la première; et si, dans les quatre équations (A), (B), (a) et (b), on fait les x, y, z de chacune d'elles égales aux x, y, z de toutes les autres, ces quatre équations seront celles de l'intersection de ces deux droites infini-

— 411 —

ment proches. Ou bien, remarquant que les équations (B) et (a) se comportent l'une l'autre, et retranchant ensuite (a) de (b), on aura pour le point d'intersection des deux droites consécutives les trois équations

(A)
$$(z - \psi x')\psi' x' + (y - \varphi x')\varphi' x' + x - x' = 0,$$

(B)
$$(z - \psi x')\psi'' x' + (y - \varphi x')\varphi'' x' - [1 + (\varphi' x')^2 + (\psi' x')^2] = 0,$$

(C)
$$(z - \psi x')\psi''' x' + (y - \varphi''' x')\varphi x' - 3[\varphi' x'\varphi'' x' + \psi' x'\psi'' x'] = 0.$$

Or ce point d'intersection appartient à l'arête de rebroussement ; il se trouve en même temps sur les trois plans perpendiculaires à la courbe proposée, menés par les points de cette courbe qui correspondent aux abscisses x', $x' + dx'$, $x' + 2\,dx'$; sa position dépend donc de l'abscisse x'. Donc, si l'on veut avoir les équations qui conviennent à la suite des points ainsi déterminés, indépendamment de l'abscisse x', on n'aura qu'à éliminer x' des trois équations (A), (B) et (C), et les deux équations en x, y et z qu'on obtiendra, seront celles de l'arête de rebroussement demandée.

XXIII.

On peut déduire immédiatement l'équation (C) de l'équation (B), en observant qu'elle est la différentielle de celle-ci prise en regardant x' comme seule variable, et, par conséquent, la différentielle seconde de (A) prise de la même manière. Donc, pour trouver les équations de l'arête de rebroussement de la surface développable, lieu géométrique des développées d'une courbe à double courbure, il faut d'abord chercher l'équation du plan normal à la courbe, qui sera de cette forme,

$$Az + By + Cx + D = 0,$$

A, B, C et D étant, pour chaque plan normal, des constantes, fonctions connues de l'abscisse déterminée x', qui correspond au point de la courbe par lequel passe le plan normal; différentier ensuite deux fois cette équation, en regardant x' comme seule variable, et dx' comme constant, ce qui produira deux nouvelles équations; éliminer enfin de ces deux équations et de celle du plan l'indéterminée x': les deux équations en x, y et z qui resteront, seront celles de l'arête de rebroussement demandée.

XXIV.

Si, des trois équations (A), (B) et (C), on tire les valeurs des trois variables x, y et z, on trouvera

$$x = \varphi x' + \left\{ \begin{array}{l} \varphi''x'[1+(\varphi'x')^2+(\psi'x')^2] \\ -3\varphi'x'(\varphi'x'\varphi''x'+\psi'x'\psi''x') \end{array} \right\} : (\psi''x'\varphi'''x' - \psi'''x'\varphi''x'),$$

$$y = \psi x' + \left\{ \begin{array}{l} -\psi''x'[1+(\varphi'x')^2+(\psi'x')^2] \\ +3\psi'x'(\varphi'x'\varphi''x'+\psi'x'\psi''x') \end{array} \right\} : (\varphi''x'\varphi'''x' - \psi''x'\psi'''x'),$$

$$z = x' + \left\{ \begin{array}{l} (\varphi'x'\psi''x'-\varphi''x'\psi'x')[1+(\varphi'x')^2]+(\psi'x')^2 \\ -3\varphi'x'(\psi''x'-\varphi'x'\psi'x')(\varphi'x'\varphi''x'+\psi'x'\psi''x') \end{array} \right\} : (\psi''x'\varphi'''x' - \psi'''x'\varphi''x').$$

Ces valeurs sont celles des coordonnées du point dans lequel se rencontrent les deux droites consécutives prises sur la surface développable, ou les trois plans consécutifs perpendiculaires à la courbe, et menés par les éléments qui correspondent aux abscisses x', $x' + dx'$ et $x' + 2dx'$. Ce point est à égales distances de ces trois éléments; car, en tant qu'il se trouve dans l'intersection des deux premiers plans, il est à égales distances des deux premiers éléments, et en tant qu'il se trouve dans l'intersection du second et troisième plan, il est également éloigné des second et troisième éléments: donc les valeurs de x, y et z, que nous venons de trouver, sont celles des coordonnées d'un point également éloigné des trois éléments consécutifs de la courbe, pris dans la partie de cette courbe qui correspond à l'abscisse x'; or ces valeurs seront toujours réelles, tant que la branche de la proposée ne sera pas

— 413 —

imaginaire, c'est-à-dire tant que y' et z' ou $\varphi x'$ et $\psi x'$ seront réelles : donc, dans toute courbe à double courbure, trois éléments consécutifs sont toujours à égales distances d'un certain point, et peuvent, par conséquent, être regardés comme placés sur la surface d'une même sphère dont ce point est le centre. La suite de tous ces centres forme l'arête de rebroussement de la surface des développées de cette courbe ; donc cette arête est le lieu géométrique des centres de courbure sphérique de la courbe, sans être une de ses développées, puisque aucune de ses tangentes ne rencontre la proposée, et qu'elles sont toutes sur la surface développable.

XXV.

Étant données les équations d'une courbe à double courbure quelconque, trouver celles de telles de ses développées qu'on voudra.

Solution. Toutes les développées d'une courbe étant sur une même surface développable, l'équation de cette surface est commune à toutes les développées : or nous avons donné (art. XXII) la manière de trouver cette équation, et nous avons vu qu'elle était le résultat de l'élimination de la quantité x' des deux équations (A) et (B) ; il ne reste donc plus qu'à trouver pour chaque développée une équation particulière qui la distingue de toutes les autres, et qui détermine sa manière d'exister sur la surface développable. Pour cela, considérons que chaque développée doit être telle, que le prolongement de sa tangente en un point quelconque coupe la développante dans le point dont les coordonnées sont x', $\varphi x'$ et $\psi x'$; ou, ce qui revient au même, que le prolongement de la tangente de sa projection passe par la projection du point de la développante dont les coordonnées sont x', $\varphi x'$ et $\psi x'$. On aura donc, par rapport à la projection sur le plan des z, x,

(D) $$\frac{dz}{dy} = \frac{z - \psi x'}{y - \varphi x'}.$$

Si des trois équations

(A) $(z - \psi x')\psi' x' + (y - \varphi x')\varphi' x' + x - x' = 0$,

(B) $(z - \psi x')\psi'' x' + (y - \varphi x')\varphi'' x' - [1 + (\varphi' x')^2 + (\psi' x')^2] = 0$,

(C) $(z - \psi x') dy = (y - \varphi x') dz$,

on élimine l'indéterminée x', les deux équations qu'on obtiendra en x, y et z, et dont l'une sera aux différences premières, seront les deux équations demandées.

XXVI.

Au lieu d'employer, comme nous avons fait, les projections sur le plan des y et z, on peut se servir de la projection sur l'un quelconque des deux autres plans, et à la place de l'équation (D) on aura, dans le cas du plan des x et y,

$$(y - \varphi x') dx = (x - x') dy,$$

et, dans le cas du plan des x et z,

$$(z - \psi x') dx = (x - x') dz.$$

De ces trois équations différentielles, deux quelconques comportent généralement la troisième ; mais si, comme dans le cas dont il s'agit, on suppose que les deux équations (A) et (B) aient lieu en même temps qu'elles, alors, de ces trois équations différentielles, une quelconque comporte les deux autres, et il suffit d'employer celle qui présentera moins de difficulté dans l'intégration.

XXVII.

L'intégration de l'équation différentielle introduira dans le calcul une constante arbitraire qui, par les différentes valeurs dont elle sera susceptible, pourra appartenir à telle développée qu'on voudra, et dont la détermination dépendra de la condition à laquelle la développée devra satisfaire. Par exemple, s'il s'agit de déterminer la constante de manière que la développée passe par un certain point donné sur la surface développable, et dont les coordonnées, dans le sens des x, des y et des z, soient respectivement a, b et c, on substituera dans les deux équations de la développée, après l'intégration, à la place des quantités x, y et z, les valeurs correspondantes a, b, c; on éliminera de ces deux équations celle des trois coordonnées a, b, c qui sera perpendiculaire à la projection dont on aura fait usage, et il faudra que la constante satisfasse à l'équation résultante.

XXVIII.

J'ai donc démontré qu'une courbe quelconque, plane ou à double courbure, a une infinité de développées, toutes à double courbure, à l'exception d'une seule pour chaque courbe plane, et j'ai donné la manière de trouver les équations de toutes ces développées, d'après celles de la développante, ce que je m'étais d'abord proposé dans ce Mémoire : ainsi, il n'y a point de courbe que l'on ne puisse engendrer par le développement d'une infinité d'autres. Mais comme il est difficile, dans la pratique, après avoir plié un fil sur une développée, particulièrement si elle est à double courbure, de le développer de manière qu'à chaque instant du mouvement, il soit bien exactement confondu avec la tangente de la développée, lorsqu'on voudra construire par développement une courbe à double courbure $BB'B''B'''\ldots$ (*fig.* 6), on pourra, par un même point donné B de cette courbe, mener deux fils BO, BP, tangents à la surface développable, les plier ensuite librement sur cette surface, l'un en $OO'O''O'''\dots$, l'autre en $PP'P''P'''\dots$: ces fils, dans leur développement, se contre-balanceront et empêcheront que leur point de réunion cesse d'être dans la développante ; ou bien, pour faire usage des formules précédentes, on donnera à l'indéterminée a ou b deux valeurs différentes, ce qui produira deux développées distinctes, $OO'O''O'''\dots$ et $PP'P''P'''\dots$, qui jouiront de la même propriété.

XXIX.

Il suit de là qu'il serait facile de faire osciller un pendule dans une courbe à double courbure quelconque, si cela était nécessaire, en supposant que cette courbe tournât sa convexité du côté du centre des forces qui agiraient sur le pendule.

XXX.

Du rayon de courbure et des différents genres d'inflexions des courbes à double courbure.

On appelle *point d'inflexion*, dans une courbe plane, le point où cette ligne, après avoir été concave dans un sens, cesse de l'être pour devenir concave dans l'autre sens. Il est évident que, dans ce point, la courbe perd sa courbure et que les deux éléments consécutifs sont en ligne droite. Mais une courbe à double courbure peut perdre chacune de ses courbures en particulier, ou les perdre toutes deux dans le même point ; c'est-à-dire qu'il peut arriver ou que trois éléments consécutifs d'une même courbe à double courbure se trouvent dans un même plan, ou que deux de ces éléments soient en ligne droite. Il suit de là que les courbes à double courbure peuvent avoir deux espèces d'inflexions : la première a lieu lorsque la courbe devient plane, et nous l'appellerons *simple in-flexion;* la seconde, que nous appellerons *double inflexion*, a lieu lorsque la courbe devient droite dans un de ses points.

XXXI.

Trouver la formule qui donne les points de simple inflexion *des courbes à double courbure.*

SOLUTION. Nous avons vu (art. XVII) que lorsqu'une courbe à double courbure a un point de simple inflexion, ou, ce qui revient au même, que lorsqu'elle devient plane, la partie correspondante de la surface développable, qui est le lieu de ses développées, devient cylindrique, et que, par conséquent, les deux arêtes consé-cutives de cette partie de la surface sont parallèles. Il suit donc de là que le point de rencontre de ces deux arêtes est infiniment éloi-gné, ou les coordonnées de ce point sont infinies. Or nous avons donné (art. XXIV) les valeurs générales de ces coordonnées, qui sont toutes trois rendues infinies en égalant à zéro le dénominateur commun : donc la formule, pour trouver les points de simple inflexion, est

$$\psi'' x \varphi''' x - \varphi'' x \psi''' x = 0,$$

ou

$$ddz d^3 y - ddy d^3 z = 0;$$

et la valeur de x, tirée de l'une ou de l'autre de ces deux formules, sera celle de l'abscisse qui convient au point demandé.

XXXII.

On aurait pu trouver cette formule par un raisonnement beau-coup plus simple. En effet, puisque dans le point de simple in-flexion, la courbe à double courbure devient plane, il faut que, dans ce point, les équations de la courbe satisfassent à l'équation générale du plan : or cette équation générale est

$$z = ax + by + c,$$

Si donc on différentie trois fois cette équation à cause des trois constantes, ce qui donne

$$dz = adx + bdy,$$
$$ddz = bddy,$$
$$d^3z = bd^3y,$$

et qu'on élimine a et b de ces trois équations, on trouvera

$$ddyd^3z - ddzd^3y = o,$$

équation de condition qui doit être satisfaite pour que ces trois éléments consécutifs d'une courbe à double courbure soient dans un même plan, et qui est la même que celle que nous venons de donner dans le problème précédent.

XXXIII.

Trouver l'expression du rayon de courbure d'une courbe à double courbure quelconque.

SOLUTION. Dans tout ce qui précède, nous avons bien distingué les rayons de développées d'une courbe à double courbure de son rayon de courbure. Nous avons vu que, dans chaque point, une courbe quelconque a une infinité de rayons de développées, parce qu'elle a une infinité de développées différentes ; mais que, dans chaque point, elle n'avait qu'un rayon de courbure, et qu'on trouvait ce rayon en abaissant une perpendiculaire du point de la courbe sur l'intersection du plan normal avec le plan normal infiniment voisin.

Or nous avons donné (première partie) l'expression de la perpendiculaire abaissée d'un point donné sur une droite dont on connaît les équations de projections ; de plus, nous avons trouvé (art. XXII), pour équations de l'intersection du plan normal avec celui qui le suit immédiatement,

$$(z-\psi x')\psi' x' + (y-\varphi x')\varphi' x' + x - x' = 0,$$

$$(z-\psi x')\psi'' x' + (y-\varphi x')\varphi'' x' - [1+(\varphi' x')^2 + (\psi' x')^2] = 0 ;$$

d'où l'on tire les trois équations suivantes, qui sont celles des trois projections de cette droite :

$$y\varphi'' x' + z\psi'' x' - [1 + (\varphi' x')^2 + (\psi' x')^2 + \psi x'\psi'' x' + \varphi x'\varphi'' x'] = 0,$$

$$\left.\begin{array}{l} -x\psi'' x' + y(\psi' x'\varphi'' x' - \varphi' x'\psi'' x') - \psi' x'[1 + (\varphi' x')^2 + (\psi' x')^2] \\ \qquad + x'\psi'' x' - \varphi x'(\psi' x'\varphi'' x' - \varphi' x'\psi'' x') \end{array}\right\} = 0,$$

$$\left.\begin{array}{l} -z(\psi' x'\varphi'' x' - \varphi' x'\psi'' x') - x\varphi'' x' - \varphi' x'[1 + (\varphi' x')^2 + (\psi' x')^2] \\ \qquad + x'\varphi'' x' - \psi x'(\psi' x'\varphi'' x' - \varphi' x'\psi'' x') \end{array}\right\} = 0.$$

Si l'on compare actuellement ces trois équations avec celles de la droite données dans la première partie, on trouvera, pour expression du rayon de courbure d'une courbe à double courbure quelconque,

$$\frac{[1 + (\varphi' x')^2 + (\psi' x')^2]^{\frac{3}{2}}}{\sqrt{(\varphi'' x')^2 + (\psi'' x')^2 + (\psi' x'\varphi'' x' - \varphi' x'\psi'' x')^2}}.$$

XXXIV.

Nous avons aussi donné (première partie) les expressions des coordonnées du pied de la perpendiculaire abaissée d'un point sur une droite ; si l'on substitue encore dans ces formules les valeurs ci-dessus, on trouvera, pour coordonnées du centre de courbure d'une courbe quelconque, dans le sens des x,

$$x - [1 + (\varphi' x)^2 + (\psi' x)^2] \frac{\varphi' x\varphi'' x + \psi' x\psi'' x}{(\varphi'' x)^2 + (\psi'' x)^2 + (\psi' x\varphi'' x - \varphi' x\psi'' x)^2},$$

dans le sens des y,

$$\varphi x + \left[1 + (\varphi' x)^2 + (\psi' x)^2\right] \frac{\varphi'' x - \psi' x (\psi' x \varphi'' x - \varphi' x \psi'' x)}{(\varphi' x)^2 + (\psi' x)^2 + (\psi' x \varphi'' x + \varphi' x \psi'' x)^2};$$

et dans le sens des z,

$$\psi x + \left[1 + (\varphi' x)^2 + (\psi' x)^2\right] \frac{\psi'' x - \varphi' x (\psi' x \varphi'' x - \varphi' x \psi'' x)}{(\varphi' x)^2 + (\psi' x)^2 + (\psi' x \varphi'' x - \varphi' x \psi'' x)^2}.$$

De manière qu'à l'aide de toutes ces formules, on peut non-seulement connaître la courbure, en un point quelconque, d'une courbe à double courbure, mais encore assigner le sens de sa courbure, puisqu'on peut connaître dans l'espace la position de son centre de courbure.

XXXV.

Trouver la formule qui donne les points de double inflexion *des courbes à double courbure.*

SOLUTION. Il suit de la définition que nous avons donnée (art. XXX) de la double inflexion, que, toutes les fois qu'elle aura lieu, le rayon de courbure sera $= \infty$ ou $= 0$, c'est-à-dire qu'on aura

$$(\varphi'' x)^2 + (\psi'' x)^2 + (\psi' x \varphi'' x - \varphi' x \psi'' x)^2 = 0 \text{ ou } = \infty.$$

Le premier membre de cette équation étant la somme de trois carrés, on doit avoir

$$\varphi'' x = 0 \text{ ou } \infty; \quad \psi'' x = 0 \text{ ou } \infty; \quad \psi' x \varphi'' x - \varphi' x \psi'' x = 0 \text{ ou } \infty.$$

La troisième équation étant une suite des deux premières, la formule pour trouver les points de double inflexion sera

$$\varphi'' x = 0 \text{ ou } \infty; \quad \psi'' x = 0 \text{ ou } \infty;$$

ou bien

$$d^2 y = 0 \text{ ou } \infty; \quad d^2 z = 0 \text{ ou } \infty.$$

Il est inutile de remarquer que la même formule donne aussi les points de rebroussement.

ADDITION.

DE L'INTÉGRATION DES ÉQUATIONS AUX DIFFÉRENCES PARTIELLES
DU PREMIER ORDRE ENTRE TROIS VARIABLES.

L'intégration d'une équation quelconque aux différences partielles du premier ordre, à trois variables, ne dépend que de celle d'une seule équation aux différences ordinaires à deux variables, et dans laquelle la différentielle d'une des variables est regardée comme constante. Le procédé consiste à rechercher d'abord les équations aux différences ordinaires de la caractéristique de la surface, et à intégrer ensuite ces équations; ce qui divise naturellement l'objet dont nous nous occupons, en deux parties distinctes.

PREMIÈRE PARTIE.

RECHERCHE DES ÉQUATIONS AUX DIFFÉRENCES ORDINAIRES DE LA
CARACTÉRISTIQUE.

Pour mettre plus de clarté dans la recherche des équations de la caractéristique, je vais l'entreprendre par les seules considérations géométriques; mais ce que j'ai dit jusqu'ici sur la caractéristique (§ VIII, page 53) n'est pas complet, et je vais reprendre les choses de plus haut.

I.

Concevons une surface courbe quelconque donnée, dont la construction dépende de deux paramètres α, β, et dont l'équation soit représentée par

$$f(x, y, z, \alpha, \beta) = o;$$

supposons, de plus, que les deux paramètres ne soient pas indépendants l'un de l'autre, mais qu'il y ait entre eux une relation déterminée exprimée par $\beta = \varphi\alpha$, φ étant une certaine fonction donnée; en sorte que α soit le paramètre principal : l'équation de la surface sera

$$f(x, y, z, \alpha, \varphi\alpha) = o.$$

Cela posé, suivant que l'on donnera au paramètre α des valeurs différentes, l'équation appartiendra à des surfaces différentes, dans chacune desquelles les quantités α, $\varphi\alpha$, qui seront toutes deux constantes, auront des valeurs différentes. Si donc on suppose que le paramètre α prenne successivement toutes les valeurs possibles, depuis $-\infty$ jusqu'à $+\infty$, la surface se mouvra en changeant de forme; elle passera successivement par toutes les formes et toutes les positions dont elle est susceptible, et elle parcourra un certain espace. Enfin, si l'on suppose que toutes ces surfaces existent ensemble, et qu'une autre surface les enveloppe toutes, cette dernière surface, jusqu'à laquelle chacune des premières s'étend, au delà de laquelle aucune d'elles ne se porte, et qui est, par conséquent, leur limite, est aussi la limite de l'espace parcouru par la première, regardée comme mobile et variable de forme, en vertu de la variation du paramètre α.

C'est cette dernière surface à laquelle, en la comparant à la surface mobile, j'ai donné le nom d'*enveloppe*; tandis que j'ai donné celui d'*enveloppée* à la surface mobile.

II.

Il est évident que l'enveloppe touche chacune des enveloppées dans une courbe qui se trouve en même temps et sur l'enveloppe et sur l'enveloppée; c'est cette courbe de contact à laquelle j'ai donné le nom de *caractéristique* de l'enveloppe. Or il n'y a sur l'enveloppe aucun point dans lequel cette surface ne touche une certaine enveloppée pour laquelle le paramètre constant z a une certaine valeur déterminée. Donc il n'y a sur l'enveloppe aucun point par lequel ne passe une certaine caractéristique pour laquelle le paramètre z a la même valeur que pour l'enveloppée sur laquelle cette courbe se trouve, c'est-à-dire pour laquelle les quantités z, φz sont toutes deux constantes.

L'enveloppe peut donc être regardée comme le lieu de toutes les caractéristiques qui correspondent aux différentes valeurs de z, et, par conséquent, comme engendrée par le mouvement de la caractéristique, considérée comme mobile et variable de forme en vertu de la variation du paramètre z. Nous verrons plus loin (art. XI) pourquoi de toutes les génératrices possibles de l'enveloppe celle-ci m'a paru devoir être distinguée par un nom particulier.

III.

Si l'on considère deux enveloppées consécutives pour l'une desquelles le paramètre z ait une certaine valeur déterminée qui, dans l'autre, sera $z + dz$, ces deux surfaces se couperont dans une certaine courbe qui sera aussi une ligne de contact entre elles deux, et qui ne différera pas de celle dans laquelle la première des deux enveloppées touche l'enveloppe; cette courbe sera donc la caractéristique qui correspond à la première des deux enveloppées. Or les équations de ces deux enveloppées consécutives sont

$$f(x, y, z, \alpha, \varphi\alpha) = 0,$$

$$f(x, y, z, \alpha + d\alpha, \varphi\alpha + d\varphi\alpha) = 0;$$

ou, représentant la première par

$$f = 0,$$

la seconde est

$$f + \left(\frac{df}{d\alpha}\right) = 0.$$

Donc ces deux équations sont celles de la caractéristique; et, parce qu'elles doivent avoir lieu en même temps pour cette courbe, la première réduit la seconde, et elles deviennent

$$f = 0,$$

$$\left(\frac{df}{d\alpha}\right) = 0,$$

dans lesquelles la valeur de α détermine la forme et la position de chacune des caractéristiques. Donc enfin l'enveloppe, qui est le lieu général de toutes les caractéristiques, aura pour équation intégrale le résultat de l'élimination de l'indéterminée α entre les deux équations précédentes.

IV.

On voit que si la forme de la fonction φ est donnée, et, par conséquent, celle de sa dérivée φ', l'élimination de α sera toujours possible, et que l'équation de l'enveloppe sera entièrement délivrée du paramètre variable α; mais elle contiendra toujours des traces de la fonction φ et de sa dérivée φ' ; ainsi, pour chaque forme différente que l'on pourra donner à la fonction φ, on aura une enveloppe différente. Si donc on veut que l'équation appartienne à toutes les enveloppes possibles qui peuvent être produites par les divers mouvements que l'on pourrait donner à l'enveloppe mobile, il faut regarder la forme de la fonction φ comme arbitraire; mais alors l'élimination du paramètre α n'est plus praticable, ou du moins elle ne peut s'effectuer que dans des cas particuliers, et l'équation de l'enveloppe ne peut plus, en général, être exprimée que par le système des deux équations

$$f = 0,$$

$$\left(\frac{df}{d\alpha}\right) = 0,$$

entre lesquelles il faut éliminer l'indéterminée α, et dans lesquelles la fonction φ est arbitraire.

V.

Néanmoins l'enveloppe peut être exprimée par une équation unique aux différences partielles; en effet, des deux équations précédentes, la seconde énonce que la différentielle de la première, prise en regardant α comme seule variable, est égale à zéro : on peut donc différentier la première en regardant α comme constante. Mais cette équation $f = 0$ appartient à une surface courbe pour laquelle deux variables, par exemple x, y, sont indépendantes, ainsi que leurs différentielles dx, dy; il faut donc que les deux différentielles de cette équation, prises en regardant d'abord x, puis y comme seules variables, aient lieu chacune en particulier :

la première sera en

$$p, x, y, z, \alpha, \varphi\alpha ;$$

la seconde sera en

$$q, x, y, z, \alpha, \varphi\alpha.$$

Donc, entre ces deux équations et $f = o$, on pourra éliminer les deux quantités α, $\varphi\alpha$, et l'on aura une équation aux différences partielles du premier ordre

$$F\,|\,p, q, x, y, z\,| = o.$$

Or, 1° en éliminant α, on transporte à l'enveloppe ce qui n'était dit d'abord que de l'enveloppée ; 2° en éliminant $\varphi\alpha$, on transporte à toutes les enveloppes possibles ce qui n'était dit d'abord que de l'enveloppée déterminée par la forme supposée à la fonction φ.

Donc l'équation aux différences partielles du premier ordre

$$F\,(p, q, x, y, z) = o$$

appartient à toutes les enveloppes possibles qui peuvent être produites d'une manière quelconque par le mouvement de la même enveloppée mobile.

VI.

On sait que, deux courbes quelconques étant données dans l'espace, si l'on approche d'elles un plan qui les touche toutes deux, ce qui ne déterminera pas sa position, et si l'on suppose que ce plan roule de manière qu'il ne cesse pas de toucher les deux courbes dans son mouvement, qui, par là, sera déterminé, il parcourra un espace dont l'enveloppe est une surface développable qui passe par les deux courbes.

Cela posé, concevons deux caractéristiques consécutives dont la première corresponde à une valeur déterminée de α, et supposons qu'un plan roule sans cesse de les toucher toutes deux ; le mouvement de ce plan déterminera une surface développable qui passera par les deux caractéristiques consécutives, et qui sera, par conséquent, tangente à l'enveloppe. Dans l'équation de cette surface développable, α aura la même valeur déterminée que pour la caractéristique dans laquelle elle touche l'enveloppe ; et les quantités α, $d\alpha$ seront toutes deux constantes.

Actuellement, si, sur la seconde caractéristique et la troisième, on fait la même opération que nous venons de faire sur la première et la seconde, on aura une seconde surface développable qui passera de même par la seconde caractéristique et la troisième, qui touchera de même l'enveloppe, et dont l'équation ne différera de celle de la première que parce que la quantité α sera devenue $\alpha + d\alpha$; et il est évident que ces deux surfaces développables consécutives se couperont dans la seconde caractéristique qui leur est commune.

Si donc on continue de faire passer ainsi des surfaces développables par toutes les caractéristiques prises deux à deux consécutivement, on aura une suite de surfaces développables tangentes à l'enveloppe, et dont deux quelconques consécutives se couperont dans une des caractéristiques : donc, si l'on suppose que la surface développable se meuve dans l'espace, en vertu de la variation du paramètre α que contient son équation, elle parcourra un espace dont l'enveloppe sera la même que celle que nous avons considérée jusqu'ici. Cette surface développable peut donc être regardée comme une enveloppe nouvelle, mobile en vertu de la variation du même paramètre α, et à laquelle appartient la même enveloppe.

VII.

Ce que nous venons de dire de la surface développable dont l'équation générale aux différences partielles $rt - s^2 = o$ est du second ordre, peut se dire aussi de toute autre surface dont l'équation aux différences partielles est aussi du second ordre : nous n'en rapporterons qu'un seul exemple.

Concevons qu'une sphère de rayon constant roule en touchant toujours la première caractéristique et la seconde ; elle parcourra un espace dont l'enveloppe sera la surface d'un tuyau à section circulaire de rayon constant ; et cette surface, dans l'équation de laquelle le paramètre z aura la valeur déterminée qui convient à la première caractéristique, passera par les deux caractéristiques consécutives, et sera tangente à l'enveloppe primitive.

Si l'on fait la même opération sur la seconde caractéristique et la troisième, on aura la surface d'un second tuyau à section circulaire de même rayon, qui passera par la seconde caractéristique et la troisième, qui touchera de même l'enveloppe primitive, et dont l'équation ne différera de celle de la première que parce que le paramètre z aura pris la valeur $z + dz$. Les surfaces de ces deux tuyaux consécutifs se couperont dans la seconde caractéristique qui leur est commune.

Si donc on continue de faire passer ainsi des surfaces de tuyaux circulaires par toutes les caractéristiques considérées deux à deux consécutivement, on aura une suite de surfaces tangentes à l'enveloppe primitive, et qui, considérées elles-mêmes deux à deux consécutivement, se couperont successivement dans toutes les caractéristiques. Donc, si l'on conçoit que la surface du tuyau, dans l'équation de laquelle entre le paramètre z, se meuve dans l'espace en vertu de la variation de ce paramètre, elle parcourra un espace qui aura la même enveloppe.

VIII.

Il suit de là qu'une surface, considérée comme enveloppe, n'a pas d'enveloppée nécessaire ; c'est-à-dire qu'elle est l'enveloppe commune d'un nombre infini d'espaces différents parcourus par des enveloppées différentes, mobiles chacune en vertu de la variation du même paramètre α qui se trouve, ainsi que $\varphi\alpha$, dans l'équation de l'enveloppée. Or nous avons vu (art. IV) que l'équation intégrale d'une surface considérée comme enveloppe est, en général, le résultat de l'élimination de α entre l'équation de l'enveloppée mobile

$$f(x, y, z, \alpha, \varphi\alpha) = o,$$

et sa différentielle prise en regardant α comme seule variable ; nous venons de voir d'ailleurs que la fonction f est susceptible d'un nombre infini de formes différentes, dépendantes de la nature de l'enveloppée mobile ; donc, lorsque l'équation intégrale d'une enveloppe est présentée comme le résultat de l'élimination de α entre deux équations telles que

$$f = o,$$

$$\left(\frac{df}{d\alpha}\right) = o,$$

le système de ces deux équations n'a rien de nécessaire, et il peut être remplacé par un nombre infini d'autres systèmes de deux équations différentes des deux premières, et produisant le même résultat par l'élimination de α.

Néanmoins il est avantageux de choisir, parmi toutes les enveloppées mobiles qui, par leur mouvement, produisent la même enveloppe, celle dont l'équation est plus simple, ou dont la construction est plus facile, ou à la considération de laquelle on est plus accoutumé.

IX.

Considérant sur une enveloppe quelconque la suite des caractéristiques dont elle est le lieu, commençons par celle de ces courbes qui correspond à une valeur déterminée de z; prenons sur elle un point arbitraire, et concevons sa tangente en ce point; puis, par cette tangente, menons un plan quelconque qui sera tangent à la courbe, mais dont la position ne sera pas déterminée, et qui ne sera pas tangent à l'enveloppe. Cela fait, concevons que le plan tourne autour de la tangente jusqu'à ce qu'il touche la caractéristique suivante en un certain point qui sera déterminé; la position du plan sera alors déterminée, il sera tangent à l'enveloppe, et il contiendra la tangente à la seconde caractéristique.

Concevons ensuite que le plan tourne autour de la tangente de la seconde caractéristique, jusqu'à ce qu'il touche la troisième en un autre point qui sera de même déterminé; dans cette position, il sera encore tangent à l'enveloppe, et il contiendra la tangente à la troisième caractéristique.

Enfin, concevons que le plan continue de rouler ainsi, en tournant toujours autour de la tangente de la caractéristique qu'il touche, jusqu'à ce qu'il touche la caractéristique suivante; il est évident que dans son mouvement il ne cessera pas d'être tangent à l'enveloppe, puisqu'il passera toujours par les tangentes de deux caractéristiques consécutives. Il déterminera sur l'enveloppe une suite de points de contact dont le lieu sera une courbe qui passera par le point de contact pris arbitrairement sur la première caractéristique. Il y aura donc sur l'enveloppe autant de courbes déterminées de cette manière, que l'on peut concevoir de points pris arbitrairement sur la première caractéristique; chacune de ces courbes coupera toutes les caractéristiques, et réciproquement. Et, parce que la considération de ces courbes va nous devenir nécessaire, je leur donnerai le nom de *trajectoires* de la caractéristique.

Les angles sous lesquels les trajectoires coupent les caractéristiques dépendent, en général, de la nature de l'enveloppe. Par exemple, dans les surfaces de révolution, les parallèles sont les caractéristiques, les méridiens sont les trajectoires ; et, dans ce cas, les trajectoires sont orthogonales.

Le plan qui se meut de manière à toucher toujours l'enveloppe dans la même trajectoire détermine une surface développable qui touche elle-même l'enveloppe dans toute l'étendue de la trajectoire.

X.

Nous avons fait rouler le plan tangent sur l'enveloppe de deux manières différentes.

Dans la première, le point de contact du plan mobile ne sort pas de la même caractéristique, et deux plans consécutifs se coupent dans la tangente à la trajectoire qui passe par le point de contact.

Dans la seconde, le plan de contact du plan mobile ne sort pas de la même trajectoire, et deux plans consécutifs se coupent dans la tangente à la caractéristique qui passe par le point de contact.

Ainsi, la surface développable qui touche l'enveloppe dans la caractéristique, et celle qui touche l'enveloppe dans la trajectoire, sont réciproques, en cela que la première est le lieu des tangentes aux différentes trajectoires dont les points de contact sont pris sur la même caractéristique, tandis que la seconde est le lieu des tangentes aux différentes caractéristiques dont les points de contact sont pris sur une même trajectoire.

Cette propriété mérite une grande attention, parce que c'est son expression qui nous produira les deux équations aux différences ordinaires de la caractéristique.

XI.

L'enveloppe étant le lieu de toutes les trajectoires dont les différentes équations intégrales ne diffèrent entre elles que par la valeur d'un certain paramètre β qui varie de l'une à l'autre, la trajectoire peut aussi être regardée comme une génératrice de l'enveloppe qu'elle engendre en vertu du mouvement que lui procure la variation de β; mais il y a une grande différence entre cette génératrice et la caractéristique.

Pour la caractéristique, les quantités z, φz, qui entrent dans ses équations intégrales, sont toutes deux constantes, et doivent être regardées comme telles, lorsqu'on différentie aux différences ordinaires ces équations; on peut donc les éliminer comme deux véritables constantes arbitraires, et les équations aux différences ordinaires que l'on obtient alors, ne renfermant plus la fonction φ, appartiennent à toutes les caractéristiques qui se trouvent sur toutes les enveloppes possibles. Pour la trajectoire, au contraire, ses deux équations peuvent bien, à la vérité, être regardées comme indépendantes de z, mais elles ne le sont pas de la forme de la fonction φ; cette courbe dérive nécessairement de celle qui dirige le mouvement de l'enveloppée, et elle tient essentiellement à la nature de l'enveloppe que l'on considère.

Ainsi, la caractéristique est la génératrice commune à toutes les enveloppes différentes et en nombre infini que l'on peut produire par la même enveloppée, tandis que la trajectoire n'est la génératrice que d'une seule de ces enveloppes; la caractéristique, dont la nature ne dépend absolument que de celle de l'enveloppée, est donc la seule qui porte le caractère général de la génération exprimée par l'équation aux différences partielles. C'est pour cela que je lui ai donné un nom particulier qui la distingue de toutes les autres génératrices.

Par exemple, dans la surface de révolution, le méridien, qui est la trajectoire, est bien une génératrice; c'est même la seule qu'on ait coutume de considérer : mais cette génératrice est propre à une surface de révolution individuelle; elle varie sans aucune dépendance d'un individu à un autre, et ce n'est pas elle qui donne à la surface le caractère d'être de révolution. C'est le parallèle seul, c'est-à-dire la circonférence de cercle dont le plan est toujours normal à l'axe constant de position, qui passe par son centre; c'est, dis-je, le parallèle qui est la génératrice commune à toutes les surfaces de révolution autour d'un même axe; c'est cette courbe qui imprime à la surface le caractère d'être de révolution ; c'est elle qui est la caractéristique de cette génération.

Ces préliminaires étant posés, nous allons passer à la recherche des équations aux différences ordinaires de la caractéristique.

XII.

Soit proposée l'équation générale aux différences partielles du premier ordre

$$(A) \qquad F\left\{p,\, q,\, x,\, y,\, z\right\} = 0,$$

dans laquelle les cinq quantités entrent d'une manière quelconque, mais donnée ; si on la différentie aux différences ordinaires, on a une équation aux différences ordinaires de la forme

$$P\,dp + Q\,dq + X\,dx + Y\,dy + Z\,dz = 0,$$

dans laquelle les cinq coefficients P, Q, X, Y, Z, obtenus par la différentiation, sont connus en p, q, x, y, z ; et parce que l'on a d'ailleurs $dz = p\,dx + q\,dy$, cette équation différentielle sera

$$(B) \qquad P\,dp + Q\,dq + (X + pZ)\,dx + (Y + qZ)\,dy = 0.$$

Cela posé, considérons le plan tangent qui s'appuie sur deux caractéristiques consécutives quelconques, et qui les touche chacune en un point. Si, sur l'enveloppe, on veut passer du premier de ces deux points de contact au second, c'est-à-dire parcourir l'élément de la trajectoire; comme ces points sont sur le même plan tangent, les quantités p, q ne changent pas dans le passage : il faut donc faire dans (B) $dp = 0$, $dq = 0$, ce qui donnera

$$(C) \qquad (X + pZ)\,dx + (Y + qZ)\,dy = 0,$$

dans laquelle la valeur de $\dfrac{dy}{dx}$ indique, sur le plan des x, y, la direction suivant laquelle doit se faire le passage, c'est-à-dire la direction de la projection de l'élément de la trajectoire. Cette équation différentielle n'est donc autre chose que celle de la projection de la trajectoire elle-même sur le plan des x, y.

Le plan tangent n'est pas la seule surface qui passe par la trajectoire; si dans (B) on fait

$$(D) \qquad P\,dp + Q\,dq = 0,$$

on a également l'équation (C); ainsi la surface à laquelle appartient l'équation (D) passe aussi par la trajectoire. Or cette surface est développable, puisque son équation aux différences ordinaires est en dp, dq; de plus, elle touche l'enveloppe, puisque les quantités p, q ont les mêmes valeurs pour cette surface et pour l'enveloppe : donc l'équation (D) est celle de la surface développable qui touche l'enveloppe dans la trajectoire.

Jusqu'ici, nous avons regardé comme immobile le plan tangent dont l'équation, limitée à l'étendue de l'élément de l'enveloppe, et rapportée au point de contact pour origine, est

$$(E) \qquad dz = p\,dx + q\,dy\,;$$

mais si l'on veut commencer à faire rouler ce plan d'une manière quelconque sur l'enveloppe, pour donner lieu à la formation d'une surface développable quelconque, le second plan coupera le premier dans une droite dont on aura l'équation en différentiant (E) sans faire varier les coordonnées dx, dy, dz, ce qui donnera

$$(F) \qquad\qquad dp\, dx + dq\, dy = 0.$$

Dans cette dernière équation, si l'on met pour $\dfrac{dy}{dx}$ la valeur qui convient à la droite autour de laquelle le plan tourne, on aura en dp, dq l'équation aux différences ordinaires de la surface développable produite par le mouvement du plan; et, si l'on met pour $\dfrac{dq}{dp}$ la valeur qui convient à la surface développable produite par le mouvement du plan, on aura en dx, dy l'équation de l'élément de la droite autour duquel le plan tourne.

D'après cela, si le plan roule de manière que le point de contact ne sorte pas de la caractéristique, il tourne autour de la tangente à la trajectoire, et la valeur de $\dfrac{dy}{dx}$ doit être celle que fournit l'équation (C) de la trajectoire. Si donc on substitue cette valeur, ce qui produira

$$(G) \qquad\qquad (X + pZ)dq - (Y + qZ)dp = 0,$$

on aura l'équation différentielle de l'enveloppée développable, équation qui appartient aussi à la caractéristique comprise sur cette enveloppée. Si, au contraire, le plan roule de manière que le point de contact ne sorte pas de la trajectoire, il tourne autour de la tangente de la caractéristique, il donne lieu à la formation de la surface développable qui touche l'enveloppe dans la trajectoire, et la valeur de $\dfrac{dq}{dp}$ doit être celle que donne l'équation (D) de cette surface. Si donc on substitue cette valeur, ce qui produira

$$(H) \qquad\qquad P\, dy - Q\, dx = 0,$$

on aura une équation qui appartient à l'élément de la caractéristique autour duquel tourne le plan, et, par conséquent, l'équation différentielle de la projection de la caractéristique sur le plan des x, y. Ainsi, les deux équations aux différences ordinaires (G), (H) appartiennent à la caractéristique.

En nous résumant, on voit que l'équation

$$\text{(B)} \qquad P\,dp + Q\,dq + (X + pZ)\,dx + (Y + qZ)\,dy = 0$$

étant partagée dans les deux suivantes :

$$\text{(C)} \qquad (X + pZ)\,dx + (Y + qZ)\,dy = 0.$$

$$\text{(D)} \qquad P\,dp + Q\,dq = 0,$$

et ayant posé l'équation

$$\text{(E)} \qquad dp\,dx + dq\,dy = 0,$$

si l'on substitue dans (C), (D), pour $\frac{dy}{dx}$ ou $\frac{dq}{dp}$, les valeurs que donne cette dernière, on aura les deux équations

$$\text{(G)} \qquad (X + pZ)\,dq - (Y + qZ)\,dp = 0,$$

$$\text{(H)} \qquad P\,dy - Q\,dx = 0,$$

qui appartiennent toutes deux à la caractéristique.

Les équations (B), (E) qui appartiennent toutes deux à l'enveloppe sur laquelle se trouve la caractéristique, appartiennent aussi à cette courbe : ainsi on a, pour la caractéristique, les quatre équations aux différences ordinaires (B), (E), (G), (H).

XIII.

Les quatre équations aux différences ordinaires que nous venons de trouver pour la caractéristique sont entre les cinq différentielles dp, dq, dx, dy, dz. On peut donc éliminer entre elles trois quelconques de ces différentielles, et l'on aura une équation qui ne contiendra que les deux autres, ce qui produit les dix résultats suivants :

$$1°. \qquad P\,dy - Q\,dx = 0,$$

$$2°. \qquad P\,dz - (Pp + Qq)\,dx = 0,$$

$$3°. \qquad Q\,dz - (Pp + Qq)\,dy = 0,$$

$$4°. \qquad P\,dp + (X + pZ)\,dx = 0,$$

$$5°. \qquad Q\,dp + (X + pZ)\,dy = 0,$$

$$6°. \qquad P\,dq + (Y + qZ)\,dx = 0,$$

$$7°. \qquad Q\,dq + (Y + qZ)\,dy = 0,$$

$$8°. \qquad (Pp + Qq)\,dp + (X + pZ)\,dz = 0,$$

$$9°. \qquad (Pp + Qq)\,dq + (Y + qZ)\,dz = 0,$$

$$10°. \qquad (X + pZ)\,dq - (Y + qZ)\,dp = 0.$$

Ces dix équations, qui appartiennent toutes à la caractéristique, nous seront utiles par la suite ; mais il faut bien se rappeler qu'elles ne sont point indépendantes, et qu'elles ne disent pas plus que les quatre équations (B), (E), (G), (H), dont elles sont une suite nécessaire.

On peut former les dix équations précédentes d'une manière commode ; car les cinq quantités

$$\left. \frac{dx}{P} \;,\; \frac{dy}{Q} \;,\; \frac{dz}{Pp + Qq} \;\right|\; \frac{dp}{X + pZ} \;,\; \frac{dq}{Y + qZ}$$

étant disposées, comme on voit, en deux cases, la somme de deux quelconques de ces quantités, égalée à zéro, avec le signe — si elles sont prises dans la même case, et avec le signe + si elles sont prises dans des cases différentes, produira une des dix équations de la caractéristique.

SECONDE PARTIE.

DE L'INTÉGRATION DES ÉQUATIONS DE LA CARACTÉRISTIQUE.

XIV.

Il peut se présenter deux cas : ou l'équation aux différences partielles est linéaire en p, q, ou elle ne l'est pas ; le premier de ces deux cas étant plus simple à traiter, nous allons d'abord nous en occuper.

Soit donc proposée l'équation linéaire générale

$$Pp + Qq = L,$$

dans laquelle les trois coefficients L, P, Q soient donnés d'une manière quelconque en x, y, z. Les trois premières équations de la caractéristique, qui sont dans ce cas les seules nécessaires, deviennent

$$Pdy - Qdx = 0,$$
$$Pdz - Ldx = 0,$$
$$Qdz - Ldy = 0.$$

Elles appartiennent aux projections de la caractéristique sur les trois plans des coordonnées ; ainsi, deux quelconques d'entre elles comportent la troisième. Il suffira donc d'en considérer deux, par exemple les deux dernières.

Supposons d'abord que ces équations soient toutes deux intégrables, et que leurs intégrales soient représentées par

$$M = a, \qquad N = b,$$

dans lesquelles α et β soient les deux constantes arbitraires introduites par les intégrations. Dans cet état, ces deux intégrales appartiennent à toutes les caractéristiques possibles qui peuvent se trouver sur toutes les enveloppes possibles auxquelles appartient l'équation aux différences partielles, c'est-à-dire que, de toutes les caractéristiques possibles dont le nombre est infini du second ordre, il n'y en a aucune dont les deux intégrales ne puissent devenir les équations propres, si l'on donne à chacune des deux constantes arbitraires α, β une valeur déterminée convenable.

Mais si l'on n'a pas pour objet de considérer à la fois toutes ces caractéristiques, si l'on se propose seulement d'en considérer une certaine série, et si l'on veut que toutes celles qui composent cette série soient liées entre elles par une loi, en sorte que l'on ne puisse passer d'une quelconque à la suivante que d'une manière déterminée, alors les constantes α, β ne sont plus toutes deux arbitraires; l'une quelconque étant prise arbitrairement, l'autre s'ensuit nécessairement : la seconde est donc une certaine fonction de la première, et la forme de cette fonction dépend de la loi qui lie entre elles toutes les caractéristiques de la série. En représentant par φ la forme de la fonction dont il s'agit, les équations intégrales, qui deviennent alors

$$M = \alpha, \qquad N = \varphi\alpha,$$

n'appartiennent plus à toutes les caractéristiques, mais seulement à celles de ces courbes qui sont comprises dans la série déterminée par la forme de la fonction φ; et, dans cette série, chaque caractéristique individuelle sera déterminée par la valeur particulière de la constante arbitraire α.

Donc, si l'on suppose qu'une quelconque des caractéristiques de la série soit rendue mobile et variable de forme en vertu de la variation de α, cette courbe, dans son mouvement, se confondra successivement avec toutes les autres de la même série; elle engendrera leur lieu général, qui ne sera autre chose qu'une des enveloppes auxquelles appartient l'équation aux différences partielles; et l'on aura l'équation unique de cette enveloppe, ou de ce lieu général, en éliminant z entre les deux équations précédentes, ce qui donnera

$$N = \varphi M.$$

Dans cette équation, c'est la forme seule de la fonction φ qui détermine la série particulière des caractéristiques, dont l'enveloppe est le lieu général; en sorte que si l'on change de série, et par conséquent d'enveloppe, rien ne change dans l'équation que la forme de la fonction φ. Donc, si l'on regarde la fonction φ comme arbitraire, l'équation précédente appartiendra au lieu général de chacune des séries possibles, c'est-à-dire à chacune des enveloppes possibles; elle sera, par conséquent, l'intégrale complète de l'équation aux différences partielles.

XV.

Dans l'article précédent, nous avons supposé que les équations aux différences ordinaires de la caractéristique

$$P dz - L dx = 0,$$
$$Q dz - L dy = 0,$$

étaient toutes deux intégrables: elles ne peuvent l'être immédiatement que dans des cas très-particuliers, parce que chacune d'elles contient une des trois variables sans sa différentielle; néanmoins leurs intégrations ne dépendent que de celle d'une seule équation aux différences ordinaires à deux variables.

En effet, puisque ces deux équations appartiennent à une courbe, des trois variables x, y, z, on ne peut en considérer qu'une seule comme variable principale; posons que ce soit z, et regardons comme constante la différentielle dz. Cela posé, de ces deux équations, la première

(A) est en
$$x, y, z, \frac{dx}{dz},$$

la seconde

(B) est en
$$x, y, z, \frac{dy}{dz};$$

différentiant aux différences ordinaires l'une quelconque d'entre elles, (A) par exemple, on aura une troisième équation

(C) en
$$x, y, z, \frac{dx}{dz}, \frac{dy}{dz}, \frac{ddx}{dz},$$

Si, de ces deux équations, on élimine les deux quantités y et $\frac{dy}{dz}$, on aura une équation

(D) en
$$x, z, \frac{dx}{dz}, \frac{ddx}{dz},$$

qui appartiendra à toutes les caractéristiques possibles, qui sera aux différences secondes ordinaires à deux variables, et de l'intégration de laquelle seule dépend celle de l'équation aux différences partielles; car, si l'on intègre cette équation deux fois aux différences premières, et si l'on complète chacune de ses intégrales par une constante arbitraire particulière, on aura deux équations : l'une

(E) en
$$x, z, \frac{dx}{dz}, \alpha;$$

l'autre

(F) en
$$x, z, \frac{dx}{dz}, \beta,$$

desquelles chassant $\frac{dx}{dz}$ au moyen de (A), on aura pour la caractéristique, deux équations intégrales : l'une

(G) en $\qquad x, y, z, \alpha$;

l'autre

(H) en $\qquad x, y, z, \beta$,

qui, résolues chacune par rapport à la constante arbitraire qu'elle contient, deviendront

$$M = \alpha, \qquad N = \varphi\alpha.$$

Raisonnant ensuite sur ces deux équations, comme nous avons fait sur celles de l'article précédent, l'intégrale complète de l'équation aux différences partielles sera

$$N = \varphi M.$$

Donc l'intégration d'une équation aux différences partielles du premier ordre et linéaire ne dépend que de celle d'une seule équation aux différences ordinaires à deux variables du second ordre, dans laquelle la différentielle d'une des deux variables est regardée comme constante.

XVI.

Il faut bien observer qu'il n'est pas nécessaire qu'une équation aux différences partielles soit sous la forme $Pp + Qq = L$ pour être regardée comme linéaire; il suffit qu'en supposant la perfection de l'analyse, elle soit susceptible d'y être ramenée. Ainsi, pour donner à ce que nous venons de dire dans l'article précédent toute la généralité convenable, il faut regarder comme linéaire toute équation composée d'une manière quelconque des quatre quantités $Pp + Qq, x, y, z$, c'est-à-dire de la forme

$$F(Pp + Qq, x, y, z) = 0,$$

dans laquelle P et Q ne contiennent ni p ni q.

XVII.

Si l'équation linéaire $Pp + Qq = L$, manque d'un terme, c'est-à-dire si l'une des trois quantités L, P, Q est égale à zéro, l'intégration ne dépend plus que de celle d'une équation aux différences ordinaires à deux variables du premier ordre. Par exemple, si l'on a $L = o$, c'est-à-dire si la proposée est

$$Pp + Qq = o,$$

les deux équations de la caractéristique deviennent

$$Pdy - Qdx = o,$$
$$dz = o,$$

l'intégrale de la seconde $z = \alpha$ exprime que pour la même caractéristique, z est constante, et que cette courbe est dans un plan perpendiculaire aux z : mettant donc dans la première pour z sa valeur constante α, cette équation sera en

$$x, y, \alpha, \frac{dy}{dx},$$

et, par conséquent, du premier ordre entre les deux variables x, y ; son intégrale sera en

$$x, y, \alpha, \varphi\alpha,$$

$\varphi\alpha$ étant la constante arbitraire introduite par l'intégration, et il n'y aura plus qu'à mettre à la place de α sa valeur z, pour avoir l'équation de la surface, équation qui sera, par conséquent, en

$$x, y, z, \varphi z.$$

Il en est de même pour le cas où l'on a

$$P = o \quad \text{ou} \quad Q = o ;$$

56.

et l'on trouve que l'intégrale est, dans le premier cas, en

$$x, y, z, \varphi x;$$

dans le second cas, en

$$x, y, z, \varphi y.$$

XVIII.

Il suit de ce qui précède, que la surface courbe à laquelle appartient l'équation aux différences partielles du premier ordre et linéaire

$$F\{Pp + Qq, x, y, z\} = 0,$$

de quelque manière que les quantités P, Q soient composées des trois coordonnées x, y, z, peut toujours être regardée comme engendrée par le mouvement d'une courbe déterminée, mobile et variable de forme en vertu de la variation de deux paramètres, dont l'un est une fonction arbitraire de l'autre, et dans les équations de laquelle les dérivées de cette fonction arbitraire n'entrent pas. Dans ce cas, l'intégrale est exprimée par une seule équation.

Il est facile de démontrer que, réciproquement, lorsqu'une surface est engendrée par le mouvement d'une courbe déterminée, mobile et variable de forme en vertu de la variation de deux paramètres, dont l'un est une fonction arbitraire de l'autre, pourvu que les dérivées de cette fonction n'entrent pas dans les équations de la génératrice, l'équation aux différences partielles de cette surface est toujours linéaire en p, q, c'est-à-dire de la forme

$$F\{Pp + Qq, x, y, z\} = 0.$$

Ainsi, les surfaces auxquelles appartiennent les équations aux différences partielles du premier ordre et linéaires ont un caractère particulier. Quoiqu'on puisse les considérer comme des enveloppes, elles sont néanmoins susceptibles d'une génération plus simple, et pour chacune d'elles l'équation intégrale est unique; tandis que, pour les surfaces exprimées par des équations dans lesquelles p et q sont élevées à des puissances, les intégrales sont toujours exprimées par le système de deux équations entre lesquelles il faut éliminer un paramètre α qui se trouve sous la fonction arbitraire et sous ses dérivées.

Passons actuellement au cas général.

XIX.

Dans le cas général, c'est-à-dire lorsque l'équation aux différences partielles n'est pas de la forme

$$F \{ Pp + Qq, x, y, z \} = 0,$$

il ne suffit pas de considérer seulement les trois premières équations de l'art. XIII :

1°. $$P\,dy - Q\,dx = 0,$$

2°. $$P\,dz - (Pp + Qq)\,dx = 0,$$

3°. $$Q\,dz - (Pp + Qq)\,dy = 0,$$

qui sont celles des projections de la caractéristique sur les trois plans des coordonnées, parce que la surface ne peut plus être considérée comme engendrée par une courbe dont les équations intégrales soient en x, y, z, α, $\varphi\alpha$, sans dérivées, et qui soit mobile en vertu de la variation de α. La surface doit être regardée comme enveloppe; il faut donc employer l'équation d'une enveloppée. Mais les sept autres équations de l'art. XIII sont celles d'autant d'enveloppées différentes au moyen desquelles on peut, à volonté, en former une infinité d'autres; et, de toutes ces enveloppées, celle à laquelle appartient l'équation

$$10°. \qquad (X + pZ)\, dq - (Y + qZ)\, dp = 0$$

est l'enveloppée développable dont la génération est simple et la considération facile ; c'est donc celle que nous allons employer.

Autrement, lorsque les quantités P, Q qui entrent dans les trois équations des projections de la caractéristique contiennent les cinq quantités p, q, x, y, z, ces trois équations ne peuvent suffire ; parce que, si l'on opère sur deux quelconques d'entre elles, comme nous avons fait art. XVII, c'est-à-dire si on les différentie aux différences ordinaires, ce qui donne deux équations nouvelles, on introduit aussi les deux différentielles nouvelles dp, dq, qu'on ne peut éliminer qu'en prenant leurs valeurs dans les sept autres équations qui les contiennent.

On sait que l'équation générale des surfaces développables est entre les deux seules quantités p, q, dont par conséquent une seule peut être regardée comme variable principale ; posons que ce soit p, et que sa différentielle dp soit regardée comme constante. Cela posé, soit

$$(A) \qquad F(p, q, x, y, z) = 0$$

l'équation générale aux différences partielles du premier ordre qu'il s'agit d'intégrer ; puis, parmi les dix équations de la caractéristique, considérons les quatre qui contiennent dp, savoir :

La quatrième (B), qui est en $\dfrac{dx}{dp}$, p, q, x, y, z ;

La cinquième (C), qui est en $\dfrac{dy}{dp}$, p, q, x, y, z ;

La huitième (D), qui est en $\dfrac{dz}{dp}$, p, q, x, y, z ;

Et la dixième (E), qui est en $\dfrac{dq}{dp}$, p, q, x, y, z.

Si l'on différentie (E) aux différences ordinaires, l'équation à laquelle on arrive directement sera en

$$\frac{ddq}{dp^2},\ \frac{dq}{dp},\ \frac{dx}{dp},\ \frac{dy}{dp},\ \frac{dz}{dp},\ p,\ q,\ x,\ y,\ z;$$

et, en substituant pour $\frac{dx}{dp}$, $\frac{dy}{dp}$, $\frac{dz}{dp}$ leurs valeurs tirées des trois équations (B), (C), (D), on aura une équation aux différences ordinaires du second ordre

(F) en
$$\frac{ddq}{dp^2},\ \frac{dq}{dp},\ p,\ q,\ x,\ y,\ z.$$

Différentiant encore cette dernière, et mettant pour $\frac{dx}{dp}$, $\frac{dy}{dp}$, $\frac{dz}{dp}$, leurs valeurs, on aura une équation aux différences du troisième ordre

(G) en
$$\frac{d^3q}{dp^3},\ \frac{ddq}{dp^2},\ \frac{dq}{dp},\ p,\ q,\ x,\ y,\ z.$$

On aura alors quatre équations (A), (E), (F), (G), qui seront délivrées des différentielles des trois coordonnées x, y, z; donc, éliminant x, y, z entre ces quatre équations, la résultante

(H) sera en
$$\frac{d^3q}{dp^3},\ \frac{ddq}{dp^2},\ \frac{dq}{dp},\ p,\ q,$$

et, par conséquent, aux différences ordinaires du troisième ordre entre les deux variables p, q. Cette équation (H), dans laquelle la différentielle de la variable p est regardée comme constante, appartient à l'enveloppée développable, et de son intégration seule dépend celle de la proposée.

Posons, en effet, que cette équation soit intégrée trois fois aux différences secondes, et que ces intégrales, complétées chacune par une des trois constantes arbitraires α, β, γ, soient

(J) en $\qquad \dfrac{ddq}{dp^2}, \dfrac{dq}{dp}, p, q, \alpha,$

(K) en $\qquad \dfrac{ddq}{dp^2}, \dfrac{dq}{dp}, p, q, \beta,$

(L) en $\qquad \dfrac{ddq}{dp^2}, \dfrac{dq}{dp}, p, q, \gamma :$

nous observerons d'abord que dans ces équations, qui appartiennent toutes trois à l'enveloppée développable, les quantités α, β, γ sont constantes pour la même enveloppée considérée comme fixe, et varient toutes trois lorsque l'enveloppée se meut ; cette enveloppée, d'ailleurs, ne peut se mouvoir que d'une seule manière ; donc, de ces constantes, deux quelconques sont des fonctions arbitraires de la troisième : ainsi, on aura

$$\beta = \varphi\alpha, \quad \gamma = \psi\alpha.$$

Si, dans les trois équations (J), (K), (L), on met pour $\dfrac{ddq}{dp^2}, \dfrac{dq}{dp}$ leurs valeurs en p, q, x, y, z tirées des équations (E), (F), elles deviendront

(J') en $\qquad p, q, x, y, z, \alpha,$

(K') en $\qquad p, q, x, y, z, \varphi\alpha,$

(L') en $\qquad p, q, x, y, z, \psi\alpha.$

Cela fait, si de ces trois équations on en emploie deux quelconques, par exemple (J'), (K'), au moyen de ces deux équations, on pourra chasser p et q de la proposée (A), qui sera alors en

$$x, y, z, \alpha, \varphi\alpha,$$

que je représente par $M = o$, et qui sera celle de l'enveloppée développable.

Cette enveloppée, rendue mobile en vertu de la variation de α, touche l'enveloppe successivement dans toutes les caractéristiques : la seconde équation intégrale de la caractéristique sera donc $\frac{d\mathrm{M}}{d\alpha} = 0$; donc le lieu de toutes les caractéristiques, ou l'enveloppe demandée, aura pour équation le résultat de l'élimination de α entre les deux équations

$$\mathrm{M} = 0,$$

$$\left(\frac{d\mathrm{M}}{d\alpha}\right) = 0.$$

Ce que nous venons de dire n'est pas complet, et il faut nécessairement y ajouter ce qui est dans l'article suivant.

X X.

Des trois équations (J'), (K'), (L'), nous n'en avons employé que deux prises à volonté, savoir, les deux premières ; elles sont néanmoins, en général, nécessaires toutes trois.

En effet, ces trois équations donnent pour α, $\varphi\alpha$, $\psi\alpha$, des valeurs en p, q, x, y, z, qui sont toutes trois constantes pour chaque enveloppée développable, et qui varient d'une enveloppe à l'autre. Or il pourrait arriver que la proposée

(A) $$\mathrm{F}\left[p,\, q,\, x,\, y,\, z\right] = 0$$

ne fût que l'expression d'une relation entre les valeurs des deux quantités α, $\varphi\alpha$. Dans ce cas, en éliminant p, q entre les trois équations (A), (J'), (K'), les trois coordonnées x, y, z disparaîtraient aussi ; et l'équation résultante qui serait en α, $\varphi\alpha$ ne ferait qu'exprimer la manière dont les valeurs de ces deux quantités entrent dans la proposée, et, par conséquent, déterminer la forme de la fonction $\varphi\alpha$, qui ne serait plus arbitraire.

57

En général, la proposée (A) n'est autre chose que l'expression d'une relation qui existe entre les valeurs des trois quantités z, φz, ψz. Si donc entre les quatre équations (A), (J'), (K'), (L'), on élimine trois des cinq quantités p, q, x, y, z, les deux autres disparaissent, et il reste en z, φz, ψz une équation qui exprime cette relation, et qui a pour objet de déterminer la forme d'une des deux fonctions, dont il n'y aura plus qu'une seule qui soit arbitraire. Posons que ce soit ψz que l'on détermine, et dont on substitue la valeur en z, φz dans (L') : si des trois équations (J'), (K'), (L') on élimine p, q, l'équation résultante, qui sera en x, y, z, z, φz, sera celle de l'enveloppée développable mobile en vertu de la variation de z, et qui, dans toutes ses positions, touchera l'enveloppe dans la caractéristique. Donc, si cette équation est représentée par $M = 0$, le résultat de l'élimination de z entre les deux équations

$$M = 0,$$

$$\frac{dM}{dz} = 0$$

sera l'intégrale de la proposée, complétée par la fonction arbitraire φ.

On voit que l'intégration d'une équation quelconque aux différences partielles du premier ordre et à trois variables ne dépend que de celle d'une équation aux différences ordinaires à deux variables du troisième ordre, et dans laquelle la différentielle d'une des variables est regardée comme constante. Mais les méthodes aussi générales que celles que nous venons de rapporter sont rarement utiles, à cause des longueurs et des difficultés analytiques qu'elles entraînent, et elles ne dispensent pas des méthodes applicables à des cas moins généraux. On peut en trouver un plus grand nombre ; nous n'en rapporterons que quelques-unes, qui serviront d'exemples.

XXI.

*Des surfaces dont les enveloppées développables sont cylindriques
et parallèles à un plan donné.*

Soient $Ax + By + z = 0$ l'équation du plan fixe mené par
l'origine, auquel les surfaces cylindriques doivent être parallèles ;
soit $y + \alpha x = 0$ celle de la projection sur le plan des x, y de la
droite à laquelle, dans chaque surface cylindrique, la génératrice
doit être parallèle : il est facile de voir que l'équation intégrale de
la surface cylindrique est

$$Ax + By + z = \varphi (y + \alpha x),$$

et que son équation aux différences partielles est

$$p + A = \alpha (q + B),$$

dans laquelle A, B sont les constantes invariables du plan fixe, et
où α, qui est une constante pour chacune des surfaces cylindriques,
change de valeur d'une de ces surfaces à l'autre. Si donc on veut
avoir une équation qui convienne à toutes les surfaces cylindriques
parallèles au plan fixe, il faut faire disparaître cette constante arbitraire par une différentiation aux différences ordinaires, ce qui
donnera

$$(p + A) \, dq - (q + B) \, dp = 0 ;$$

or nous avons vu (art. XII) que l'équation de l'enveloppée développable est

$$(X + pZ) \, dq - (Y + qZ) \, dp = 0.$$

Donc, pour que cette enveloppée soit cylindrique et parallèle au
plan fixe, il faut que les valeurs de $\dfrac{dq}{dp}$, que fournissent les deux

dernières équations, soient égales entre elles, ou que l'on ait

$$X(q+B) - Y(p+A) + Z(Bp - Aq) = o;$$

mais, en représentant l'équation aux différences partielles de l'enveloppe par $U = o$, il est clair que les trois quantités X, Y, Z sont respectivement $\left(\frac{dU}{dx}\right)$, $\left(\frac{dU}{dy}\right)$, $\left(\frac{dU}{dz}\right)$, dans lesquelles on a regardé p et q comme constantes. La dernière équation est donc aux différences partielles du premier ordre entre les quatre variables U, x, y, z, dont les trois dernières sont principales. Comme cette équation est linéaire et à coefficients constants, elle est facile à traiter, et elle exprime que la quantité U doit être composée d'une manière quelconque des deux quantités $Ax + By + z$ et $z - px - qy$, et des quantités p, q, qui sont constantes dans cette équation. Donc l'équation générale des surfaces dont l'enveloppe développable est cylindrique et parallèle à un plan fixe, est

$$(A) \qquad F\{Ax + By + z, \; z - px - qy, \; p, q\} = o.$$

Il est facile de vérifier ce résultat; car, si l'on différentie aux différences ordinaires, on trouve pour X, Y, Z les valeurs suivantes :

$$X = AF' - pF'',$$
$$Y = BF' - qF'',$$
$$Z = \; F' + \; F'';$$

ce qui donne

$$X + pZ = (p + A) F',$$
$$Y + qZ = (q + B) F';$$

et, par conséquent, l'équation de l'enveloppée développable

$$(X + pZ) dq - (Y + qZ) dp = o$$

devient

$$(p + A)\, dq - (q + B)\, dp = 0,$$

qui est celle d'une surface cylindrique parallèle au plan fixe.

Actuellement, nous allons voir que l'intégration de l'équation (A), de quelque manière qu'elle soit composée des quatre quantités, ne dépend plus que de celle d'une seule équation aux différences ordinaires à deux variables. En effet, l'équation de l'enveloppée développable

$$(p + A)\, dq - (q + B)\, dp = 0$$

s'intègre et donne

$$q + B = \alpha\,(p + A),$$

dans laquelle α est la constante arbitraire ; si, de cette équation et de $dz = p\,dx + q\,dy$, on tire les valeurs de p, q, en faisant, pour abréger,

$$A x + B y + z = u,$$
$$x + \alpha y = v,$$

on trouve

$$p = \frac{du}{dv} - A,$$
$$q = \frac{du}{dv} - B,$$
$$z - px - qy = \frac{u\,dv - v\,du}{dv};$$

substituant ces valeurs dans la proposée (A), elle devient

$$F\left\{ u,\ \frac{u\,dv - v\,du}{dv},\ \frac{du}{dv} - A,\ \alpha\frac{du}{dv} - B \right\} = 0,$$

équation aux différences ordinaires du premier ordre, entre les deux seules variables u, v, dans laquelle α est constante, et qui appartient à l'enveloppée développable. L'intégrale de cette équation, complétée par une fonction arbitraire φz, sera en

$$u, v, z, \varphi z;$$

donc, si l'on représente cette équation par $M = o$, l'intégrale de la proposée (A) sera le résultat de l'élimination de z entre les deux équations

$$M = o,$$
$$\left(\frac{dM}{dz}\right) = o.$$

XXII.

L'équation $F\{Ax + By + z, z - px - qy, p, q\} = o$, que nous venons de traiter, est un peu plus générale que nous ne l'avons dit; car elle ne convient pas seulement aux surfaces dont l'enveloppée développable est cylindrique et parallèle au plan fixe, mais encore à celles qui n'ont pas d'autre enveloppée développable qu'elles-mêmes, c'est-à-dire aux surfaces développables dont l'équation est

$$F\{z - px - qy, p, q\} = o.$$

La même équation générale renferme une grande partie de celles que M. Lagrange a traitées dans son bel ouvrage sur les intégrales particulières, imprimé dans les *Mémoires de l'Académie de Berlin*, pour l'année 1774.

Par exemple, si la quantité $z - px - qy$ n'entre pas dans l'équation, et si l'on a de plus $A = o$, $B = o$, ce qui place le plan fixe dans celui des x, y, l'équation devient

$$F(z, p, q) = o,$$

que M. Lagrange intègre au moyen de l'hypothèse $q = \alpha p$. Dans ce cas, l'enveloppée développable a pour équation

$$pdq - qdp = o,$$

dont l'intégrale $q = \alpha p$ appartient à une surface cylindrique parallèle au plan des x, y, et est fournie par la méthode.

Si l'équation générale est seulement privée de la quantité $z - px - qy$, elle devient

$$F\left(Ax + By + z, p, q\right) = o,$$

qui renferme l'exemple précédent comme un cas particulier, et qui (comme nous l'avons fait voir §IX, page 430) appartient à la surface dont l'enveloppée, invariable de forme et de grandeur, se meut sans tourner, de manière que les courbes parcourues par tous ses points soient semblables entre elles, égales, et dans des plans parallèles au plan fixe : dans ce cas, l'intégrale donnée par la méthode n'est pas la plus élégante, et l'on parvient à un résultat plus simple, et plus facile à se représenter dans l'espace, en employant l'équation de l'enveloppée invariable.

On pourrait traiter d'une manière analogue l'équation générale des surfaces dont l'enveloppée développable est cylindrique et dirigée d'une manière quelconque ; mais cette équation est aux différences partielles du second ordre, dont nous ne nous occupons pas encore.

XXIII.

Des surfaces dont les enveloppées développables sont coniques, et ont toutes leurs sommets sur une même droite donnée.

On sait que si les coordonnées d'un point, dans les directions des x, y, z, sont respectivement β, γ, α, l'équation aux différences partielles de la surface conique, qui a son sommet dans ce point, est

$$(A) \qquad z - \alpha = p\left(x - \beta\right) + q\left(y - \gamma\right).$$

Supposons que la droite donnée sur laquelle doit être le sommet ait pour équation

$$x = Az + a, \quad y = Bz + b,$$

dans lesquelles A, B, a, b sont des constantes données. Ces mêmes équations auront lieu entre les coordonnées du sommet, et l'on aura

$$\beta = A\alpha + a, \quad \gamma = B\alpha + b.$$

Si l'on substitue ces valeurs, l'équation de la surface conique sera

$$z - p(x - a) - q(y - b) = \alpha(1 - Ap - Bq),$$

dans laquelle α est une constante arbitraire dont la grandeur détermine, sur la droite donnée, la position du sommet.

Des trois dernières équations on tire, pour α, β, γ, les valeurs suivantes :

$$\alpha = \frac{z - p(x - a) - q(y - b)}{1 - Ap - Bq},$$

$$\beta = A\frac{z - p(x - a) - q(y - b)}{1 - Ap - Bq} + a,$$

$$\gamma = B\frac{z - p(x - a) - q(y - b)}{1 - Ap - Bq} + b,$$

valeurs qui sont constantes pour la même enveloppée conique.

Actuellement, si l'on différentie l'équation (A) en regardant α, β, γ comme constantes, on aura

$$(y - \gamma)\, dq + (x + \beta)\, dp = 0,$$

qui est l'équation aux différences ordinaires de toutes les surfaces coniques qui ont leur sommet sur la droite donnée, et dans laquelle il n'y aura plus qu'à mettre pour β, γ leurs valeurs. Or l'équation générale de l'enveloppée développable est

$$(x + pZ)\, dq - (Y + qZ)\, dp = 0;$$

donc, pour que cette enveloppée développable soit conique et ait son sommet sur la droite donnée, il faut que les deux dernières équations coincident, c'est-à-dire que l'on ait

$$\mathrm{X}\,(x - \beta) + \mathrm{Y}\,(y - \gamma) + \mathrm{Z}\,(z - \alpha) = o.$$

Mais en représentant par $\mathrm{U} = o$ l'équation aux différences partielles de l'enveloppe, il est évident que la dernière équation est aux différences partielles du premier ordre, entre les quatre variables U, x, y, z, et qu'on y traite les quantités p et q comme constantes; il est clair aussi que les quantités α, β, γ sont constantes, car les différentielles de ces quantités, prises en regardant p et q comme constantes, sont toutes trois nulles. Prenant donc dans cette équation la valeur de Z, pour la substituer dans

$$d\mathrm{U} = \mathrm{X}\,dx + \mathrm{Y}\,dy + \mathrm{Z}\,dz,$$

ce qui donne

$$\frac{d\mathrm{U}}{z - \alpha} = \mathrm{X}\,d\left(\frac{x - \beta}{z - \alpha}\right) + \mathrm{Y}\,d\left(\frac{y - \gamma}{z - \alpha}\right),$$

on voit que U doit être composée, d'une manière quelconque, des deux quantités $\frac{x - \beta}{z - \alpha}$, $\frac{y - \gamma}{z - \alpha}$ et des deux quantités p et q, qui ont été regardées comme constantes. Ainsi l'équation générale des surfaces, dont l'enveloppée développable est conique, et a son sommet sur la droite donnée, est de la forme

$$\mathrm{F}\left\{\frac{x - \beta}{z - \alpha},\ \frac{y - \gamma}{z - \alpha},\ p,\ q\right\} = o,$$

dans laquelle il faut remettre pour α, β, γ leurs valeurs données plus haut; ou enfin, pour ne laisser qu'une seule quantité à substituer, cette équation est de la forme

$$\text{(B)} \qquad \mathrm{F}\left\{\frac{x - a - \mathrm{A}z}{z - \alpha},\ \frac{y - b - \mathrm{B}z}{z - \alpha},\ p,\ q\right\} = o,$$

dans laquelle il faut mettre pour α sa valeur

$$(C) \qquad \alpha = \frac{z - p(x - a) - q(y - b)}{1 - Ap - Bq}.$$

Cela posé, il est facile de faire voir que l'intégration de l'équation (B) ne dépend que de celle d'une équation aux différences ordinaires du premier ordre entre deux variables. En effet, l'équation (C), qui n'est autre chose que celle de l'enveloppée conique, dans laquelle α est une constante arbitraire, peut être mise sous la forme suivante :

$$p(x - a - A\alpha) + q(y - b - B\alpha) = z - \alpha,$$

ou en faisant, pour abréger,

$$\frac{x - a - A\alpha}{z - \alpha} = u, \qquad \frac{y - b - B\alpha}{z - \alpha} = v,$$

l'équation de l'enveloppée conique sera

$$pu + qv = 1.$$

Tirant de cette équation et de

$$pdx + qdy = dz$$

les valeurs de p et de q, on a

$$p(udy - vdx) = dy - vdz,$$
$$q(udy - vdx) = -dx + udz,$$

ou bien

$$p = \frac{dv}{udv - vdu},$$

$$q = \frac{-du}{udv - vdu}.$$

Donc, substituant toutes ces valeurs dans la proposée (B), elle deviendra de la forme suivante :

$$F\left\{u,\ v,\ \frac{dv}{udv-vdu},\ \frac{-du}{udv-vdu}\right\} = o,$$

équation aux différences ordinaires du premier ordre entre les deux seules variables u, v, et dans laquelle α est constante.

L'intégrale de cette équation, complétée par une fonction arbitraire de z, sera en

$$u, \qquad v, \qquad \varphi\alpha,$$

ou en

$$\frac{x-a-A\alpha}{z-\alpha},\ \frac{y-b-B\alpha}{z-\alpha},\ \varphi\alpha,$$

et appartiendra à l'enveloppée conique. Donc, si l'on représente cette équation par $M = o$, l'intégrale complète de la proposée (B) sera le résultat de l'élimination de α entre les deux équations

$$M = o,$$
$$\left(\frac{dM}{d\alpha}\right) = o.$$

On pourrait traiter d'une manière analogue l'équation générale des surfaces dont l'enveloppée développable est conique. Mais alors les sommets des cônes ne seraient plus assujettis à être sur une droite; ils seraient sur une courbe arbitraire ; les deux coordonnées β, γ seraient des fonctions arbitraires de z, et l'équation de l'enveloppe serait aux différences partielles du troisième ordre. Dans ce cas est comprise l'enveloppe de l'espace parcouru par une surface quelconque donnée, qui se meut sans tourner, mais qui change de forme en restant toujours semblable à elle-même.

XXIV.

En ne considérant, parmi les dix équations de la caractéristique rapportées art. XIII, *ni la huitième ni la neuvième, toutes les fois qu'une quelconque des huit autres sera intégrable, ou immédiatement, ou au moyen de la proposée, l'intégration de cette dernière ne dépendra plus que de celle d'une seule équation aux différences ordinaires du premier ordre à deux variables.*

Nous allons le démontrer pour le cas de la dixième équation, à cause de l'analogie avec les articles précédents.

Supposons qu'une équation quelconque aux différences partielles du premier ordre, $U = o$, soit telle, que l'équation

$$(A) \qquad (X + pZ)dq - (Y + qZ)dp = o$$

soit intégrable directement, ou au moyen de $U = o$, et que cette intégrale soit représentée par

$$(B) \qquad f(p, q, z) = o,$$

dans laquelle z est la constante arbitraire introduite par cette première intégration, et que l'on ait, par conséquent,

$$(C) \qquad f'dp + f''dq = o,$$

par cela seul, la quantité U est susceptible d'une forme générale qu'il faut trouver.

Il est évident que les valeurs de $\dfrac{dq}{dp}$ que fournissent les deux équations (A), (C), doivent être égales entre elles; ce qui donne

$$Xf' + Yf'' + Z(pf' + qf'') = o.$$

Or cette dernière équation, dans laquelle p, q, z sont regardées comme constantes, est aux différences partielles entre les quatre variables U, x, y, z. Si donc on prend la valeur de Z pour la substituer dans

$$dU = X\,dx + Y\,dy + Z\,dz,$$

on aura

$$(pf' + qf'')\,dU = X\left[(pf' + qf'')\,dx - f'\,dz\right]$$
$$+ Y\left[(pf' + qf'')\,dy - f''\,dz\right],$$

dans laquelle p, q, α sont constantes, et qui indique que la quantité U doit être composée, d'une manière quelconque, des deux suivantes : $(pf' + qf'')x - zf'$, $(pf' + qf'')y - zf''$, et de p, q, qui sont regardées comme constantes.

On aura donc

$$U = F\left[x(pf' + qf'') - zf', \; y(pf' + qf'') - zf'', \; p, \; q\right]$$

ou, ce qui revient au même.

$$U = F\left[z - px - qy, \; xf'' - yf', \; p, \; q\right]$$

et, par conséquent, la proposée $U = o$ est susceptible d'être mise sous la forme

$$(D) \qquad F\left[z - px - qy, \; xf'' - yf', \; p, \; q\right] = o,$$

dans laquelle les fonctions dérivées f', f'' sont données en p, q, et contiennent, de plus, la constante α, qui peut être chassée au moyen de (B). Il est inutile de former cette équation (D); il suffit d'avoir démontré qu'elle doit avoir lieu.

Cela posé, l'équation (B), qui appartient à l'enveloppe développable, est elle-même aux différences partielles; elle est facile à intégrer, et l'on sait que pour avoir son intégrale il faut, 1° poser

$$(E) \qquad z - px - qy = \psi p;$$

2° chasser q au moyen de sa valeur prise dans (B); 3° éliminer p au moyen de la différentielle de (E), prise en regardant x, y, z comme constantes, c'est-à-dire au moyen de

$$- x\,dp - y\,dq = \psi' p\,dp,$$

qui, en mettant pour dq sa valeur prise dans (C), devient

$$(\text{F}) \qquad\qquad x f'' - y f' = f'' \psi'.$$

Ainsi l'équation intégrale de l'enveloppée développable est le résultat de l'élimination des deux quantités p, q entre les trois équations (B), (E), (F); et si la fonction ψ, qui entre avec sa dérivée dans les équations, est regardée comme arbitraire, l'intégrale appartient à l'enveloppée développable générale.

Mais si l'on veut que cette enveloppée soit celle qui convient particulièrement à la surface exprimée par $U = 0$, il faut déterminer la forme de la fonction ψ de manière que la proposée $U = 0$, ou, ce qui revient au même, que l'équation (D) soit satisfaite.

Or, si dans (D) on mettait

$$\begin{array}{llll}
\text{pour} & z - px - qy & \text{sa valeur} & \psi p, \quad \text{tirée de (E)},\\[4pt]
\text{pour} & x f'' - y f' & \text{sa valeur } f'' \psi' p, & \text{tirée de (F)},\\[4pt]
\text{et pour} & q & \text{sa valeur en } p, & \text{tirée de (B)},
\end{array}$$

il ne resterait plus que z, p, ψp, $\psi' p$. Donc, sans former l'équation (D), il sera toujours possible, entre les quatre équations $U = 0$, (B), (E), (F), d'éliminer les quatre quantités q, x, y, z; et l'on aura un résultat

$$(\text{G}) \text{ en} \qquad\qquad z,\ p,\ \psi p,\ \psi' p,$$

qui sera, aux différences ordinaires du premier ordre, entre les deux variables p, ψp, dans lequel z est constante, et qui servira à déterminer la forme de la fonction ψ.

Posons que cette équation (G) soit intégrée, et que son intégrale, complétée par une fonction arbitraire de α, soit

$$(\text{H}) \text{ en} \qquad\qquad z,\ p,\ \psi p,\ \varphi\alpha.$$

Cela fait, si entre les cinq équations (B), (E), (F), (G), (H) on élimine les quatre quantités $p,\ q,\ \psi p,\ \psi' p$, on aura en

$$x,\ y,\ z,\ \alpha,\ \varphi\alpha$$

l'équation intégrale de l'enveloppée développable. Ainsi, et en représentant cette intégrale par $\text{M} = 0$, l'intégrale de la proposée $\text{U} = 0$ sera le résultat de l'élimination de α entre les deux équations

$$\text{M} = 0,$$
$$\left(\frac{d\text{M}}{d\alpha}\right) = 0.$$

XXV.

En raisonnant d'une manière analogue pour les sept autres équations de la caractéristique, on démontre que la proposition énoncée au commencement de l'article précédent a lieu pour chacune d'elles. Nous n'entrerons pas dans ce détail, et nous nous contenterons d'en rapporter les résultats.

1°. Si l'équation $\text{P}dy - \text{Q}dx = 0$ est intégrable directement ou au moyen de la proposée $\text{U} = 0$, et si l'intégrale connue est représentée par

$$(\text{B}) \qquad\qquad f(x,\ y,\ z) = 0,$$

dans laquelle z est la constante arbitraire, la proposée sera susceptible de la forme

$$(\text{D}) \qquad\qquad \text{F}\left[pf'' - qf',\ x,\ y,\ z\right] = 0;$$

on fera

$$(E) \qquad z = \psi x,$$

$$(F) \qquad pf'' - qf' = f'^2 \psi'.$$

Entre la proposée $U = o$ et les trois équations (B), (E), (F), il sera toujours possible d'éliminer les quatre quantités p, q, y, z, et la résultante sera

$$(G) \text{ en} \qquad x, x, \psi x, \psi' x,$$

dont l'intégrale

$$(H) \text{ sera en} \qquad z, x, \psi x, \varphi z,$$

et déterminera la forme de la fonction ψ. Mettant pour ψx sa valeur z, cette dernière équation sera

$$(K) \text{ en} \qquad x, x, z, \varphi z.$$

Cela fait, des équations (B), (K) on tirera les valeurs de x et φ; et si l'on représente ces valeurs par

$$x = M, \quad \varphi z = N,$$

l'intégrale complète de la proposée $U = o$ sera

$$N = \varphi M.$$

2°. Si l'équation $(Pp + Qq)\,dx - p\,dz = o$ est intégrable, et si son intégrale connue est représentée par

$$(B) \qquad f(x, z, x) = o,$$

la proposée $U = o$ sera susceptible de la forme

$$(D) \qquad F\left\{ \frac{pf'' + f'}{q}, x, y, z \right\} = o;$$

on fera

(E) $$y = \psi z,$$

(F) $$pf'' + f' = q\psi',$$

et il sera possible d'éliminer les quatre quantités p, q, x, y entre les quatre équations $U = o$, (B), (E), (F). Le résultat de cette élimination sera

(G) en $$x,\ z,\ \psi z,\ \psi' z,$$

dont l'intégrale

(H) sera en $$x,\ z,\ \psi z,\ \varphi\alpha ;$$

mettant dans cette intégrale pour ψz sa valeur y, tirée de (E), on aura

(K) en $$x,\ y,\ z,\ \varphi\alpha.$$

Cela fait, si de (B) et (K) on tire les valeurs de z, $\varphi\alpha$, et si l'on représente ces valeurs par

$$z = M, \quad \varphi\alpha = N,$$

l'intégrale complète de la proposée $U = o$ sera

$$N = \varphi M.$$

3°. Si c'est l'équation $(Pp + Qq)\,dy - Q\,dz = o$ qui est intégrable, et si son intégrale connue est représentée par

(B) $$F(y, z, \alpha) = o,$$

la proposée $U = o$ sera susceptible de la forme

$$F\left\{ \frac{qf'' + f'}{p},\ x,\ y,\ z \right\} = o,$$

et l'on opérera comme dans le cas précédent.

4°. Les deux équations de la caractéristique

$$P\,dp + (X + pZ)\,dx = o,$$
$$Q\,dq + (Y + qZ)\,dy = o$$

appartiennent à la même enveloppée dont l'équation intégrale est de la forme générale

$$z = \psi x + \pi y,$$

et dont les deux équations aux différences partielles sont

$$p = \psi' x, \quad q = \pi' y.$$

Donc, si la première de ces deux équations de la caractéristique peut, au moyen de la proposée $U = o$, être réduite aux deux variables p, x, la seconde sera réductible aux deux variables q, r, et réciproquement.

Soient leurs intégrales

$$p = f(x, \alpha), \quad q = f(y, \varphi\alpha),$$

dans lesquelles α et $\varphi\alpha$ sont les deux constantes arbitraires. L'équation intégrale de l'enveloppée sera

$$z = \int f(x, \alpha)\,dx + \int f(y, \varphi\alpha)\,dy;$$

et si l'on représente cette équation par $M = o$, l'intégrale complète de la proposée $U = o$ sera le résultat de l'élimination de α entre les deux équations $M = o$ et $\dfrac{dM}{d\alpha} = o$.

5°. Si l'équation de la caractéristique

$$Q\,dp + (X + pZ)\,dy = o$$

est rendue intégrable au moyen de la proposée $U = o$, et si cette intégrale connue est

$$(B) \qquad f(p, y, \alpha) = 0,$$

dans laquelle α est la constante arbitraire, la proposée sera susceptible de la forme

$$(D) \qquad F\left[qf' + xf'',\ pqf' + zf'',\ p, y\right] = 0,$$

on fera

$$(E) \qquad pqf' + zf'' = f'' \downarrow y,$$

$$(F) \qquad qf' + xf'' = f' \downarrow.$$

Entre les quatre équations $U = 0$, (B), (E), (F), il sera toujours possible d'éliminer les quatre quantités p, q, x, z, et la résultante sera

$$(G) \text{ en} \qquad z, y, \downarrow y, \downarrow y,$$

dont l'intégrale

$$(H) \text{ sera en} \qquad z, y, \downarrow y, \varphi \alpha.$$

Cela fait, si entre les cinq équations (B), (E), (F), (G), (H), on élimine les quatre quantités p, q, $\downarrow y$, $\downarrow y$, on aura en x, y, z, α, $\varphi \alpha$, l'équation intégrale de l'enveloppée; donc, si l'on représente cette équation par $M = 0$, l'intégrale complète de la proposée $U = 0$ sera le résultat de l'élimination de α entre les deux équations

$$M = 0,$$

$$\left(\frac{dM}{d\alpha}\right) = 0.$$

6°. Il est évident que si c'était l'équation de la caractéristique

$$Pdq + (Y + qZ)dx = 0$$

qui fût intégrable directement, ou rendue telle au moyen de la proposée $U = 0$, tout serait comme dans le cas précédent, et changeant p et y respectivement en q et x.

Les considérations géométriques sur lesquelles nous venons de fonder la recherche des équations de la caractéristique sont familières aux élèves de l'École Polytechnique; mais elles peuvent être pénibles pour d'autres lecteurs, et nous croyons devoir conduire à ces mêmes équations par un procédé purement analytique. Nous allons d'abord le faire pour le cas des équations linéaires; nous passerons ensuite au cas général.

XXVI.

On sait qu'une équation quelconque aux différences partielles de premier ordre appartient à l'enveloppe de l'espace parcouru par une surface donnée, mobile en vertu de la variation d'un paramètre α, et dont l'équation intégrale renferme de plus une fonction arbitraire de α qui a disparu par la différentiation. Mais cette même équation appartient aussi à chacune des enveloppées qui sont renfermées sous l'enveloppe; car chaque enveloppée est un cas particulier de l'enveloppe : elle est ce que devient l'enveloppe lorsque le paramètre α est constant.

D'après cela, soit proposée l'équation linéaire générale

$$(A) \qquad\qquad P p + Q q = L,$$

dans laquelle les trois coefficients P, Q, L sont donnés d'une manière quelconque en x, y, z; si cette équation, qui ne contient pas α explicitement, peut appartenir à chacune des enveloppées individuelles, il faut bien qu'elle contienne au moins implicitement la quantité α, qui est constante pour chaque enveloppée, et dont les différentes valeurs déterminent chacune d'elles en particulier.

et il n'y a que les quantités p, q qui puissent la contenir. Mais ces deux quantités ne sont point indépendantes, elles ont entre elles une relation exprimée par l'équation

$$dz = pdx + qdy,$$

qui résulte de leur définition. On peut donc, au moyen de cette dernière équation, chasser de la proposée l'une de ces deux quantités, et l'on aura l'une des deux équations suivantes :

$$\text{(B)} \qquad p\left\{Pdy - Qdx\right\} = Ldy - Qdz,$$

$$\text{(C)} \qquad q\left\{Pdy - Qdx\right\} = -Ldx + Pdz,$$

dont il nous suffira de considérer une seule, la première par exemple.

L'équation (B), dans laquelle p renferme implicitement z, est aux différences ordinaires; elle appartient donc à toutes les enveloppées, pour chacune desquelles l'arbitraire α a une valeur constante, mais différente. Si donc, considérant une certaine enveloppée pour laquelle la constante arbitraire a une certaine valeur α, on passe à l'enveloppée infiniment voisine, pour laquelle l'arbitraire ait la valeur $\alpha + d\alpha$, il est clair que l'équation de cette seconde enveloppée sera

$$\text{(D)} \qquad \left\{p + \left(\frac{dp}{d\alpha}\right)d\alpha\right\}\left\{Pdy - Qdx\right\} = Ldy - Qdz.$$

Or la caractéristique de l'enveloppe n'est autre chose que l'intersection de deux enveloppées consécutives; donc les équations (B), (D), qui appartiennent à deux enveloppées consécutives, sont celles de la caractéristique.

Si l'on retranche (B) de (D), on a

$$Pdy - Qdx = 0.$$

en vertu de laquelle (D) donne

$$L\,dy - Q\,dz = 0.$$

Enfin, éliminant dy entre ces deux dernières, on a encore

$$L\,dx - P\,dz = 0.$$

Ces trois équations aux différences ordinaires, dont une quelconque est une suite nécessaire des deux autres, sont celles des projections de la caractéristique sur les trois plans rectangulaires, que nous avons traitées dans l'art. XIV et les suivants.

Il est évident que l'opération que nous venons de faire se réduit à différentier l'équation (B), en regardant p comme seule variable; ce qui donne immédiatement

$$P\,dy - Q\,dx = 0,$$
$$L\,dy - Q\,dz = 0.$$

Si l'on eût différentié (C), en regardant q comme seule variable, on aurait eu de même

$$P\,dy - Q\,dx = 0,$$
$$L\,dx - P\,dz = 0;$$

ce qui est le même résultat. Passons maintenant au cas général.

XXVII.

Lorsque l'équation aux différences partielles du premier ordre n'est pas linéaire, l'opération que nous venons de faire, et qui consiste à substituer pour l'une des quantités p, q, sa valeur prise dans $dz = p\,dx + q\,dy$, et à différentier ensuite, en regardant comme seule variable celle des deux quantités qui reste, ne fournit

qu'une seule équation pour la caractéristique, et n'est pas suffisante. Pour avoir les deux équations de cette courbe par une même
opération, il faut différentier la proposée une fois aux différences
partielles.

Soit proposée l'équation générale

$$F\{p, q, x, y, z\} = 0,$$

et supposons que sa différentielle ordinaire soit

(A) $$P\,dp + Q\,dq + X\,dx + Y\,dy + Z\,dz = 0.$$

dans laquelle P, Q, X, Y, Z sont données en p, q, x, y, z, par la
différentiation; ses deux différentielles partielles prises en regardant d'abord x, puis y comme seules variables, seront

(B) $$Pr + Qs + X + pZ = 0,$$
(C) $$Ps + Qt + Y + qZ = 0.$$

De ces deux équations, il nous suffira d'en considérer une seule,
la première par exemple.

L'équation (B), qui est aux différences partielles du second
ordre et linéaire, appartient à une surface plus générale que celle
de la proposée, et qui a deux caractéristiques : mais de ces deux
caractéristiques, l'une lui est commune avec la surface de la proposée, et l'autre est connue; car on sait que cette nouvelle caractéristique a pour équation $dy = 0$ ou $y = \beta$. Donc les équations
de la première caractéristique de la surface à laquelle appartient
l'équation (B), seront aussi celles de la caractéristique de la surface
à laquelle appartient la proposée.

En considérant l'équation (B) comme appartenant à l'enveloppée mobile en vertu de la variation d'un paramètre α, les deux
quantités r, s sont les seules qui, en passant d'une enveloppée
quelconque à la suivante, soient affectées de la variation de α : car,

si la caractéristique est l'intersection de deux enveloppées consécutives, elle est aussi une ligne de contact pour ces deux surfaces; et, en passant de l'une à l'autre, les quantités p, q ne changent pas, mais les deux quantités r, s ne sont pas indépendantes; elles sont liées entre elles par l'équation

$$dp = r\,dx + s\,dy,$$

qui est l'expression de leur définition, et au moyen de laquelle il est facile d'éliminer de (B) l'une quelconque d'entre elles; ce qui produit l'une des deux équations suivantes :

$$\text{(D)} \qquad s\left\{P\,dy - Q\,dx\right\} - \left\{P\,dp + (X + pZ)\,dx\right\} = 0,$$

$$\text{(E)} \qquad r\left\{P\,dy - Q\,dx\right\} + \left\{Q\,dp + (X + pZ)\,dy\right\} = 0,$$

dont chacune appartient à une enveloppée mobile, et ne contient qu'une seule quantité s ou r qui soit variable, en vertu de la variation du paramètre α. De ces deux équations, il suffit d'en considérer une, la première par exemple.

En raisonnant comme nous l'avons fait dans l'article précédent, il est évident que, pour avoir l'équation de la caractéristique, il faut différentier l'équation (D) de l'enveloppée, en regardant α, et par conséquent s, comme seule variable; et, parce que s est linéaire, cette opération produira les deux équations

$$P\,dy - Q\,dx = 0,$$
$$P\,dp + (X + pZ)\,dx = 0,$$

qui appartiendront à la caractéristique, et au moyen desquelles et des deux suivantes

$$\text{(A)} \quad \begin{cases} P\,dp + Q\,dq + (X + pZ)\,dx + (Y + qZ)\,dy = 0, \\ dz = p\,dx + q\,dy, \end{cases}$$

on peut former les dix équations de l'art. XIII.

XXVIII.

Si l'on différentiait (E) en regardant z, et, par conséquent, r comme seule variable, on aurait les deux équations

$$P\,dy - Q\,dx = 0,$$
$$Q\,dp + (X + pz)\,dy = 0,$$

qui produisent également les dix équations de l'art. XIII.

Au lieu d'opérer, comme nous l'avons fait, sur l'équation (B), on aurait pu traiter de même l'équation (C). En effet, si l'on chasse de cette équation l'une des deux quantités s, t, au moyen de

$$dq = s\,dx + t\,dy,$$

on a l'une des deux équations suivantes :

$$(F) \qquad t\{P\,dy - Q\,dx\} - \{P\,dq + (Y + qZ)\,dx\} = 0,$$
$$(G) \qquad s\{P\,dy - Q\,dx\} + Q\,dp + (Y + qZ)\,dy = 0,$$

dont la première, différentiée en regardant x, c'est-à-dire t, comme seule variable, produit les deux équations

$$P\,dy - Q\,dx = 0,$$
$$P\,dq + (Y + qZ)\,dx = 0,$$

qui fournissent les dix équations de l'art. XIII; et dont la seconde, différentiée en regardant z, c'est-à-dire s, comme seule variable, produit les deux équations

$$P\,dy - Q\,dx = 0,$$
$$Q\,dq + (Y + qZ)\,dy = 0,$$

qui remplissent le même objet.

CONSTRUCTION

L'ÉQUATION DES CORDES VIBRANTES.

Lorsque les fonctions arbitraires qui complètent les intégrales des équations aux différences partielles sont toutes composées de la même quantité, c'est-à-dire lorsque les surfaces qui appartiennent à ces équations n'ont qu'une seule caractéristique, nous avons vu qu'il était toujours possible de déterminer les formes que les fonctions doivent avoir pour que la surface passe par autant de courbes arbitraires données qu'il y a de fonctions, ou soit circonscrite à autant de surfaces données arbitrairement, ou soit normale à ces dernières, et que cette opération n'est sujette à d'autres difficultés que celle de l'élimination algébrique. Mais lorsque les fonctions arbitraires sont composées de quantités différentes, le même procédé pour la détermination de chacune d'elles conduit à une équation aux différences finies. Toutes ces équations doivent être intégrées, et leur intégration introduit autant de fonctions arbitraires nouvelles qui doivent être déterminées par d'autres conditions dont la question est susceptible. J'ai cru qu'il était convenable de donner un premier exemple de cette opération, et j'ai choisi celui de l'équation des cordes vibrantes, moins par l'intérêt qu'inspire une question qui a été traitée avec le plus grand succès par les premiers géomètres, et sur laquelle je ne me propose pas de revenir, qu'à cause des facilités que présentent les conditions auxquelles cette question est ordinairement soumise : ainsi mon objet est de pure géométrie analytique.

I.

(*Pl. IV, fig. 1.*) Si l'on conçoit qu'une corde élastique et uniforme AB, tendue en ligne droite, entre ses deux extrémités fixes A, B, par un poids déterminé, soit écartée de sa position par une cause quelconque qui lui fasse prendre la forme curviligne AMB, infiniment peu différente de la droite AB, et que cette cause vienne à cesser subitement dans toute l'étendue de la corde, la corde, abandonnée à elle-même, tendra à reprendre la forme rectiligne; chacun de ses points se portera vers la droite AB avec une force accélératrice, et, en arrivant dans cette droite, il aura une vitesse acquise, en vertu de laquelle il continuera son mouvement de l'autre côté; mais alors il tendra de nouveau la corde, et il éprouvera une résistance toujours croissante, qui lui fera perdre peu à peu toute sa vitesse. Lorsque tous les points de la corde auront ainsi perdu leurs vitesses, la corde aura une nouvelle position AM'B, dans laquelle elle sera de nouveau abandonnée à elle-même, et de laquelle elle se reportera vers AB, pour passer encore au delà, et ainsi de suite. Elle oscillera donc, de part et d'autre de AB, dans un même plan, et le mouvement d'oscillation ne cesserait pas sans quelques résistances, dont la principale est celle de l'air dans lequel il s'exécute.

Pour passer de l'état initial AMB à l'état final AM'B, la corde emploie un certain temps, et, dans tous les instants intermédiaires, elle est pliée suivant une courbe A*m*B, A*m*'B, dans l'équation de laquelle doit entrer le temps écoulé depuis le commencement du mouvement : ce temps est une quantité constante pour chaque courbe en particulier, et variable d'une de ces courbes à l'autre.

Depuis longtemps les géomètres se sont occupés de l'équation de la courbe A*m*B. En nommant x l'ordonnée AP comptée dans le sens de la longueur de la corde, z l'ordonnée P*m* qui lui est perpendiculaire, et y le temps écoulé depuis le commencement du mouvement, ils ont trouvé que l'équation de cette courbe était

$$\left(\frac{ddz}{dx^2}\right) = a^2 \left(\frac{ddz}{dy^2}\right),$$

ou, suivant la notation que nous avons employée jusqu'ici,

$$r - a^2 t = 0,$$

dans laquelle a est une constante qui dépend des dimensions, de la densité et de la tension de la corde. La même équation exprime aussi le mouvement d'une molécule d'air dans la propagation du son.

Il est assez remarquable que cette équation, qui est du second ordre, soit la première équation aux différences partielles que l'on ait intégrée complètement. On est redevable de son intégration à MM. d'Alembert et Euler, qui en ont déduit l'explication des principaux phénomènes que présentent les cordes vibrantes et les lois de la propagation du son. M. Lagrange a traité depuis la même matière avec la généralité et l'élégance qui lui sont ordinaires.

Je vais d'abord exposer rapidement l'intégration de l'équation; je passerai ensuite à la construction de l'intégrale, qui est mon objet principal.

II.

On sait que lorsqu'une équation aux différences partielles du second ordre est linéaire ou de la forme

$$Lr + Ms + Nt = H,$$

on a pour chacune de ses deux caractéristiques les deux équations

$$L\,dy^2 - M\,dx\,dy + N\,dx^2 = 0,$$
$$L\,dp\,dy + N\,dq\,dx = H\,dx\,dy.$$

Dans le cas de l'équation des cordes vibrantes $r - a^2 t = 0$, on aura donc pour chacune des deux caractéristiques les deux équations

$$dy^2 - a^2 dx^2 = 0,$$
$$dp\,dy - a^2 dq\,dx = 0.$$

La première est composée des deux facteurs

$$dy + a\,dx = 0,$$
$$dy - a\,dx = 0,$$

dont les intégrales sont

$$y + ax = \alpha,$$
$$y - ax = \alpha'.$$

Ce qui prouve que la surface a deux caractéristiques indépendantes; que chacune de ces courbes est dans un plan perpendiculaire à celui des x, y, constamment parallèle à lui-même; et que ces deux plans font avec la ligne des x, et de part et d'autre de cette ligne, des angles égaux entre eux, et dont la tangente est égale à la constante a.

En ne considérant que la première des deux caractéristiques, et substituant pour dy la valeur $- a\,dx$ qui lui convient, la seconde équation devient

$$dp + a\,dq = 0,$$

dont l'intégrale est

$$p + aq = \beta.$$

Les quantités α, β sont donc toutes deux constantes pour la première caractéristique; elles seront, par conséquent, fonction l'une de l'autre pour tous les points de la surface, et l'on aura

$$\beta = \Phi\alpha.$$

Ainsi

$$p + aq = \varphi(y + ax)$$

sera une des intégrales premières de la proposée, et cette intégrale sera complétée par la fonction arbitraire φ.

De même, en ne considérant que la seconde caractéristique, et substituant pour dy la valeur adx qui lui convient, la seconde équation devient

$$dp - adq = 0,$$

dont l'intégrale est

$$p - aq = \beta'.$$

Les quantités α', β' seront donc aussi toutes deux constantes pour la seconde caractéristique; on en conclura pareillement que la seconde des deux intégrales premières de la proposée est

$$p - aq = \psi(y - ax),$$

complétée par la fonction arbitraire ψ. Ainsi les deux intégrales premières sont

$$p + aq = \varphi(y + ax),$$
$$p - aq = \psi(y - ax).$$

De ces deux équations on tire, pour p et q, les valeurs suivantes :

$$2p = \varphi + \psi,$$
$$2aq = \varphi - \psi,$$

qui, substitués dans $dz = pdx + qdy$, donnent

$$2adz = (dy + adx)\varphi - (dy - adx)\psi,$$

équation aux différences ordinaires qui est intégrable par les quadratures, quelles que soient les formes des deux fonctions, et dont l'intégrale est de la forme

$$z = \Phi(y + ax) + \Psi(y - ax).$$

C'est cette équation qui est l'intégrale seconde de la proposée, et qui est complétée par les deux fonctions arbitraires Φ et Ψ, composées des quantités différentes $y + ax$, $y - ax$.

III.

Pour construire l'intégrale que nous venons de trouver, considérons d'abord que si l'on avait séparément les deux équations

$$z = \Phi(y + ax),$$
$$z = \Psi(y - ax),$$

elles seraient celles de deux surfaces cylindriques à bases quelconques, parallèles, l'une à la droite menée par l'origine dans le plan des x, y, et qui aurait pour équation

$$y + ax = 0,$$

l'autre à la droite menée par le même point, dans le même plan, et qui aurait pour équation

$$y - ax = 0;$$

et les bases de ces deux surfaces cylindriques, considérées dans le plan des y, z, auraient pour équations, l'une

$$z = \Phi y,$$

et l'autre

$$z = \Psi y.$$

Donc, si après avoir mené par l'origine dans le plan des x, y deux droites situées de part et d'autre de l'axe des x, et qui fassent avec cet axe le même angle dont la tangente est a; et si, après avoir tracé dans le plan des y, z deux courbes arbitraires destinées à être les bases des surfaces cylindriques, on conçoit que le plan d'une de ces bases se meuve parallèlement à lui-même le long de la première droite, et que le plan de l'autre se meuve parallèlement à lui-même le long de la seconde, on engendrera deux surfaces cylindriques telles, que si, pour un point quelconque pris sur le plan des x, y, on construit une ordonnée z égale à la somme des ordonnées des deux surfaces cylindriques, l'extrémité de cette ordonnée sera dans la surface demandée.

Ainsi, pour construire la surface par points, il ne s'agit plus que de déterminer quelles doivent être les bases des deux surfaces cylindriques, pour que la surface satisfasse aux conditions particulières que comporte la question des cordes vibrantes.

IV.

Au lieu de construire la surface par points, on peut l'engendrer par le mouvement de l'une ou de l'autre de ses deux caractéristiques. En effet, si par les deux droites tracées dans le plan des x, y, et dont les équations sont

$$y + ax = o,$$
$$y - ax = o,$$

on conçoit deux plans perpendiculaires à celui des x, y, et qui se couperont, par conséquent, dans l'axe des z, chacun de ces plans coupera celle des deux surfaces cylindriques à laquelle il n'est pas parallèle, suivant une trace que l'on pourra regarder comme une autre base de cette surface. Si l'on conçoit que le plan de l'une quelconque de ces traces se meuve parallèlement à lui-même sans tourner, de manière que le point de ce plan qui est à l'origine parcoure l'autre trace (ce qui peut se faire de deux manières, selon que c'est l'une ou l'autre trace qui est regardée comme mobile), la trace mobile engendrera la surface dont il s'agit; car il est évident que, pour chacun des points de la surface engendrée, l'ordonnée z

sera égale à la somme des ordonnées correspondantes des deux surfaces cylindriques, et que l'équation de cette surface sera

$$z = \Phi(y + ax) + \Psi(y - ax).$$

Il faut observer que les deux traces génératrices ne sont autre chose que les deux caractéristiques, car ces traces sont dans des plans mobiles dont les équations sont, pour l'une,

$$y + ax = z,$$

pour l'autre,

$$y - ax = z',$$

et que les quantités z, z', dont chacune est l'y à l'origine du plan correspondant, sont constantes chacune pour la trace à laquelle elle appartient.

Or les deux traces sont faciles à construire d'après les bases des deux surfaces cylindriques; donc, pour engendrer la surface par le mouvement de l'une de ses caractéristiques, il ne s'agit plus que de déterminer quelles doivent être les bases des deux surfaces cylindriques pour que la surface satisfasse aux conditions que comporte la question des cordes vibrantes.

Examinons quelles sont ces conditions.

V.

Dans l'équation des cordes vibrantes, la quantité y exprime le temps écoulé depuis l'instant où la corde, ayant été écartée de sa position en ligne droite, a été subitement abandonnée à elle-même; et, pour chacune des formes que la corde prend ensuite successivement, cette quantité y est constante. Or, en géométrie, nous regardons cette même quantité comme une des trois coordonnées rectangulaires. Donc, si l'on conçoit que du moment que la corde est abandonnée à elle-même, le plan des x, z dans lequel s'exécutent les vibrations se meuve uniformément sans tourner, et restant toujours perpendiculaire aux y, la corde vibrante, entraînée par ce plan mobile, parcourra une surface qui est celle qu'il s'agit de construire ; et il est évident que toute section faite dans cette surface par un plan quelconque perpendiculaire aux y donnera la figure de la corde pour le temps y qui détermine la position du plan coupant.

(*Pl. II*, *fig.* 2.) Cela posé, on suppose que les deux extrémités A, B de la corde sont fixes et ne participent pas aux vibrations : ces deux points n'auront donc aucun mouvement dans le plan mobile, et ils parcourront dans le plan des x, y des droites AC, BD perpendiculaires aux x. D'où il suit que la surface engendrée passera,

1°.   Par la droite AC ;

2°.   Par la droite BD.

3°. Il est évident que la surface doit passer par la courbe suivant laquelle elle a été pliée dans le plan des x, z au commencement du mouvement ; courbe qui doit être donnée arbitrairement et connue. Nous la supposons ici couchée sur le plan des x, y en AMB.

4°. Enfin, au commencement du mouvement, c'est-à-dire lorsqu'on abandonne la corde à elle-même, la vitesse de la droite AB est naissante, et par conséquent nulle : l'ordonnée d'un point quelconque de la courbe donnée AMB doit donc être un maximum dans le sens des y ; donc, sur la surface, et pour tous les points de la courbe initiale AMB, on doit avoir

$$\left(\frac{dz}{dy}\right) = 0.$$

Il suit de là que la surface doit être perpendiculaire au plan des x, z dans toute l'étendue de cette courbe.

Voilà donc quatre conditions indépendantes auxquelles les bases des deux surfaces cylindriques, ou les deux fonctions Φ et Ψ, doivent satisfaire, pour que l'intégrale générale

$$z = \Phi(y + ax) + \Psi(y - ax)$$

convienne au cas particulier des cordes vibrantes; tandis que si les deux fonctions qui entrent dans cette équation étaient composées de la même quantité, et affectées de coefficients pour n'être pas réductibles à une seule, deux de ces quatre conditions suffiraient pour les déterminer toutes deux d'une manière complète.

Recherchons actuellement ce que chacune des quatre conditions que nous venons d'exposer exige de la part des deux bases des surfaces cylindriques.

VI.

(*Pl. IV*, *fig.* 2.) L'origine des coordonnées rectangulaires étant placée au point A, qui est l'une des extrémités de la corde vibrante, il est évident que les deux équations de la droite AC sont

$$x = o,$$
$$z = o,$$

Or la première condition énonce que la surface doit passer par cette droite; il faut donc que si l'on substitue pour x et z ces valeurs dans l'équation

$$z = \Phi(y + ax) + \Psi(y - ax),$$

cette équation soit satisfaite; on aura donc

$$\Phi y + \Psi y = o;$$

ce qui établit une première relation entre les deux fonctions arbitraires Φ, Ψ. Il suit de là que les bases des deux surfaces cylindriques sont parfaitement opposées, puisque, pour la même y, leurs ordonnées sont égales entre elles et de signes contraires, c'est-à-dire que si l'une quelconque de ces bases faisait une demi-révolution autour de l'axe AC des y, elle s'appliquerait exactement sur l'autre. Ainsi, si l'une de ces bases était représentée par la ligne pleine $''M''M'MM''M''M''$, l'autre le serait par la ligne ponctuée $''N''N'NN'N'N''$, dont les coordonnées correspondantes $G'M'$ et $G'N'$ sont partout égales entre elles et de signes contraires.

Voilà tout ce qu'exige la première condition prise isolément.

C'est pour diminuer le nombre des figures que, dès à présent, je donne aux bases une forme particulière, qui sera justifiée dans la suite.

VII.

En nommant A la longueur AB de la corde vibrante, les deux équations de la droite BD sont

$$x = A,$$
$$z = 0.$$

Or, d'après la seconde condition, la surface doit passer encore par cette droite; donc, si l'on substitue ces nouvelles valeurs de x et z dans l'équation intégrale, il faut que cette équation soit encore satisfaite. On aura donc

$$\Phi(y + aA) + \Psi(y - aA) = 0,$$

ce qui établit une seconde relation entre les deux fonctions arbitraires.

Actuellement, représentons par u la quantité $y - ax$ qui est sous la fonction Ψ : la quantité $y + ax$ qui est sous l'autre fonction Φ sera $u + 2aA$, et l'équation précédente deviendra

$$\Phi(u + 2aA) + \Psi u = 0,$$

et, par conséquent,

$$\Phi(y + 2aA) + \Psi y = 0.$$

En vertu des deux premières conditions considérées simultanément, on aura donc entre les deux fonctions Φ et Ψ les deux relations

$$\Phi y + \Psi y = 0,$$
$$\Phi(y + 2aA) + \Psi y = 0,$$

équations qui, retranchées l'une de l'autre, donnent

$$\Phi(y + 2aA) - \Phi y = 0,$$

et, par conséquent,

$$\Psi(y + 2aA) - \Psi y = 0.$$

Ainsi, pour chacune des deux fonctions Φ et Ψ, on a une équation
qui doit servir à la déterminer.

Les deux équations que nous venons de trouver, l'une en Φ,
l'autre en Ψ, sont aux différences finies, et, pour chacune d'elles, la
différence finie de la variable principale y est constante et $= 2aA$,
c'est-à-dire qu'en faisant pour les deux fonctions

$$\Delta y = 2aA,$$

on a, pour l'une,

$$\Delta \Phi y = 0,$$

et pour l'autre,

$$\Delta \Psi y = 0.$$

Or ces équations aux différences finies sont très-simples, et
leurs intégrales expriment évidemment que chacune des bases des
deux surfaces cylindriques est une courbe périodique dont toutes
les périodes constamment étendues de la quantité $2aA$ dans le sens
des y sont égales entre elles, de manière qu'étant toutes superpo-

sées, elles coïncideraient parfaitement ; mais elles ne statuent rien sur la forme d'une de ces périodes, qui doit être déterminée par d'autres conditions.

Donc, après avoir mené par l'origine A, et dans le plan des x, y, les deux droites AB', A'B, faisant, de part et d'autre de AB, l'angle dont la tangente est a, jusqu'à ce qu'elles coupent la droite BD dans les points B', 'B, ce qui donnera BB' $= a$A et B'B $= - a$A, et par conséquent B''B $= 2 a$A ; si sur l'axe AC des y, et à partir d'un point quelconque, on porte cette quantité B''B un nombre de fois indéfini tant en avant qu'en arrière, on déterminera sur cet axe une suite d'intervalles égaux 'A'A, A''A, ... , pour lesquels les parties correspondantes de chaque base seront parfaitement égales entre elles, et celles des deux bases seront aussi égales entre elles, mais en sens opposés l'une par rapport à l'autre.

Voilà tout ce qui résulte des deux premières conditions prises simultanément. La nature des périodes doit être déterminée par les autres conditions.

VIII.

Considérons actuellement celle des conditions que nous avons énoncée la quatrième, et qui comporte que la surface, dans son intersection avec le plan des x, z, soit partout perpendiculaire à ce plan, c'est-à-dire que, pour tous les points de la surface qui sont dans ce plan, on ait $\left(\dfrac{dz}{dy} \right) = 0$.

Si l'on différentie l'équation intégrale

$$z = \Phi(y - ax) + \Psi(y - ax).$$

en regardant x comme constante, on a

$$\left(\frac{dz}{dy} \right) = \Phi'(y + ax) + \Psi'(y - ax) ;$$

mais, pour le plan des x, z, on a

$$y = 0,$$
$$\left(\frac{dz}{dy}\right) = 0;$$

donc, si l'on substitue ces valeurs, l'équation précédente doit être satisfaite. On aura donc

$$\Phi'(ax) + \Psi'(-ax) = 0,$$

et par conséquent, en général,

$$\Phi'(y) + \Psi'(-y) = 0,$$

équations aux différences ordinaires, que l'on peut écrire de la manière suivante :

$$d \cdot \Phi(y) - d \cdot \Psi(-y) = 0,$$

et dont l'intégrale est

$$\Phi(y) - \Psi(-y) = 2e,$$

la quantité $2e$ étant la constante arbitraire introduite par l'intégration, et qui est toujours la même, quelle que soit la valeur de y.

L'équation que nous venons de trouver est entre les coordonnées des bases des deux surfaces cylindriques ; mais, en vertu de l'art. VI, on a

$$\Psi(-y) = -\Phi(-y),$$
$$\Phi(y) = -\Psi(y);$$

donc, si l'on substitue successivement pour ces quantités leurs valeurs, on aura les deux équations aux différences finies

$$\Phi(y) + \Phi(-y) = 2e,$$
$$\Psi(y) + \Psi(-y) = -2e,$$

dont chacune appartient à une des bases en particulier.

Avant que d'aller plus loin, il convient de déterminer la constante arbitraire $2e$.

IX.

Chacune des équations aux différences finies que nous venons de trouver a lieu pour la base à laquelle elle appartient, quelle que soit la valeur de y. Considérons le point de cette courbe qui correspond à l'origine A, et pour lequel on a $y = 0$; la première de ces équations deviendra

$$\Phi(0) + \Phi(-0) = 2e ;$$

or les deux quantités $\Phi(0)$ et $\Phi(-0)$ sont évidemment égales entre elles, puisqu'elles sont évidemment deux expressions de l'ordonnée de la base à l'origine ; on aura donc

$$2\Phi(0) = 2e,$$

ou

$$\Phi(0) = e.$$

On trouve de même

$$\Psi(0) = e.$$

Donc la constante e, pour chacune des bases des deux surfaces cylindriques, est égale à l'ordonnée de cette base à l'origine.

D'après cela, considérant sur chacune des deux bases le point a qui correspond à l'origine, si pour chacune d'elles on mène par ce point une droite ac parallèle à l'axe AC des y, et qui en sera distante de la quantité $+ 2e$ pour l'une, et $- 2e$ pour l'autre ; et si, rapportant chacune de ces deux courbes à la droite ac correspondante, regardée comme un nouvel axe des y, on représente leurs nouvelles ordonnées par fy et fy, on aura, pour la première de ces courbes,

$$f(y) = \Phi(y) - e,$$
$$f(-y) = \Phi(-y) - e,$$

ce qui donne, en ajoutant,

$$f(y) + f(-y) = \Phi(y) + \Phi(-y) - 2c.$$

Or le second membre est nul en vertu de la première équation aux différences finies de l'article précédent ; donc on aura

$$f(y) + f(-y) = o;$$

on trouverait de même

$$f(y) + f(-y) = o.$$

Ainsi, à la place des deux équations aux différences finies de l'article précédent, rapportées au même axe AC des y, on a pour les deux bases, rapportées chacune à son axe particulier uv, la même équation aux différences finies délivrée de la constante arbitraire c, c'est-à-dire qu'en faisant pour les deux bases

$$\Delta y = -2y,$$

on a, pour l'une,

$$\Delta fy = -2fy,$$

et pour l'autre,

$$\Delta fy = -2fy.$$

X.

Les équations aux différences finies que nous venons de trouver sont faciles à intégrer, et leurs intégrales expriment évidemment que, pour la même base, deux ordonnées quelconques uv, $'u'v$, prises à distances égales et de part et d'autre du point a, sont égales entre elles et de signes contraires. Donc, pour chacune des bases des deux surfaces cylindriques, le point a qui correspond à l'origine est un véritable centre de la courbe, dont toute la partie qui est dans la région des y et z négatifs est symétrique, et semblable à celle qui est dans la région des y et z positifs ; de manière que si l'une de ces deux parties était construite, l'autre s'ensuivrait nécessairement.

Il suit de là que si sur la droite ac, et à partir du point a, on porte de part et d'autre deux quantités aa', $a\,{}^{\backprime}a$ égales chacune à BB', c'est-à-dire à la quantité aA, ce qui détermine sur cette droite l'intervalle $\,{}^{\backprime}a\,a'$ d'une période, la portion de la base qui correspond à cette période est partagée par le point a en deux parties de même étendue dans le sens des y, et dont l'une n'est autre chose que la répétition de l'autre dans la région diamétralement opposée. Il en est de même des deux périodes $a'a'''$, $\,{}^{\backprime}a'''a$, et ainsi de suite. Donc si, à partir du point a, on partage la courbe, tant en avant qu'en arrière, en demi-périodes étendues chacune dans le sens des y de la quantité aA, ces demi-périodes seront telles, que deux quelconques consécutives seront l'une la répétition de l'autre dans la région diamétralement opposée ; et que, de deux en deux, elles seront parfaitement égales et semblables entre elles. Ainsi, pour connaître entièrement les deux bases des surfaces cylindriques, il ne reste plus qu'à déterminer, pour l'une quelconque d'elles, la forme d'une de ces demi-périodes, qui dépend uniquement de la figure initiale arbitraire AMB donnée à la corde vibrante.

XI.

Non-seulement la constante c que nous avons employée art. VII et VIII est arbitraire, mais encore sa grandeur est absolument indifférente à la surface parcourue par la corde vibrante, surface qui est toujours la même, quelle que soit la grandeur de la constante c.

En effet, nous avons vu qu'on obtient les deux caractéristiques de la surface, en coupant les deux surfaces cylindriques par deux plans parallèles aux z, l'un mené par la droite AB', dont l'équation est

$$y - ax = 0,$$

l'autre mené par la droite A'B, dont l'équation est

$$y + ax = o,$$

et qu'on engendre la surface parcourue par la corde vibrante, en faisant mouvoir l'une quelconque de ces deux caractéristiques de manière que, son plan restant toujours parallèle à lui-même, et les z de ce plan restant toujours parallèles entre elles, le point du plan qui était d'abord à l'origine, rendu mobile avec le plan, parcoure l'autre caractéristique. Or, si l'ordonnée d'une des bases à l'origine est $+ c$, celle de l'autre base à l'origine est $— c$; les ordonnées des deux caractéristiques à l'origine sont donc aussi $+ c$ pour l'une et $— c$ pour l'autre. Donc, si pour opérer la génération de la surface, on transporte l'origine mobile de la première caractéristique sur la courbe de la seconde, on abaisse la première de ces courbes de la quantité c, et cette courbe alors passe elle-même par l'origine.

Lors donc qu'ensuite elle se meut de manière que son origine mobile parcoure la seconde, son mouvement est le même que si, les deux caractéristiques étant transportées à l'origine sans changer de formes, on faisait mouvoir l'une de manière que son point qui est à l'origine parcourût l'autre.

On peut donc, sans changer ni la forme ni la position de la surface engendrée, donner à la quantité c la valeur que l'on voudra. Tout se simplifie beaucoup si l'on fait cette quantité $c = o$; les axes particuliers ac des deux bases coïncident alors avec l'axe primitif AC, et la *fig.* 2 se change dans la *fig.* 3, où les points analogues sont marqués par les mêmes lettres.

XII.

Pour achever de déterminer entièrement les bases des deux surfaces cylindriques (*fig.* 3), il ne s'agit plus que de construire pour chacune d'elles la première demi-période AM'A', AN'A', dont l'étendue dans le sens des y est égale à BB', c'est-à-dire à la quantité aA : c'est ce qu'on fera en satisfaisant à la troisième condition de l'art. V, qui est la seule qui n'ait pas encore été employée. Cette condition porte que la surface engendrée coupe le plan des x, z dans la courbe initiale qui doit être donnée arbitrairement.

Soit AMB la courbe initiale donnée, et couchée sur le plan des x, y, et soit GM une quelconque de ses ordonnées ; si, par le pied G de cette ordonnée, on mène deux droites GG', G'G parallèles aux directrices AB' et A'B des deux surfaces cylindriques, et si l'on prolonge ces parallèles jusqu'à ce qu'elles rencontrent l'axe AC en deux points G', 'G, il est évident que, pour le point G de la droite AB, les ordonnées des deux surfaces cylindriques seront égales, l'une à G'M', et l'autre à 'G'N : donc on doit avoir

$$G'M' + {}'G'N = GM.$$

Mais on a, art. VI,

$$G'M' = - G'N',$$

et, art. VIII,

$$'G'N = - G'N';$$

donc on doit avoir

$$G'M' = {}'G'N;$$

donc chacune des ordonnées G'M', 'G'N est la moitié de l'ordonnée connue GM.

En opérant de la même manière pour tout autre point G de la droite AB, on aura autant d'ordonnées que l'on voudra de la première demi-période de chacune des bases des deux surfaces cylindriques ; les bases seront donc déterminées dans toute leur longueur indéfinie, et il sera facile de construire l'ordonnée z de la surface pour un point P quelconque pris arbitrairement sur le plan des x, y.

Car, en menant par ce point deux droites PP′, PP″ parallèles aux directrices des deux surfaces cylindriques, on déterminera sur AC les pieds P′, P″ des ordonnées P′Q′, P″Q″ des bases correspondantes ; et l'ordonnée z de la surface au point P sera égale à la somme de ces deux ordonnées particulières, prises avec le même signe si elles sont placées du même côté par rapport à AC, et avec des signes contraires si elles sont de côtés différents. »

Il sera également facile d'engendrer la surface par le mouvement de l'une de ses caractéristiques sur l'autre, car ces deux courbes ne sont autre chose que les intersections des deux surfaces cylindriques par des plans parallèles aux z, menés l'un par la droite AB′ et l'autre par A′B, intersections qui sont faciles à construire, puisque les bases des cylindres sont entièrement déterminées.

XIII.

La construction par points que nous venons de donner pour la surface peut être abrégée considérablement, et l'on peut se dispenser de la construction des bases des deux surfaces cylindriques.

Soit AB la corde vibrante tendue en ligne droite (*Pl. I*, *fig.* 4), soit AMB la figure initiale donnée arbitrairement à la corde, et que nous supposons couchée sur le plan des x, y ; soient AC, BD les deux droites perpendiculaires à AB, par lesquelles nous avons vu que la surface devait passer, en vertu des deux premières conditions de l'art. V ; à partir du point A, soit divisée la droite AC en parties AA′, A′A″, A″A‴,…, toutes égales à l'étendue aA dans le sens des y d'une demi-période ; et par tous les points A′, A″, A‴,… ainsi déterminés, soient menées parallèlement à AB, et jusqu'à la rencontre de l'autre droite BD, les droites A′B′, A″B″, A‴B‴,… ; soient menées les diagonales AB′, A′B qui seront parallèles aux directrices des surfaces cylindriques ; enfin, soit construite la courbe AmB qui passe par les milieux des ordonnées de la courbe donnée AMB.

Cela fait, étant donné un point P pris arbitrairement sur le plan des x, y; pour trouver l'ordonnée z de la surface en ce point, on mènera par ce point, et du côté de la droite AB, deux parallèles aux diagonales AB′, A′B, et on les prolongera jusqu'à ce qu'elles rencontrent chacune l'une des deux droites AC, BD; on les réfléchira l'une et l'autre de manière que l'angle de réflexion fait avec cette droite soit égal a l'angle d'incidence, et on les prolongera jusqu'à la rencontre de l'autre droite ; on les réfléchira encore, et ainsi de suite, jusqu'à ce qu'elles parviennent enfin à la droite AB, et la rencontrent entre ses extrémités, l'une en un point q, l'autre en un point q', ce qui déterminera, pour la courbe AmB, deux ordonnées qn, $q'n'$, dont la somme donnera l'ordonnée z de la surface pour le point donné P; en observant que le signe de chacune de ces ordonnées partielles est positif si le nombre des réflexions éprouvées par la droite qui la détermine est pair, et négatif si le nombre de ces réflexions est impair.

XIV.

Les deux droites menées par le point P, ainsi que nous venons de le dire, après leurs réflexions successives, se rencontrent de nouveau dans des points P′, P″,...., p', p'',...., pour lesquels les ordonnées z de la surface sont égales à la somme des mêmes ordonnées partielles qn, $q'n'$, et, par conséquent, égales entre elles ; mais ces ordonnées sont positives pour tous ceux de ces points tels que P, P′, P″ qui sont placés dans les demi-périodes impaires, et elles sont négatives pour les points p', p'' qui sont placés dans les demi-périodes paires. Et parce que tous les points P, P′, P″... sont semblablement placés dans leurs périodes respectives, ainsi que les points p', p'' dans les leurs, il s'ensuit qu'à chaque période entière tout se renouvelle ; et que, pour connaître entièrement la surface, il suffit de l'étudier dans toute l'étendue de la première période.

XV.

(*Pl. I*, *fig. 5.*) En ne considérant de la surface que la partie qui correspond à la première période $AA''B''B$, recherchons d'abord l'intersection de la surface par le plan parallèle aux z qui termine la période, ce qui se réduit à construire l'ordonnée de la surface pour un point quelconque P' pris sur la droite $A''B''$: il est clair que cette intersection donnera l'état de la corde vibrante à la fin de la première période, c'est-à-dire après le temps exprimé analytiquement par la quantité $2aA$.

Si l'on suit le procédé indiqué art. XII, on mènera les lignes $P'uu'P$ et $P'vv'P$ jusqu'à leur rencontre avec la droite AB ; or, de ce que l'intervalle AA'' est égal à l'étendue $2aA$ d'une période entière, il suit : 1° que ces deux lignes rencontreront AB dans le même point P ; 2° que le point P sera placé sur AB de la même manière que P' sur $A''B''$; 3° que chacune de ces lignes aura éprouvé deux réflexions, en u, u' pour l'une, et en v, v' pour l'autre. L'ordonnée en P' sera donc égale au double de l'ordonnée Pm et de même signe ; elle sera donc égale à l'ordonnée PM de la courbe initiale, et dans le même sens par rapport au plan des x, y. Donc, la section faite par $A''B''$, et qui termine la première période, est parfaitement égale et semblable à la courbe initiale AMB, et placée du même côté.

Il suit de là qu'à la fin du temps exprimé par $2aA$, la corde vibrante se retrouve dans le même état où elle avait été abandonnée à elle-même à l'origine ; et parce que tout se renouvelle après chaque période, la corde reprend le même état à des intervalles égaux entre eux et exprimés par la quantité analytique $2aA$.

XVI.

Pour connaître l'état de la corde au milieu d'une période, il faut construire la section de la surface par un plan mené par A'B', parallèlement aux z ; c'est-à-dire construire l'ordonnée de cette surface pour un point quelconque p pris sur A'B'. Or il est clair que si, par le point p, on mène les lignes pc'P et pa'P jusqu'à la rencontre de la droite AB, 1° ces droites coupent AB dans le même point P; 2° le point p sera placé sur AB d'une manière opposée à celle dont p est situé sur A'B', c'est-à-dire que l'on aura PB $= p$A' ; 3° enfin, les lignes auront éprouvé chacune une seule réflexion. L'ordonnée de la surface au point p sera donc égale à l'ordonnée entière PM de la courbe initiale, mais de signe contraire.

Il suit de là que la section faite par A'B' est égale et semblable à la courbe initiale, mais renversée par rapport à elle; c'est-à-dire que si la courbe initiale est représentée (*fig.* 6) par AMB, l'état de la corde, après une demi-période, est la courbe AmB placée de l'autre côté, et telle, que le milieu E de la droite AB est le centre de la figure renfermée par ces deux courbes. D'après cela, toutes les ordonnées de la section faite par A'B' (*fig.* 5) sont des minima dans le sens des y, comme celles de la courbe AMB sont des maxima ; ainsi cette courbe est un état initial pour la demi-période suivante. Donc, l'étendue d'une demi-période A A', A A″,... représente la durée entière d'une vibration de la corde vibrante.

XVII.

(*Fig.* 5.) Recherchons actuellement l'état de la corde au quart de la première période.

Il est évident que si, par l'intersection E des deux diagonales AB', A'B, on mène ab parallèle à AB, et que si, par cette droite, on fait passer un plan parallèle aux z, la section faite par ce plan donnera l'état demandé de la corde; il s'agit donc de construire les ordonnées z de la surface pour les différents points de la droite ab.

Opérons d'abord pour le point E, qui est le milieu de ab. D'après la construction, l'ordonnée z de la surface en ce point est égale à la somme des demi-ordonnées de la courbe initiale aux points extrêmes A, B. Or, quelle que soit la courbe initiale, ses ordonnées aux points extrêmes sont toutes deux nulles; donc l'ordonnée pour le point E est nulle aussi. Donc, au quart de la période, ou lorsque la corde est à la moitié de sa vibration, le milieu de la corde se trouve sur le milieu de la droite AB.

S'il s'agit de l'ordonnée d'un point Q, pris d'une manière quelconque sur ab, après avoir mené par ce point les lignes $Qu''q$ et Qq' jusqu'à ce qu'elles aient rencontré la droite AB dans des points q, q', pour lesquels les ordonnées de la courbe AMB soient respectivement qn, $q'n'$: il est évident, 1° que les deux points q, q' seront placés à distances égales des deux extrémités A, B, car ces distances seront chacune égales à QE; 2° que l'une des lignes de construction aura éprouvé une réflexion en u'', tandis que l'autre n'en aura pas éprouvé; que, par conséquent, l'ordonnée qn doit être prise avec le signe négatif. L'ordonnée z de la surface au point Q sera donc égale à $q'n' - qn$; cette ordonnée ne peut donc être nulle, à moins que l'on n'ait $q'n' = qn$, c'est-à-dire à moins que les ordonnées de la courbe initiale prises à distances égales des extrémités A, B ne soient égales entre elles; ou, enfin, à moins que la courbe initiale ne soit symétrique de part et d'autre de son milieu.

Il suit de là que, lorsque la figure initiale de la corde vibrante est symétrique de part et d'autre de son milieu, à la moitié de la durée de sa vibration, tous les points de la corde sont en ligne droite, c'est-à-dire que, dans chacune des vibrations, tous les points de la corde passent en même temps par la droite AB; mais que quand la courbe initiale n'est pas symétrique, dans aucun instant de la durée de sa vibration la corde ne se trouve en ligne droite, et ses différents points ne passent que successivement par la droite AB.

Maintenant, si l'on opère pour un autre point Q' de la droite ab, pris de l'autre côté du milieu E et à même distance que le point Q, pour trouver l'ordonnée z de la surface en ce point, il faut mener les lignes de construction Q'q et Q'$a''q'$ jusqu'à leur rencontre avec la droite AB. Or il est évident que les points de rencontre q, q' sont les mêmes que ceux qu'on trouve pour le point Q, avec cette différence, que c'est celle des lignes de construction qui n'avait pas éprouvé de réflexion dans le premier cas, qui l'éprouve dans le second, et réciproquement ; donc l'ordonnée au point Q' est égale à $qn - q'n'$, c'est-à-dire est égale à celle du point Q prise avec le signe contraire.

Il suit de là que, lorsque la figure initiale de la corde vibrante n'est pas symétrique de part et d'autre de son milieu, à la moitié de sa vibration la figure de la corde est (*fig.* 6) une courbe AaEa'B dont les ordonnées, prises à distances égales du milieu E, sont égales entre elles, et dont le point E est en même temps centre et point d'inflexion.

(*Fig.* 5.) Enfin, soit PM la plus grande ordonnée de l'état initial : si par le point P on mène les lignes de construction Pa'H' et PH jusqu'à ce qu'elles rencontrent la droite ab dans les points H, H', ces deux points seront à égales distances de part et d'autre du point E, et il est clair que leur intervalle sera égal à 2PB ; car on aura PB $=$ HE $=$ EH'. Cela posé, si l'on veut construire les ordonnées de la surface pour les points H, H', il faut mener par ces deux points les autres lignes de construction H$y\pi$ et H'π jusqu'à ce qu'elles rencontrent la droite AB. Or il est évident, $1°$ que ces deux dernières lignes rencontrent la droite AB dans le même point π ; $2°$ que l'on a HA $=$ PB ; donc les ordonnées de la surface aux points H, H′ seront

$$Pm - \text{H}u, \text{ pour la première,}$$

et

$$- Pm - \text{H}u, \text{ pour la seconde;}$$

elles seront, par conséquent, égales entre elles et de signes contraires.

(*Fig.* 6.) De plus, il est facile de voir que, de ces deux ordonnées, la première est un *maximum* et la seconde un *minimum*; donc la figure AuEu'B que prend la corde au milieu de sa vibration a deux ordonnées Hu et H′u' égales entre elles et de signes contraires, dont l'une est un *maximum* et l'autre un *minimum*. Ces deux ordonnées sont, de part et d'autre, à égales distances du milieu E; la distance de chacune d'elles au milieu est égale à PB, et l'intervalle qui sépare ces deux ordonnées, plus grande et plus petite, est $= 2$PB.

Il serait facile de pousser plus loin la discussion de la première demi-période, et de rechercher l'état de la corde à d'autres intervalles plus petits; mais tant que l'état initial n'est pas déterminé, ces recherches ont peu d'intérêt, et nous en resterons là à cet égard.

XVIII.

Nous avons vu que la surface coupe le plan des x, y dans les deux droites indéfinies A A′A″..., BB′B″..., et dans le centre E de chacune des demi-périodes; mais, sous ce point de vue, le centre E n'est pas isolé: il est sur une courbe dans laquelle la surface coupe encore le plan des x, y, et qu'il s'agit de construire.

(*Fig.* 7.) Pour cela, toutes choses analogues étant les mêmes dans la *fig.* 7 que dans la *fig.* 5, soit menée la droite *hk* parallèle à AB, et qui coupe la courbe AmB en deux points u, u', dont les ordonnées pn, $p'n'$ seront égales entre elles; et par les pieds p, p' de ces deux ordonnées soient menées des lignes de construction. Cela fait, si dans la première demi-période on compare, pour l'un de ces points, la ligne de construction qui n'a pas encore éprouvé de réflexion avec celle de l'autre point qui en a déjà éprouvé une, et réciproquement; et si l'on considère les points dans lesquels ces deux lignes se coupent, on aura deux solutions, c'est-à-dire que l'on trouvera deux points π, π', qui seront tels que l'ordonnée z de la surface sera nulle pour l'une et pour l'autre; car l'ordonnée du point π est

$$z = p'n' - pn = 0,$$

et celle du point π' est

$$z = - p'n' + pn = 0.$$

Or les deux points π, π' sont évidemment les sommets des angles diagonalement opposés d'un parallélogramme dont E est le centre; donc ils sont en ligne droite avec le point E, et, de part et d'autre, à égales distances de ce point.

En opérant de la même manière pour tant d'autres droites hk que l'on voudra, on trouvera autant de systèmes de points π, π' pour lesquels l'ordonnée z de la surface sera nulle, et le lieu de tous ces points sera une nouvelle intersection de la surface par le plan des x, y. Ce lieu est une courbe $v'\pi E\pi'u'$ passant par le point E, qui en est le centre, et par les points v', u' que détermine le pied P de la plus grande ordonnée de l'état initial AMB, et il se renouvelle d'une manière opposée dans la seconde demi-période en $uE'v$: les points v', u' sont donc deux sommets de cette courbe placés, l'un en deçà, l'autre au delà de la droite ab, et à égales distances de cette droite.

Il suit de là que dans le commencement de la durée de la vibration, et pendant tout le temps représenté par Bu', aucun des points de la corde vibrante ne parvient à l'axe AB. A la fin du temps Bu', la figure de la corde, qui est la section faite dans la surface suivant la droite $a'u'$ parallèle à AB, ne coupe point encore la droite AB (*fig.* 8), mais elle la touche en B comme A u B : ce point de contact se change à l'instant en un point d'intersection qui se meut de B vers A ; sa vitesse, qui commence par être infinie, décroît rapidement jusqu'à la moitié de la vibration, époque à laquelle il se trouve en E, et sa vitesse est alors un *minimum*. Il continue à se mouvoir vers A, où il parvient, à la fin du temps exprimé par Ae', avec une vitesse qui, après avoir crû de plus en plus depuis le *minimum* en E, est enfin redevenue infinie, et il prend pour un instant infiniment petit l'état de point de contact. Alors la figure de la corde, qui est la section faite dans la surface suivant la droite $v'b'$ parallèle à AB (*fig.* 7), cesse de couper la droite AB (*fig.* 8) ; elle la touche en A, et devient A u' B opposée à A u B. Ensuite la corde n'a plus aucun de ses points intermédiaires sur la droite AB, non-seulement pendant la durée du reste de la vibration, mais encore jusqu'à la fin du temps exprimé par Au (*fig.* 7), où elle reprend la figure A u' B (*fig.* 8), qui touche en A la droite AB, et où tout ce que nous venons de dire pour la première demi-période se renouvelle pour la seconde, mais en sens contraire.

XIX.

(*Fig.* 9.) Jusqu'ici nous avons supposé que la corde vibrante était terminée à ses deux points fixes A, B, et, dans cette hypothèse, nous avons vu, 1° que toute la surface qui est le lieu des différents états que la corde prend successivement est terminée par les deux droites AC, BD prolongées indéfiniment du côté des y positifs, c'est-à-dire du temps futur ; 2° que cette surface est composée de demi-périodes de même étendue dans le sens des y, dont deux consécutives sont opposées entre elles, et qui, de deux en deux, sont égales et semblables. Mais il peut arriver que la corde AB ne soit qu'une partie d'une corde indéfinie AB, tendue d'une manière uniforme, et dont les seuls points A, B, gênés par des obstacles, ne puissent prendre de mouvement : dans ce cas, si l'on veut reconnaître l'état de la corde pour tous les temps futurs, il faut construire la surface dans toute l'étendue où l'on peut le faire d'après l'état initial et connu de la partie AB de la corde.

Or, 1° d'après la génération de la surface, il est facile de reconnaître qu'elle est composée des deux demi-périodes qui se succèdent alternativement, tant dans le sens des x que dans celui des y, comme on le voit dans la *fig.* 9, où nous avons marqué du n° 1 les parties du plan des x, y qui correspondent aux demi-périodes égales à la première, et du n° 2 les parties de ce plan qui correspondent aux demi-périodes égales à la seconde ; 2° d'après la construction par points, il est évident que si par les points A, B on mène les droites $AA'A''\ldots$ et $BB'B''\ldots$, projections de deux caractéristiques différentes, on ne peut, d'après l'état initial AMB de la seule partie AB, construire de nouvelles portions de la surface que celles qui sont en avant des deux caractéristiques.

Donc la surface prolongée indéfiniment en avant, mais terminée en arrière par la courbe initiale AMB, et par les deux caractéristiques divergentes, menées en avant par les deux points A, B, contient tous les états par lesquels passe successivement la corde indéfinie lorsque sa partie AB a été mise en vibration.

Ainsi l'état initial de la corde entière étant $aAMBb$, après l'intervalle d'une demi-période, c'est-à-dire à la fin de la première vibration, la corde aura la figure $a'A'M'M''M'''B'b'$; après une période entière, c'est-à-dire à la fin de la seconde vibration, elle aura la figure $a''A''M''\ldots B''b''$. Au milieu d'une des vibrations,

elle sera, comme on le voit en UV, composée elle-même de périodes semblables et égales à celle qui (*fig.* 6) est représentée
par A *u* E *u′* B.

Il suit de là que, lorsqu'une partie AB d'une corde indéfinie a été
mise en vibration, le mouvement se propage de part et d'autre des
extrémités A, B, avec une vitesse telle, qu'après un intervalle de
temps égal à la durée d'un nombre quelconque *m* de vibrations, il
a parcouru, de part et d'autre, un espace égal à *m* fois la longueur
AB de la partie mise en mouvement; mais, pendant chaque vibration, ce mouvement n'est pas uniforme, il est intermittent, comme
nous avons vu, dans l'article précédent, que l'était celui du point
d'intersection de la corde vibrante avec la droite AB.

Donc si, d'après le ton que produit la partie vibrante AB de la
corde, le nombre des vibrations qu'elle fait par seconde est *m*, et si
l'on nomme A la longueur AB, l'espace que la vibration parcourra,
de part et d'autre, sur la corde indéfinie, dans une seconde, sera
exprimé par *m*A.

XX.

Nous ne pousserons pas plus loin ces conséquences, qui, quoiqu'elles soient rigoureuses lorsqu'on ne s'occupe que de la construction de l'équation générale

$$z = \Phi(y + ax) + \Psi(y - ax),$$

pourraient induire en erreur si on les appliquait sans réserve aux
phénomènes des cordes vibrantes. En effet, cette équation n'exprime le mouvement de la corde vibrante que dans l'hypothèse des
excursions infiniment petites : or, dans la nature, les excursions,
quoique peu considérables, ne sont jamais infiniment petites; car le
son qu'elles produiraient alors serait si faible, qu'il serait impercep-
tible à nos sens. Donc les conséquences que l'on tire de l'équation

précédente ne doivent être regardées que comme approchées par rapport aux phénomènes de l'acoustique.

XXI.

Nous terminerons en observant que s'il s'agissait de construire en relief la surface dont l'équation est

$$z = \Phi(y + ax) + \Psi(y - ax),$$

pour des conditions analogues à celles des cordes vibrantes, et pour un état initial donné, il sera très-commode de l'exécuter en plâtre, et de la *pousser* comme une moulure dont le *profil* serait une des deux caractéristiques que l'on ferait mouvoir le long de l'autre.

Dans ce cas, il serait encore plus simple de n'exécuter de cette manière que la seule première demi-période de la surface, d'en prendre la contre-épreuve, ce qui produirait la seconde demi-période; de tirer ensuite de chacune de ces demi-périodes un certain nombre de *plâtres* qu'on placerait enfin alternativement les uns à côté des autres, comme il est indiqué dans la *fig.* 9.

C'est ainsi que, dès la première année de l'École Polytechnique (1795), nous avons fait exécuter en relief cette surface, en supposant que l'état initial fût composé de deux droites inégales entre elles. Ce relief existe encore dans la collection de l'École, et on peut le consulter pour étudier la surface d'une manière plus facile.

Projection des lignes de courbure de la surface de
Fig. 2. 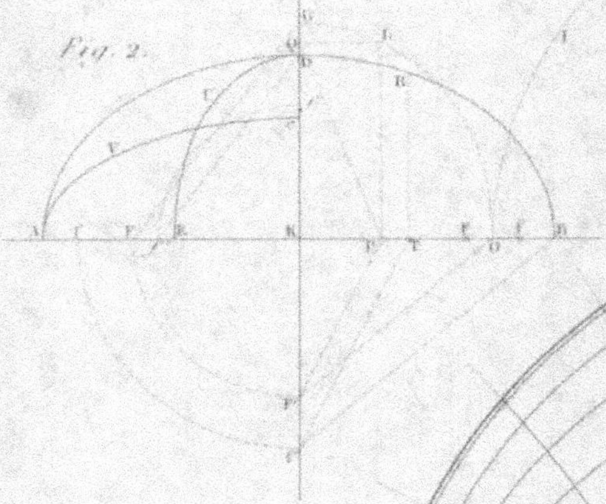
Fig. 1.

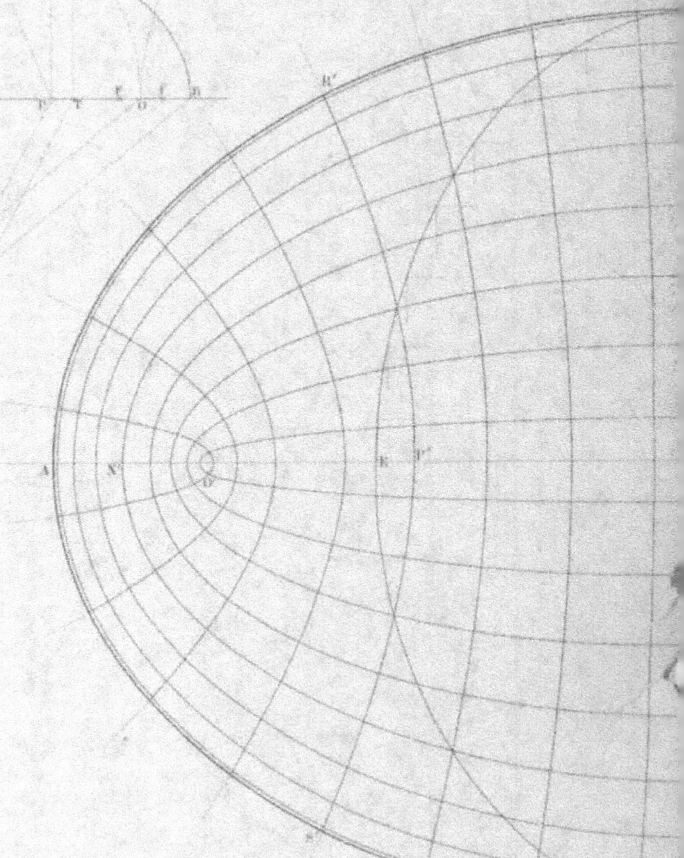

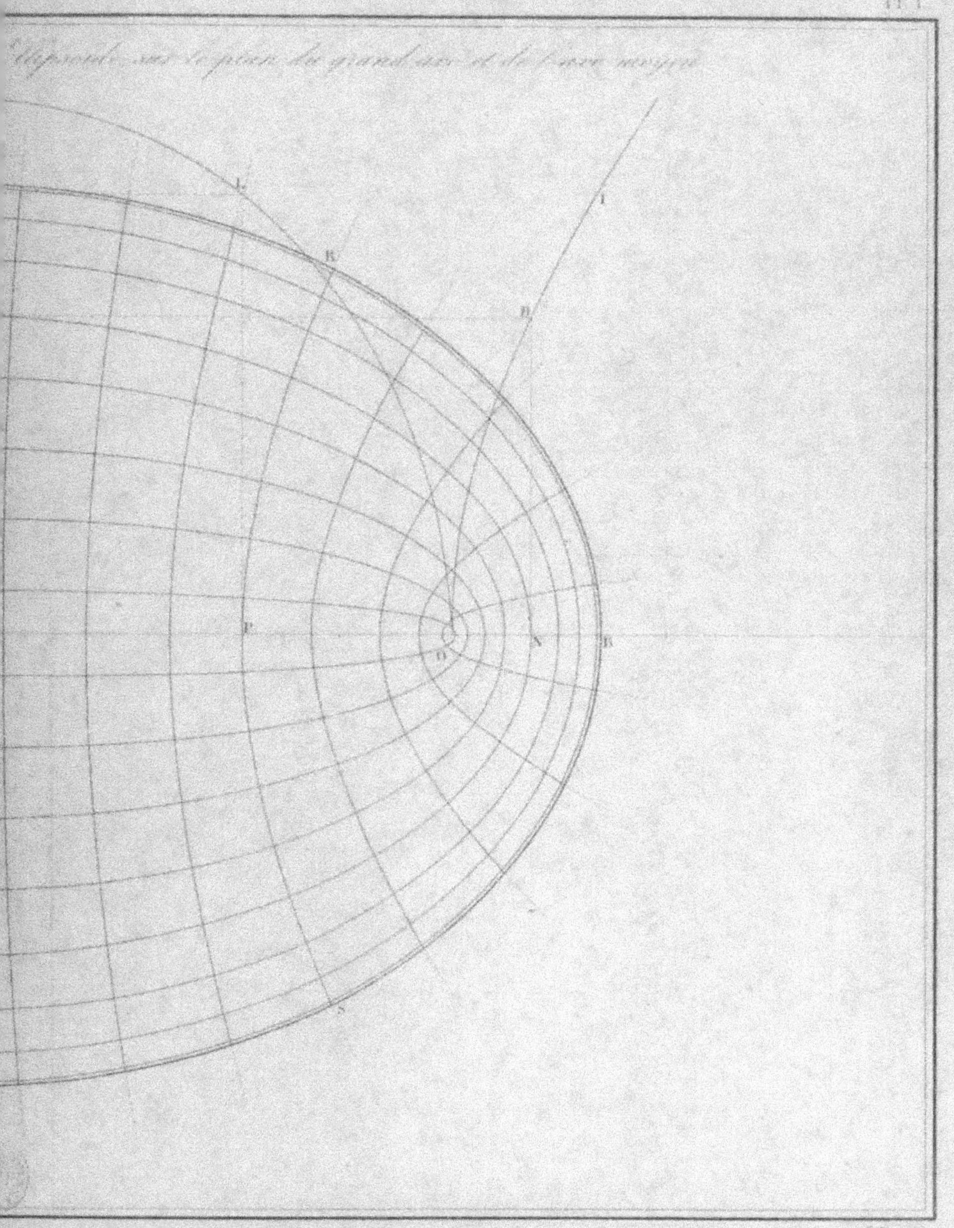
Ellipsoïde sur le plan du grand axe et de l'axe moyen

Projection des lignes de courbure de la surface
Fig. 4.
Fig. 3.

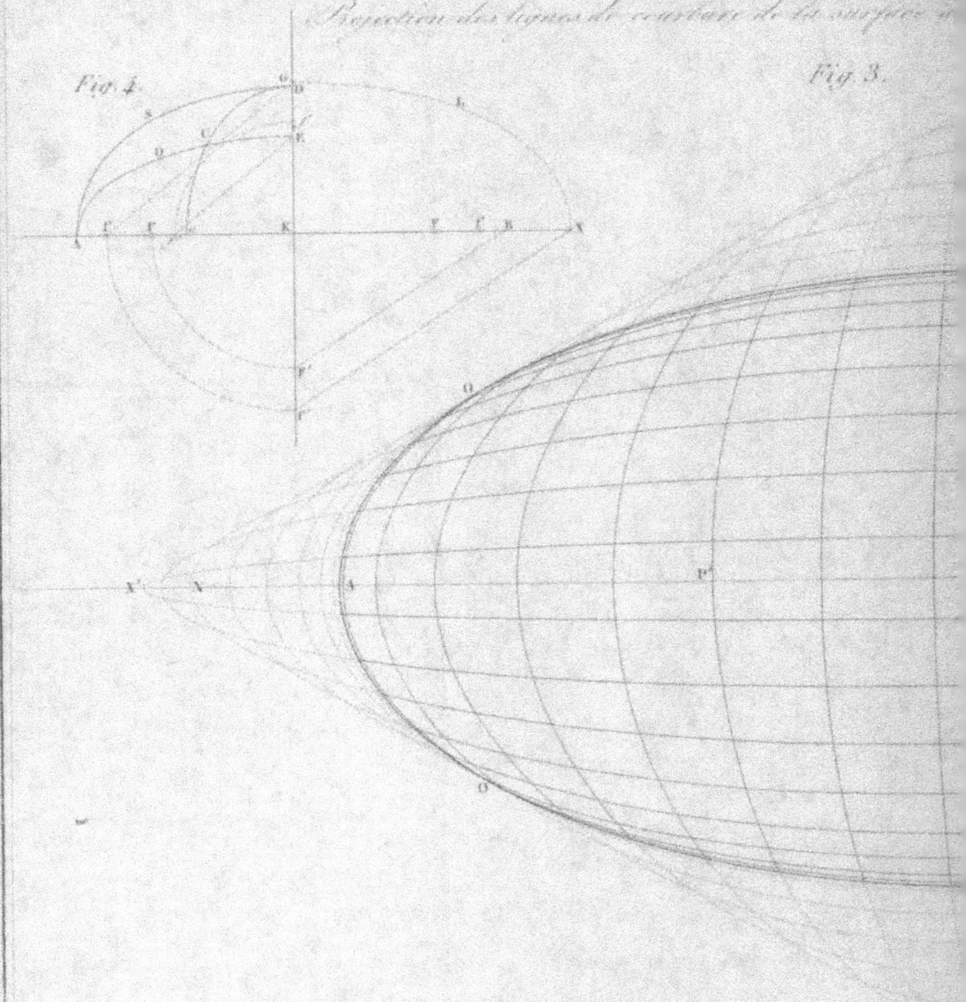

l
O
H
P
B
N
X
Q

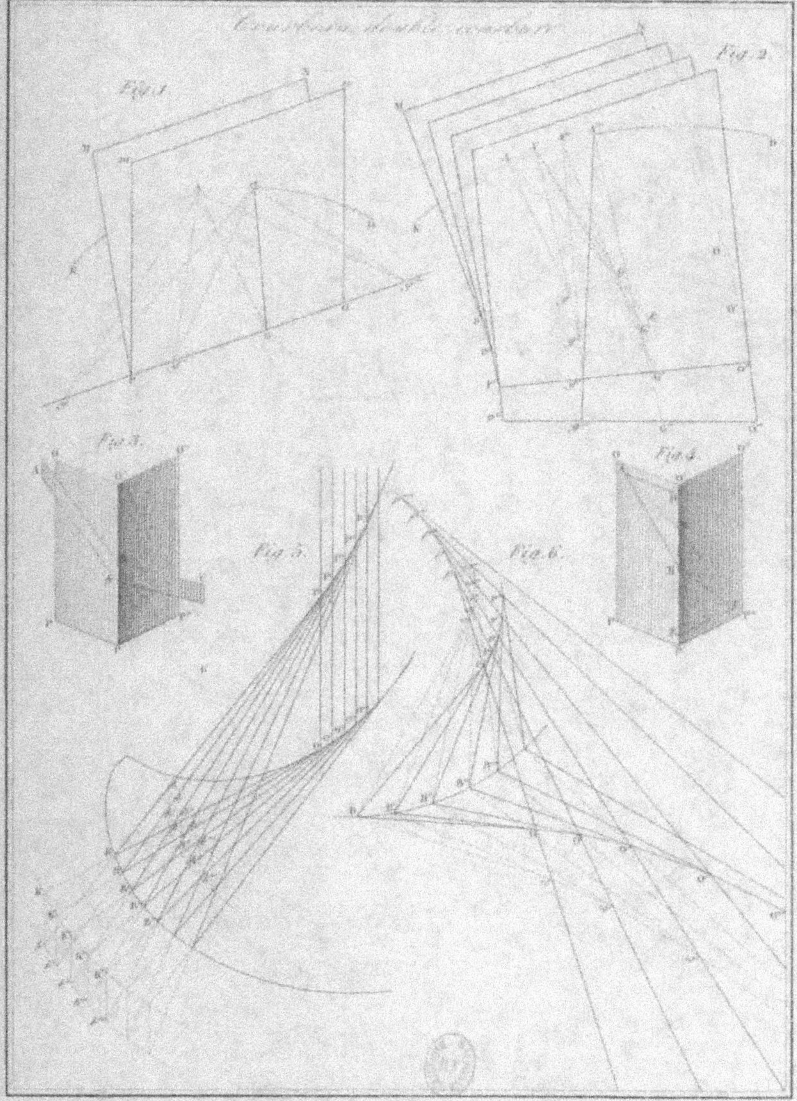
Courbes à double courbure.
Fig. 1.
Fig. 2.
Fig. 3.
Fig. 4.
Fig. 5.
Fig. 6.

Construction de l'Équation des cordes vibrantes.

Fig. 1.

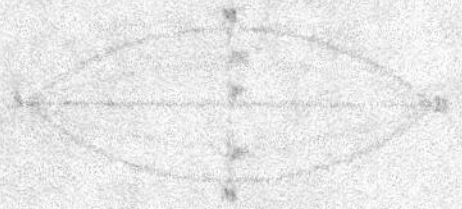

Fig. 2.

Fig. 3.

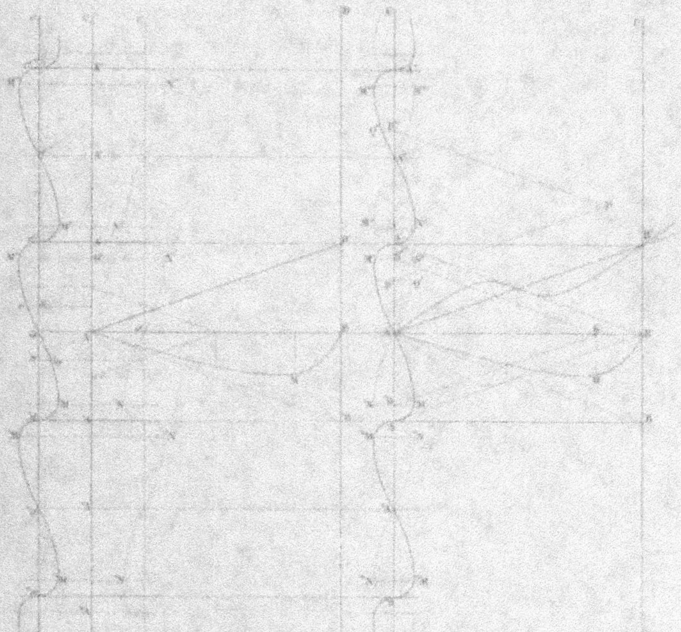

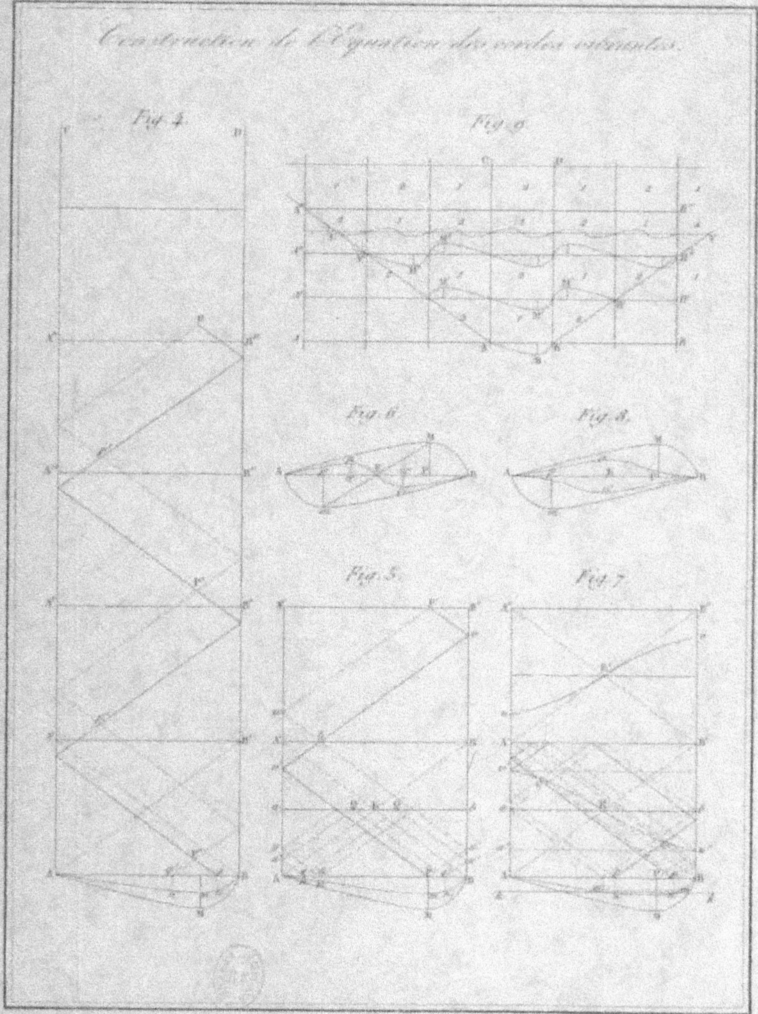
Construction de l'Équation des ondes sonores.
Fig. 4.
Fig. 2.
Fig. 6.
Fig. 8.
Fig. 3.
Fig. 7.

RECHERCHES

SUR LA

THÉORIE GÉNÉRALE DES SURFACES COURBES ;

PAR M. C.-F. GAUSS [*].

I.

Disquisitiones, in quibus de directionibus variarum rectarum in spatio agitur, plerumque ad majus perspicuitatis et simplicitatis fastigium evehuntur, in auxilium vocando superficiem sphæricam radio $= 1$ circa centrum arbitrarium descriptam, cujus singula puncta repræsentare censebuntur directiones rectarum radiis ad illa terminatis parallelarum. Dum situs omnium punctorum in spatio per tres coordinatas determinatur, puta per distantias a tribus planis fixis inter se normalibus, ante omnia consideranda veniunt directiones axium his planis normalium : puncta superficiei sphæricæ, quæ has directiones repræsentant, per (1), (2), (3) denotabimus ; mutua igitur horum distantia erit quadrans. Ceterum axium directiones versus eas partes acceptas supponemus, versus quas coordinatæ respondentes crescunt.

II.

Haud inutile erit, quasdam propositiones, quæ in hujusmodi quæstionibus usum frequentem offerunt, hic in conspectum proferre.

1. Angulus inter duas rectas se secantes mensuratur per arcum inter puncta, quæ in superficie sphærica illarum directionibus respondent.

---

[*] *Disquisitiones generales circa superficies curvas.* Ce Mémoire a été présenté à la Société royale de Gottingue le 8 octobre 1827, et imprimé dans le tome VI des *Commentationes recentiores.* En l'insérant ici comme une sorte de complément à l'ouvrage de Monge, nous avons cru devoir nous en tenir au texte latin, dont notre traduction n'aurait pu qu'altérer l'élégance.

2. Situs cujuslibet plani repraesentari potest per circulum maximum in superficie sphaerica, cujus planum illi est parallelum.

3. Angulus inter duo plana aequalis est angulo sphaerico inter circulos maximos illa repraesentantes, et proin etiam per arcum inter horum circulorum maximorum polos interceptum mensuratur. Et perinde inclinatio rectae ad planum mensuratur per arcum, a puncto, quod respondet directioni rectae ad circulum maximum, qui plani situm repraesentat, normaliter ductum.

4. Denotantibus x, y, z, x', y', z' coordinatas duorum punctorum, r eorundem distantiam, atque L punctum, quod in superficie sphaerica repraesentat directionem rectae a puncto priori ad posterius ductae, erit

$$x' = x + r \cos (1) L,$$
$$y' = y + r \cos (2) L,$$
$$z' = z + r \cos (3) L.$$

5. Hinc facile sequitur, haberi generaliter

$$\cos (1) L^2 + \cos (2) L^2 + \cos (3) L^2 = 1,$$

nec non, denotante L' quodcunque aliud punctum superficiei sphaericae, esse

$$\cos (1) L . \cos (1) L' + \cos (2) L . \cos (2) L' + \cos (3) L . \cos (3) L' = \cos LL'.$$

6. Theorema. *Denotantibus L, L', L'', L''' quatuor puncta in superficie sphaerae, atque A angulum, quem arcus LL', $L'L''$ in puncto concursus sui formant, erit*

$$\cos LL' . \cos L'L'' — \cos LL'' . \cos L'L' = \sin LL' . \sin L'L'' . \cos A.$$

Demonstratio. Denotet littera A insuper punctum concursus ipsum, statuaturque

$$AL = t, \quad AL' = t', \quad AL'' = t'', \quad AL''' = t'''.$$

Habemus itaque

$$\cos LL' = \cos t \cos t' + \sin t \sin t' \cos A$$
$$\cos L'L'' = \cos t' \cos t'' + \sin t' \sin t'' \cos A,$$
$$\cos LL'' = \cos t \cos t'' + \sin t \sin t'' \cos A,$$
$$\cos L'L' = \cos t' \cos t' + \sin t' \sin t' \cos A,$$

et proin

$$\cos LL'' . \cos L'L''' - \cos LL''' . \cos L'L''$$
$$= \cos A \left\{ \begin{array}{l} \cos t \cos t''' \sin t' \sin t'' \\ + \cos t' \cos t'' \sin t \sin t''' - \cos t \cos t'' \sin t' \sin t''' - \cos t' \cos t''' \sin t \sin t'' \end{array} \right\}$$
$$= \cos A \, (\cos t \sin t' - \sin t \cos t')(\cos t'' \sin t''' - \sin t'' \cos t''')$$
$$= \cos A . \sin (t' - t) . \sin (t''' - t'')$$
$$= \cos A . \sin LL' . \sin L''L'''.$$

Ceterum quum inde a puncto A bini rami utriusque circuli maximi proficiscantur, duo quidem ibi anguli formantur, quorum alter alterius complementum ad 180°; sed analysis nostra monstrat, eos ramos adoptandos esse, quorum directiones cum sensu progressionis a puncto L ad L', et a puncto L'' ad L''' consentiunt; quibus intellectis simul patet, quum circuli maximi duobus punctis concurrant, arbitrarium esse utrum eligatur. Loco anguli A etiam arcus inter polos circulorum maximorum, quorum partes sunt arcus LL', L''L''', adhiberi potest; manifesto autem polos tales accipere oportet, qui respectu horum arcuum similiter jacent, puta vel uterque polus ad dextram jacens, dum a L versus L' atque ab L'' versus L''' procedimus, vel uterque ad laevam.

7. Sint L, L', L'' tria puncta in superficie sphaerica, statuamusque, brevitatis causa,

$$\cos (1) L = x, \quad \cos (2) L = y, \quad \cos (3) L = z,$$
$$\cos (1) L' = x', \quad \cos (2) L' = y', \quad \cos (3) L' = z',$$
$$\cos (1) L'' = x'', \quad \cos (2) L'' = y'', \quad \cos (3) L'' = z'',$$

nec non

$$xy'z'' + x'y''z + x''yz' - xy''z' - x'yz'' - x''y'z = \Delta.$$

Designet λ polum circuli maximi, cujus pars est arcus LL', et quidem eum, qui respectu hujus arcus similiter jacet, ac punctum (1) respectu arcus (2) (3). Tunc erit, ex theoremate praecedente,

$$yz' - y'z = \cos (1) \lambda . \sin (2)(3) . \sin LL'$$

sive, propter (2) (3) = 90°,

$$yz' - y'z = \cos (1) \lambda . \sin LL',$$

ciemus X, Y, Z proportionales esse debere ipsis P, Q, R, et proin. quum fiat $XX + YY + ZZ = 1$, erit vel

$$X = \frac{P}{\sqrt{PP + QQ + RR}}, \quad Y = \frac{Q}{\sqrt{PP + QQ + RR}}, \quad Z = \frac{R}{\sqrt{PP + QQ + RR}},$$

vel

$$X = \frac{-P}{\sqrt{PP + QQ + RR}}, \quad Y = \frac{-Q}{\sqrt{PP + QQ + RR}}, \quad Z = \frac{-R}{\sqrt{PP + QQ + RR}}.$$

Methodus *secunda* sistit coordinatas in forma functionum binarum variabilium p, q. Supponamus per differentiationem harum functionum prodire

$$dx = a\,dp + a'\,dq,$$
$$dy = b\,dp + b'\,dq,$$
$$dz = c\,dp + c'\,dq,$$

quibus valoribus in formula supra data substitutis, obtinemus

$$(aX + bY + cZ)\,dp + (a'X + b'Y + c'Z)\,dq = 0.$$

Quum haec aequatio locum habere debeat independenter a valoribus differentialium dp, dq, manifesto esse debebit

$$aX + bY + cZ = 0, \quad a'X + b'Y + c'Z = 0,$$

unde colligimus X, Y, Z proportionales esse debere quantitatibus

$$bc' - cb', \quad ca' - ac', \quad ab' - ba'.$$

Statuendo itaque, brevitatis causa,

$$\sqrt{(bc' - cb')^2 + (ca' - ac')^2 + (ab' - ba')^2} = \Delta,$$

erit vel

$$X = \frac{bc' - cb'}{\Delta}, \quad Y = \frac{ca' - ac'}{\Delta}, \quad Z = \frac{ab' - ba'}{\Delta},$$

vel

$$X = \frac{cb' - bc'}{\Delta}, \quad Y = \frac{ac' - ca'}{\Delta}, \quad Z = \frac{ba' - ab'}{\Delta}.$$

His duabus methodis generalibus accedit *tertia*, ubi una coordinatarum,

e. g. z exhibetur in forma functionis reliquarum x, y: haec methodus manifesto nihil aliud est, nisi casus specialis vel methodi primae, vel secundae. Quodsi loco statuitur

$$dz = t\,dx + u\,dy,$$

erit vel

$$X = \frac{-t}{\sqrt{1+tt+uu}}, \quad Y = \frac{-u}{\sqrt{1+tt+uu}}, \quad Z = \frac{1}{\sqrt{1+tt+uu}},$$

vel

$$X = \frac{t}{\sqrt{1+tt+uu}}, \quad Y = \frac{u}{\sqrt{1+tt+uu}}, \quad Z = \frac{-1}{\sqrt{1+tt+uu}}.$$

V.

Duae solutiones in articulo praecedente inventae manifesto ad puncta superficiei sphaericae opposita, sive ad directiones oppositas referuntur, quod cum rei natura quadrat, quum normalem ad utramvis plagam superficiei curvae ducere liceat. Quodsi duas plagas, superficiei contiguas, inter se distinguere, alteramque exteriorem alteram interiorem vocare placet, etiam utrique normali suam solutionem rite tribuere licebit adjumento theorematis in art. II (7) evoluti, simul atque criterium stabilitum est ad plagam alteram ab altera distinguendam.

In methodo prima tale criterium petendum erit a signo valoris quantitatis W. Scilicet generaliter loquendo superficies curva eas spatii partes, in quibus W valorem positivam obtinet, ab iis dirimet, in quibus valor ipsius W fit negativus. E theoremate illo vero facile colligitur, si W valorem positivum obtineat versus plagam exteriorem, normalisque extrorsum ducta concipiatur, solutionem priorem adoptandam esse. Ceterum in quovis casu facile dijudicabitur, utrum per superficiem integram eadem regula respectu signi ipsius W valeat, an pro diversis partibus diversa: quamdiu coefficientes P, Q, R valores finitos habent, nec simul omnes tres evanescunt, lex continuitatis vicissitudinem vetabit.

Si methodum secundam sequimur, in superficie curva duo systemata linearum curvarum concipere possumus: alterum, pro quo p est variabilis, q constans: alterum, pro quo q variabilis, p constans: situs mutuus harum linearum respectu plagae exterioris decidere debet, utram solutionem adoptare oporteat. Scilicet quoties tres lineae, puta ramus lineae prioris systematis a puncto A proficiscens crescente p, ramus posterioris systematis a puncto A egrediens crescente q, atque normalis versus plagam exteriorem ducta *similiter* jacent, ut, inde ab origine abscissarum, axes ipsarum x, y, z resp. (e. g. si tum e tribus lineis illis, tum e tribus his, prima sinistrorsum, secunda dextrorsum, tertia sursum directa concipi potest), solutio prima adoptari debet, quoties autem situs mutuus trium linearum priorum oppositus est situi mutuo axium ipsarum x, y, z, solutio secunda valebit.

In methodo tertia dispiciendum est, utrum, dum z incrementum positivum accipit, manentibus x et y invariatis, transitus fiat versus plagam exteriorem an interiorem. In casu priori, pro normali extrorsum directa, solutio prima valet, in posteriori secunda.

VI.

Sicuti, per translatam directionem normalis in superficiem curvam ad superficiem sphaerae, cuivis puncto determinato prioris superficiei respondet punctum determinatum in posteriori, ita etiam quaevis linea, vel quaevis figura in illa repraesentabitur per lineam vel figuram correspondentem in hac. In comparatione duarum figurarum hoc modo sibi mutuo correspondentium, quarum altera quasi imago alterius erit, duo momenta sunt respicienda, alterum, quatenus sola quantitas consideratur; alterum, quatenus abstrahendo a relationibus quantitativis solum situm contemplamur.

Momentum primum basis erit quarundam notionum, quas in doctrinam de superficiebus curvis recipere utile videtur. Scilicet cuilibet parti superficiei curvae limitibus determinatis cinctae *curvaturam totalem* seu *integram* adscribimus, quae per aream figurae illi in superficie sphaerica respondentem exprimetur. Ab hac curvatura integra probe distinguenda est curvatura quasi specifica, quam nos *mensuram curvaturae* vocabimus; haec posterior ad *punctum* superficiei refertur, et denotabit quotientem qui oritur, dum curvatura integra elemento superficialis puncto adjacentis per aream ipsius elementi dividitur, et proin indicat rationem arearum infinite parvarum in superficie curva et in superficie sphaerica sibi mutuo respondentium. Utilitas harum innovationum per ea, quae in posterum a nobis explicabuntur, abunde, ut speramus, sancietur. Quod vero attinet ad terminologiam, imprimis prospiciendum esse duximus, ut omnis ambiguitas arceatur, quapropter haud congruum putavimus, analogiam terminologiae in doctrina de lineis curvis planis vulgo receptam (etsi non omnibus probatam) stricte sequi, secundum quam mensura curvaturae simpliciter audire debuisset curvatura, curvatura integra autem amplitudo. Sed quidni in verbis faciles esse liceret, dummodo res non sint inanes, neque dictio interpretationi erroneae obnoxia?

Situs figuræ in superficie sphærica vel similis esse potest situi figuræ respondentis in superficie curva, vel oppositus (inversus): casus prior locum habet, ubi binæ lineæ in superficie curva ab eodem puncto directionibus inæqualibus, sed non oppositis, proficiscentes repræsentantur in superficie sphærica per lineas similiter jacentes, puta ubi imago lineæ ad dextram jacentis ipsa est ad dextram; casus posterior, ubi contrarium valet. Hos duos casus per *signum* mensuræ curvaturæ vel positivum vel negativum distinguemus. Sed manifesto hæc distinctio eatenus tantum locum habere potest, quatenus in utraque superficie plagam determinatam eligimus, in qua figura concipi debet. In sphæra auxiliari semper plagam exteriorem, a centro aversam, adhibebimus: in superficie curva etiam plaga exterior, sive quæ tamquam exterior consideratur, adoptari potest, vel potius plaga eadem, a qua normalis erecta concipitur; manifesto enim respectu similitudinis figurarum nihil mutatur, si in superficie curva tum figura ad plagam oppositam transfertur, tum normalis, dummodo ipsius imago semper in eadem plaga superficiei sphæricæ depingatur.

Signum positivum vel negativum, quod pro situ figuræ infinite parvæ *mensuræ* curvaturæ adscribimus, etiam ad curvaturam integram figuræ finitæ in superficie curva extendimus. Attamen si argumentum omni generalitate amplecti suscipimus, quædam dilucidationes requiruntur, quas hic breviter tantum attingemus. Quamdiu figura in superficie curva ita comparata est, ut singulis punctis intra ipsam puncta *diversa* in superficie sphærica respondeant, definitio ulteriori explicatione non indiget. Quoties autem conditio ista locum non habet, necesse erit, quasdam partes figuræ in superficie sphærica bis vel pluries in computum ducere, unde, pro situ simili vel opposito, vel accumulatio vel destructio oriri poterit. Simplicissimum erit in tali casu, figuram in superficie curva in partes tales divisam concipere, quæ singulæ per se spectatæ conditioni illi satisfaciant, singulis tribuere curvaturam suam integram, quantitate per aream figuræ in superficie sphærica respondentis, signo per situm determinatis, ac denique figuræ toti adscribere curvaturam integram ortam per additionem curvaturarum integrarum, quæ singulis partibus respondent. Generaliter itaque curvatura integra figuræ est $= \int k\, d\sigma$, denotante $d\sigma$ elementum areæ figuræ, k mensuram curvaturæ in quovis puncto. Quod vero attinet ad repræsentationem geometricam hujus integralis, præcipua hujus rei momenta ad sequentia redeunt. Peripheriæ figuræ in superficie curva (sub restrictione art. III) semper respondebit in superficie sphærica linea in se ipsam rediens. Quæ si se ipsam nullibi intersecat, totam superficiem sphæricam in duas partes dirimet, quarum altera respondebit figuræ in superficie curva, et cujus area, positive vel negative accipienda, prout respectu peripheriæ suæ

similiter jacet ut figura in superficie curva respectu suae, vel inverse, exhibebit
posterioris curvaturam integram. Quoties vero linea ista se ipsam semel vel
pluries secat, exhibebit figuram complicatam, cui tamen area certa aeque legi-
time tribui potest, ac figuris absque nodis, haecque area, rite intellecta, semper
valorem justum curvaturae integrae exhibebit. Attamen uberiorem hujus argu-
menti de figuris generalissime conceptis expositionem ad aliam occasionem
nobis reservare debemus.

VII.

Investigemus jam formulam ad exprimendam mensuram curvaturae pro
quovis puncto superficiei curvae. Denotante $d\sigma$ aream elementi hujus superficiei, $Z d\sigma$ erit area projectionis hujus elementi in planum coordinatarum
x, y; et perinde, si $d\Sigma$ est area elementi respondentis in superficie sphaerica,
erit $Z d\Sigma$ area projectionis ad idem planum: signum positivum vel negativum
ipsius Z vero indicabit situm projectionis similem vel oppositum situi elementi
projecti: manifesto itaque illae projectiones eandem rationem quoad quantitatem, simulque eandem relationem quoad situm, inter se tenent, ut elementa
ipsa. Considerenus jam elementum triangulare in superficie curva, supponamusque coordinatas trium punctorum, quae formant ipsius projectionem, esse

$$x, \qquad y,$$
$$x + dx, \quad y + dy,$$
$$x + \delta x, \quad y + \delta y$$

Duplex area hujus trianguli exprimetur per formulam

$$dx \cdot \delta y - dy \cdot \delta x,$$

et quidem in forma positiva vel negativa, prout situs lateris a puncto primo ad
tertium respectu lateris a puncto primo ad secundum similis, vel oppositus est
situi axis coordinatarum y respectu axis coordinatarum x.

Perinde si coordinatae trium punctorum, quae formant projectionem elementi
respondentis in superficie sphaerica, a centro sphaerae inchoatae, sunt

$$X, \qquad Y,$$
$$X + dX, \quad Y + dY,$$
$$X + \delta X, \quad Y + \delta Y.$$

Duplex area hujus projectionis exprimetur per

$$dX \cdot \delta Y - dY \cdot \delta X,$$

de cujus expressionis signo eadem valent quae supra. Quocirca mensura curvaturae in hoc loco superficiei curvae erit

$$k = \frac{dX \cdot \delta Y - dY \cdot \delta X}{dx \cdot \delta y - dy \cdot \delta x}.$$

Quodsi jam supponimus, indolem superficiei curvae datam esse secundum modum tertium in art. IV consideratum, habebuntur X et Y in forma functionum quantitatum x, y; unde erit

$$dX = \left(\frac{dX}{dx}\right)dx + \left(\frac{dX}{dy}\right)dy,$$

$$\delta X = \left(\frac{dX}{dx}\right)\delta x + \left(\frac{dX}{dy}\right)\delta y,$$

$$dY = \left(\frac{dY}{dx}\right)dx + \left(\frac{dY}{dy}\right)dy,$$

$$\delta Y = \left(\frac{dY}{dx}\right)\delta x + \left(\frac{dY}{dy}\right)\delta y.$$

Substitutis his valoribus, expressio praecedens transit in hanc.

$$k = \left(\frac{dX}{dx}\right)\left(\frac{dY}{dy}\right) - \left(\frac{dX}{dy}\right)\left(\frac{dY}{dx}\right).$$

Statuendo ut supra

$$\frac{dz}{dx} = t, \quad \frac{dz}{dy} = u,$$

atque insuper

$$\frac{ddz}{dx^2} = T, \quad \frac{ddz}{dx\,dy} = U, \quad \frac{ddz}{dy^2} = V,$$

sive

$$dt = Tdx + Udy, \quad du = Udx + Vdy,$$

habemus ex formulis supra datis

$$X = -tZ, \quad Y = -uZ, \quad (1 + tt + uu)ZZ = 1,$$

atque hinc

$$dX = -Zdt - tdZ,$$

$$dY = -Zdu - udZ,$$

$$(1 + tt + uu)dZ + Z(tdt + udu) = 0,$$

sive

$$dZ = -Z^3(tdt + udu),$$
$$dX = -Z^3(1 + uu)dt + Z^3 tudu,$$
$$dY = -Z^3 tudt - Z^3(1 + tt)du,$$

adeoque

$$\frac{dX}{dt} = Z^3[-(1 + uu)T + tuU],$$
$$\frac{dX}{dy} = Z^3[-(1 + uu)U + tuV],$$
$$\frac{dY}{dt} = Z^3[tuT - (1 + tt)U],$$
$$\frac{dY}{dy} = Z^3[tuU - (1 + tt)V],$$

quibus valoribus in expressione praecedente substitutis, prodit

$$k = Z^6(TV - UU)(1 + tt + uu) = Z^4(TV - UU) = \frac{TV - UU}{(1 + tt + uu)^2}.$$

VIII.

Per idoneam electionem initii et axium coordinatarum facile effici potest, ut pro puncto determinato A valores quantitatum t, u, U evanescant. Scilicet duae priores conditiones jam adimplentur, si planum tangens in hoc puncto pro plano coordinatarum x, y adoptatur. Quarum initium si insuper in puncto A ipso collocatur, manifesto expressio coordinatarum z adipiscitur formam talem

$$z = \tfrac{1}{2}T^\circ xx + U^\circ xy + \tfrac{1}{2}V^\circ yy + \Omega,$$

ubi Ω erit ordinis altioris quam secundi. Mutando dein situm axium ipsarum x, y angulo M tali, ut habeatur

$$\operatorname{tang} 2M = \frac{2U^\circ}{T^\circ - V^\circ},$$

facile perspicitur, prodituram esse aequationem hujus formae

$$z = \tfrac{1}{2}Txx + \tfrac{1}{2}Vyy + \Omega,$$

quo pacto etiam tertiae conditioni satisfactum est. Quibus ita factis, patet

1. Si superficies curva secetur plano ipsi normali et per axem coordina-

rarum x transeunte, oriri curvam planam, cujus radius curvaturæ in puncto A fiat $= \frac{1}{T}$, signo positivo vel negativo indicante concavitatem vel convexitatem versus plagam eam, versus quam coordinatæ z sunt positivæ.

2. Simili modo $\frac{1}{V}$ erit in puncto A radius curvaturæ curvæ planæ, quæ oritur per sectionem superficiei curvæ cum plano per axes ipsarum y, z transeunte.

3. Statuendo $x = r \cos \varphi$, $y = r \sin \varphi$, fit

$$z = \tfrac{1}{2}(T \cos \varphi^2 + V \sin \varphi^2) rr + \Omega,$$

unde colligitur, si sectio fiat per planum superficiei in A normale et cum axe ipsarum x angulum φ officiens, oriri curvam planam, cujus radius curvaturæ in puncto A sit

$$= \frac{1}{T \cos \varphi^2 + V \sin \varphi^2}$$

4. Quoties itaque habetur $T = V$, radii curvaturæ in *cunctis* planis normalibus æquales erunt. Si vero T et V sunt inæquales, manifestum est, quum $T \cos \varphi^2 + V \sin \varphi^2$ pro quovis valore anguli φ cadat intra T et V, radios curvaturæ in sectionibus principalibus, in 1 et 2 consideratis, referri ad curvaturas extremas, puta alterum ad curvaturam maximam, alterum ad minimam, si T et V eodem signo affectæ sint; contra alterum ad maximam convexitatem, alterum ad maximam concavitatem, si T et V signis oppositis gaudeant. Hæ conclusiones omnia fere continent quæ ill. Euler de curvatura superficierum curvarum primus docuit.

5. Mensura curvaturæ superficiei curvæ in puncto A autem nanciscitur expressionem simplicissimam $k = TV$, unde habemus:

THEOREMA. *Mensura curvaturæ in quovis superficiei puncto æqualis est fractioni, cujus numerator unitas, denominator autem productum duorum radiorum curvaturæ extremorum in sectionibus per plana normalia.*

Simul patet, mensuram curvaturæ fieri positivam pro superficiebus concavo-concavis vel convexo-convexis (quod discrimen non est essentiale), negativam vero pro concavo-convexis. Si superficies constat e partibus utriusque generis, in earum confiniis mensura curvaturæ evanescens esse debebit. De indole superficierum curvarum talium, in quibus mensura curvaturæ ubique evanescit, infra pluribus agetur.

IX.

Formula generalis pro mensura curvaturæ in fine art. VII proposita, omnium simplicissima est, quippe quæ quinque tantum elementa implicat; ad magis complicatam, silicet novem elementa involventem, deferimur, si adhibere volumus modum primum indolem superficiei curvæ exprimendi. Retinendo notationes art. IV, insuper statuemus

$$\frac{ddW}{dx^2} = P', \quad \frac{ddW}{dy^2} = Q', \quad \frac{ddW}{dz^2} = R',$$

$$\frac{ddW}{dy\,dz} = P'', \quad \frac{ddW}{dx\,dz} = Q'', \quad \frac{ddW}{dx\,dy} = R'',$$

ita ut fiat

$$dP = P'dx + R''dy + Q''dz,$$

$$dQ = R''dx + Q'dy + P''dz,$$

$$dR = Q''dx + P''dy + R'dz.$$

Jam quum habeatur $t = -\frac{P}{R}$, invenimus per differentiationem

$$RR\,dt = -R\,dP + P\,dR = (PQ'' - RP')dx + (PP'' - RR'')dy$$
$$+ (PR' - RQ'')dz,$$

sive, eliminata dz adjumento æquationis $P\,dx + Q\,dy + R\,dz = o$,

$$R^3 dt = (-RRP' + 2PRQ'' - PPR')dx$$
$$+ (PRP'' + QRQ'' - PQR' - RRR'')dy.$$

Prorsus simili modo obtinemus

$$R^3 du = (PRP'' + QRQ'' - PQR' - RRR'')dx$$
$$+ (-RRQ' + 2QRP'' - QQR')dy.$$

Hinc itaque colligimus

$$R^3 T = -RRP' + 2PRQ'' - PPR',$$

$$R^3 U = PRP'' + QRQ'' - PQR' - RRR'',$$

$$R^3 V = -RRQ' + 2QRP'' - QQR'.$$

Substituendo hos valores in formula art. VII, obtinemus pro mensura curvaturæ k expressionem symetricam sequentem:

$$(PP + QQ + RR)^2 k$$
$$= PP(Q'R' - P''P'') + QQ(P'R' - Q'Q'') + RR(P'Q' - R''R'')$$
$$+ 2QR(Q''R'' - P'P'') + 2PR(P''R'' - Q'Q'') + 2PQ(P''Q'' - R'R'').$$

X.

Formulam adhuc magis complicatam, puta e quindecim elementis conflatam, obtinemus, si methodum generalem secundam, indolem superficierum curvarum exprimendi, sequimur. Magni tamen momenti est, hanc quoque elaborare. Retinendo signa art. IV, insuper statuemus

$$\frac{ddx}{dp^2} = \alpha, \qquad \frac{ddx}{dp\,dq} = \alpha', \qquad \frac{ddx}{dq^2} = \alpha'',$$

$$\frac{ddy}{dp^2} = \beta, \qquad \frac{ddy}{dp\,dq} = \beta', \qquad \frac{ddy}{dq^2} = \beta'',$$

$$\frac{ddz}{dp^2} = \gamma, \qquad \frac{ddz}{dp\,dq} = \gamma', \qquad \frac{ddz}{dq^2} = \gamma''.$$

Praeterea, brevitatis causa, faciemus

$$b c' - c b' = A,$$
$$c a' - a c' = B,$$
$$a b' - b a' = C.$$

Primo observamus, haberi

$$A\,dx + B\,dy + C\,dz = 0,$$

sive

$$dz = -\frac{A}{C}\,dx - \frac{B}{C}\,dy;$$

quatenus itaque z spectatur tanquam functio ipsarum x, y, fit

$$\frac{dz}{dx} = t = -\frac{A}{C},$$

$$\frac{dz}{dy} = u = -\frac{B}{C}.$$

Porro deducimus, ex $dx = a\,dp + a'dq$, $dy = b\,dp + b'dq$,

$$C\,dp = b'dx - a'dy,$$
$$C\,dq = -b\,dx + a\,dy.$$

Hinc obtinemus differentialia completa ipsarum t, u.

$$C^3 dt = \left(A\frac{dC}{dp} - C\frac{dA}{dp}\right)(b'dx - a'dy) + \left(C\frac{dA}{dq} - A\frac{dC}{dq}\right)(b\,dx - a\,dy),$$

$$C^3 du = \left(B\frac{dC}{dp} - C\frac{dB}{dp}\right)(b'dx - a'dy) + \left(C\frac{dB}{dq} - B\frac{dC}{dq}\right)(b\,dx - a\,dy).$$

Jam si in his formulis substituimus

$$\frac{dA}{dp} = c'\beta + b\gamma' - c\beta' - b'\gamma,$$

$$\frac{dA}{dq} = c'\beta' + b\gamma'' - c\beta'' - b'\gamma',$$

$$\frac{dB}{dp} = a'\gamma + c\alpha' - a\gamma' - c'\alpha,$$

$$\frac{dB}{dq} = a'\gamma' + c\alpha'' - a\gamma'' - c'\alpha',$$

$$\frac{dC}{dp} = b'\alpha + a\beta' - b\alpha' - a'\beta,$$

$$\frac{dC}{dq} = b'\alpha' + a\beta'' - b\alpha'' - a'\beta',$$

atque perpendimus, valores differentialium dt, du sic prodeuntium, aequales esse debere, independenter a differentialibus dx, dy, quantitatibus $T\,dx + U\,dy$, $U\,dx + V\,dy$ resp., inveniemus, post quasdam transformationes satis obvias,

$$C^2 T = \alpha A b'b' + \beta B b'b' + \gamma C b'b'$$
$$- 2\alpha' A bb' - 2\beta' B bb' - 2\gamma' C bb'$$
$$+ \alpha'' A bb + \beta'' B bb + \gamma'' C bb,$$

$$C^2 U = -\alpha A a'b' - \beta B a'b' - \gamma C a'b'$$
$$+ \alpha' A(ab' + ba') + \beta' B(ab' + ba') + \gamma' C(ab' + ba')$$
$$- \alpha'' A ab - \beta'' B ab - \gamma'' C ab,$$

$$C^2 V = \alpha A a'a' + \beta B a'a' + \gamma C a'a'$$
$$- 2\alpha' A aa' - 2\beta' B aa' - 2\gamma' C aa'$$
$$+ \alpha'' A aa + \beta'' B aa + \gamma'' C aa$$

Si itaque, brevitatis caussa, statuimus

$$(1) \qquad A\alpha + B\beta + C\gamma = D,$$
$$(2) \qquad A\alpha' + B\beta' + C\gamma' = D',$$
$$(3) \qquad A\alpha'' + B\beta'' + C\gamma'' = D'',$$

fit

$$C^2 T = D b'b' - 2 D' b b' + D'' bb,$$
$$C^2 U = - D a'b' + D' (ab' + ba') - D'' ab,$$
$$C^2 V = D a'a' - 2 D' aa' + D'' aa.$$

Hinc invenimus, evolutione facta,

$$C^2 (TV - UU) = (DD'' - D'D') (ab' - ba')^2 = (DD'' - D'D') CC,$$

et proin formulam pro mensura curvaturae,

$$k = \frac{DD'' - D'D'}{(AA + BB + CC)^2}.$$

XI.

Formulae modo inventae jam aliam superstruemus, quae inter fertilissima theoremata in doctrina de superficiebus curvis referenda est. Introducamus sequentes notationes

$$aa + bb + cc = E,$$
$$aa' + bb' + cc' = F,$$
$$a'a' + b'b' + c'c' = G,$$
$$(4) \qquad a\alpha + b\beta + c\gamma = m,$$
$$(5) \qquad a\alpha' + b\beta' + c\gamma' = m',$$
$$(6) \qquad a\alpha'' + b\beta'' + c\gamma'' = m'',$$
$$(7) \qquad a'\alpha + b'\beta + c'\gamma = n,$$
$$(8) \qquad a'\alpha' + b'\beta' + c'\gamma' = n',$$
$$(9) \qquad a'\alpha'' + b'\beta'' + c'\gamma'' = n'',$$
$$AA + BB + CC = EG - FF = \Delta.$$

Eliminemus ex aequationibus (1), (4), (7) quantitates β, γ, quod fit multiplicando illas per $bc' - cb'$, $b'C - c'B$, $cB - bC$, et addendo, ita oritur

$$\{A(bc' - cb') + a(b'C - c'B) + a'(cB - bC)\}\alpha$$
$$= D(bc' - cb') + m(b'C - c'B) + n(cB - bC),$$

quam æquationem facile transformamus in hanc

$$AD = \alpha\Delta + a(nF - mG) + a'(mF - nE).$$

Simili modo eliminatio quantitatum α, γ vel α, β ex iisdem æquationibus suppeditat

$$BD = \beta\Delta + b(nF - mG) + b'(mF - nE),$$
$$CD = \gamma\Delta + c(nF - mG) + c'(mF - nE).$$

Multiplicando has tres æquationes per α'', β'', γ'', et addendo, obtinemus

$$(10) \quad DD'' = (\alpha\alpha'' + \beta\beta'' + \gamma\gamma'')\Delta + m''(nF - mG) + n''(mF - nE).$$

Si perinde tractamus æquationes (2), (5), (8), prodit

$$AD' = \alpha'\Delta + a(n'F - m'G) + a'(m'F - n'E),$$
$$BD' = \beta'\Delta + b(n'F - m'G) + b'(m'F - n'E),$$
$$CD' = \gamma'\Delta + c(n'F - m'G) + c'(m'F - n'E).$$

quibus æquationibus per α', β', γ' multiplicatis, additio suppeditat

$$D'D' = (\alpha'\alpha' + \beta'\beta' + \gamma'\gamma')\Delta + m'(n'F - m'G) + n'(m'F - n'E).$$

Combinatio hujus æquationis cum æquatione (10) producit

$$DD'' - D'D' = (\alpha\alpha'' + \beta\beta'' + \gamma\gamma'' - \alpha'\alpha' - \beta'\beta' - \gamma'\gamma')\Delta$$
$$+ E(n'n' - nn'') + F(nm'' - 2m'n' + mn'') + G(m'm' - mm'').$$

Jam patet esse

$$\frac{dE}{dp} = 2m, \quad \frac{dE}{dq} = 2m', \quad \frac{dF}{dp} = m' + n, \quad \frac{dF}{dq} = m'' + n',$$

$$\frac{dG}{dp} = 2n', \quad \frac{dG}{dq} = 2n''.$$

sive

$$m = \tfrac{1}{2}\frac{dE}{dp}, \qquad m' = \tfrac{1}{2}\frac{dE}{dq}, \qquad m'' = \frac{dF}{dq} - \tfrac{1}{2}\frac{dG}{dp},$$

$$n = \frac{dF}{dp} - \tfrac{1}{2}\frac{dE}{dq}, \qquad n' = \tfrac{1}{2}\frac{dG}{dp}, \qquad n'' = \tfrac{1}{2}\frac{dG}{dq}.$$

Porro facile confirmatur haberi

$$\alpha\alpha'' + \beta\beta'' + \gamma\gamma'' - \alpha'\alpha' - \beta'\beta' - \gamma'\gamma' = \frac{dn}{dq} - \frac{dn'}{dp} = \frac{dm''}{dp} - \frac{dm'}{dq}$$

$$= -\tfrac{1}{2}\frac{ddE}{dq^2} + \frac{ddF}{dp\,.dq} - \tfrac{1}{2}\frac{ddG}{dp^2}.$$

Quodsi iam has expressiones diversas in formula pro mensura curvaturae in fine articuli praecedentis eruta substituimus, pervenimus ad formulam sequentem, e solis quantitatibus E, F, G atque earum quotientibus differentialibus primi et secundi ordinis concinnatam.

$$4(EG - FF)^2 k = E\left[\frac{dE}{dq}\cdot\frac{dG}{dq} - 2\frac{dF}{dp}\cdot\frac{dG}{dq} + \left(\frac{dG}{dp}\right)^2\right]$$

$$+ F\left(\frac{dE}{dp}\cdot\frac{dG}{dq} - \frac{dE}{dq}\cdot\frac{dG}{dp} - 2\frac{dE}{dq}\cdot\frac{dF}{dq} + 4\frac{dF}{dp}\cdot\frac{dF}{dq} - 2\frac{dF}{dp}\cdot\frac{dG}{dp}\right)$$

$$+ G\left[\frac{dE}{dp}\cdot\frac{dG}{dp} - 2\frac{dE}{dp}\cdot\frac{dF}{dq} + \left(\frac{dE}{dq}\right)^2\right]$$

$$- 2(EG - FF)\left(\frac{ddE}{dq^2} - 2\frac{ddF}{dp\,.dq} + \frac{ddG}{dp^2}\right).$$

XII.

Quum indefinite habeatur

$$dx^2 + dy^2 + dz^2 = E\,dp^2 + 2F\,dp\,.dq + G\,dq^2,$$

patet $\sqrt{E\,dp^2 + 2F\,dp\,.dq + G\,dq^2}$ esse expressionem generalem elementi linearis in superficie curva. Docet itaque analysis in articulo praecedente explicata, ad investigandam mensuram curvaturae haud opus esse formulis finitis, quae coordinatas x, y, z tanquam functiones indeterminatarum p, q exhibeant, sed sufficere expressionem generalem pro magnitudine cujusvis elementi linearis. Progrediamur ad aliquot applicationes huius gratissimi theorematis.

Supponamus superficiem nostram curvam explicari posse in aliam superficiem, curvam seu planam, ita ut cuivis puncto prioris superficiei per coordinatas x, y, z determinato respondeat punctum determinatum superficiei posterioris, cujus coordinatæ sint x', y', z'. Manifesto itaque x', y', z' quoque considerari possunt tanquam functiones indeterminatarum p, q, unde pro elemento $\sqrt{dx'^2 + dy'^2 + dz'^2}$ prodibit expressio talis

$$\sqrt{E'dp^2 + 2F'dp\,.\,dq + G'dq^2}.$$

denotantibus etiam E', F', G' functiones ipsarum p, q. At per ipsam notionem *explicationis* superficiei in superficiem patet, elementa in utraque superficie correspondentia necessario æqualia esse, adeoque identice fieri

$$E = E', \quad F = F', \quad G = G',$$

formula itaque articuli præcedentis sponte perducit ad egregium

Theorema. *Si superficies curva in quamcunque aliam superficiem explicatur, mensura curvaturæ in singulis punctis invariata manet.*

Manifesto quoque *quævis pars finita superficiei curvæ post explicationem in aliam superficiem eandem curvaturam integram retinebit.*

Casum specialem, ad quem geometræ hactenus investigationes suas restrinxerunt, sistunt superficies in planum explicabiles. Theoria nostra sponte docet, talium superficierum mensuram curvaturæ in quovis puncto fieri $= 0$, quocirca, si earum indoles secundum modum tertium exprimitur, ubique erit

$$\frac{ddz}{dx^2}\,.\,\frac{ddz}{dy^2} - \left(\frac{ddz}{dx\,.\,dy}\right)^2 = 0,$$

quod criterium, dudum quidem notum, plerumque nostro saltem judicio haud eo rigore qui desiderari posset demonstratur.

XIII.

Quæ in articulo præcedente exposuimus, cohærent cum modo peculiari superficies considerandi, summopere digno, qui a geometris diligenter excolatur. Scilicet quatenus superficies consideratur non tanquam limes solidi, sed tanquam solidum, cujus dimensio una pro evanescente habetur, flexile quidem, sed non extensibile, qualitates superficiei partim a forma pendent, in quam illa reducta concipitur, partim absolutæ sunt, atque invariatæ manent, in quamcunque formam illa flectatur. Ad has posteriores, quarum investigatio campum geometriæ novum fertilemque aperit, referendæ sunt mensura curvaturæ atque curvatura integra eo sensu, quo hæ expressiones a nobis accipiuntur; porro huc pertinet doctrina de lineis brevissimis, pleraque alia, de quibus in posterum agere nobis reservamus. In hoc considerationis modo superficies plana atque superficies in planum explicabilis, e. g. cylindrica, conica, etc. tamquam essentialiter identicæ spectantur, modusque genuinus indolem superficiei ita consideratæ generaliter exprimendi semper innititur formulæ $\sqrt{E dp^2 + 2F dp \,.\, dq + G dq^2}$, quæ nexum elementi cum duabus indeterminatis p, q sistit. Sed antequam hoc argumentum ulterius prosequamur, principia theoriæ linearum brevissimarum in superficie curva data præmittere oportet.

XIV.

Indoles lineæ curvæ in spatio generaliter ita datur, ut coordinatæ x, y, z singulis illius punctis respondentes exhibeantur in forma functionum unius variabilis, quam per w denotabimus. Longitudo talis lineæ a puncto initiali arbitrario usque ad punctum, cujus coordinatæ sunt x, y, z, exprimitur per integrale

$$\int dw \,.\, \sqrt{\left(\frac{dx}{dw}\right)^2 + \left(\frac{dy}{dw}\right)^2 + \left(\frac{dz}{dw}\right)^2}.$$

Si supponimus, situm lineæ curvæ variationem infinite parvam pati, ita ut coordinatæ singulorum punctorum accipiant variationes δx, δy, δz, variatio totius longitudinis invenitur

$$= \int \frac{dx \,.\, d\delta x + dy \,.\, d\delta y + dz \,.\, d\delta z}{\sqrt{dx^2 + dy^2 + dz^2}},$$

quam expressionem in hanc formam transmutamus

$$\frac{dx.\delta x + dy.\delta y + dz.\delta z}{\sqrt{dx^2 + dy^2 + dz^2}} - \int \left\{ \begin{array}{l} \delta x.d\,\dfrac{dx}{\sqrt{dx^2 + dy^2 + dz^2}} + \delta y.d\,\dfrac{dy}{\sqrt{dx^2 + dy^2 + dz^2}} \\ + \delta z.d\,\dfrac{dz}{\sqrt{dx^2 + dy^2 + dz^2}} \end{array} \right\}.$$

In casu eo, ubi linea est brevissima inter puncta sua extrema, constat, ea, quæ hic sub signo integrali sunt, evanescere debere. Quatenus linea esse debet in superficie data, cujus indoles exprimitur per æquationem

$$P dx + Q dy + R dz = 0,$$

etiam variationes δx, δy, δz satisfacere debent æquationi

$$P\delta x + Q\delta y + R\delta z = 0;$$

unde per principia nota facile colligitur differentialia

$$d\frac{dx}{\sqrt{dx^2+dy^2+dz^2}},\quad d\frac{dy}{\sqrt{dx^2+dy^2+dz^2}},\quad d\frac{dz}{\sqrt{dx^2+dy^2+dz^2}}$$

resp. quantitatibus P, Q, R proportionalia esse debere. Iam sit dr elementum lineae curvae, λ punctum in superficie sphaerica repraesentans directionem hujus elementi, L punctum in superficie sphaerica repraesentans directionem normalis in superficiem curvam; denique sint ξ, v, ζ coordinatae puncti λ, atque X, Y, Z coordinatae puncti L, respectu centri sphaerae. Ita erit

$$dx = \xi\,dr,\quad dy = v\,dr,\quad dz = \zeta\,dr;$$

unde colligimus differentialia illa fieri $d\xi$, dv, $d\zeta$. Et quum quantitates P, Q, R proportionales sint ipsis X, Y, Z, character lineae brevissimae consistit in aequationibus

$$\frac{d\xi}{X} = \frac{dv}{Y} = \frac{d\zeta}{Z}$$

Ceterum facile perspicitur $\sqrt{d\xi^2 + dv^2 + d\zeta^2}$ aequari arculo in superficie sphaerica, qui mensurat angulum inter directiones tangentium in initio et fine elementi dr, adeoque esse $= \frac{dr}{\varrho}$, si ϱ denotet radium curvaturae in hoc loco curvae brevissimae; ita fiet

$$\varrho\,d\xi = X\,dr,\quad \varrho\,dv = Y\,dr,\quad \varrho\,d\zeta = Z\,dr$$

XV.

Supponamus, in superficie curva a puncto dato A proficisci innumeras curvas brevissimas, quas inter se distinguemus per angulum, quem constituit singularum elementum primum cum elemento primo unius ex his lineis pro prima assumtae: sit φ ille angulus, vel generalius functio illius anguli, nec non r longitudo talis lineae brevissimae a puncto A usque ad punctum, cujus coordinatae sint x, y, z. Quum itaque valoribus determinatis variabilium r, φ respondeant puncta determinata superficiei, coordinatae x, y, z considerari possunt tamquam functiones ipsarum r, φ. Notationes λ, L, ξ, v, ζ, X, Y, Z in eadem significatione retinebimus, in qua in articulo praecedente acceptae fuerunt, modo indefinite ad punctum indefinitum cujuslibet linearum brevissimarum referantur.

Lineæ brevissimæ omnes, quæ sunt æqualis longitudinis r, terminabuntur ad aliam lineam, cujus longitudinem ab initio arbitrario numeratam denotamus per v. Considerari poterit itaque v tamquam functio indeterminatarum r, φ, et si per λ' designamus punctum in superficie sphærica respondens directioni elementi dv, nec non per ξ', η', ζ' coordinatas hujus puncti respectu centri sphæræ, habebimus

$$\frac{dx}{d\varphi} = \xi' \cdot \frac{dv}{d\varphi}, \quad \frac{dy}{d\varphi} = \eta' \cdot \frac{dv}{d\varphi}, \quad \frac{dz}{d\varphi} = \zeta' \cdot \frac{dv}{d\varphi}$$

Hinc et ex

$$\frac{dx}{dr} = \xi, \quad \frac{dy}{dr} = \eta, \quad \frac{dz}{dr} = \zeta,$$

sequitur

$$\frac{dx}{dr}\cdot\frac{dx}{d\varphi} + \frac{dy}{dr}\cdot\frac{dy}{d\varphi} + \frac{dz}{dr}\cdot\frac{dz}{d\varphi} = (\xi\xi' + \eta\eta' + \zeta\zeta')\cdot\frac{dv}{d\varphi} = \cos\lambda\lambda'\cdot\frac{dv}{d\varphi}$$

Membrum primum hujus æquationis, quod etiam erit functio ipsarum r, φ, per S denotamus, cujus differentiatio secundum r suppeditat

$$\frac{dS}{dr} = \frac{ddx}{dr^2}\cdot\frac{dx}{d\varphi} + \frac{ddy}{dr^2}\cdot\frac{dy}{d\varphi} + \frac{ddz}{dr^2}\cdot\frac{dz}{d\varphi} + \frac{d\left[\left(\frac{dx}{dr}\right)^2 + \left(\frac{dy}{dr}\right)^2 + \left(\frac{dz}{dr}\right)^2\right]}{d\varphi}$$

$$= \frac{d\xi}{dr}\cdot\frac{dx}{d\varphi} + \frac{d\eta}{dr}\cdot\frac{dy}{d\varphi} + \frac{d\zeta}{dr}\cdot\frac{dz}{d\varphi} + \frac{d(\xi\xi + \eta\eta + \zeta\zeta)}{d\varphi}$$

Sed $\xi\xi + \eta\eta + \zeta\zeta = 1$, adeoque ipsius differentiale $= 0$, et per articulum præcedentem habemus, si etiam hic ρ denotat radium curvaturæ in linea r,

$$\frac{d\xi}{dr} = \frac{X}{\rho}, \quad \frac{d\eta}{dr} = \frac{Y}{\rho}, \quad \frac{d\zeta}{dr} = \frac{Z}{\rho}.$$

Ita obtinemus

$$\frac{dS}{dr} = \frac{1}{\rho}\cdot(X\xi' + Y\eta' + Z\zeta')\cdot\frac{dv}{d\varphi} = \frac{1}{\rho}\cos L\lambda'\cdot\frac{dv}{d\varphi} = 0,$$

quoniam manifesto λ' jacet in circulo maximo, cujus polus L. Hinc itaque concludimus, S independentem esse ab r et proin functionem solius φ. At pro $r = 0$, manifesto fit $v = 0$, et proin etiam $\frac{dv}{d\varphi} = 0$, nec non $S = 0$ independenter a φ. Necessario itaque generaliter esse debebit $S = 0$, adeoque $\cos\lambda\lambda' = 0$, id est, $\lambda\lambda' = 90°$. Hinc colligimus:

Theorema. *Ductis in superficie curva ab eodem puncto initiali innumeris lineis brevissimis aequalis longitudinis, linea earum extremitates jungens ad illas singulas erit normalis.*

Operae pretium esse duximus, hoc theorema e proprietate fundamentali linearum brevissimarum deducere; ceterum ejus veritas etiam absque calculo per sequens ratiocinium intelligi potest. Sint AB, AB′ duae lineae brevissimae ejusdem longitudinis, angulum infinite parvum ad A includentes; supponamusque alterutrum angulorum elementi BB′ cum lineis BA, B′A differre quantitate finita ab angulo recto, unde per legem continuitatis alter major, alter minor erit angulo recto. Supponamus angulum ad B esse $= 90° — \omega$, captamusque in linea BA punctum C, ita ut sit $BC = BB′ . \operatorname{cosec} \omega$; hinc quum triangulum infinite parvum BB′C tamquam planum tractare liceat, erit $C′B′ = BC . \cos \omega$, et proin

$$AC + CB′ = AC + BC . \cos \omega = AB — BC . (1 — \cos \omega) = AB′ — BC(1 — \cos \omega),$$

id est, transitus a puncto A ad B′ per punctum C brevior linea brevissima Q. E. A.

XVI.

Theoremati articuli praecedentis associamus aliud, quod ita enunciamus: *Si in superficie curva concipitur linea qualiscunque, a cujus punctis singulis proficiscantur sub angulis rectis et versus eandem plagam innumerae lineae brevissimae aequalis longitudinis, curva, quae earum extremitates alteras jungit, illas singulas sub angulis rectis secabit.* Ad demonstrationem nihil in analysi praecedente mutandum est, nisi quod q designare debet longitudinem curvae *datae* inde a puncto arbitrario numeratam, aut si mavis functionem hujus longitudinis; ita omnia ratiocinia etiamnum valebunt, ea modificatione, quod veritas aequationis $S = 0$ pro $r = 0$ nunc jam in ipsa hypothesi implicatur. Ceterum hoc alterum theorema generalius est praecedente, quod adeo in illo comprehendi censeri potest, dum pro linea data adoptamus circulum infinite parvum circa centrum A descriptum. Denique monemus, hic quoque considerationes geometricas analyseos vice fungi posse, quibus tamen quum satis obviae sint hic non immoramur.

XVII.

Revertimur ad formulam $\sqrt{E\,dp^2 + 2F\,dp . dq + G\,dq^2}$, quae indefinite magnitudinem elementi linearis in superficie curva exprimit, atque ante omnia significationem geometricam coefficientium E, F, G examinemus. Iam in art. V monuimus, in superficie curva concipi posse duo systemata linearum, alterum, in quibus singulis sola p sit variabilis, q constans; alterum, in quibus sola q variabilis, p constans. Quodlibet punctum superficiei considerari potest tamquam intersectio lineae primi systematis cum linea secundi; tuncque elementum lineae primae huic puncto adjacens et variationi dp respondens erit $= \sqrt{E} \cdot dp$, nec non elementum lineae secundae respondens variationi dq erit $= \sqrt{G} \cdot dq$; denique denotando per ω angulum inter haec elementa, facile perspicitur fieri $\cos\omega = \dfrac{F}{\sqrt{EG}}$. Area autem elementi parallelogrammatici in superficie curva inter duas lineas primi systematis, quibus respondent q, $q + dq$, atque duas lineas systematis secundi, quibus respondent p, $p + dp$, erit $\sqrt{EG - FF}\, dp \cdot dq$.

Linea quaecunque in superficie curva ad neutrum illorum systematum pertinens, oritur, dum p et q concipiuntur esse functiones unius variabilis novae, vel altera illarum functio alterius. Sit s longitudo talis curvae ab initio arbitrario numerata et versus directionem utramvis pro positiva habita. Denotemus per φ angulum, quem efficit elementum $ds = \sqrt{E\, dp^2 + 2 F\, dp \cdot dq + G\, dq^2}$ cum linea primi systematis per initium elementi ducta, et quidem ne ulla ambiguitas remaneat, hunc angulum semper ab eo ramo illius lineae, in quo valores ipsius p crescunt, inchoari, et versus eam plagam positive accipi supponemus, versus quam valores ipsius q crescunt. His ita intellectis facile perspicitur haberi

$$\cos\varphi \cdot ds = \sqrt{E} \cdot dp + \sqrt{G} \cdot \cos\omega \cdot dq = \frac{E\, dp + F\, dq}{\sqrt{E}},$$

$$\sin\varphi \cdot ds = \sqrt{G} \cdot \sin\omega \cdot dq = \frac{\sqrt{EG - FF} \cdot dq}{\sqrt{E}}$$

XVIII.

Investigabimus nunc, quaenam sit conditio, ut haec linea sit brevissima. Quam ipsius longitudo s expressa sit per integrale

$$s = \int \sqrt{E\, dp^2 + 2 F\, dp \cdot dq + G\, dq^2},$$

conditio minimi requirit, ut variatio hujus integralis a mutatione infinite parva tractus lineae oriunda fiat $= 0$. Calculus ad propositum nostrum in hoc casu commodius absolvitur, si p tamquam functionem ipsius q consideramus.

Quo pacto, si variatio per characteristicam δ denotatur, habemus

$$\delta s = \int \frac{\left(\frac{d\mathrm{E}}{dp}\cdot dp^2 + \frac{2\,d\mathrm{F}}{dp}\cdot dp\,.\,dq + \frac{d\mathrm{G}}{dp}\,dq^2\right)\delta p + (2\,\mathrm{E}\,dp + 2\,\mathrm{F}\,dq)\,d\,\delta p}{2\,ds}$$

$$= \frac{\mathrm{E}\,dp + \mathrm{F}dq}{ds}\,\delta p + \int \delta p\,.\left(\frac{\frac{d\mathrm{E}}{dp}\cdot dp^2 + \frac{2\,d\mathrm{F}}{dp}\cdot dp\,.\,dq + \frac{d\mathrm{G}}{dp}\cdot dq^2}{2\,ds} - d\,\frac{\mathrm{E}\,dp + \mathrm{F}dq}{ds}\right),$$

constatque, quæ hic sunt sub signo integrali, independenter a δp evanescere debere. Fit itaque

$$\frac{d\mathrm{E}}{dp}\cdot dp^2 + \frac{2\,d\mathrm{F}}{dp}\cdot dp\,.\,dq + \frac{d\mathrm{G}}{dp}\cdot dq^2 = 2\,ds\,.\,d\,\frac{\mathrm{E}dp + \mathrm{F}dq}{ds}$$

$$= 2\,ds\,.\,d\,.\,\sqrt{\mathrm{E}}\cos\theta = \frac{ds\,.\,d\mathrm{E}\,.\,\cos\theta}{\sqrt{\mathrm{E}}} - 2\,ds\,.\,d\theta\,.\,\sqrt{\mathrm{E}}\,.\sin\theta$$

$$= \frac{(\mathrm{E}dp + \mathrm{F}dq)\,d\mathrm{E}}{\mathrm{E}} - \sqrt{\mathrm{EG} - \mathrm{FF}}\,.\,dq\,.\,d\theta$$

$$= \left(\frac{\mathrm{E}dp + \mathrm{F}dq}{\mathrm{E}}\right)\cdot\left(\frac{d\mathrm{E}}{dp}\cdot dp + \frac{d\mathrm{E}}{dq}\cdot dq\right) - 2\sqrt{\mathrm{EG} - \mathrm{FF}}\,.\,dq\,.\,d\theta.$$

Hinc itaque nanciscimur æquationem conditionalem pro linea brevissima sequentem

$$\sqrt{\mathrm{EG} - \mathrm{FF}}\,.\,d\theta = \tfrac{1}{2}\frac{\mathrm{F}}{\mathrm{E}}\cdot\frac{d\mathrm{E}}{dp}\cdot dp + \tfrac{1}{2}\frac{\mathrm{F}}{\mathrm{E}}\,\frac{d\mathrm{E}}{dq}\cdot dq + \tfrac{1}{2}\frac{d\mathrm{E}}{dq}\cdot dp$$
$$- \frac{d\mathrm{F}}{dp}\cdot dp - \tfrac{1}{2}\cdot\frac{d\mathrm{G}}{dp}\cdot dq,$$

quam etiam ita scribere licet

$$\sqrt{\mathrm{EG} - \mathrm{FF}}\,.\,d\theta = \tfrac{1}{2}\frac{\mathrm{F}}{\mathrm{E}}\cdot d\mathrm{E} + \tfrac{1}{2}\frac{d\mathrm{E}}{dq}\cdot dp - \frac{d\mathrm{F}}{dp}\cdot dp - \tfrac{1}{2}\frac{d\mathrm{G}}{dp}\cdot dq.$$

Ceterum adjumento æquationis

$$\cot\theta = \frac{\mathrm{E}}{\sqrt{\mathrm{EG} - \mathrm{FF}}}\cdot\frac{dp}{dq} + \frac{\mathrm{F}}{\sqrt{\mathrm{EG} - \mathrm{FF}}},$$

ex illa æquatione angulus θ eliminari, atque sic æquatio differentio-differentialis inter p et q evolvi potest, quæ tamen magis complicata, et ad applicationes minus utilis evaderet, quam præcedens.

XIX.

Formulae generales, quas pro mensura curvaturae et pro variatione directionis lineae brevissimae in art. XI, XVIII eruimus, multo simpliciores fiunt, si quantitates p, q ita sunt electae, ut lineae primi systematis lineas secundi systematis ubique orthogonaliter secent, id est, ut generaliter habeatur $\omega = 90^\circ$, sive $F = 0$. Tunc scilicet fit, pro mensura curvaturae,

$$4\,EEGG\,.\,k = E\,.\,\frac{dE}{dq}\,.\,\frac{dG}{dq} - E\left(\frac{dG}{dp}\right)^2 + G\,.\,\frac{dE}{dp}\,.\,\frac{dG}{dp} - G\left(\frac{dE}{dq}\right)^2$$
$$- 2\,EG\left(\frac{ddE}{dq^2} + \frac{ddG}{dp^2}\right),$$

et pro variatione anguli ϑ,

$$\sqrt{EG}\,.\,d\vartheta = \tfrac{1}{2}\,\frac{dE}{dq}\,.\,dp - \tfrac{1}{2}\,\frac{dG}{dp}\,.\,dq.$$

Inter varios casus, in quibus haec conditio orthogonalitatis valet, primarium locum tenet is, ubi lineae omnes alterutrius systematis, e. g. primi, sunt lineae brevissimae. Hic itaque pro valore constante ipsius q, angulus ϑ fit $= 0$, unde aequatio pro variatione anguli ϑ modo tradita docet, fieri debere $\frac{dE}{dq} = 0$, sive coefficientem E a q independentem, id est, E esse debet vel constans vel functio solius p. Simplicissimum erit, pro p adoptare longitudinem ipsam cujusque lineae primi systematis, et quidem, quoties omnes lineae primi systematis in uno puncto concurrunt, ab hoc puncto numeratam, vel, si communis intersectio non adest, a qualibet linea secundi systematis. Quibus ita intellectis patet, p et q jam eadem denotare, quae in art. XV, XVI per r et φ expresseramus, atque fieri $E = 1$. Ita duae formulae praecedentes jam transeunt in has

$$4\,GG\,.\,k = \left(\frac{dG}{dp}\right)^2 - 2\,G\,\frac{ddG}{dp^2},$$

$$\sqrt{G}\,.\,d\vartheta = - \tfrac{1}{2}\,\frac{dG}{dp}\,.\,dq.$$

vel statuendo $\sqrt{G} = m$,

$$k = -\frac{1}{m}\,.\,\frac{ddm}{dp^2}, \qquad d\vartheta = -\frac{dm}{dp}\,.\,dq.$$

Generaliter loquendo, m erit functio ipsarum p, q, atque $m\,dq$ expressio elementi cujusvis lineæ secundi systematis. In casu speciali autem, ubi omnes lineæ p ab eodem puncto proficiscuntur, manifesto pro $p = 0$ casu debet $m = 0$; porro si in hoc casu pro q adoptamus angulum ipsum, quem elementum primum cujusvis lineæ primi systematis facit cum elemento alicujus ex ipsis ad arbitrium electæ, quum pro valore infinite parvo ipsius p, elementum lineæ secundi systematis (quæ considerari potest tamquam circulus radio p descriptus), sit $= p\,dq$, erit pro valore infinite parvo ipsius p, $m = p$, adeoque, pro $p = 0$, simul $m = 0$ et $\frac{dm}{dp} = 1$.

XX.

Immoremur adhuc iidem suppositioni, puta p designare indefinite longitudinem lineæ brevissimæ a puncto determinato A ad punctum quodlibet superficiei ductam, atque q angulum, quem primum elementum hujus lineæ efficit cum elemento primo alicujus lineæ brevissimæ ex A proficiscentis datæ. Sit B punctum determinatum in hac linea pro qua $q = 0$, atque C aliud punctum determinatum superficiei, pro quo valorem ipsius q simpliciter per A designabimus. Supponamus puncta B, C per lineam brevissimam juncta, cujus partes, inde a puncto B numeratas, indefinite ut in art. XVIII per s denotabimus, nec non perinde ut illic, per θ angulum, quem quodvis elementum ds facit cum elemento dp: denique sint θ^0, θ' valores anguli θ in punctis B, C. Habemus itaque in superficie curva triangulum lineis brevissimis inclusum, quusque anguli ad B et C, per has ipsas litteras simpliciter designandi æquales erunt ille complemento anguli θ^0 ad 180°, hic ipsi angulo θ'. Sed quum analysin nostram inspicienti facile pateat, omnes angulos non per gradus sed per numeros expressos concipi, ita ut angulus $57^\circ 17' 45''$, cui respondet arcus radio æqualis, pro unitate habeatur, statuere oportet, denotando per 2π peripheriam circuli

$$\theta^0 = \pi - B, \quad \theta' = C$$

Inquiramus nunc in curvaturam integram hujus trianguli, quæ sit $= \int k\,d\sigma$, denotante $d\sigma$ elementum superficiale trianguli, quare quum hoc elementum exprimatur per $m\,dp \cdot dq$, eruere oportet integrale $\int\int k\,m\,dp \cdot dq$ supra totam trianguli superficiem. Incipiamus ab integratione secundum p, quæ propter

$$k = -\frac{1}{m} \cdot \frac{d\,dm}{dp^2}$$

suppeditat $dq \cdot \left(\text{const.} - \frac{dm}{dp}\right)$, pro curvatura integra areæ jacentis inter lineas primi systematis quibus respondent valores indetermnatae secundae q, $q+dq$: quum haec curvatura pro $p=0$ evanescere debeat, quantitas constans per integrationem introducta aequalis esse debet valori ipsius $\frac{dm}{dp}$ pro $p=0$, id est, unitati. Habemus itaque $dq\left(1-\frac{dm}{dp}\right)$, ubi pro $\frac{dm}{dp}$ accipere oportet valorem respondentem fini illius arcus in linea CB. In hac linea vero fit per articulum praecedentem $\frac{dm}{dp}\cdot dq=-d\vartheta$, unde expressio nostra mutatur in $dq+d\vartheta$. Accedente jam integratione altera a $q=0$ usque ad $q=A$ extendenda, obtinemus curvaturam integram trianguli $=A+\vartheta'-\vartheta''=A+B+C-\pi$.

Curvatura integra aequalis est areae ejus partis superficiei sphaericae, quae respondet triangulo, signo positivo vel negativo affecta, prout superficies curva, in qua triangulum jacet, est concavo-concava vel concavo-convexa: pro unitate areae accipiendum est quadratum, cujus latus est unitas (radius sphaerae), quo pacto superficies tota sphaerae fit $=4\pi$. Est itaque pars superficiei sphaericae triangulo respondens ad sphaerae superficiem integram ut $\pm(A+B+C-\pi)$ ad 4π. Hoc theorema, quod, ni fallimur, ad elegantissima in theoria superficierum curvarum referendum esse videtur, etiam sequenti modo enunciari potest.

Excessus summae angulorum trianguli a lineis brevissimis in superficie curva concavo-concava formati ultra 180°, vel defectus summae angulorum trianguli a lineis brevissimis in superficie curva concavo-convexa formati a 180°, mensuratur per aream partis superficiei sphaericae, quae illi triangulo per directiones normalium respondet, si superficies integra 720 gradibus aequiparatur.

Generalius in quovis polygono n laterum, quae singula formantur per lineas brevissimas, excessus summae angulorum supra $2n-4$ rectos, vel defectus a $2n-4$ rectis (pro indole curvaturae superficiei), aequatur areae polygoni respondentis in superficie sphaerica, dum tota superficies sphaerae 720 gradibus aequiparatur, uti per discerptionem polygoni in triangula e theoremate praecedente sponte demanat.

XXI.

Restituamus characteribus p, q, E, F, G, ω significationes generales, quibus supra accepti fuerant, supponamusque indolem superficiei curvae praeterea alia simili modo per duas alias variabiles p', q' determinari, ubi elementum lineare indefinitum exprimatur per

$$\sqrt{E'dp'^2+2F'dp'\cdot dq'+G'dq'^2}.$$

Ita cuivis puncto superficiei per valores determinatos variabilium p, q definito respondebunt valores determinati variabilium p', q', quocirca hæ erunt functiones ipsarum p, q, e quarum differentiatione prodire supponemus

$$dp' = \alpha\, dp + \beta\, dq,$$
$$dq' = \gamma\, dp + \delta\, dq.$$

Jam proponimus nobis investigare significationem geometricam horum coefficientium α, β, γ, δ.

Quatuor itaque nunc systemata linearum in superficie curva concipi possunt, pro quibus resp. q, p, q', p' sint constantes. Si per punctum determinatum, cui respondent variabilium valores p, q, p', q', quatuor lineas ad singula illa systemata pertinentes ductas supponimus, harum elementa, variationibus positivis dp, dq, dp', dq', respondentes erunt

$$\sqrt{E}\,.\,dp, \quad \sqrt{G}\,.\,dq, \quad \sqrt{E'}\,.\,dp', \quad \sqrt{G'}\,.\,dq'.$$

Angulos, quos horum elementorum directiones faciunt cum directione fixa arbitraria, denotabimus per M, N, M', N', numerando eo sensu, quo jacet secunda respectu primæ, ita ut $\sin(N - M)$ fiat quantitas positiva; eodem sensu jacere supponemus (quod licet) quartam respectu tertiæ, ita ut etiam $\sin(N' - M')$ sit quantitas positiva. His ita intellectis, si consideramus punctum aliud, a priori infinite parum distans, cui respondeant valores variabilium $p + dp$, $q + dq$, $p' + dp'$, $q' + dq'$, levi attentione adhibita cognoscemus, fieri generaliter, id est, independenter a valoribus variationum dp, dq, dp', dq',

$$\sqrt{E}\,.\,dp\,.\,\sin M + \sqrt{G}\,.\,dq\,.\,\sin N = \sqrt{E'}\,.\,dp'\,.\,\sin M' + \sqrt{G'}\,.\,dq'\,.\,\sin N,$$

quum utraque expressio nihil aliud sit, nisi distantia puncti novi a linea, a qua anguli directionum incipiunt. Sed habemus, per notationem jam supra introductam $N - M = \omega$, et per analogiam statuemus $N' - M' = \omega'$, nec non insuper $N - M' = \psi$. Ita æquatio modo inventa exhiberi potest in forma sequente:

$$\sqrt{E}\,.\,dp\,.\,\sin(M' - \omega + \psi) + \sqrt{G}\,.\,dq\,.\,\sin(M' + \psi)$$
$$= \sqrt{E'}\,.\,dp'\,.\,\sin M' + \sqrt{G'}\,.\,dq'\,.\,\sin(M' + \omega'),$$

vel ita

$$\sqrt{E}\,.\,dp\,.\,\sin(N' - \omega - \omega' - \psi) + \sqrt{G}\,.\,dq\,.\,\sin(N' - \omega' - \psi)$$
$$= \sqrt{E'}\,.\,dp'\,.\,\sin(N' - \omega') + \sqrt{G'}\,.\,dq'\,.\,\sin N'.$$

Et quum aequatio manifesto independens esse debeat a directione initiali, hanc ad libitum accipere licet. Statuendo itaque in forma secunda $N' = o$, vel in prima $M' = o$, obtinemus aequationes sequentes:

$$\sqrt{E'} . \sin\omega' . dp' = \sqrt{E} . \sin(\omega + \omega' - \psi) . dp - \sqrt{G} . \sin(\omega' - \psi) . dq,$$
$$\sqrt{G'} . \sin\omega' . dq' = \sqrt{E} . \sin(\psi - \omega) . dp + \sqrt{G} . \sin\psi . dq;$$

quae aequationes quum identicae esse debeant cum his

$$dp' = \alpha dp + \beta dq,$$
$$dq' = \gamma dp + \delta dq,$$

suppeditabunt determinationem coefficientium $\alpha, \beta, \gamma, \delta$. Erit scilicet

$$\alpha = \sqrt{\frac{E}{E'}} . \frac{\sin(\omega + \omega' - \psi)}{\sin\omega'}, \qquad \beta = \sqrt{\frac{G}{E'}} . \frac{\sin(\omega' - \psi)}{\sin\omega'},$$
$$\gamma = \sqrt{\frac{E}{G'}} . \frac{\sin(\psi - \omega)}{\sin\omega'}, \qquad \delta = \sqrt{\frac{G}{G'}} . \frac{\sin\psi}{\sin\omega}.$$

Adjungi debent aequationes

$$\cos\omega = \frac{F}{\sqrt{EG}}, \quad \cos\omega' = \frac{F'}{\sqrt{E'G'}}, \quad \sin\omega = \sqrt{\frac{EG - FF}{GG}}, \quad \sin\omega' = \sqrt{\frac{E'G' - F'F'}{E'G'}},$$

unde quatuor aequationes ita quoque exhiberi possunt:

$$\alpha\sqrt{E'G' - F'F'} = \sqrt{EG'} . \sin(\omega + \omega' - \psi),$$
$$\beta\sqrt{E'G' - F'F'} = \sqrt{GG'} . \sin(\omega' - \psi),$$
$$\gamma\sqrt{E'G' - F'F'} = \sqrt{EE'} . \sin(\psi - \omega),$$
$$\delta\sqrt{E'G' - F'F'} = \sqrt{GE'} . \sin\psi.$$

Quum per substitutiones $dp' = \alpha dp + \beta dq$, $dq' = \gamma dp + \delta dq$ trinomium $E' dp'^2 + 2F' dp'.dq' + G' dq'^2$ transire debeat in $E dp^2 + 2F dp.dq + G dq^2$, facile obtinemus

$$EG - FF = (E'G' - F'F')(\alpha\delta - \beta\gamma)^2;$$

et quum vice versa trinomium posterius rursus transire debeat in prius per substitutionem

$$(\alpha\delta - \beta\gamma)dp = \delta dp' - \beta dq', \quad (\alpha\delta - \beta\gamma)dq = -\gamma dp' + \alpha dq',$$

invenimus:

$$E\delta\delta - 2F\gamma\delta + G\gamma\gamma = \frac{EG-FF}{E'G'-F'F'}\cdot E',$$

$$E\beta\delta - F(\alpha\delta+\beta\gamma) + G\alpha\gamma = \frac{EG-FF}{E'G'-F'F'}\cdot F',$$

$$E\beta\beta - 2F\alpha\beta + G\alpha\alpha = \frac{EG-FF}{E'G'-F'F'}\cdot G'.$$

XXII.

A disquisitione generali articuli praecedentis descendimus ad applicationem latissime patentem, ubi, dum p et q etiamnum significatione generalissima accipiuntur, pro p', q', adoptamus quantitates in art. **XV** per r, φ denotatas, quibus characteribus etiam hic utemur, scilicet ut pro quovis puncto superficiei r sit distantia minima a puncto determinato, atque φ angulus in hoc puncto inter elementum primum ipsius r atque directionem fixam. Ita habemus $E'=1$, $F'=0$, $\omega'=90°$; statuemus insuper $\sqrt{G'}=m$, ita ut elementum lineare quodcunque fiat $=\sqrt{dr^2 + mm\,d\varphi^2}$. Hinc quatuor aequationes in articulo praecedente pro α, β, γ, δ, erutae, suppeditant:

$$(1) \qquad \sqrt{E}\cdot\cos(\omega-\psi) = \frac{dr}{dp},$$

$$(2) \qquad \sqrt{G}\cdot\cos\psi = \frac{dr}{dq},$$

$$(3) \qquad \sqrt{E}\cdot\sin(\psi-\omega) = m\cdot\frac{d\varphi}{dp},$$

$$(4) \qquad \sqrt{G}\cdot\sin\psi = m\cdot\frac{d\varphi}{dq}.$$

Ultima et penultima vero has

$$(5) \qquad EG - FF = E\left(\frac{dr}{dq}\right)^2 - 2F\cdot\frac{dr}{dp}\cdot\frac{dr}{dq} + G\left(\frac{dr}{dp}\right)^2,$$

$$(6) \qquad \left(E\cdot\frac{dr}{dq} - F\cdot\frac{dr}{dp}\right)\cdot\frac{d\varphi}{dq} = \left(F\cdot\frac{dr}{dq} - G\cdot\frac{dr}{dp}\right)\cdot\frac{d\varphi}{dq}.$$

Ex his aequationibus petenda est determinatio quantitatum r, φ, ψ et (si opus videatur) m, per p et q: scilicet integratio aequationis (5) dabit r, qua inventa, integratio aequationis (6) dabit φ, atque alterutra aequationum (1), (2) ipsam ψ; denique m habebitur per alterutram aequationum (3), (4).

Integratio generalis aequationum (5), (6) necessario duas functiones arbitrarias introducere debet, quae quid sibi velint facile intelligemus, si perpendimus, illas aequationes ad casum eum quem hic consideramus non limitari, sed perinde valere, si r et φ accipiantur in significatione generaliori art. XVI, ita ut sit r longitudo lineae brevissimae ad lineam arbitrariam determinatam normaliter ductae, atque φ functio arbitraria longitudinis ejus partis lineae, quae inter lineam brevissimam indefinitam et punctum arbitrarium determinatum intercipitur. Solutio itaque generalis haec omnia indefinite amplecti debet, functionesque arbitrariae tunc demum in definitas abibunt, quando linea illa arbitraria atque functio partium quam φ exhibere debet, praescriptae sunt. In casu nostro circulus infinite parvus adoptari potest, centrum in eo puncto habens, a quo distantiae r numerantur, et φ denotabit partes hujus circuli ipsas per radium divisas; unde facile colligitur aequationes (5), (6) pro casu nostro complete sufficere, dummodo ea, quae indefinita relinquunt, ei conditioni accommodentur, ut r et φ pro puncto illo initiali atque punctis ab eo infinite parum distantibus quadrent.

Ceterum quod attinet ad integrationem ipsam aequationum (5), (6) constat, eam reduci posse ad integrationem aequationum differentialium vulgarium, quae tamen plerumque tam intricatae evadunt, ut parum lucri inde redundet. Contra evolutio in series, quae ad usus practicos, quoties de partibus superficiei modicis agitur, abunde sufficiunt, nullis difficultatibus obnoxia est, atque sic formulae allatae fontem uberem aperiunt, ad multa problemata gravissima solvenda. Hoc vero loco exemplum unicum ad methodi indolem monstrandam evolvemus.

XXIII.

Considerabimus casum eum, ubi omnes lineae, pro quibus p constans est, sunt lineae brevissimae orthogonaliter secantes lineam pro qua $\varphi = 0$, et quam tamquam lineam abscissarum contemplari possumus. Sit A punctum pro quo $r = 0$, D punctum indefinitum in linea abscissarum, $AD = p$, B punctum indefinitum in linea brevissima ipsi AD in D normali, atque $BD = q$, ita ut p considerari possit tamquam abscissa, q tamquam ordinata puncti B; abscissas positivas assumimus in eo ramo lineae abscissarum, cui respondet $\varphi = 0$, dum r semper tamquam quantitatem positivam spectamus; ordinatas positivas statuimus in plaga ea, ubi φ numeratur inter 0 et 180°.

Per theorema art. XVI habebimus $\omega = 90°$, $F = 0$, nec non $G = 1$; statuemus insuper $\sqrt{E} = n$. Erit itaque n functio ipsarum p, q, et quidem talis, quae pro $q = 0$ fieri debet $= 1$. Applicatio formulae in art. XVIII allatae ut casum nostrum docet, in *quavis* linea brevissima esse debere $d\delta = -\frac{dn}{dq} \cdot dp$, denotante δ angulum inter elementum hujus lineae atque elementum lineae pro qua q constans: jam quum linea abscissarum ipsa sit brevissima, atque pro ea ubique $\delta = o$, patet, pro $q = o$ ubique fieri debere $\frac{dn}{dq} = o$. Hinc igitur colligimus, si n in seriem secundum potestates ipsius q progredientem evolvatur, hanc habere debere formam sequentem:

$$n = 1 + fqq + gq^3 + hq^4 + \text{etc.},$$

ubi f, g, h, etc., erunt functiones ipsius p, et quidem statuemus

$$f = f^o + f'p + f''pp + \text{etc.},$$
$$g = g^o + g'p + g''pp + \text{etc.},$$
$$h = h^o + h'p + h''pp + \text{etc.},$$

sive

$$n = 1 + f^o qq + f' pqq + f'' ppqq + \text{etc.}$$
$$+ g^o q^3 + g' pq^3 + \text{etc.}$$
$$+ h^o q^4 + \text{etc.}, \text{etc.}$$

XXIV.

Equationes art. XXII in casu nostro suppeditant

$$n \sin \psi = \frac{dr}{dp}, \quad \cos \psi = \frac{dr}{dq}, \quad -n \cos \psi = m \frac{dz}{dq}, \quad \sin \psi = m \frac{dz}{dq},$$

$$nn = nn \left(\frac{dr}{dq}\right)^2 + \left(\frac{dr}{dp}\right)^2, \quad nn \frac{dr}{dq} \cdot \frac{dz}{dq} + \frac{dr}{dp} \cdot \frac{dz}{dp} = o.$$

Adjumento harum aequationum, quarum quinta et sexta jam in reliquis continentur, series evolvi poterunt pro r, z, ψ, m, vel pro quibuslibet functionibus harum quantitatum, e quibus eas, quae imprimis attentione sunt dignae, hic sistemus.

Quum pro valoribus infinite parvis ipsarum p, q fieri debeat $rr = pp + qq$, series pro rr incipiet a terminis $pp + qq$: terminos altiorum ordinum obtinemus per methodum coefficientium indeterminatorum (*), adjumento aequationis

$$\left(\frac{1}{n} \cdot \frac{d.rr}{dp}\right)^2 + \left(\frac{d.rr}{dq}\right)^2 = 4 rr.$$

(*) Calculum, qui per nonnulla artificia paullulum contrahi potest, hic adscribere superfluum duximus.

scilicet

$$[1] \quad rr = pp + \tfrac{4}{3} f^\circ ppqq + \tfrac{1}{2} f' p^3 qq + (\tfrac{2}{5} f'' - \tfrac{4}{15} f^\circ f^\circ) p^4 qq + \text{etc.}$$
$$+ qq \qquad + \tfrac{1}{2} g^\circ ppq^3 + \tfrac{2}{5} g' p^3 q^3$$
$$+ (\tfrac{2}{5} h^\circ - \tfrac{7}{45} f^\circ f^\circ) ppq^4.$$

Dein habemus, ducente formula $r \sin \psi = \frac{1}{2n} \cdot \frac{d \, . \, rr}{dp}$,

$$[2] \quad r \sin \psi = p - \tfrac{2}{3} f^\circ pqq - \tfrac{1}{4} f' ppqq - (\tfrac{1}{5} f'' + \tfrac{8}{45} f^\circ f^\circ) p^3 qq + \text{etc.}$$
$$- \tfrac{1}{4} g^\circ pq^3 - \tfrac{3}{15} g' ppq^3$$
$$- (\tfrac{2}{5} h^\circ - \tfrac{7}{45} f^\circ f^\circ) pq^4,$$

nec non per formulam $r \cos \psi = \frac{1}{2} \cdot \frac{d \, . \, rr}{dq}$,

$$[3] \quad r \cos \psi = q + \tfrac{2}{3} f^\circ ppq + \tfrac{1}{4} f' p^3 q + (\tfrac{1}{5} f'' - \tfrac{4}{45} f^\circ f^\circ) p^4 q + \text{etc.}$$
$$+ \tfrac{1}{2} g^\circ ppqq + \tfrac{1}{3} g' p^3 qq$$
$$+ (\tfrac{3}{5} h^\circ - \tfrac{8}{45} f^\circ f^\circ) ppq^3.$$

Hinc simul innotescit angulus ψ. Perinde ad computum anguli φ concinnius evolvuntur series pro $r \cos \varphi$ atque $r \sin \varphi$, quibus inserviunt aequationes differentiales partiales

$$\frac{d \, . \, r \cos \varphi}{dp} = n \cos \varphi \, . \, \sin \psi - r \sin \varphi \cdot \frac{d\varphi}{dp},$$

$$\frac{d \, . \, r \cos \varphi}{dq} = \cos \varphi \, . \, \cos \psi - r \sin \varphi \cdot \frac{d\varphi}{dq},$$

$$\frac{d \, . \, r \sin \varphi}{dp} = n \sin \varphi \, . \, \sin \psi - r \cos \varphi \cdot \frac{d\varphi}{dp},$$

$$\frac{d \, . \, r \sin \varphi}{dp} = \sin \varphi \, . \, \cos \psi - r \cos \varphi \cdot \frac{d\varphi}{dq},$$

$$n \cos \psi \cdot \frac{d\varphi}{dq} - \sin \psi \cdot \frac{d\varphi}{dp} = 0,$$

quarum combinatio suppeditat

$$\frac{r \sin \psi}{n} \cdot \frac{d \, . \, r \cos \varphi}{dp} + r \cos \psi \cdot \frac{d \, . \, r \cos \varphi}{dq} = r \cos \varphi,$$

$$\frac{r \sin \psi}{n} \cdot \frac{d \, . \, r \sin \varphi}{dp} + r \cos \psi \cdot \frac{d \, . \, r \sin \varphi}{dq} = r \sin \varphi.$$

Hinc facile evolvuntur series pro $r\cos\varphi$, $r\sin\varphi$, quarum termini primi manifesto esse debent p et q, puta

$$[4] \quad r\cos\varphi = p + \tfrac13 f^0 pqq + \tfrac{1}{12} f' ppqq + (\tfrac{1}{12}f'^2 - \tfrac{1}{24}f^0 f'^0)\,p^3 qq + \text{etc.}$$
$$+ \tfrac13 g^0 pq^4 + \tfrac{1}{12} g' ppq^4$$
$$+ (\tfrac13 h^0 - \tfrac{1}{24} f^0 f'^0)\,pq^6.$$

$$[5] \quad r\sin\varphi = q - \tfrac13 f^0 ppq - \tfrac14 f' p^3 q - (\tfrac{1}{12}f'^2 - \tfrac14 f^0 f'^0)\,p^5 q - \text{etc.}$$
$$- \tfrac13 g^0 ppqq - \tfrac{1}{12} g' p^4 qq$$
$$- (\tfrac13 h^0 + \tfrac{1}{12} f^0 f'^0)\,ppq^5.$$

E combinatione aequationum $[2]$, $[3]$, $[4]$, $[5]$ derivari posset series pro
$rr\cos(\psi + \varphi)$, atque hinc, dividendo per seriem $[1]$, series pro $\cos(\psi + \varphi)$,
a qua ad seriem pro ipso angulo $\psi + \varphi$ descendere liceret. Elegantius tamen
eadem obtinetur sequenti modo. Differentiando aequationem primam et secundam ex iis quae initio hujus articuli allatae sunt, obtinemus

$$\sin\psi \cdot \frac{dn}{dq} + n\cos\psi \cdot \frac{d\psi}{dq} + \sin\psi \cdot \frac{d\psi}{dq} = 0,$$

qua, combinata cum hac

$$n\cos\psi \cdot \frac{d\psi}{dq} + \sin\psi \cdot \frac{dq}{dp} = 0,$$

prodit

$$\frac{r\sin\psi}{n} \cdot \frac{dn}{dq} + \frac{r\sin\psi}{n} \cdot \frac{d(\psi + \varphi)}{dp} + r\cos\psi \cdot \frac{d(\psi + \varphi)}{dq} = 0.$$

Ex hac aequatione adjumento methodi coefficientium indeterminatorum facile
eliciemus seriem pro $\psi + \varphi$, si perpendimus ipsius terminum primum esse debere $\tfrac12 \pi$, radio pro unitate accepto, atque denotante 2π peripheriam circuli.

$$[6] \quad \psi + \varphi = \tfrac12 \pi - f^0 pq - \tfrac12 f' ppq - (\tfrac13 f'^2 - \tfrac12 f^0 f'^0)\,p^3 q - \text{etc.}$$
$$- g^0 pqq - \tfrac12 g' ppqq$$
$$- (h^0 - \tfrac12 f^0 f'^0)\,pq^4.$$

Operae pretium videtur, etiam aream trianguli **ABD** in seriem evolvere.
Huic evolutioni inservit aequatio conditionalis sequens, quae e consideratio-
nibus geometricis satis obviis facile derivatur, et in qua S aream quaesitam
denotat:

$$\frac{r\sin\psi}{n} \cdot \frac{dS}{dq} + r\cos\psi \cdot \frac{dS}{dq} = \frac{r\sin\psi}{n} \cdot \int n\,dq.$$

integratione a $q = 0$ incepta. Hinc scilicet obtinemus per methodum coefficientium indeterminatorum,

$$[7] \quad S = \tfrac{1}{2}pq - \tfrac{1}{12}f^0 p^2 q - \tfrac{1}{12}f' p'q - (\tfrac{1}{24}f'' - \tfrac{1}{12}f^0 f'')p^3 q - \text{etc.}$$
$$- \tfrac{1}{12}f^0 pq^2 - \tfrac{1}{12}g'' p^2 qq - \tfrac{1}{24}g' p'qq$$
$$- \tfrac{1}{12}f' ppq^3 - (\tfrac{1}{24}h^0 + \tfrac{1}{12}f'' + \tfrac{1}{12}f^0 f'')p^2 q'$$
$$- \tfrac{1}{12}g^0 pq^2 - \tfrac{1}{12}g' ppq^2$$
$$- (\tfrac{1}{24}h^0 - \tfrac{1}{12}f^0 f'')pq'.$$

XXV.

A formulis articuli praecedentis, quae referuntur ad triangulum a lineis brevissimis formatum rectangulum, progredimur ad generalia. Sit C aliud punctum in eadem linea brevissima DB, pro quo, manente p, characteres q', r', φ', ψ', S' eadem designent, quae q, r, φ, ψ, S pro puncto B. Ita oritur triangulum inter puncta A, B, C, cujus angulos per A, B, C, latera opposita per a, b, c, aream per σ denotamus; mensuram curvaturae in punctis A, B, C resp. per α, β, γ exprimemus. Supponendo itaque (quod licet), quantitates, p, q, $q-q'$ esse positivas, habemus

$$A = \varphi - \varphi', \quad B = \psi, \quad C = \pi - \psi', \quad a = q - q', \quad b = r', \quad c = r, \quad \sigma = S - S'.$$

Ante omnia aream σ per seriem exprimamus. Mutando in [7] singulas quantitates ad B relatas in eas quae ad C referantur, prodit formula pro S', unde, usque ad quantitates sexti ordinis obtinemus

$$\sigma = \tfrac{1}{2}p(q-q')\left\{ \begin{aligned} &1 - \tfrac{1}{6}f^0(pp+qq+qq'+q'q') \\ &- \tfrac{1}{12}f' p(6pp + 7qq + 7qq' + 7q'q') \\ &- \tfrac{1}{60}g^0(q+q')(3pp + 4qq + 4qq' + 4q'q') \end{aligned} \right\}$$

Haec formula, adjumento seriei [5], puta

$$c \sin B = p(1 - \tfrac{1}{6}f^0 qq - \tfrac{1}{12}f' pqq - \tfrac{1}{6}g^0 q^3 - \text{etc.}),$$

transit in sequentem:

$$\sigma = \tfrac{1}{2}ac \sin B \left\{ \begin{aligned} &1 - \tfrac{1}{6}f^0(pp - qq + qq' + q'q') \\ &- \tfrac{1}{12}f' p(6pp - 8qq + 7qq' + 7q'q') \\ &- \tfrac{1}{60}g^0(3ppq + 3ppq' - 6q^3 + 4qqq' + 4qq'q' + 4q'^3) \end{aligned} \right\}$$

Mensura curvaturæ pro quovis superficiei puncto fit (per art. XIX, ubi m, p, q erant quæ hic sunt n, q, p)

$$-\frac{1}{n}\cdot\frac{ddn}{dq^2} = -\frac{2f + 6gq + 12hqq + \text{etc.}}{1 + fqq + \text{etc.}}$$
$$= -2f^{\circ} - 6gq - (12h - 2ff)\,qq - \text{etc.}$$

Hinc fit, quatenus p, q ad punctum B referuntur,

$$\beta = -2f^{\circ} - 2f'p - 6g^{\circ}q - 2f''pp - 6g'pq - (12h^{\circ} - 2f^{\circ}f^{\circ})qq - \text{etc.},$$

nec non

$$\gamma = -2f^{\circ} - 2f'p - 6g^{\circ}q' - 2f''pp - 6g'pq' - (12h^{\circ} - 2f^{\circ}f^{\circ})q'q' - \text{etc.},$$
$$\alpha = -2f^{\circ}.$$

Introducendo has mensuras curvaturæ in serie pro σ, obtinemus expressionem sequentem, usque ad quantitates sexti ordinis (excl.) exactam,

$$\sigma = \tfrac{1}{2}ac\sin B\begin{Bmatrix} 1 + \frac{1}{120}\alpha(4pp - 2qq + 3qq' + 3q'q') \\ + \frac{1}{120}\beta(3pp - 6qq + 6qq' + 6q'q') \\ + \frac{1}{120}\gamma(3pp - 2qq + qq' + 4q'q') \end{Bmatrix}$$

Præcisio eadem manebit, si pro p, q, q' substituimus $c\sin B$, $c\cos B$, $c\cos B - a$, quo pacto prodit

[8] $$\sigma = \tfrac{1}{2}ac\sin B\begin{Bmatrix} 1 + \frac{1}{120}\alpha(3aa + 4cc - 9ac\cos B) \\ + \frac{1}{120}\beta(3aa + 3cc - 12ac\cos B) \\ + \frac{1}{120}\gamma(4aa + 3cc - 9ac\cos B) \end{Bmatrix}$$

Quum ex hac æquatione omnia quæ ad lineam AD normaliter ad BC ductam referuntur evanuerint, etiam puncta A, B, C cum correlatis inter se permutare licebit, quapropter erit eadem præcisione

[9] $$\sigma = \tfrac{1}{2}bc\sin A\begin{Bmatrix} 1 + \frac{1}{120}\alpha(3bb + 3cc - 12bc\cos A) \\ + \frac{1}{120}\beta(3bb + 4cc - 9bc\cos A) \\ + \frac{1}{120}\gamma(4bb + 3cc - 9bc\cos A) \end{Bmatrix}$$

[10] $$\sigma = \tfrac{1}{2}ab\sin C\begin{Bmatrix} 1 + \frac{1}{120}\alpha(3aa + 4bb - 9ab\cos C) \\ + \frac{1}{120}\beta(4aa + 3bb - 9ab\cos C) \\ + \frac{1}{120}\gamma(3aa + 3bb - 12ab\cos C) \end{Bmatrix}$$

XXVI.

Magnam utilitatem affert consideratio trianguli plani rectilinei, cujus latera aequalia sunt ipsis a, b, c; anguli illius trianguli, quos per A^*, B^*, C^* designabimus, different ab angulis trianguli in superficie curva, puta ab A, B, C, quantitatibus secundi ordinis, operaeque pretium erit, has differentias accurate evolvere. Calculorum autem prolixiorum quam difficiliorum primaria momenta apposuisse sufficiet.

Mutando in formulis [1], [4], [5], quantitates quae referuntur ad B in eas quae referantur ad C, nanciscemur formulas pro $r'r'$, $r'\cos\varphi'$, $r'\sin\varphi'$. Tunc evolutio expressionis $rr + r'r' - (q-q')^2 - 2r\cos\varphi . r'\cos\varphi' - 2r\sin\varphi . r'\sin\varphi'$, quae fit $= bb + cc - aa = 2bc\cos A = 2bc(\cos A^* - \cos A)$, combinata cum evolutione expressionis $r\sin\varphi . r'\cos\varphi' - r\cos\varphi . r'\sin\varphi'$, quae fit $= bc\sin A$, suppeditat formulam sequentem:

$$\cos A^* - \cos A = -(q-q')\rho\sin A\begin{Bmatrix}(\tfrac{1}{3}f'' + \tfrac{1}{2}f'p + \tfrac{1}{6}g''(q+q')\\ +(\tfrac{1}{12}f'' - \tfrac{1}{8}f''f'')pp + \tfrac{1}{6}g'p(q-q')\\ +(\tfrac{1}{4}h'' - \tfrac{1}{8}f''f'')(qq + qq' + q'q') + \text{etc}\end{Bmatrix}$$

Hinc fit porro, usque ad quantitates quinti ordinis,

$$A^* - A = -(q-q')\rho\begin{Bmatrix}\tfrac{1}{2}f'' + \tfrac{1}{2}f'p + \tfrac{1}{6}g''(q+q') + \tfrac{1}{8}f'pp\\ +\tfrac{1}{6}g'p(q+q') + \tfrac{1}{4}h''(qq + qq' + q'q')\\ -\tfrac{1}{24}f''f''(7pp + 7qq + 13qq' + 7q'q')\end{Bmatrix}$$

Combinando hanc formulam cum hac,

$$2\gamma = a\rho[1 - \tfrac{1}{6}f''(pp + qq + qq' + q'q' - \text{etc})],$$

atque cum valoribus quantitatum α, β, γ in articulo praecedente allatis, obtinemus usque ad quantitates quinti ordinis

$$[11]\quad A^* = A - \alpha\begin{Bmatrix}\tfrac{1}{3}\alpha + \tfrac{1}{15}\beta + \tfrac{1}{15}\gamma + \tfrac{1}{12}f''pp + \tfrac{1}{6}g'p(q+q')\\ +\tfrac{1}{4}h''(3qq - 2qq' + 3q'q')\\ +\tfrac{1}{24}f''f''(4pp - 11qq + 14qq' - 11q'q')\end{Bmatrix}$$

Per operationes prorsus similes evolvimus

$$[12]\quad B^* = B - \alpha\begin{Bmatrix}\tfrac{1}{15}\alpha + \tfrac{1}{3}\beta + \tfrac{1}{15}\gamma + \tfrac{1}{12}f''pp + \tfrac{1}{6}g'p(2q+q')\\ +\tfrac{1}{4}h''(4qq - 4qq' + 3q'q')\\ -\tfrac{1}{24}f''f''(2pp + 8qq - 8qq' + 11q'q')\end{Bmatrix}$$

$$[13]\qquad C^* = C - \sigma\left\{\begin{aligned}&\tfrac{1}{12}\alpha + \tfrac{1}{12}\beta + \tfrac{1}{6}\gamma + \tfrac{2}{15}f''pp + \tfrac{1}{15}g'p(q+2q')\\ &+\tfrac{1}{5}h^\circ(3qq - 4qq' + 4q'q')\\ &-\tfrac{1}{90}f^\circ f^\circ(2pp + 11qq - 8qq' + 8q'q')\end{aligned}\right\}$$

Hinc simul deducimus, quum summa $A^* + B^* + C^*$ duobus rectis æqualis sit, excessum summæ $A + B + C$ supra duos angulos rectos, puta

$$[14]\qquad A + B + C = \pi + \sigma\left\{\begin{aligned}&\tfrac{1}{3}\alpha + \tfrac{1}{3}\beta + \tfrac{1}{3}\gamma + \tfrac{2}{3}f''pp + \tfrac{2}{3}g'p(q+q')\\ &+(2h^\circ - \tfrac{1}{3}f^\circ f^\circ)(qq - qq' + q'q')\end{aligned}\right\}$$

Hæc ultima æquatio etiam formulæ [6] superstrui potuisset.

XXVII.

Si superficies curva est sphæra, cujus radius $= R$, erit

$$\alpha = \beta = \gamma = -2f^\circ = \frac{1}{RR},\ f'' = 0,\ g' = 0,\ 6h^\circ - f^\circ f^\circ = 0,\ \text{sive } h^\circ = \frac{1}{24R^4}.$$

Hinc formula [14] fit

$$A + B + C = \pi + \frac{\sigma}{RR},$$

quæ præcisione absoluta gaudet; formulæ [11], [12], [13] autem suppeditant

$$A^* = A - \frac{\sigma}{3RR} - \frac{\sigma}{180R^4}(2pp - qq + 4qq' - q'q'),$$

$$B^* = B - \frac{\sigma}{3RR} + \frac{\sigma}{180R^4}(pp - 2qq + 2qq' + 2q'q'),$$

$$C^* = C - \frac{\sigma}{3RR} + \frac{\sigma}{180R^4}(pp + qq + 2qq' - 2q'q'),$$

sive æque exacte

$$A^* = A - \frac{\sigma}{3RR} - \frac{\sigma}{180R^4}(bb + cc - 2aa),$$

$$B^* = B - \frac{\sigma}{3RR} - \frac{\sigma}{180R^4}(aa + cc - 2bb),$$

$$C^* = C - \frac{\sigma}{3RR} - \frac{\sigma}{180R^4}(aa + bb - 2cc).$$

Neglectis quantitatibus quarti ordinis, prodit hinc theorema notum a clar. Legendre primo propositum.

XXVIII.

Formulae nostrae generales, rejectis terminis quarti ordinis, persimplices evadunt, scilicet

$$A^* = A - \tfrac{1}{12}\sigma(2\alpha + \beta + \gamma),$$
$$B^* = B - \tfrac{1}{12}\sigma(\alpha + 2\beta + \gamma),$$
$$C^* = C - \tfrac{1}{12}\sigma(\alpha + \beta + 2\gamma).$$

Angulis itaque A, B, C in superficie non sphaerica reductiones inaequales applicandae sunt, ut mutatorum sinus lateribus oppositis fiant proportionales. Inaequalitas, generaliter loquendo, erit tertii ordinis; at si superficies parum a sphaera discrepat, illa ad ordinem altiorem referenda erit: in triangulis vel maximis in superficie telluris, quorum quidem angulos dimetiri licet, differentia semper pro insensibili haberi potest. Ita e. g. in triangulo maximo inter ea, quae annis praecedentibus dimensi sumus, puta inter puncta Hohehagen, Brocken, Inselsberg, ubi excessus summae angulorum fuit $= 14'',85348$, calculus sequentes reductiones angulis applicandas prodidit:

$$
\begin{array}{lr}
\text{Hohehagen} & -\,4'',95113 \\
\text{Brocken} & -\,4,95104 \\
\text{Inselsberg} & -\,4,95131.
\end{array}
$$

XXIX.

Coronidis causa, adhuc comparationem areae trianguli in superficie curva cum area trianguli rectilinei, cujus latera sunt a, b, c, adjiciemus. Aream posteriorem denotabimus per σ^*, quae fit $= \tfrac{1}{2}bc\sin A^* = \tfrac{1}{2}ac\sin B^* = \tfrac{1}{2}ab\sin C^*$.

Habemus, usque ad quantitates ordinis quarti,

$$\sin A^* = \sin A - \tfrac{1}{12}\sigma\cos A.(2\alpha + \beta + \gamma).$$

sive aeque exacte,

$$\sin A = \sin A^*.[1 + \tfrac{1}{12}bc\cos A.(2\alpha + \beta + \gamma)].$$

Substituto hoc valore in formula [6], erit usque ad quantitates sexti ordinis,

$$\sigma = \tfrac{1}{2}bc\sin A^*.\left\{
\begin{array}{l}
1 + \tfrac{1}{24}\alpha(3bb + 3cc - 2bc\cos A) \\
+ \tfrac{1}{24}\beta(3bb + 4cc - 4bc\cos A) \\
+ \tfrac{1}{24}\gamma(4bb + 3cc - 4bc\cos A)
\end{array}
\right\}.$$

sive aeque exacte.

$$z = \sigma^* \left\{ \begin{array}{l} 1 + \tfrac{1}{24}\,\alpha\,(aa + 2\,bb + 2\,cc) + \tfrac{1}{24}\,\beta\,(2\,aa + bb + 3\,cc) \\ + \tfrac{1}{24}\,\gamma\,(3\,aa + 2\,bb + cc) \end{array} \right\}$$

Pro superficie sphaerica haec formula sequentem induit formam

$$q = \sigma^* \left[1 + \tfrac{1}{12}\,\alpha\,(aa + bb + cc) \right],$$

cujus loco etiam sequentem salva eadem praecisione adoptari posse facile confirmatur

$$\sigma = \sigma^* \sqrt{\frac{\sin A \cdot \sin B \cdot \sin C}{\sin A^\circ \cdot \sin B^\circ \cdot \sin C^\circ}}$$

Si eadem formula triangulis in superficie curva non sphaerica applicatur, error, generaliter loquendo, erit quinti ordinis, sed insensibilis in omnibus triangulis, qualia in superficie telluris dimetiri licet.

NOTES DE M. LIOUVILLE.

NOTE I.
Sur les courbes à double courbure.

1. Nous aurions beaucoup à ajouter à ce que Monge a donné sur les courbes à double courbure. Mais comme la plupart des détails dans lesquels nous pourrions entrer concernant ces courbes se trouvent déjà consignés dans des ouvrages très-répandus et ont même passé dans l'enseignement ordinaire, nous serons très-bref dans ce que nous allons en dire.

Soit $mm'm'm''\ldots$ une courbe quelconque. Considérons-la comme remplacée par un polygone infinitésimal inscrit qui se confondra avec elle à la limite. mm', $m'm'$, $m'm''$, $\ldots$ seront les côtés successifs de ce polygone. Le prolongement de l'élément mm' ou ds donnera la tangente en m. Rapportons la courbe à trois axes rectangulaires Ox, Oy, Oz. Soient x, y, z les coordonnées du point m, et $x+dx$, $y+dy$, $z+dz$ celles du point m'. Les projections de ds sur les trois axes seront respectivement dx, dy, dz. En nommant donc α, β, γ les angles de ds ou de la tangente en m avec ces axes, on aura

$$\cos\alpha = \frac{dx}{ds}, \quad \cos\beta = \frac{dy}{ds}, \quad \cos\gamma = \frac{dz}{ds};$$

de plus

$$ds = \sqrt{dx^2 + dy^2 + dz^2}.$$

Le plan $mm'm''$ des deux éléments consécutifs mm', $m'm''$ est le *plan osculateur* de la courbe en m; le cercle tracé dans ce plan et qui passe par les trois points m, m', m'', ou qui a avec la courbe deux éléments communs, est le *cercle osculateur*; son rayon est le rayon de la première courbure, ou simplement le *rayon de courbure* de la courbe. Il est lié à l'angle de *contingence*, je veux dire à l'angle que font entre elles les deux tangentes consécutives obtenues en prolongeant mm' et $m'm''$. Il est clair en effet qu'on a

$$\rho \, d\varepsilon = ds, \quad \rho = \frac{ds}{d\varepsilon},$$

$d\varepsilon$ étant l'angle de contingence. Pour des courbes ayant l'élément ds commun, la valeur de ρ est, comme on voit, inversement proportionnelle à l'angle de contingence $d\varepsilon$. La courbure, au contraire, qui se mesure naturellement par la valeur inverse du rayon de courbure, ou par la fraction

$$\frac{1}{\rho} = \frac{d\varepsilon}{ds},$$

est directement proportionnelle à $d\varepsilon$.

Pour former la valeur de $d\varepsilon$, je mène par l'origine des coordonnées deux droites OA, OB respectivement parallèles à mm' et $m'm''$, et de plus égales entre elles et à l'unité de longueur, en sorte que $OA = OB = 1$. L'angle AOB ou $d\varepsilon$ sera mesuré par l'arc de cercle AB qu'on peut regarder comme une petite ligne droite. Mais les coordonnées des deux points A et B sont évidemment

$$\cos\alpha, \quad \cos\beta, \quad \cos\gamma,$$

et

$$\cos\alpha + d\cos\alpha, \quad \cos\beta + d\cos\beta, \quad \cos\gamma + d\cos\gamma.$$

On a donc

$$d\varepsilon^2 = (d\cos\alpha)^2 + (d\cos\beta)^2 + (d\cos\gamma)^2,$$

et, par suite,

$$\rho = \frac{ds}{\sqrt{(d\cos\alpha)^2 + (d\cos\beta)^2 + (d\cos\gamma)^2}}.$$

On peut donner à cette expression des formes très-diverses. En mettant pour $\cos\alpha$, $\cos\beta$, $\cos\gamma$ leurs valeurs, elle devient

$$\rho = \frac{ds}{\sqrt{\left(d\frac{dx}{ds}\right)^2 + \left(d\frac{dy}{ds}\right)^2 + \left(d\frac{dz}{ds}\right)^2}},$$

et se réduit à

$$\rho = \frac{ds^2}{\sqrt{(d^2x)^2 + (d^2y)^2 + (d^2z)^2}}$$

lorsqu'on prend s pour variable indépendante, c'est-à-dire lorsqu'on suppose ds constante. Plus généralement, et quelle que soit la variable indépendante, on a

$$\rho = \frac{ds^3}{\sqrt{(ds\,d^2x - dx\,d^2s)^2 + (ds\,d^2y - dy\,d^2s)^2 + (ds\,d^2z - dz\,d^2s)^2}}.$$

En développant la quantité sous le radical et observant que l'équation

$$ds^2 = dx^2 + dy^2 + dz^2$$

donne

$$ds\,d^2s = dx\,d^2x + dy\,d^2y + dz\,d^2z,$$

on arrive aisément encore à cette forme nouvelle

$$\rho = \frac{ds^2}{\sqrt{(dy\,d^2z - dz\,d^2y)^2 + (dz\,d^2x - dx\,d^2z)^2 + (dx\,d^2y - dy\,d^2x)^2}}$$

ou

$$\rho = \frac{(dx^2 + dy^2 + dz^2)^{\frac{3}{2}}}{\sqrt{(dy\,d^2z - dz\,d^2y)^2 + (dz\,d^2x - dx\,d^2z)^2 + (dx\,d^2y - dy\,d^2x)^2}}$$

2. On peut enfin transformer l'expression

$$\rho = \frac{ds}{\sqrt{(d\cos\alpha)^2 + (d\cos\beta)^2 + (d\cos\gamma)^2}},$$

en exprimant les trois angles α, β, γ, qui sont liés entre eux par l'équation

$$\cos^2\alpha + \cos^2\beta + \cos^2\gamma = 1,$$

au moyen de deux angles seulement. Soit en effet

$$\cos\beta = \sin\alpha\sin\iota, \quad \cos\gamma = \sin\alpha\cos\iota,$$

et l'on trouvera sans peine

$$(d\cos\alpha)^2 + (d\cos\beta)^2 + (d\cos\gamma)^2 = d\alpha^2 + \sin^2\alpha\,d\iota^2,$$

d'où

$$\rho = \frac{ds}{\sqrt{d\alpha^2 + \sin^2\alpha\,d\iota^2}}.$$

Cette formule peut servir à trouver généralement les courbes pour lesquelles la valeur du rayon de courbure ρ est une fonction donnée de s. En effet, l'équation des courbes cherchées étant

$$d\alpha^2 + \sin^2\alpha\,d\iota^2 = \frac{ds^2}{\rho^2},$$

et les variables α et ι pouvant être regardées comme des fonctions de s le long de chacune de ces courbes, il est visible qu'on doit prendre

$$d\alpha = \sin\varphi(s)\,\frac{ds}{\rho},$$

$$\sin\alpha\,d\iota = \cos\varphi(s)\,\frac{ds}{\rho},$$

la fonction $\varphi(s)$ étant arbitraire. En particularisant cette fonction, on obtiendra aisément des courbes diverses qui jouiront toutes de la propriété demandée.

Ayant en effet x et z en fonction de y, on en conclura en fonction de la même variable les valeurs de $\cos \alpha$, $\cos \beta$, $\cos \gamma$, par suite de dx, dy, dz, et enfin de x, y, z. L'élimination de s entre les trois équations qui donnent x, y, z, fournira donc les équations de la courbe ou plutôt des courbes cherchées.

3. Nous avons donné l'expression du rayon ρ du cercle osculateur. On peut désirer aussi de connaître les cosinus des angles que ce rayon fait avec les trois axes Ox, Oy, Oz. Or si l'on prolonge l'élément mm' d'une quantité $m'n$ égale à l'élément suivant $m'm''$ et qu'on joigne nm'', il est clair que la direction de nm'' prolongée sera à la limite celle du rayon du cercle osculateur. D'ailleurs nm'' est visiblement parallèle à la droite AB du n° 1, puisque les triangles AOB et $nm'm''$ sont tous deux isocèles et que de plus OA est parallèle à $m'n$, OB à $m'm''$. Les cosinus demandés, que nous désignerons par $\cos(\rho, x)$, $\cos(\rho, y)$, $\cos(\rho, z)$, sont donc ceux des angles que la droite AB fait avec les axes. Mais les différences des coordonnées de même nom pour les points A et B sont

$$d\cos\alpha, \quad d\cos\beta, \quad d\cos\gamma.$$

On a donc

$$\cos(\rho, x) = \frac{d\cos\alpha}{\sqrt{(d\cos\alpha)^2 + (d\cos\beta)^2 + (d\cos\gamma)^2}},$$

$$\cos(\rho, y) = \frac{d\cos\beta}{\sqrt{(d\cos\alpha)^2 + (d\cos\beta)^2 + (d\cos\gamma)^2}},$$

$$\cos(\rho, z) = \frac{d\cos\gamma}{\sqrt{(d\cos\alpha)^2 + (d\cos\beta)^2 + (d\cos\gamma)^2}},$$

ou bien

$$\cos(\rho, x) = \rho\,\frac{d\cos\alpha}{ds}, \quad \cos(\rho, y) = \rho\,\frac{d\cos\beta}{ds}, \quad \cos(\rho, z) = \rho\,\frac{d\cos\gamma}{ds}.$$

4. L'équation du plan osculateur $mm'm''$ est naturellement de la forme

$$A\,(x' - x) + B\,(y' - y) + C\,(z' - z) = 0,$$

x', y', z' désignant les coordonnées courantes; et la condition de passer par le point m', ou de contenir la tangente en m, donnera

$$A\,dx + B\,dy + C\,dz = 0.$$

Cette équation devra même subsister en augmentant le premier membre de sa différentielle, puisque le plan osculateur doit aussi contenir la tangente au point m' dont les coordonnées sont $x + dx$, $y + dy$, $z + dz$, au lieu de x, y, z. Donc

$$A d^2 x + B d^2 y + C d^2 z = 0.$$

De là on conclut aisément que

$$A : B : C :: dy d^2 z - dz d^2 y : dz d^2 x - dx d^2 z : dx d^2 y - dy d^2 x.$$

L'équation du plan osculateur est dès lors

$$(dy d^2 z - dz d^2 y)(x' - x) + (dz d^2 x - dx d^2 z)(y' - y)$$
$$+ (dx d^2 y - dy d^2 x)(z' - z) = 0.$$

Les cosinus des angles λ, μ, ν que ce plan fait avec les trois plans coordonnés, ou qu'une perpendiculaire OL à ce plan fait avec les trois axes Ox, Oy, Oz, sont aisés à obtenir. Pour en simplifier l'expression, on se rappellera que la somme des carrés des trois quantités

$$dy d^2 z - dz d^2 y, \quad dz d^2 x - dx d^2 z, \quad dx d^2 y - dy d^2 x$$

est égale à

$$\frac{ds^6}{\rho^2}$$

d'après une des formules du n° 1, et l'on trouvera

$$\cos \lambda = \frac{\rho (dy d^2 z - dz d^2 y)}{ds^3},$$

$$\cos \mu = \frac{\rho (dz d^2 x - dx d^2 z)}{ds^3},$$

$$\cos \nu = \frac{\rho (dx d^2 y - dy d^2 x)}{ds^3},$$

ou bien encore on prendra

$$\cos \lambda = \frac{L}{\sqrt{L^2 + M^2 + N^2}},$$

$$\cos \mu = \frac{M}{\sqrt{L^2 + M^2 + N^2}},$$

$$\cos \nu = \frac{N}{\sqrt{L^2 + M^2 + N^2}},$$

en posant

$$dy d^2 z - dz d^2 y = L, \quad dz d^2 x - dx d^2 z = M, \quad dx d^2 y - dy d^2 x = N.$$

Il est bon d'observer qu'on a, identiquement,

$$\cos\lambda\,dx + \cos\mu\,dy + \cos\nu\,dz = 0,$$
$$\cos\lambda\,d^2x + \cos\mu\,d^2z + \cos\nu\,d^2y = 0,$$

et, par suite,

$$d\cos\lambda\,dx + d\cos\mu\,dy + d\cos\nu\,dz = 0.$$

5. L'angle infiniment petit $d\tau$ compris entre deux plans osculateurs consécutifs ou entre les deux droites OL, OL' perpendiculaires à ces plans, s'obtiendra, comme l'angle de contingence $d\varepsilon$, en prenant OL = OL' = 1, d'où résultera

$$LL' \quad \text{ou} \quad d\tau = \sqrt{(d\cos\lambda)^2 + (d\cos\mu)^2 + (d\cos\nu)^2}.$$

Si la courbe $mm'm''m'''\ldots$ était plane, on aurait $d\tau = 0$. Le rapport r de ds à $d\tau$ est ce qu'on nomme le rayon *de la seconde courbure* de la courbe, ou bien encore le rayon de *flexion* ou de *torsion*. Ce rayon est ainsi donné par la formule

$$r = \frac{ds}{\sqrt{(d\cos\lambda)^2 + (d\cos\mu)^2 + (d\cos\nu)^2}},$$

Ici, comme pour le rayon ρ, on pourrait exprimer λ, μ, ν à l'aide de deux angles seulement, à cause de la relation

$$\cos^2\lambda + \cos^2\mu + \cos^2\nu = 1,$$

qui permet de faire

$$\cos\mu = \sin\lambda\sin\varpi, \quad \cos\nu = \sin\lambda\cos\varpi,$$

moyennant quoi on a

$$(d\cos\lambda)^2 + (d\cos\mu)^2 + (d\cos\nu)^2 = d\lambda^2 + \sin^2\lambda\,d\varpi^2,$$

et, par conséquent,

$$r = \frac{ds}{\sqrt{d\lambda^2 + \sin^2\lambda\,d\varpi^2}}.$$

Les courbes pour lesquelles la valeur du rayon de torsion est une fonction donnée de s sont fournies par l'équation

$$d\lambda^2 + \sin^2\lambda\,d\varpi^2 = \frac{ds^2}{r^2}.$$

où l'on prendra pour r la fonction donnée, et que l'on traitera comme l'équation analogue

$$d\sigma^2 + \sin^2\sigma\, d\varpi^2 = \frac{ds^2}{r^2}$$

dont nous nous sommes occupés ci-dessus. On aura ainsi

$$d\lambda = \sin\varphi(s)\,\frac{ds}{r}, \quad \sin\lambda\, d\varpi = \cos\varphi(s)\,\frac{ds}{r},$$

$\varphi(s)$ désignant une fonction arbitraire de s. Ces formules conduiront aux valeurs de λ et ϖ, et, par suite, de $\cos\lambda$, $\cos\mu$, $\cos\nu$, exprimées en s. Pour avoir x, y, z, on se servira ensuite des équations identiques

$$\cos\lambda\, dx + \cos\mu\, dy + \cos\nu\, dz = 0,$$
$$d\cos\lambda\, dx + d\cos\mu\, dy + d\cos\nu\, dz = 0,$$

qui, combinées avec la formule

$$dx^2 + dy^2 + dz^2 = ds^2,$$

donneront les valeurs de dx, dy, dz sous la forme $f(s)\,ds$.

6. En développant les valeurs de $(d\cos\lambda)^2$, $(d\cos\mu)^2$, $(d\cos\nu)^2$, on trouve sans peine

$$r = \frac{ds\,(L^2 + M^2 + N^2)}{\sqrt{(L^2 + M^2 + N^2)(dL^2 + dM^2 + dN^2) - (L\,dL + M\,dM + N\,dN)^2}},$$

d'où

$$r = \frac{ds\,(L^2 + M^2 + N^2)}{\sqrt{(L\,dM - M\,dL)^2 + (N\,dL - L\,dN)^2 + (M\,dN - N\,dM)^2}}.$$

Mais on a

$$dL = dy\,d^2z - dz\,d^2y, \quad dM = dz\,d^2x - dx\,d^2z, \quad dN = dx\,d^2y - dy\,d^2x.$$

De plus, il est aisé de s'assurer que les trois rapports

$$\frac{L\,dM - M\,dL}{dx}, \quad \frac{N\,dL - L\,dN}{dy}, \quad \frac{M\,dN - N\,dM}{dz}$$

sont égaux entre eux et à la quantité

$$dz\,(d^2x\,d^3y - d^3y\,d^2x) = dy\,(d^3z\,d^2x - dx\,d^3z)$$
$$+ dx\,(d^3y\,d^2z - d^2x\,d^3y).$$

Il est facile d'en conclure que

$$r = \frac{(dx\,d^2y - dy\,d^2x)^2 + (dz\,d^2x - dx\,d^2z)^2 + (dy\,d^2z - dz\,d^2y)^2}{dz\,(d^3x\,d^2y - d^3y\,d^2x) + dy\,(d^3z\,d^2x - d^3x\,d^2z) + dx\,(d^3y\,d^2z - d^3z\,d^2y)},$$

valeur qui peut s'écrire aussi

$$r = \frac{L^2 + M^2 + N^2}{L\,d^3x + M\,d^3y + N\,d^3z},$$

ou encore

$$r = \frac{ds^6}{\rho^2(L\,d^3x + M\,d^3y + N\,d^3z)}.$$

7. Si l'on applique les formules qui donnent les rayons ρ et r à l'hélice tracée sur un cylindre droit à base circulaire, on trouve que les deux courbures de l'hélice sont constantes, ce qui du reste est évident à priori. Les valeurs constantes de r et ρ sont d'ailleurs quelconques, et on les rendra égales à des quantités données en disposant du rayon de la base du cylindre et du pas de l'hélice. Réciproquement, il est visible que toute courbe dont les deux courbures sont constantes ne peut être qu'une de nos hélices, car en faisant coïncider une de ces hélices avec la courbe dans trois éléments consécutifs mm', $m'm''$, $m''m'''$, ainsi qu'on le peut, les éléments suivants seront tous déterminés et les mêmes pour l'hélice et la courbe d'après la condition de constance des deux rayons. M. Puiseux a démontré ce même théorème analytiquement en partant des formules qui donnent r et ρ et en cherchant directement la courbe pour laquelle ces deux quantités à la fois sont constantes. Son analyse est élégante et offre un bon exercice de calcul. M. Puiseux prend pour variable indépendante l'arc s de la courbe. Il a donc ces deux formules

$$(1) \qquad \rho = \frac{ds^2}{\sqrt{(d^2x)^2 + (d^2y)^2 + (d^2z)^2}}$$

et

$$(2) \qquad r = \frac{ds^6}{\rho^2(L\,d^3x + M\,d^3y + N\,d^3z)},$$

dans la seconde desquelles nous nous souvenons que

$$L = dy\,d^2z - dz\,d^2y, \quad M = dz\,d^2x - dx\,d^2z, \quad N = dx\,d^2y - dy\,d^2x.$$

Le problème à résoudre consiste à intégrer les équations (1) et (2), dans lesquelles ρ et r sont des constantes, et auxquelles il faut joindre la relation

$$(3) \qquad dx^2 + dy^2 + dz^2 = ds^2.$$

En différentiant cette dernière équation, nous trouvons, à cause de $d^2s = 0$,

$$(4)\qquad dx\,d^2x + dy\,d^2y + dz\,d^2z = 0.$$

De l'équation (1) nous tirons

$$(d^2x)^2 + (d^2y)^2 + (d^2z)^2 = \frac{1}{\rho^2}ds^4,$$

et en différentiant,

$$(5)\qquad d^2x\,d^3x + d^2y\,d^3y + d^2z\,d^3z = 0.$$

L'équation (2) nous donne ensuite

$$L\,d^2x + M\,d^2y + N\,d^2z = \frac{1}{\rho^2}ds^3;$$

différentions et remarquons que l'on a identiquement

$$dL\,d^2x + dM\,d^2y + dN\,d^2z = 0,$$

il vient

$$L\,d^3x + M\,d^3y + N\,d^3z = 0,$$

ou, ce qui est la même chose,

$$(6)\qquad L_1\,dx + M_1\,dy + N_1\,dz = 0,$$

en faisant

$$L_1 = d^2y\,d^3z - d^3y\,d^2z,\quad M_1 = d^2z\,d^3x - d^3z\,d^2x,\quad N_1 = d^2x\,d^3y - d^3x\,d^2y.$$

Si maintenant nous différentions deux fois de suite l'équation (4), nous trouverons, en ayant égard à l'équation (5),

$$dx\,d^4x + dy\,d^4y + dz\,d^4z = 0,$$

et de cette dernière, jointe à l'équation (4), nous conclurons facilement

$$\frac{dx}{L} = \frac{dy}{M} = \frac{dz}{N},$$

Nous pouvons donc, dans l'équation (6), remplacer dx, dy, dz par les quantités proportionnelles L_1, M_1, N_1; il nous vient de cette façon

$$L_1^2 + M_1^2 + N_1^2 = 0,$$

et, par conséquent,

$$(7)\qquad L_1 = 0,\quad M_1 = 0,\quad N_1 = 0.$$

Les expressions désignées par L_1, M_1, N_1, étant des différentielles exactes, on peut intégrer immédiatement les équations (7); on trouve ainsi:

$$(8)\qquad \begin{cases} d^2y\, dz - d^2z\, dy = f\, ds^3, \\ d^2z\, dx - d^2x\, dz = g\, ds^3, \\ d^2x\, dy - d^2y\, dx = h\, ds^3, \end{cases}$$

f, g, h désignant trois constantes arbitraires.

Si maintenant nous ajoutons les trois équations (8), après les avoir multipliées respectivement par d^2x, d^2y, d^2z, il nous viendra, en divisant par ds^3,

$$f d^2x + g d^2y + h d^2z = 0,$$

et en intégrant, et nommant k une constante,

$$(9)\qquad f dx + g dy + h dz = k ds.$$

Faisons

$$\frac{f}{\sqrt{f^2+g^2+h^2}} = \cos\omega_1, \quad \frac{g}{\sqrt{f^2+g^2+h^2}} = \cos\omega_2, \quad \frac{h}{\sqrt{f^2+g^2+h^2}} = \cos\omega_3,$$

et l'équation (9) pourra s'écrire

$$(10)\qquad \frac{dx}{ds}\cos\omega_1 + \frac{dy}{ds}\cos\omega_2 + \frac{dz}{ds}\cos\omega_3 = \frac{k}{\sqrt{f^2+g^2+h^2}}.$$

Sous cette forme elle exprime que toutes les tangentes à la courbe cherchée font des angles égaux avec une même droite, et cette droite est celle qui fait avec les axes des coordonnées les angles ω_1, ω_2, ω_3.

Pour simplifier, nous pouvons prendre maintenant l'axe des z parallèle à cette droite : nous aurons alors

$$\frac{dz}{ds} = \frac{k}{\sqrt{f^2+g^2+h^2}} = \cos\omega,$$

en nommant ω l'angle constant que font avec cet axe les tangentes à la courbe cherchée.

De cette équation nous tirons $d^2z = 0$, ce qui montre que l'on peut prendre z pour variable indépendante, et $ds = \dfrac{dz}{\cos\omega}$. Substituons cette valeur dans l'équation (3); elle devient

$$dx^2 + dy^2 = dz^2\, \text{tang}^2\,\omega,$$

d'où l'on tire

$$dy = \sqrt{dz^2\, \text{tang}^2\,\omega - dx^2}.$$

et en différentiant,

$$d^2 y = - \frac{dx \, d^2 x}{\sqrt{dz^2 \tang^2 \omega - dx^2}}$$

Portons dans l'équation (1) les valeurs de ds, $d^2 x$ et $d^2 y$; elle devient, après les réductions,

$$\rho^2 (d^2 x)^2 \sin^2 \omega \cos^2 \omega = dz^2 \tang^2 \omega - dx^2 dz^2 ;$$

on en tire

$$dz = \frac{\rho \sin \omega \cos \omega \, d \dfrac{dx}{dz}}{\sqrt{\tang^2 \omega - \left(\dfrac{dx}{dz} \right)^2}} ,$$

et en intégrant et nommant c une constante,

$$z - c = \pm \rho \sin \omega \cos \omega . \arc \sin \frac{dx}{dz \tang \omega} .$$

On tire de cette équation

$$dx = \pm \, dz \tang \omega \sin \frac{z - c}{\rho \sin \omega \cos \omega} ,$$

et, par conséquent,

$$(11) \qquad x - a = \pm \rho \sin^2 \omega \cos \frac{z - c}{\rho \sin \omega \cos \omega} ,$$

a étant une constante.

D'un autre côté, l'équation

$$dy = \sqrt{dz^2 \tang^2 \omega - dx^2}$$

devient

$$dy = \pm \, dz \tang \omega \cos \frac{z - c}{\rho \sin \omega \cos \omega} ,$$

et il en résulte, b désignant une nouvelle constante,

$$(12) \qquad y - b = \pm \rho \sin^2 \omega \sin \frac{z - c}{\rho \sin \omega \cos \omega} .$$

Les équations (11) et (12), d'où l'on déduit encore celle-ci

$$(x - a)^2 + (y - b)^2 = \rho^2 \sin^4 \omega ,$$

appartiennent à une hélice tracée sur un cylindre droit dont les génératrices sont parallèles à l'axe des z, et dont le rayon est $\rho \sin^2 \omega$.

Ainsi l'hélice est la seule courbe dont la première et la seconde courbure soient à la fois constantes.

8. M. Bertrand est parvenu par des considérations géométriques à un autre théorème plus général et très-remarquable, savoir, que l'hélice tracée sur un cylindre quelconque est la seule courbe pour laquelle le rapport des rayons ρ et r de courbure et de torsion soit constant. La méthode de M. Puiseux ne paraît pas se prêter à la démonstration de ce nouveau théorème, et c'est là une imperfection véritable. On doit naturellement désirer de voir sortir des mêmes formules analytiques deux théorèmes liés de si près l'un à l'autre. M. Serret a réussi à les embrasser, en effet, dans une même analyse, et je ferai plaisir à nos lecteurs, en transcrivant ici la Lettre encore inédite qu'il a bien voulu m'écrire à ce sujet. M. Serret a fait usage de certaines variables qu'il avait déjà employées au tome XIII du *Journal de Mathématiques*, pour résoudre le problème suivant : x, y, z, s étant quatre fonctions d'une variable indépendante θ assujetties à vérifier l'équation

$$dx^2 + dy^2 + dz^2 = ds^2,$$

exprimer sous forme finie, et sans aucun signe d'intégration, les valeurs générales de ces fonctions. La solution de ce problème conduit, par exemple, à trouver des courbes à double courbure qui soient à la fois algébriques et rectifiables algébriquement, ou dont l'arc dépende d'une transcendante donnée. Le problème analogue pour les courbes planes dépend de l'équation plus simple

$$dx^2 + dy^2 = ds^2,$$

et se résout, comme on sait, par les formules

$$x = \psi'(\theta)\sin\theta + \psi''(\theta)\cos\theta,$$
$$y = \psi'(\theta)\cos\theta - \psi''(\theta)\sin\theta,$$
$$s = \psi(\theta) + \psi''(\theta),$$

où la fonction ψ est arbitraire. Les formules de M. Serret pour l'équation

$$dx^2 + dy^2 + dz^2 = ds^2,$$

sont beaucoup plus compliquées, et, partant, beaucoup moins utiles. Nous attachons, au contraire, une grande importance aux résultats nouveaux contenus dans la Lettre dont nous venons de parler, et dont voici le texte :

« Le système particulier de variables dont j'ai fait usage au tome XIII de » votre Journal, pour obtenir sous forme finie, et sans aucun signe d'intégra- » tion, la solution générale de l'équation

$$dx^2 + dy^2 + dz^2 = ds^2,$$

» où x, y, z, u désignent quatre fonctions d'une même variable indépen-
» dante θ, peut servir à simplifier considérablement l'intégration de quelques
» équations différentielles exprimant diverses propriétés relatives à la courbure
» ou à la torsion des courbes à double courbure, ou, comme on dit aussi, des
» *courbes gauches.*

» Soient x, y, z des coordonnées rectangulaires. On peut représenter le plan
» osculateur d'une courbe gauche par l'équation

$$z = px + qy - u,$$

» p, q, u étant des fonctions d'un paramètre indéterminé θ, et la courbe elle-
» même sera représentée par le système des trois équations

$$(1) \quad \begin{cases} z = px + qy - u, \\ o = x\,dp + y\,dq - du, \\ o = x\,d^2p + y\,d^2q - d^2u, \end{cases}$$

» dont les deux dernières s'obtiennent en différentiant la première par rapport
» au paramètre θ, que nous prenons pour variable indépendante.

» La substitution des variables p, q, u aux coordonnées x, y, z, simplifie
» notablement les formules de la théorie de la courbure des courbes gauches;
» il arrive que quelques-unes de ces formules ne contiennent plus que deux des
» trois variables p, q, u, circonstance dont nous profiterons plus loin.

» Des équations (1) on tire

$$(2) \quad \begin{cases} x = \dfrac{dq\,d^2u - du\,d^2q}{dq\,d^2p - dp\,d^2q}, \\[2mm] y = \dfrac{du\,d^2p - dp\,d^2u}{dq\,d^2p - dp\,d^2q}, \\[2mm] z = px + qy - u; \end{cases}$$

» en combinant les équations (1) avec celles qu'on en déduit par la différen-
» tiation, on obtient

$$(3) \quad \begin{cases} dz = p\,dx + q\,dy, \\ dp\,dx + dq\,dy = o, \\ d^2p\,dx + d^2q\,dy = d^2u - x\,d^2p - y\,d^2q; \end{cases}$$

» d'où l'on tire, en faisant, pour abréger,

$$(4) \quad \Pi = \frac{d^2u - x\,d^2p - y\,d^2q}{dq\,d^2p - dp\,d^2q},$$

$$(5) \quad \begin{cases} dx = H\,dq, \\ dy = -H\,dp, \\ dz = H\,(p\,dq - q\,dp) ; \end{cases}$$

» et si ds désigne la différentielle de l'arc, c'est-à-dire $\sqrt{dx^2 + dy^2 + dz^2}$, on a

$$(6) \qquad ds = H\sqrt{dp^2 + dq^2 + (p\,dq - q\,dp)^2}$$

» *Plan osculateur et angle de torsion.* Comme l'équation

$$z = px + qy - u$$

» est celle du plan osculateur de la courbe représentée par les équations (1),
» si l'on désigne par λ, μ, ν les angles formés par la normale à ce plan avec les
» axes coordonnés, on a

$$(7) \quad \begin{cases} \cos\lambda = \dfrac{-p}{\sqrt{1 + p^2 + q^2}}, \\[2mm] \cos\mu = \dfrac{-q}{\sqrt{1 + p^2 + q^2}}, \\[2mm] \cos\nu = \dfrac{1}{\sqrt{1 + p^2 + q^2}} ; \end{cases}$$

» d'où l'on tire

$$(8) \quad \begin{cases} d\cos\lambda = \dfrac{pq\,dq - (1 + q^2)\,dp}{(1 + p^2 + q^2)^{\frac{3}{2}}}, \\[3mm] d\cos\mu = \dfrac{pq\,dp - (1 + p^2)\,dq}{(1 + p^2 + q^2)^{\frac{3}{2}}}, \\[3mm] d\cos\nu = \dfrac{-(p\,dp + q\,dq)}{(1 + p^2 + q^2)^{\frac{3}{2}}} ; \end{cases}$$

» et si $d\tau$ désigne l'angle de torsion, c'est-à-dire $\sqrt{(d\cos\lambda)^2 + (d\cos\mu)^2 + (d\cos\nu)^2}$,
» on a

$$(9) \qquad d\tau = \dfrac{\sqrt{dp^2 + dq^2 + (p\,dq - q\,dp)^2}}{1 + p^2 + q^2}$$

» *Tangente et angle de contingence.* On peut considérer les deux premières
» des équations (1) comme appartenant à la tangente de la courbe représentée
» par les trois équations (1). Si α, β, γ désignent les angles que fait cette

« tangente avec les axes, on a

$$\cos\alpha = \frac{dx}{ds}, \quad \cos\beta = \frac{dy}{ds}, \quad \cos\gamma = \frac{dz}{ds},$$

» et, par conséquent, à cause des équations (5) et (6),

$$(10) \quad \begin{cases} \cos\alpha = \dfrac{dq}{\sqrt{dp^2 + dq^2 + (p\,dq - q\,dp)^2}}, \\[2ex] \cos\beta = \dfrac{-dp}{\sqrt{dp^2 + dq^2 + (p\,dq - q\,dp)^2}}, \\[2ex] \cos\gamma = \dfrac{p\,dq - q\,dp}{\sqrt{dp^2 + dq^2 + (p\,dq - q\,dp)^2}}, \end{cases}$$

» d'où l'on tire

$$(11) \quad \begin{cases} d\cos\alpha = \dfrac{[pq\,dq - (1 + q^2)\,dp](dq\,d^2p - dp\,d^2q)}{[dp^2 + dq^2 + (p\,dq - q\,dp)^2]^{\frac{3}{2}}}, \\[3ex] d\cos\beta = \dfrac{[pq\,dp - (1 + p^2)\,dq](dp\,d^2p - dp\,d^2q)}{[dp^2 + dq^2 + (p\,dq - q\,dp)^2]^{\frac{3}{2}}}, \\[3ex] d\cos\gamma = \dfrac{-(p\,dp + q\,dq)(dq\,d^2p - dp\,d^2q)}{[dp^2 + dq^2 + (p\,dq - q\,dp)^2]^{\frac{3}{2}}}. \end{cases}$$

» Si $d\tau$ désigne l'angle de contingence, c'est-à-dire

$$\sqrt{(d\cos\alpha)^2 + (d\cos\beta)^2 + (d\cos\gamma)^2},$$

» on a

$$(12) \quad d\tau = \frac{dq\,d^2p - dp\,d^2q}{dp^2 + dq^2 + (p\,dq - q\,dp)^2} \sqrt{1 + p^2 + q^2}.$$

» Des équations (8), (9), (11) et (12), on déduit

$$(13) \quad \frac{d\cos\lambda}{d\cos\alpha} = \frac{d\cos\mu}{d\cos\beta} = \frac{d\cos\nu}{d\cos\gamma} = \frac{d\tau}{d\sigma},$$

» d'où l'on conclut ce théorème, qui nous sera utile, et dont on peut donner
» une démonstration géométrique fort simple :

» THÉORÈME. *Si α et λ désignent les angles formés avec une droite D par*
» *la tangente et par l'axe du plan osculateur en un point M d'une courbe*

» quelconque, le rapport

$$\frac{d\cos\lambda}{d\cos\alpha}$$

» sera le même, quelle que soit la droite D, et sa valeur sera égale au rapport
» de la seconde courbure à la première.

» Je passe maintenant aux applications des formules qui précèdent.

» PROBLÈME I. *Trouver les courbes dans lesquelles les deux courbures ont
» en chaque point un rapport constant k.*

» En vertu des équations (9) et (12), l'équation

$$d\tau - k\,d\varepsilon = 0,$$

» dont dépend ce problème, ne contient que les deux variables p et q avec leurs
» différentielles des deux premiers ordres; et, d'après ce qui précède, on peut
» lui donner l'une des trois formes suivantes:

$$d\cos\lambda - k\,d\cos\alpha = 0,$$
$$d\cos\mu - k\,d\cos\beta = 0,$$
$$d\cos\nu - k\,d\cos\gamma = 0;$$

» d'où il suit que les trois quantités

$$\cos\lambda - k\cos\alpha,$$
$$\cos\mu - k\cos\beta,$$
$$\cos\nu - k\cos\gamma,$$

» sont constantes; d'ailleurs, il est évident que la somme de leurs carrés est
» égale à $1+k^2$. Si donc λ', μ', ν' désignent les angles formés avec les axes
» par une droite fixe arbitraire, on pourra poser

$$\cos\lambda - k\cos\alpha = \sqrt{1+k^2}\,\cos\lambda',$$
$$\cos\mu - k\cos\beta = \sqrt{1+k^2}\,\cos\mu',$$
$$\cos\nu - k\cos\gamma = \sqrt{1+k^2}\,\cos\nu',$$

» ou

$$(14)\quad \left\{ \begin{aligned}
\cos\lambda - \sqrt{1+k^2}\,\cos\lambda' &= k\cos\alpha, \\
\cos\mu - \sqrt{1+k^2}\,\cos\mu' &= k\cos\beta, \\
\cos\nu - \sqrt{1+k^2}\,\cos\nu' &= k\cos\gamma;
\end{aligned} \right.$$

» l'une de ces trois équations (14) est une conséquence des deux autres, et si
» l'on imagine que les cosinus des angles α, β, γ, λ, μ, ν soient remplacés par
» leurs valeurs, elles ne contiendront que les différentielles du premier ordre dp
» et dq; on peut donc considérer deux des équations (14) comme deux intégrales
» premières de l'équation différentielle du deuxième ordre

$$(15) \qquad \frac{dz}{ds} = k,$$

» et, par conséquent, on aura l'intégrale seconde de cette dernière équation,
» en éliminant dp et dq des équations (14); d'ailleurs, ces différentielles n'en-
» trent que dans les expressions de $\cos\alpha$, $\cos\beta$ et $\cos\gamma$, on les éliminera
» donc en ajoutant les équations (14) après les avoir élevées au carré; il vient
» ainsi

$$(16) \qquad \cos\lambda\cos\lambda' + \cos\mu\cos\mu' + \cos\nu\cos\nu' = \frac{1}{\sqrt{1+k^2}};$$

» cette équation (16) est l'intégrale générale de l'équation (15); elle exprime
» que l'axe du plan osculateur de la courbe cherchée fait avec une droite fixe un
» angle constant dont le cosinus a pour valeur $\dfrac{1}{\sqrt{1+k^2}}$. On peut prendre cette
» droite fixe pour axe des z, et l'équation (16) devient

$$(17) \qquad \cos\nu = \frac{1}{\sqrt{1+k^2}}.$$

» La dernière des équations (14) donne alors

$$\cos\gamma = \frac{-k}{\sqrt{1+k^2}},$$

» ce qui montre que la tangente à la courbe cherchée fait, avec l'axe des z, un
» angle constant; c'est donc une hélice tracée sur un cylindre dont la section
» droite est, comme on va voir, une courbe arbitraire.
» En remplaçant $\cos\nu$ par sa valeur tirée de l'équation (7), l'équation (17)
» devient

$$p^2 + q^2 = k^2,$$

» on peut donc prendre

$$(18) \qquad p = k\cos\vartheta, \quad q = k\sin\vartheta,$$

71.

» et l'équation du plan osculateur de la courbe cherchée sera

$$(19) \qquad z = k\,(x\cos\theta + y\sin\theta) - u.$$

» En joignant à cette équation (19) ses deux premières dérivées par rapport
» à θ, on aura les trois équations de la courbe, savoir

$$(20) \quad \begin{cases} z = k\,(x\cos\theta + y\sin\theta) - u, \\[1mm] 0 = k\,(-x\sin\theta + y\cos\theta) - \dfrac{du}{d\theta}, \\[1mm] 0 = k\,(-x\cos\theta - y\sin\theta) - \dfrac{d^2u}{d\theta^2}, \end{cases}$$

» et comme la fonction u demeure arbitraire, on peut considérer aussi comme
» arbitraire la projection de la courbe sur le plan des xy.

» Problème II. *Trouver la courbe dans chacun des points de laquelle la*
» *courbure et la torsion ont des valeurs constantes.*

» La courbe que nous cherchons est représentée par les équations (20), et il
» n'y a plus qu'à déterminer la fonction u par la condition que le rayon de
» courbure $\dfrac{ds}{d\epsilon}$ ait une valeur constante ρ. Or, en vertu des équations (18), les
» équations (6) et (12) donnent

$$ds = \frac{\sqrt{1+k^2}}{k}\left(\frac{d^2u}{d\theta^2} + \frac{du}{d\theta}\right)d\theta,$$

$$dz = \frac{1}{\sqrt{1+k^2}}\,d\theta,$$

» on aura donc, pour déterminer la fonction u,

$$\frac{d^2u}{d\theta^2} + \frac{du}{d\theta} = \frac{k\rho}{1+k^2},$$

» dont l'intégrale générale est

$$u = \frac{k\rho}{1+k^2}\,\theta + kx'\cos\theta + ky'\sin\theta - z',$$

» en désignant par x', y', z' trois constantes arbitraires ; le plan osculateur de

» la courbe cherchée a donc pour équation

$$z - z' = k\left[(x - x')\cos\theta + (y - y')\sin\theta\right] - \frac{k\varepsilon}{1+k^2}\theta,$$

» ou, plus simplement, en transportant l'origine au point (x', y', z'), et
» faisant, pour abréger,

$$\frac{k\varepsilon}{1+k^2} = g,$$

$$z = k(x\cos\theta + y\sin\theta) - g\theta.$$

» Les équations de la courbe seront donc

$$(21)\qquad \begin{cases} z = k(x\cos\theta + y\sin\theta) - g\theta, \\ 0 = k(-x\sin\theta + y\cos\theta) - g, \\ 0 = x\cos\theta + y\sin\theta. \end{cases}$$

» En éliminant θ de ces équations (21), on obtient les deux suivantes :

$$(22)\qquad \begin{cases} y = \frac{g}{k}\cos\frac{z}{g}, \\ x = \frac{g}{k}\sin\frac{z}{g}, \end{cases}$$

» qui sont celles de l'hélice ordinaire.

» L'hélice est donc la seule courbe dont les deux courbures sont constantes.
» On peut se proposer de trouver les courbes gauches dont l'une des deux cour-
» bures seulement est constante. Mes formules donnent une solution très-simple
» de ces deux problèmes.

» Problème III. *Trouver les courbes dont le rayon de torsion* $\frac{ds}{d\varepsilon}$ *a une*
» *valeur constante r.*

» Les équations (5) et (6) donnent

$$\frac{ds}{\sqrt{dp^2 + dq^2 + (p\,dq - q\,dp)^2}} = \frac{dx}{dq} = \frac{dy}{-dp} = \frac{dz}{p\,dq - q\,dp},$$

» on a, de plus, par hypothèse, $ds = r\,d\varepsilon$, ou, à cause de l'équation (9),

$$ds = r\,\frac{\sqrt{dp^2 + dq^2 + (p\,dq - q\,dp)^2}}{1 + p^2 + q^2},$$

» d'où il suit que

$$(23) \quad \begin{cases} dx = r \dfrac{dq}{1 + p^2 + q^2}, \\[2mm] dy = r \dfrac{-\,dp}{1 + p^2 + q^2}, \\[2mm] dz = r \dfrac{p\,dq - q\,dp}{1 + p^2 + q^2}. \end{cases}$$

» Ces équations fournissent la solution du problème proposé. On doit y consi-
» dérer p et q comme des fonctions arbitraires d'une variable θ; on peut aussi
» prendre pour variable indépendante l'une des deux quantités p et q, ou
» même l'une des trois coordonnées x, y, z.

» Prenons z, par exemple, pour variable indépendante, et posons

$$\frac{q}{p} = \varphi(z),$$

» φ désignant une fonction arbitraire; on déduit de là

$$\frac{p\,dq - q\,dp}{p^2} = \varphi'(z)\,dz.$$

» En combinant cette dernière avec la troisième des équations (23), on obtient

$$\frac{1 + p^2 + q^2}{p^2} = r\,\varphi'(z);$$

» on peut ainsi exprimer p et q en fonction de z, de la manière suivante :

$$p = \frac{1}{\sqrt{r\varphi'(z) - \varphi^2(z) - 1}}, \quad q = \frac{\varphi(z)}{\sqrt{r\varphi'(z) - \varphi^2(z) - 1}},$$

» et les deux premières des équations (23) donnent, sans peine,

$$dx = \frac{-r\varphi''(z)\,\varphi(z) + 2r\varphi'^2(z) - 2\varphi'(z)}{2\varphi'(z)\sqrt{r\varphi'(z) - \varphi^2(z) - 1}}\,dz,$$

$$dy = \frac{r\varphi''(z) - 2\varphi(z)\,\varphi'(z)}{2\varphi'(z)\sqrt{r\varphi'(z) - \varphi^2(z) - 1}}\,dz.$$

» Problème IV. *Trouver les courbes dont le rayon de courbure* $\dfrac{ds}{d\sigma}$ *a une
valeur constante* ρ.

» On obtiendra les équations de la courbe cherchée, en remplaçant r par

« $\varrho \dfrac{ds}{d_z}$ dans les équations (23), il vient ainsi

$$(24)\quad\begin{cases} dx = \varrho\,\dfrac{dp\,d^2q - dq\,d^2p}{\left[dp^2 + dq^2 + (p\,dq - q\,dp)^2\right]^{\frac{3}{2}}}\sqrt{1 + p^2 + q^2}\;dq, \\[3mm] dy = -\varrho\,\dfrac{dp\,d^2q - dq\,d^2p}{\left[dp^2 + dq^2 + (p\,dq - q\,dp)^2\right]^{\frac{3}{2}}}\sqrt{1 + p^2 + q^2}\;dp, \\[3mm] dz = \varrho\,\dfrac{dp\,d^2q - dq\,d^2p}{\left[dp^2 + dq^2 + (p\,dq - q\,dp)^2\right]^{\frac{3}{2}}}\sqrt{1 + p^2 + q^2}\;(p\,dq - q\,dp) \end{cases}$$

« Ces équations fournissent la solution du problème proposé, en considérant
« l'une des quantités p ou q comme une fonction arbitraire de l'autre; elles
« prennent une forme plus simple, si, désignant par ϑ la variable indépendante,
« et par $\varphi(\vartheta)$ une fonction arbitraire, on pose

$$p = \varphi'(\vartheta)\cos\vartheta + \varphi(\vartheta)\sin\vartheta,$$
$$q = \varphi'(\vartheta)\sin\vartheta - \varphi(\vartheta)\cos\vartheta;$$

« il vient ainsi

$$(25)\quad\begin{cases} dx = \varrho\,\dfrac{\sqrt{1 + \varphi^2 + \varphi'^2}}{(1 + \varphi)^{\frac{3}{2}}}\sin\vartheta\,d\vartheta, \\[3mm] dy = -\varrho\,\dfrac{\sqrt{1 + \varphi^2 + \varphi'^2}}{(1 + \varphi)^{\frac{3}{2}}}\cos\vartheta\,d\vartheta, \\[3mm] dz = \varrho\,\dfrac{\sqrt{1 + \varphi^2 + \varphi'^2}}{(1 + \varphi)^{\frac{3}{2}}}\,q\,d\vartheta. \end{cases}$$

« Les exemples que j'ai développés suffisent, sans qu'il soit nécessaire d'en-
« trer dans de plus grands détails, pour montrer l'avantage d'introduire en
« Géométrie le système de variables dont j'ai fait usage. »

9. Dans tout ce qui précède, il n'a été question que de la courbure ou de la
torsion absolue des courbes, résultant de leur écart plus ou moins rapide à leur
tangente ou à leur plan osculateur. En supposant les éléments mn, np, etc.,
d'une courbe mnp, tous égaux entre eux et à l'unité de longueur, on a une re-
présentation géométrique simple de la valeur et (pour ainsi parler) de la direction de la courbure de mnp, dans le voisinage du point m, en prolongeant mn
d'une quantité $nt = mn$ et tirant tp. La droite tp, écart naissant de la courbe

à sa tangente, exprime la courbure demandée. Mais il ne s'agit là, je le répète, que de la courbure *absolue*; et on pourrait aussi considérer des courbures ou déviations *relatives*. Deux courbes ayant un élément ds commun, les deux éléments qui suivent ds sur ces courbes respectives forment un angle infiniment petit $d\varepsilon$, que nous nommerons l'angle de contingence relatif; et le rapport de $d\varepsilon$ à ds mesurera la *courbure* ou la *déviation relative* des deux courbes. Le rapport inverse sera la valeur de ce qu'on appellera, par analogie, le rayon de la courbure ou de la déviation relative.

Considérons, pour fixer les idées, nos deux courbes comme composées d'éléments tous égaux entre eux, et prenons pour unité la longueur commune ds de ces éléments. Soit mnp l'une des deux courbes, dont mn, np, etc., sont les éléments successifs; soit mnq l'autre courbe, aux éléments mn, nq, etc.; et tirons pq: cette droite pq mesurera la courbure ou déviation relative de la courbe mnq par rapport à mnp; et nous dirons qu'elle la mesure en grandeur et en direction, ce qui nous conduira à regarder comme égale et contraire à la courbure de mnq relativement à mnp, la courbure de mnp relativement à mnq, mesurée par la droite qp, égale à pq, mais de direction opposée. On pourra même établir entre les courbures *relatives* de plusieurs courbes qui se touchent en un point m des lois de composition analogues à celles des forces; et aussi introduire en Mécanique la notion des *forces centrifuges relatives*, liées aux courbures relatives comme la force centrifuge ordinaire l'est à la courbure absolue.

En y réfléchissant, le lecteur verra qu'on peut tirer un grand parti de ces idées générales, sur lesquelles nous ne voulons pas insister ici. Bornons-nous à signaler parmi les courbures relatives, celle d'une courbe tracée sur une surface, par rapport à la ligne géodésique tangente. J'ai proposé pour la désigner le nom expressif de *courbure géodésique*, que M. Bonnet a bien voulu adopter dans un Mémoire remarquable inséré au XXXIIe cahier du *Journal de l'École Polytechnique*.

NOTE II.

Expressions diverses de la distance de deux points infiniment voisins et de la courbure géodésique des lignes sur une surface.

---

1. On a pu voir dans le Mémoire de M. Gauss, qui fait partie de ce volume, comment la distance de deux points infiniment voisins situés sur une surface donnée s'exprime en fonction de deux variables u, v, au moyen desquelles on détermine la position de chaque point m ou (u, v) sur la surface. Soit ds la distance des deux points infiniment voisins (u, v) et $(u + du, v + dv)$. On a

$$ds^2 = E\,du^2 + 2F\,du\,dv + G\,dv^2,$$

E, F, G désignant des fonctions de u et v dont la signification géométrique est facile à trouver, en considérant les deux systèmes de lignes qui satisfont aux équations respectives $u = constante$ et $v = constante$. Désignons ces lignes par (u) et (v). Entre les quatre lignes (u), (v), $(u + du)$, $(v + dv)$ se trouve compris un parallélogramme infinitésimal dont ds est la diagonale, et dont les côtés ds_1, ds_2, dirigés le premier suivant la ligne (v) où u varie seule, le second suivant la ligne (u) où v varie seule, ont pour expressions

$$ds_1 = \sqrt{E}\,.\,du, \quad ds_2 = \sqrt{G}\,.\,dv.$$

L'angle ω compris entre ds_1 et ds_2 est donné par la formule

$$\cos \omega = \frac{F}{\sqrt{EG}}$$

On a encore

$$\frac{\sin i}{\sin \omega} = \frac{ds_1}{ds} = \frac{\sqrt{E}\,.\,du}{ds} \quad \text{et} \quad \frac{\sin(\omega - i)}{\sin \omega} = \frac{ds_2}{ds} = \frac{\sqrt{G}\,.\,dv}{ds},$$

i représentant l'angle que ds fait avec ds_1. Il est inutile d'ajouter que l'angle de ds avec ds_2 est $\omega - i$.

Quand les deux systèmes (u) et (v) sont orthogonaux, les formules se simplifient : on a alors

$$\cos \omega = o, \quad \text{d'où} \quad F = o,$$

et, par suite,

$$ds^2 = E\,du^2 + G\,dv^2,$$

puis

$$\sin i = \frac{\sqrt{E}.du}{ds}, \quad \cos i = \frac{\sqrt{G}.dv}{ds},$$

conséquemment

$$\tan i = \frac{\sqrt{E}.du}{\sqrt{G}.dv}$$

Une simplification nouvelle aura lieu si l'on réduit à l'unité un des coefficients E, G. Cette réduction s'effectue, du reste, sans que la formule pour ds^2 cesse de convenir à une surface quelconque. Supposons, en effet, que l'équation $v = constante$ soit celle des lignes géodésiques qu'on peut tracer sur la surface à partir d'un point O et dans toutes les directions possibles, ou bien encore celle des lignes géodésiques qu'on peut mener par les divers points d'une courbe AB avec une direction initiale normale à cette courbe; admettons, en outre, que u désigne dans le premier cas la plus courte distance (sur la surface) de chaque point m au point O, et de même, dans le second cas, la plus courte distance de chaque point m à la courbe AB. M. Gauss prouve qu'on aura alors $E = 1$, en sorte que la valeur de ds^2 deviendra simplement

$$ds^2 = du^2 + G\,dv^2.$$

Le Mémoire de M. Gauss contient des applications nombreuses de cette formule.

2. Il existe une autre transformation de la formule générale

$$ds^2 = E\,du^2 + 2F\,du\,dv + G\,dv^2,$$

en vertu de laquelle on peut supposer, pour une surface quelconque, le coefficient F réduit à zéro, et les deux autres coefficients égaux entre eux. En écrivant α, β au lieu de u, v, et désignant par λ la valeur commune des deux coefficients, on a ainsi

$$ds^2 = \lambda\,(d\alpha^2 + d\beta^2).$$

Pour effectuer la réduction dont nous parlons, il faudrait, il est vrai, savoir intégrer une certaine équation différentielle du premier ordre, ou, si l'on veut, trouver le facteur à l'aide duquel on rend son premier membre une différentielle exacte. Mais le seul fait de la possibilité d'une telle réduction est très-remarquable, et donne lieu à des conséquences intéressantes. On l'établira comme il suit :

Le second membre de l'équation

$$ds^2 = E\,du^2 + 2\,F\,du\,dv + G\,dv^2,$$

qui est du second degré par rapport aux différentielles du, dv, et qui, par sa nature même, doit rester $> o$ tant que l'on n'a pas à la fois $du = o$ et $dv = o$, est le produit des deux expressions essentiellement imaginaires

$$du\,\sqrt{E} + \frac{dv}{\sqrt{E}}\left(F + \sqrt{EG - F^2}\,\sqrt{-1}\right)$$

et

$$du\,\sqrt{E} + \frac{dv}{\sqrt{E}}\left(F - \sqrt{EG - F^2}\,\sqrt{-1}\right).$$

Soit $\mu + \nu\sqrt{-1}$ le facteur à l'aide duquel la première de ces expressions devient une différentielle exacte (on aurait aisément ce facteur si l'on savait intégrer l'équation différentielle qu'on obtient en égalant l'expression citée à zéro), et désignons par $d\,(\alpha + \beta\sqrt{-1})$ la différentielle résultant de la multiplication par ce facteur ; la seconde expression, multipliée par $\mu - \nu\sqrt{-1}$, donnera de même la différentielle $d\,(\alpha - \beta\sqrt{-1})$. On aura donc, en multipliant les deux différentielles,

$$(\mu^2 + \nu^2)\,ds^2 = d\alpha^2 + d\beta^2,$$

d'où

$$ds^2 = \lambda\,(d\alpha^2 + d\beta^2),$$

en faisant, pour abréger,

$$\lambda = \frac{1}{\mu^2 + \nu^2}.$$

3. Les deux variables α, β constituent un genre remarquable de coordonnées sur la surface. Le rectangle $d\alpha\,d\beta$ manquant dans l'expression $ds^2 = \lambda\,(d\alpha^2 + d\beta^2)$, les équations

$$\alpha = constante, \quad \beta = constante$$

représentent deux familles de courbes qui se coupent à angle droit, et chaque point m de la surface est déterminé par la rencontre de deux de ces courbes. On voit aussi que les éléments ds_1, ds_2 des deux courbes (β) et (α) sont exprimés par

$$ds_1 = \sqrt{\lambda}\,d\alpha, \quad ds_2 = \sqrt{\lambda}\,d\beta.$$

Il suffit que le rectangle $d\alpha\,d\beta$ manque dans l'expression $ds^2 = \lambda\,(d\alpha^2 + d\beta^2)$,

7*.

pour que les courbes déterminées sur la surface par les paramètres α, β se coupent à angle droit. Mais l'égalité des coefficients de $d\alpha^2$ et $d\beta^2$ donne à ces deux systèmes de courbes orthogonales conjuguées un caractère tout particulier. En supposant les différentielles $d\alpha$, $d\beta$ constantes, on prouve aisément qu'ils divisent la surface en rectangles semblables, et même en carrés, si $d\alpha = d\beta$. Cette propriété les distingue de tous les autres. Je confonds avec eux, bien entendu, ceux qu'on en déduirait en remplaçant α par une fonction de α, et β par une fonction de β, car les lignes (α), (β) resteraient les mêmes.

Au reste, comme il y a une infinité de facteurs qui rendent le premier membre d'une équation une différentielle exacte, il y a aussi une infinité de systèmes de variables α, β qui donnent $ds^2 = \lambda (d\alpha^2 + d\beta^2)$. En effet, au lieu du facteur $\mu + \nu \sqrt{-1}$ qui produit la différentielle $d(\alpha + \beta \sqrt{-1})$, on peut employer le facteur $\varpi(\alpha + \beta \sqrt{-1})(\mu + \nu \sqrt{-1})$, qui produira la différentielle

$$\varpi(\alpha + \beta \sqrt{-1}) \, d(\alpha + \beta \sqrt{-1}) = d\Pi(\alpha + \beta \sqrt{-1})$$

En d'autres termes, si l'on pose

$$\alpha' + \beta' \sqrt{-1} = \Pi(\alpha + \beta \sqrt{-1}),$$

en prenant pour α' la partie réelle, et pour β' le coefficient de $\sqrt{-1}$ dans le second membre, on aura encore $ds^2 = \lambda'(d\alpha'^2 + d\beta'^2)$, ce qu'on peut aisément vérifier. La formule

$$\alpha' + \beta' \sqrt{-1} = \Pi(\alpha \pm \beta \sqrt{-1})$$

fournit, au surplus, la solution la plus générale du problème proposé. On peut le démontrer comme il suit. Pour que les deux systèmes (α, β), (α', β') donnent

$$ds^2 = \lambda (d\alpha^2 + d\beta^2) = \lambda'(d\alpha'^2 + d\beta'^2),$$

il faut et il suffit qu'on ait à la fois

$$\left(\frac{d\alpha'}{d\alpha}\right)^2 + \left(\frac{d\beta'}{d\alpha}\right)^2 = \left(\frac{d\alpha'}{d\beta}\right)^2 + \left(\frac{d\beta'}{d\beta}\right)^2$$

et

$$\frac{d\alpha'}{d\alpha}\frac{d\alpha'}{d\beta} + \frac{d\beta'}{d\alpha}\frac{d\beta'}{d\beta} = 0.$$

La seconde équation exige que l'on ait

$$\frac{d\beta'}{d\alpha} : \frac{d\alpha'}{d\alpha} = -\frac{d\alpha'}{d\beta} : \frac{d\beta'}{d\beta}.$$

En faisant donc

$$\frac{d\beta'}{d\alpha} = w \frac{d\alpha'}{d\alpha},$$

on en conclura

$$\frac{d\beta'}{d\beta} = -\frac{1}{w}\frac{d\alpha'}{d\beta},$$

et la première équation

$$\left(\frac{d\alpha'}{d\alpha}\right)^2 + \left(\frac{d\beta'}{d\alpha}\right)^2 = \left(\frac{d\alpha'}{d\beta}\right)^2 + \left(\frac{d\beta'}{d\beta}\right)^2$$

donne ensuite

$$\left(\frac{d\alpha'}{d\beta}\right)^2 = w^2 \left(\frac{d\alpha'}{d\alpha}\right)^2,$$

d'où

$$\frac{d\alpha'}{d\beta} = \mp w \frac{d\alpha'}{d\alpha} = \pm \frac{d\beta'}{d\alpha},$$

ce qui, à cause de l'équation

$$\frac{d\alpha'}{d\alpha}\frac{d\alpha'}{d\beta} + \frac{d\beta'}{d\alpha}\frac{d\beta'}{d\beta} = 0,$$

fournit encore

$$\frac{d\beta'}{d\beta} = \pm \frac{d\alpha'}{d\alpha}.$$

Il est aisé d'en conclure

$$\frac{d\left(\alpha' + \beta'\sqrt{-1}\right)}{d\beta} = \pm \sqrt{-1}\,\frac{d\left(\alpha' + \beta'\sqrt{-1}\right)}{d\alpha},$$

et, par conséquent,

$$\alpha' + \beta'\sqrt{-1} = \Pi\left(\alpha \pm \beta\sqrt{-1}\right);$$

ce qu'il fallait démontrer.

4. Les formules précédentes seront d'une grande utilité dans la théorie des lignes tracées sur une surface. Veut-on, par exemple, s'occuper des lignes géodésiques? M. Gauss a donné les équations qui les concernent dans le cas le plus général de

$$ds^2 = E\,du^2 + 2F\,du\,dv + G\,dv^2.$$

Mais ces équations sont très-compliquées. On les rend déjà plus maniables en supposant $F = o$, et en prenant

$$ds^2 = E\,du^2 + G\,dv^2.$$

Alors, i étant l'angle sous lequel cette ligne vient couper successivement les diverses courbes représentées par l'équation $u = constante$, on trouve

$$di = \frac{1}{2\sqrt{EG}}\left(\frac{dG}{du}\,dv - \frac{dE}{dv}\,du\right).$$

D'ailleurs, pour cette ligne comme pour toute autre :

$$\sin i = \frac{\sqrt{E}\,du}{ds}, \quad \cos i = \frac{\sqrt{G}\,dv}{ds}, \quad \operatorname{tang} i = \frac{\sqrt{E}\,du}{\sqrt{G}\,dv}.$$

Mais on aura un résultat bien plus simple encore en employant notre dernière expression de ds^2, savoir

$$ds^2 = \lambda\,(d\alpha^2 + d\beta^2);$$

car, dans cette hypothèse, et en prenant pour i l'angle avec la courbe (α), il nous viendra

$$di = \frac{1}{2\lambda}\left(\frac{d\lambda}{d\alpha}\,d\beta - \frac{d\lambda}{d\beta}\,d\alpha\right)$$

et

$$\sin i = \frac{\sqrt{\lambda}\,d\alpha}{ds}, \quad \cos i = \frac{\sqrt{\lambda}\,d\beta}{ds}, \quad \operatorname{tang} i = \frac{d\alpha}{d\beta}.$$

5. Je ne puis m'empêcher, à l'occasion de ces formules, d'ajouter l'expression du rayon de *courbure géodésique* d'une courbe quelconque. Soit i l'angle que cette courbe, au point m que nous considérons, fait avec la ligne (u) qui passe par ce point. Soient $i + di$ ce que cet angle devient lorsqu'on se transporte à l'élément suivant sur la courbe et $i + \delta i$ ce qu'il deviendrait pour la ligne géodésique tangente à la courbe en m. Il est clair que $\delta i - di$ est l'angle de contingence géodésique, et, par suite, en nommant ρ le rayon de courbure géodésique, on a

$$\frac{1}{\rho} = \frac{\delta i - di}{ds}.$$

Mais la valeur de δi est donnée par la théorie des lignes géodésiques, et nous venons de rappeler qu'en prenant

$$ds^2 = E\,du^2 + G\,dv^2,$$

on a

$$\delta i = \frac{1}{2\sqrt{EG}}\left(\frac{dG}{du}\,dv - \frac{dE}{dv}\,du\right).$$

Donc

$$\frac{1}{\rho} = -\frac{di}{ds} + \frac{1}{2\sqrt{EG}}\left(\frac{dG}{du}\,\frac{dv}{ds} - \frac{dE}{dv}\,\frac{du}{ds}\right).$$

Mais

$$\frac{du}{ds} = \frac{\sin i}{\sqrt{E}}, \quad \frac{dv}{ds} = \frac{\cos i}{\sqrt{G}}.$$

Il s'ensuit que

$$\frac{1}{\rho} = -\frac{di}{ds} + \frac{1}{2G\sqrt{E}}\frac{dG}{du}\cos i - \frac{1}{2E\sqrt{G}}\frac{dE}{dv}\sin i.$$

Si l'angle i est constant, c'est-à-dire si la courbe donnée coupe sous un même angle toutes les courbes (u), il vient simplement

$$\frac{1}{\rho} = \frac{1}{2G\sqrt{E}}\frac{dG}{du}\cos i - \frac{1}{2E\sqrt{G}}\frac{dE}{dv}\sin i.$$

Par exemple, pour la courbe (u) elle-même, on a $i = o$. Son rayon de courbure est donc

$$\frac{1}{\rho'} = \frac{1}{2G\sqrt{E}}\frac{dG}{du}$$

Pour la courbe (v), on aurait $i = \frac{\pi}{2}$, et le rayon de courbure deviendrait

$$\frac{1}{\rho''} = \frac{1}{2E\sqrt{G}}\frac{dE}{dv}$$

Il résulte de là, pour $\frac{1}{\rho}$, en général, cette expression assez remarquable

$$\frac{1}{\rho} = \frac{di}{ds} + \frac{\cos i}{\rho'} + \frac{\sin i}{\rho''}$$

6. Au reste, on pourrait aussi trouver directement la valeur de ρ, sans se servir de la théorie des lignes géodésiques, et tirer, au contraire, de cette valeur l'équation fondamentale de ces lignes en observant que pour les lignes géodésiques seules on a $\rho = \infty$. Un des moyens les plus simples qu'on puisse employer pour cela est de rattacher la valeur de la courbure géodésique à celle de la courbure absolue. Soient $mn\ldots$ la courbe dont nous nous occupons, et mn, $np,\ldots$ ses éléments successifs que nous supposerons tous égaux entre eux et à l'unité de longueur. Prolongeons mn de $nt = mn$, et tirons tp qui représentera, comme on l'a dit dans la Note I, la courbure absolue de $mnp,\ldots$ Pour avoir la courbure géodésique, abaissons du point t une perpendiculaire tq sur la surface, et joignons d'abord nq, puis qp. La droite nt faisant avec la surface un angle infiniment petit, sa projection nq lui est sensiblement égale. Or nq est (on le sait, et cela est presque évident d'ailleurs) le second élément de la ligne géodésique $mn\ldots$, tangente à $mnp\ldots$, et osculatrice de la section normale faite dans la surface par le plan mnq. Donc qp exprimera la courbure géodésique de $mnp\ldots$, comme tq la courbure absolue de la section normale mnq. Ainsi le triangle rectangle infinitésimal tqp, par ses trois côtés tp, tq, qp, vous donne : 1° la courbure absolue de $mnp\ldots$, qui est aussi celle de la section oblique faite dans la surface par le plan mnp des deux premiers éléments ; 2° la courbure absolue de la section normale correspondante mnq ; 3° la courbure géodésique

de mnp.... De là d'abord le théorème connu de Meusnier, puis une expression du rayon ρ de courbure géodésique au moyen du rayon de courbure absolu R de mnp.... En désignant en effet par θ l'angle tpq, qui n'est autre que l'angle du plan osculateur de mnp.... avec le plan tangent, vous aurez le rapport de tq à $tp = \sin \theta$, c'est-à-dire le théorème de Meusnier, puis

$$\frac{qp}{tp} \quad \text{ou} \quad \frac{R}{\rho} = \cos \theta,$$

d'où

$$\rho = \frac{R}{\cos \theta}.$$

7. Il est aisé de voir aussi que le rayon ρ de courbure géodésique de mnp.... n'est autre chose que le rayon de courbure absolu d'une certaine courbe plane $m'n'p'$.... savoir de la courbe dans laquelle mnp.... se transformerait si l'on appliquait sur un plan la surface développable formée par les intersections successives des plans tangents menés le long de mnp.... à la surface sur laquelle cette courbe mnp.... est située.

Ainsi

$$\frac{ds}{\rho}$$

est à la fois la valeur de l'angle de contingence géodésique pour mnp.... et la valeur de l'angle de contingence ordinaire pour $m'n'p'$.... L'intégrale

$$\int \frac{\cos \theta}{R} \, ds = \int \frac{ds}{\rho},$$

qui figure dans certains théorèmes de M. Bonnet, s'exprime donc par l'angle des tangentes ou des normales extrêmes de la courbe plane $m'n'p'$....; et cette considération pourra servir à simplifier les énoncés auxquels nous faisons allusion, et à en augmenter encore l'élégance.

NOTE III.

*Théorème concernant l'intégration de l'équation des lignes
géodésiques.*

1. Voici un cas fort étendu dans lequel l'équation des lignes géodésiques
s'intègre. Imaginons que ds étant l'élément d'une ligne quelconque tracée sur
la surface dont on s'occupe, on ait réussi à mettre l'expression de ds^2 sous la
forme

$$ds^2 = \lambda \, (d\alpha^2 + d\beta^2).$$

Je dis que l'équation des lignes géodésiques s'intégrera toutes les fois qu'en
prenant α et β pour des coordonnées rectangles on parviendra à déterminer le
mouvement d'un point matériel soumis dans un plan à une action telle que λ
soit la fonction des forces et 2λ la force vive.

En d'autres termes, on intègre l'équation des lignes géodésiques dès qu'on
sait intégrer les deux suivantes :

$$\frac{d^2\alpha}{d\tau^2} = \frac{d\lambda}{d\alpha}, \quad \frac{d^2\beta}{d\tau^2} = \frac{d\lambda}{d\beta},$$

en se bornant au cas où l'intégrale connue

$$\left(\frac{d\alpha}{d\tau}\right)^2 + \left(\frac{d\beta}{d\tau}\right)^2 = 2\lambda + \text{constante},$$

se réduit à

$$\left(\frac{d\alpha}{d\tau}\right)^2 + \left(\frac{d\beta}{d\tau}\right)^2 = 2\lambda,$$

la constante étant prise égale à zéro.

C'est ce qu'on voit d'abord par le principe de la moindre action, en vertu
duquel les deux questions reviennent à rendre un minimum la même intégrale

$$\int \sqrt{\lambda \, (d\alpha^2 + d\beta^2)}.$$

Pour le démontrer d'une autre manière, je pars de cette propriété bien connue, et d'ailleurs très-facile à établir, que la ligne géodésique est celle que décrirait sur la surface un point matériel assujetti à se mouvoir sur cette surface, et lancé d'abord avec une certaine vitesse, mais ensuite abandonné à lui-même. Cela étant, les formules de la *Mécanique analytique* donnent

$$\frac{d.\lambda\frac{d\alpha}{dt}}{dt} = \frac{1}{2}\frac{d\lambda}{d\alpha}\left[\left(\frac{d\alpha}{dt}\right)^2 + \left(\frac{d\beta}{dt}\right)^2\right],$$

$$\frac{d.\lambda\frac{d\beta}{dt}}{dt} = \frac{1}{2}\frac{d\lambda}{d\beta}\left[\left(\frac{d\alpha}{dt}\right)^2 + \left(\frac{d\beta}{dt}\right)^2\right].$$

On simplifiera ces équations en ayant égard au principe des forces vives, d'après lequel

$$\lambda\left[\left(\frac{d\alpha}{dt}\right)^2 + \left(\frac{d\beta}{dt}\right)^2\right] = C,$$

C étant une constante; et on aura

$$\frac{d.\lambda\frac{d\alpha}{dt}}{dt} = \frac{C}{2\lambda}\frac{d\lambda}{d\alpha}, \quad \frac{d.\lambda\frac{d\beta}{dt}}{dt} = \frac{C}{2\lambda}\frac{d\lambda}{d\beta}.$$

Maintenant faites

$$\sqrt{\frac{C}{2}}\cdot\frac{dt}{\lambda} = d\tau \quad \text{ou} \quad dt = \sqrt{\frac{2}{C}}\cdot\lambda\,d\tau,$$

et vous obtiendrez ces deux équations

$$\frac{d^2\alpha}{d\tau^2} = \frac{d\lambda}{d\alpha}, \quad \frac{d^2\beta}{d\tau^2} = \frac{d\lambda}{d\beta};$$

l'équation

$$\lambda\left[\left(\frac{d\alpha}{dt}\right)^2 + \left(\frac{d\beta}{dt}\right)^2\right] = C$$

vous donnera d'ailleurs

$$\left(\frac{d\alpha}{d\tau}\right)^2 + \left(\frac{d\beta}{d\tau}\right)^2 = 2\lambda,$$

d'où l'on conclut le théorème énoncé. J'aurais pu arriver à ce résultat au moyen des formules citées dans la Note II. Mais il y a plus d'élégance peut-être à employer, comme je le fais ici, les principes et les formules de la Dynamique. Un théorème analogue s'applique d'ailleurs au cas plus général d'un point en mouvement sur la surface sous l'influence de forces données, et ramène toujours la question à celle du mouvement dans un plan avec une autre fonction des forces et une force vive différente. En effet, si U est la fonction des forces et $2(U + C)$ la force vive dans le mouvement sur la surface, on a à rendre un minimum l'intégrale

$$\int \sqrt{(U + C).\lambda (d\alpha^2 + d\beta^2)},$$

laquelle est identique avec celle-ci

$$\int \sqrt{\lambda (U + C)(d\alpha^2 + d\beta^2)},$$

qui répond au mouvement d'un point dans un plan avec une fonction des forces $\lambda(U + C)$ et une force vive $2\lambda(U + C)$.

2. On a un cas remarquable d'intégrabilité pour les lignes géodésiques, lorsque la valeur de λ est de la forme

$$\lambda = f(\alpha) - F(\beta).$$

Nos équations deviennent alors, en indiquant les dérivées par des accents,

$$\frac{d^2\alpha}{d\tau^2} = f'(\alpha), \quad \frac{d^2\beta}{d\tau^2} = - F'(\beta),$$

d'où

$$\frac{1}{2}\left(\frac{d\alpha}{d\tau}\right)^2 = f(\alpha) - a, \quad \frac{1}{2}\left(\frac{d\beta}{d\tau}\right)^2 = a' - F(\beta).$$

Les constantes a et a' ne sont pas indépendantes entre elles. En effet, l'équation

$$\left(\frac{d\alpha}{d\tau}\right)^2 + \left(\frac{d\beta}{d\tau}\right)^2 = 2\lambda$$

exige que

$$\left(\frac{d\alpha}{d\tau}\right)^2 + \left(\frac{d\beta}{d\tau}\right)^2 = 2f(\alpha) - 2F(\beta).$$

Mais d'un autre côté

$$\left(\frac{d\alpha}{d\tau}\right)^2 + \left(\frac{d\beta}{d\tau}\right)^2 = 2f(\alpha) - 2F(\beta) + 2a' - 2a;$$

donc $a' = a$. Par suite,

$$\frac{1}{2}\left(\frac{d\alpha}{d\tau}\right)^2 = f(\alpha) - a, \quad \frac{1}{2}\left(\frac{d\beta}{d\tau}\right)^2 = a - F(\beta).$$

En divisant ces équations membre à membre, on en conclut définitivement

$$\frac{d\alpha}{\sqrt{f(\alpha) - a}} = \frac{d\beta}{\sqrt{a - F(\beta)}}$$

et la dernière intégration n'offre dès lors aucune difficulté puisque les variables sont séparées.

L'équation

$$\frac{d\alpha}{\sqrt{f(\alpha) - a}} = \frac{d\beta}{\sqrt{a - F(\beta)}}$$

peut s'écrire

$$a = \frac{f(\alpha)\, d\beta^2 + F(\beta)\, d\alpha^2}{d\alpha^2 + d\beta^2}.$$

Soit i l'angle sous lequel la ligne géodésique vient couper successivement les courbes représentées par l'équation $\alpha = $ constante, en sorte que

$$\frac{d\alpha}{d\beta} = \operatorname{tang} i.$$

En introduisant dans nos formules cet angle i, c'est-à-dire en remplaçant $d\alpha$ par $\operatorname{tang} i\, d\beta$, on a donc

$$f(\alpha)\cos^2 i + F(\beta)\sin^2 i = a.$$

La longueur d'un arc quelconque s de la ligne géodésique est susceptible aussi d'une expression élégante. En effet, on prouve aisément que

$$ds = d\alpha \sqrt{f(\alpha) - a} + d\beta \sqrt{a - F(\beta)}.$$

Cela permet de remplacer l'équation

$$\frac{d\alpha}{\sqrt{f(\alpha) - a}} = \frac{d\beta}{\sqrt{a - F(\beta)}}$$

par celle-ci

$$\delta\, ds = 0,$$

où la variation δ se rapporte à la constante a, et dont la forme donne lieu à d'utiles conséquences.

Mais dans ces Notes rapides je dois me refuser à de tels détails.

3. N'oublions pas, du moins, de montrer que les formules précédentes s'appliquent à l'ellipsoïde. C'est, en effet, par l'équation différentielle des lignes géodésiques de l'ellipsoïde, dont M. Jacobi a le premier trouvé l'intégrale, que toutes ces recherches ont commencé.

Soit

$$\frac{x^2}{p^2} + \frac{y^2}{p^2 - b^2} + \frac{z^2}{p^2 - c^2} = 1$$

l'équation d'un ellipsoïde quelconque dont les trois axes par ordre de grandeur sont 2ρ, $2\sqrt{\rho^2 - b^2}$, $2\sqrt{\rho^2 - c^2}$. Si l'on prend μ^2 entre les limites b^2 et c^2, et ν^2 entre les limites 0 et b^2, les équations

$$\frac{x^2}{\mu^2} + \frac{y^2}{\mu^2 - b^2} - \frac{z^2}{c^2 - \mu^2} = 1$$

et

$$\frac{x^2}{\nu^2} - \frac{y^2}{b^2 - \nu^2} - \frac{z^2}{c^2 - \nu^2} = 1,$$

représenteront deux hyperboloïdes qui couperont l'ellipsoïde suivant deux courbes que j'appellerai (μ) et (ν) parce qu'elles changent avec les deux paramètres μ et ν de nos surfaces. On sait, et il est facile de vérifier, que ces courbes sont précisément les lignes de courbure de l'ellipsoïde. Quoi qu'il en soit, on peut prendre μ et ν pour les variables qui déterminent sur l'ellipsoïde la position d'un point ; et comme on trouve sans peine

$$x = \frac{\rho\mu\nu}{bc}, \quad y = \frac{\sqrt{\rho^2 - b^2}\sqrt{\mu^2 - b^2}\sqrt{b^2 - \nu^2}}{b\sqrt{c^2 - b^2}}, \quad z = \frac{\sqrt{\rho^2 - c^2}\sqrt{c^2 - \mu^2}\sqrt{c^2 - \nu^2}}{c\sqrt{c^2 - b^2}},$$

on en conclut pour le carré ds^2 de tout élément de ligne ellipsoïdale

$$ds^2 = (\mu^2 - \nu^2)\left[\frac{(\rho^2 - \mu^2)\,d\mu^2}{(\mu^2 - b^2)(c^2 - \mu^2)} + \frac{(\rho^2 - \nu^2)\,d\nu^2}{(b^2 - \nu^2)(c^2 - \nu^2)}\right].$$

En posant donc

$$\frac{(\rho^2 - \mu^2)\,d\mu^2}{(\mu^2 - b^2)(c^2 - \mu^2)} = d\alpha^2, \quad \frac{(\rho^2 - \nu^2)\,d\nu^2}{(b^2 - \nu^2)(c^2 - \nu^2)} = d\beta^2,$$

ce qui rendra μ fonction de α et ν fonction de β, on aura

$$ds^2 = \lambda\,(d\alpha^2 + d\beta^2),$$

avec la condition

$$\lambda = \mu^2 - \nu^2 = f(\alpha) - F(\beta),$$

qui rend les formules du n° 2 applicables. On arrivera ainsi en particulier à l'équation élégante

$$\mu^2 \cos^2 i + \nu^2 \sin^2 i = a,$$

laquelle revient au fond à cette autre, non moins remarquable,

$$\text{PD} = \textit{constante},$$

où D est le demi-diamètre de l'ellipsoïde, parallèle à l'élément ds de la ligne géodésique, et P la perpendiculaire abaissée du centre sur le plan tangent à la surface en un point de cet élément.

En voilà assez sur ce sujet. Renvoyons pour le reste aux Journaux mathématiques où l'on trouvera les travaux de MM. Jacobi, Joachimsthal, Chasles, Michael Roberts, et ce que j'ai pu faire moi-même dans cette théorie si curieuse des lignes géodésiques sur l'ellipsoïde. Quant aux lignes de courbure de cette surface, voyez surtout l'excellent ouvrage de M. Charles Dupin (*Développements de Géométrie*, etc.); c'est le vrai commentaire qu'on pouvait désirer sur Monge.

L'ouvrage de M. Charles Dupin est entre les mains de tout le monde, et il serait fort inutile d'en reproduire ici les diverses parties. Les Notes que nous ajoutons portent naturellement sur les points que ce savant académicien a laissés de côté, et pour lesquels M. Gauss a ouvert des voies nouvelles ; nous avons d'ailleurs bien plus pour objet d'indiquer aux jeunes gens les sources où ils doivent s'instruire que de leur donner des leçons en règle.

NOTE IV.

Sur le théorème de M. Gauss, concernant le produit des deux rayons de courbure principaux en chaque point d'une surface.

1. Une surface quelconque étant donnée, si on la suppose flexible, mais inextensible, et que, dans cette hypothèse, on vienne à la déformer comme on voudra, les rayons de courbure des diverses sections normales changeront en général de valeur; mais le produit RR_1 des deux rayons de courbure principaux restera le même, en chaque point m de la surface, avant et après la déformation. Pour démontrer d'une manière simple ce beau théorème de M. Gauss, on peut employer, avec MM. Bertrand et Puiseux (*Journal de Mathématiques*, tome XIII), la considération d'un fil très-petit dont une des extrémités soit fixée en m, et qui tourne en restant tendu sur la surface. L'autre extrémité n de ce fil décrira une courbe (n) dont la longueur ne variera pas quand on viendra à déformer la surface, et qui, de plus, pourra être considérée comme décrite sur la surface transformée, de la même manière qu'elle l'avait été sur la surface primitive, et à l'aide d'un fil de même longueur. Or, nous allons calculer le périmètre total de cette courbe, et on verra qu'il ne peut rester constant que si le produit RR_1 est lui-même invariable.

Observons d'abord que si l'on considère les diverses lignes géodésiques suivant lesquelles le fil est tendu à partir du point m, chacune d'elles a un contact du second ordre avec la section normale correspondante, et par suite, a même rayon de courbure que cette section normale. Le rayon de courbure R_ω de la ligne géodésique qui fait en m l'angle ω avec la section principale dont le rayon est R, sera donc fourni par la formule

$$\frac{1}{R_\omega} = \frac{\cos^2 \omega}{R} + \frac{\sin^2 \omega}{R_1}$$

Soit c la longueur très-petite et constante du fil qui a servi à tracer la courbe (n) : il est évident que si l'on projette cette courbe sur le plan tangent en m, on obtiendra une ligne (p) dont les rayons vecteurs r peuvent être regardés, aux quantités près du quatrième ordre en s, comme étant les sinus d'arcs égaux à s, dans des cercles ayant pour rayons les diverses valeurs de R_ω; de sorte qu'au degré d'approximation indiqué, l'on aura

$$r = s - \frac{s^3}{6R_\omega^2}.$$

L'élément dl de longueur de la courbe (p) sera donné par la formule

$$dl^2 = dr^2 + r^2\, d\omega^2,$$

ou, en négligeant dr^2, qui contient en facteur la sixième puissance de s,

$$dl^2 = \left(s - \frac{s^3}{6R_\omega^2} \right)^2 d\omega^2,$$

ou, enfin,

$$dl^2 = s^2\, d\omega^2 - \frac{s^4\, d\omega^2}{3} \left(\frac{\cos^2\omega}{R} + \frac{\sin^2\omega}{R_{\prime}} \right);$$

en développant, négligeant de nouveau un terme affecté de s^6, et mettant pour R_ω sa valeur.

L'élément $d\lambda$ de la courbe (n) elle-même sera donné par la formule

$$d\lambda^2 = dl^2 + dz^2,$$

z étant la distance des différents points de cette courbe au plan tangent en m. Or cette distance est, en négligeant toujours les termes du quatrième ordre,

$$z = \frac{s^2}{2R_\omega};$$

on a donc

$$dz^2 = \frac{s^4}{4} \left(d\,\frac{1}{R_\omega} \right)^2 = s^4 \left(\frac{1}{R_{\prime}} - \frac{1}{R} \right) \frac{\sin^2 2\omega}{4}\, d\omega^2;$$

ce qui donne

$$d\lambda^2 = s^2\, d\omega^2 + s^4\, d\omega^2 \left[\left(\frac{1}{R_{\prime}} - \frac{1}{R} \right) \frac{\sin^2 2\omega}{4} - \frac{1}{3} \left(\frac{\cos^2\omega}{R} + \frac{\sin^2\omega}{R_{\prime}} \right)^2 \right];$$

d'où l'on tire, en extrayant la racine carrée, et négligeant les puissances de s supérieures à la quatrième,

$$d\lambda = s\, d\omega + s^3\, d\omega \left\{ \begin{array}{l} \dfrac{1}{6R^2}\,(3\cos^4\omega - 4\cos^2\omega) \\[6pt] + \dfrac{1}{6R_{\prime}^2}\,(3\sin^4\omega - 4\sin^2\omega) \\[6pt] - \dfrac{4}{3RR_{\prime}}\,\sin^2\omega\cos^2\omega \end{array} \right\}.$$

En intégrant de 0 à 2π, et remarquant que,

$$\int_0^{2\pi} (3\cos^2\omega - 4\cos^4\omega)\,d\omega = 0,$$

$$\int_0^{2\pi} (3\sin^2\omega - 4\sin^4\omega)\,d\omega = 0,$$

$$\int_0^{2\pi} \sin^2\omega\cos^2\omega\,d\omega = \frac{\pi}{4},$$

on trouve donc enfin

$$\lambda = 2\pi a - \frac{\pi a^3}{3\,RR'},$$

Cette expression ne dépend que du produit RR', puisque a est une constante; λ ne devant pas changer quand on déforme la surface, le produit RR' doit par suite aussi rester invariable; le théorème de M. Gauss est donc démontré.

Dans la déformation de la surface, ce n'est pas seulement le contour λ de la courbe (a) qui doit rester invariable; l'aire contenue dans ce contour doit aussi conserver sa valeur. En calculant cette aire, on aurait donc une seconde démonstration du théorème qui nous occupe. (*Voyez*, sur ce point, dans le *Journal de Mathématiques*, une Note de M. Diguet.)

2. J'ai pris, dans ce qui précède, M. Bertrand pour guide. M. Puiseux, qui a eu, comme M. Bertrand, l'idée de se servir du contour λ, suit dans son calcul une marche un peu différente. Comme il est bon, dans une question aussi intéressante, d'envisager les mêmes objets sous leurs diverses formes, je vais transcrire ici textuellement l'article de M. Puiseux.

« Étant données deux surfaces, on peut toujours, et cela d'une infinité de
» manières, faire correspondre chaque point de l'une à un point de l'autre,
» de façon qu'à toute figure tracée sur la première réponde une figure tracée
» sur la seconde. Nous dirons que les deux surfaces peuvent se transformer
» l'une dans l'autre, si l'on peut faire en sorte que les arcs correspondants
» soient égaux : cette condition remplie, il s'ensuit que les aires et les angles
» correspondants sont aussi égaux, comme on le voit par la décomposition des
» surfaces en triangles infiniment petits.

» Cela posé, le théorème énoncé par M. Gauss est le suivant :

» *Si deux surfaces peuvent être transformées l'une dans l'autre, le pro-*
» *duit des rayons de courbure principaux en chaque point de l'une est égal*
» *au produit de ces mêmes rayons au point correspondant de l'autre.* »

« Pour le prouver, observons d'abord que si l'on trace sur la première sur-
» face une ligne géodésique, c'est-à-dire qui soit la plus courte entre deux de
» ses points, la ligne correspondante sur la seconde surface sera aussi une
» ligne géodésique ; car si entre deux des points de cette dernière on pouvait
» mener une plus courte ligne sur la seconde surface, il existerait aussi entre
» les deux points correspondants sur la première surface, une ligne plus courte
» que la ligne géodésique qui les joint ; ce qui est contre la définition.

» Imaginons maintenant que, par un point m de l'une de nos surfaces, on
» mène toutes les lignes géodésiques qui y aboutissent, et qu'on prenne sur
» chacune d'elles un petit arc d'une même longueur σ ; les extrémités de ces
» arcs formeront une courbe fermée. Faisons la même construction sur la
» seconde surface, à partir du point m' correspondant à m ; nous obtiendrons
» une nouvelle courbe fermée qui sera la correspondante de la première, et
» devra, par conséquent, avoir la même longueur. De cette égalité résulte,
» comme on va le voir, le théorème en question.

» Soient x, y, z les coordonnées d'un point de la première surface ; faisons,
» suivant l'usage,

$$dz = p\,dx + q\,dy, \quad dp = r\,dx + s\,dy, \quad dq = s\,dx + t\,dy,$$

» d'où il suit

$$d^2z = p\,d^2x + q\,d^2y + r\,dx^2 + 2s\,dx\,dy + t\,dy^2.$$

» Appelons s l'arc d'une ligne géodésique passant au point (x, y, z) ; on sait
» que le rayon de courbure de cette ligne est normal à la surface ; il en
» résulte, en prenant s pour variable indépendante,

$$d^2x + p\,d^2z = 0, \quad d^2y + q\,d^2z = 0,$$

» d'où, en différentiant,

$$d^3x + p\,d^3z + (r\,dx + s\,dy)\,d^2z = 0,$$
$$d^3y + q\,d^3z + (s\,dx + t\,dy)\,d^2z = 0.$$

» De plus, si nous appelons ξ, η, ζ les coordonnées de l'extrémité d'un arc égal
» à σ porté sur cette ligne à partir du point (x, y, z), nous aurons

$$\xi = x + \frac{dx}{ds}\sigma + \frac{d^2x}{ds^2}\frac{\sigma^2}{2} + \frac{d^3x}{ds^3}\frac{\sigma^3}{6} + \ldots,$$

$$\eta = y + \frac{dy}{ds}\sigma + \frac{d^2y}{ds^2}\frac{\sigma^2}{2} + \frac{d^3y}{ds^3}\frac{\sigma^3}{6} + \ldots,$$

$$\zeta = z + \frac{dz}{ds}\sigma + \frac{d^2z}{ds^2}\frac{\sigma^2}{2} + \ldots,$$

« Supposons maintenant que le point (x, y, z) soit le point désigné ci-dessus » par m; prenons ce point pour origine des coordonnées, l'axe des z étant » dirigé suivant la normale à la surface, nous aurons

$$x = 0, \quad y = 0, \quad z = 0, \quad p = 0, \quad q = 0.$$

» On peut d'ailleurs disposer de l'axe des x de façon que l'on ait $s = 0$. Il suit » de ces hypothèses, et des équations écrites plus haut,

$$dz = 0, \quad d^2z = r\,dx^2 + t\,dy^2, \quad d^3x = 0, \quad d^3y = 0,$$
$$d^3x + r^2dx^3 + rt\,dx\,dy^2 = 0, \quad d^3y + rt\,dx^2\,dy + t^2\,dy^3 = 0.$$

» Nommons α l'angle que fait avec l'axe des x la tangente à l'arc σ menée par » l'origine, de sorte qu'on ait

$$\frac{dx}{ds} = \cos\alpha, \quad \frac{dy}{ds} = \sin\alpha;$$

» nous en conclurons

$$\frac{d^2z}{ds^2} = r\cos^2\alpha + t\sin^2\alpha,$$
$$\frac{d^3x}{ds^3} = -r^2\cos^3\alpha - rt\cos\alpha\sin^2\alpha,$$
$$\frac{d^3y}{ds^3} = -rt\cos^2\alpha\sin\alpha - t^2\sin^3\alpha,$$

» et, par conséquent,

$$\xi = \sigma\cos\alpha - \frac{\sigma^3}{6}(r^2\cos^3\alpha + rt\cos\alpha\sin^2\alpha) + \ldots,$$
$$\eta = \sigma\sin\alpha - \frac{\sigma^3}{6}(rt\cos^2\alpha\sin\alpha + t^2\sin^3\alpha) + \ldots,$$
$$\zeta = \frac{\sigma^2}{2}(r\cos^2\alpha + t\sin^2\alpha) + \ldots.$$

» En donnant à α toutes les valeurs de zéro à 2π, on aura successivement, par » ces formules, tous les points de la courbe fermée définie plus haut. Si maintenant nous désignons par λ l'arc de cette courbe, lequel est une fonction » de α, on aura

$$d\lambda = \sqrt{d\xi^2 + d\eta^2 + d\zeta^2},$$

» ou bien, en ayant égard aux valeurs précédentes de ξ, η, ζ, et observant » que α seul est variable,

$$d\lambda = d\alpha\sqrt{\sigma^2 - \frac{rt\,\sigma^4}{3} + \ldots} = d\alpha\left(\sigma - \frac{rt\,\sigma^3}{6} + \ldots\right).$$

« Pour avoir la longueur totale l de la courbe, il suffit d'intégrer $d\lambda$ depuis
» zéro jusqu'à 2π; on trouve ainsi

$$l = 2\pi\alpha - \frac{\pi\alpha^3}{3} + \dots,$$

» ou bien, en appelant R et R, les rayons de courbure principaux de la surface
» au point m,

$$l = 2\pi\alpha - \frac{\pi\alpha^3}{3RR_1} + \dots$$

» Pour la courbe correspondante construite sur la seconde surface, on trouvera
» semblablement

$$l' = 2\pi\alpha - \frac{\pi\alpha^3}{3R'R'_1} + \dots$$

» Les expressions de l et de l' devant être égales, quelque petit que soit α, les
» coefficients des mêmes puissances de cet arc doivent être égaux; on a donc

$$RR_1 = R'R'_1.$$

» Ce qu'il fallait démontrer. »

3. Mais si l'on réussit de cette manière à établir que le produit RR_1 reste
constant dans toutes les transformations que peut éprouver une surface flexible,
mais inextensible, un calcul nouveau est nécessaire pour trouver l'expression
de ce produit constant. La méthode de M. Gauss, beaucoup plus longue, il est
vrai, mais aussi beaucoup plus complète, donne au contraire la valeur générale
de RR_1, quelles que soient les variables dont on fera usage pour déterminer sur
la surface la position de chacun de ses points.

La valeur générale de RR_1 dont nous parlons est très-compliquée; elle dépend
des trois coefficients E, F, G qui figurent dans l'expression du carré ds^2 de
l'élément d'une courbe quelconque tracée sur une surface, et des dérivées premières et secondes de ces éléments; mais on la simplifie beaucoup quand on
suppose l'expression de ds^2 réduite à la forme

$$ds^2 = E\,du^2 + G\,dv^2,$$

et, à plus forte raison, quand on prend

$$ds^2 = du^2 + G\,dv^2,$$

ou

$$ds^2 = \lambda\,(dx^2 + d\zeta^2);$$

ce qu'on peut faire, comme on sait, pour toute surface, en choisissant un
système de coordonnées convenables.

En supposant

$$ds^2 = E\,du^2 + G\,dv^2,$$

ce qui exige seulement que les deux systèmes de lignes représentées par les équations

$$u = \text{constante}, \quad v = \text{constante},$$

soient orthogonaux, la formule de M. Gauss fournit

$$\frac{4 E^2 G^2}{RR_1} = E\frac{dE}{dv}\frac{dG}{dv} + E\left(\frac{dG}{du}\right)^2 + G\frac{dE}{du}\frac{dG}{du} + G\left(\frac{dE}{dv}\right)^2 - 2EG\left(\frac{d^2E}{dv^2} + \frac{d^2G}{du^2}\right).$$

Pour donner à ce résultat une forme à la fois simple et commode, j'introduis les rayons de courbure géodésique ρ_1, ρ_2 des courbes représentées par les équations respectives

$$v = \text{constante}, \quad u = \text{constante}.$$

En d'autres termes, je fais

$$\frac{1}{\rho_1} = -\frac{1}{2E\sqrt{G}}\frac{dE}{dv}, \quad \frac{1}{\rho_2} = -\frac{1}{2G\sqrt{E}}\frac{dG}{du},$$

et j'obtiens cette formule remarquable

$$\frac{1}{RR_1} = \frac{1}{\sqrt{EG}}\left(\frac{d\frac{\sqrt{E}}{\rho_1}}{dv} - \frac{d\frac{\sqrt{G}}{\rho_2}}{du}\right),$$

que l'on pourra vérifier aisément, et qui renferme comme cas particuliers (on le verra avec un peu d'attention) certains théorèmes donnés par M. Lamé sur les rayons de courbure principaux d'un système triple de surfaces orthogonales.

Quand on se borne à prendre, et on le peut, nous l'avons déjà dit, pour une surface quelconque,

$$ds^2 = du^2 + G\,dv^2,$$

on a $E = 1$, et, par conséquent,

$$\frac{1}{RR_1} = \left(\frac{dG}{du}\right)^2 - 2G\frac{d^2G}{du^2},$$

c'est-à-dire

$$\frac{1}{RR_1} = -\frac{1}{\sqrt{G}}\frac{d^2\sqrt{G}}{du^2}.$$

M. Gauss a fait un grand usage de cette formule dans son Mémoire.

4. Mais je trouve, pour le moins, aussi remarquable la formule suivante :

$$\frac{1}{RR_{,}} = -\frac{1}{2\lambda}\left(\frac{d^2\log\lambda}{d\alpha^2} + \frac{d^2\log\lambda}{d\beta^2}\right),$$

qui se rapporte au cas de

$$ds^2 = \lambda\,(d\alpha^2 + d\beta^2),$$

et dont la démonstration directe est facile, comme je l'ai fait voir au tome XII du *Journal de Mathématiques*. L'emploi des coordonnées α, β m'a donné ainsi une méthode simple pour établir l'invariabilité de la valeur du produit $RR_{,}$ dans les déformations d'une surface ; et, si cette méthode est moins complète que celle de M. Gauss, qui fournit l'expression de $RR_{,}$ pour des coordonnées quelconques, elle donne, du moins, quelque chose de plus que celles dont MM. Bertrand et Puiseux ont depuis fait usage. Elle fait connaître l'expression de $RR_{,}$ pour un système de coordonnées, particulier sans doute, mais convenable à toute surface donnée et adapté à toutes les formes que cette surface peut prendre par la flexion ; cela doit suffire dans la plupart des applications.

5. Pour obtenir l'équation aux différences partielles des surfaces développables ou applicables sur un plan, M. Gauss fait observer que le produit $RR_{,}$, qui pour le plan est infini, doit par cela même l'être aussi pour les surfaces développables qui naissent du plan par la flexion. Ainsi, pour ces surfaces, un des rayons principaux R, $R_{,}$ est nécessairement infini, de là l'équation en coordonnées rectangles

$$\frac{d^2z}{dx^2}\frac{d^2z}{dy^2} - \left(\frac{d^2z}{dx\,dy}\right)^2 = 0,$$

à laquelle toute surface développable doit satisfaire.

Mais il restait, ce me semble, à démontrer que, réciproquement, cette équation aux différences partielles, ou l'équation équivalente

$$\frac{1}{RR_{,}} = 0,$$

ne peut appartenir qu'à une telle surface. C'est ce que l'on prouve aisément à l'aide de notre formule

$$\frac{1}{RR_{,}} = -\frac{1}{2\lambda}\left(\frac{d^2\log\lambda}{d\alpha^2} + \frac{d^2\log\lambda}{d\beta^2}\right),$$

qui donne alors

$$\frac{d^2\log\lambda}{d\alpha^2} + \frac{d^2\log\lambda}{d\beta^2} = 0.$$

De la résulte, en effet,

$$\log \lambda = \varphi(\alpha + \beta\sqrt{-1}) + \psi(\alpha - \beta\sqrt{-1})$$
$$= \Phi(\alpha - \beta\sqrt{-1}) + \Psi(\alpha + \beta\sqrt{-1}),$$

en désignant par des lettres majuscules ce que deviennent les fonctions φ et ψ, lorsqu'on y change le signe de $\sqrt{-1}$. En posant donc

$$\varphi(\alpha + \beta\sqrt{-1}) + \Psi(\alpha + \beta\sqrt{-1}) = 2f(\alpha + \beta\sqrt{-1}),$$
$$\psi(\alpha - \beta\sqrt{-1}) + \Phi(\alpha - \beta\sqrt{-1}) = 2F(\alpha - \beta\sqrt{-1}),$$

on aura

$$\log \lambda = f(\alpha + \beta\sqrt{-1}) + F(\alpha - \beta\sqrt{-1}),$$

expression dans laquelle les deux fonctions se changent l'une dans l'autre lorsqu'on change le signe de $\sqrt{-1}$.

Ayant ainsi

$$\lambda = e^{f(\alpha+\beta\sqrt{-1})} \cdot e^{F(\alpha-\beta\sqrt{-1})},$$

faisons

$$\int e^{f(\alpha+\beta\sqrt{-1})} \, d(\alpha + \beta\sqrt{-1}) = X + Y\sqrt{-1},$$
$$\int e^{F(\alpha+\beta\sqrt{-1})} \, d(\alpha - \beta\sqrt{-1}) = X - Y\sqrt{-1},$$

et il nous viendra

$$\lambda\,(d\alpha^2 + d\beta^2) = dX^2 + dY^2,$$

quantité qui peut se construire sur un plan par les coordonnées rectangulaires X, Y; d'où l'on conclut que la surface est réellement applicable sur ce plan, les divers éléments ds venant se placer chacun à chacun sur leurs correspondants.

6. Lorsqu'on envisage au point de vue où nous venons de nous placer la théorie des surfaces développables, on doit désirer de retrouver, au moyen de l'équation

$$\frac{d^2z}{dx^2} \frac{d^2z}{dy^2} - \left(\frac{d^2z}{dx\,dy}\right)^2 = 0,$$

la propriété de ces surfaces, qu'on prend souvent pour leur définition, de pouvoir être engendrées par un plan mobile dont l'équation contient un seul paramètre variable. Soit

$$\frac{dz}{dx} = p, \quad \frac{dz}{dy} = q;$$

L'équation dont nous parlons peut s'écrire

$$\frac{dp}{dx}\frac{dq}{dy} - \frac{dp}{dy}\frac{dq}{dx} = 0,$$

d'où

$$\frac{dq}{dx} : \frac{dp}{dx} = \frac{dq}{dy} : \frac{dp}{dy}.$$

Soit w la valeur commune de ces deux rapports égaux. Nous aurons

$$dq = \frac{dq}{dx}\,dx + \frac{dq}{dy}\,dy = w\left(\frac{dp}{dx}\,dx + \frac{dp}{dy}\,dy\right) = w\,dp.$$

Donc w et q doivent se réduire à des fonctions de p, et l'on peut écrire

$$q = f(p), \quad dq = f'(p)\,dp.$$

Maintenant, posons

$$px + qy - z = \zeta,$$

nous aurons, en différentiant,

$$d\zeta = x\,dp + y\,dq = [x + y f'(p)]\,dp,$$

et nous en conclurons que $x + y f'(p)$ et ζ sont des fonctions de p. Soit, d'après cela,

$$\zeta = F(p), \quad x + y f'(p) = F'(p).$$

L'intégrale demandée résultera de l'élimination de p entre les deux équations

$$z = px + qy - F(p),$$
$$0 = x + y f'(p) - F'(p).$$

Ces équations appartiennent toutes deux à des plans quand on regarde p comme un paramètre; et cela indique déjà que la surface est formée par des lignes droites. Mais, de plus, la seconde équation est la dérivée de la première par rapport à p. Donc la surface est l'enveloppe du plan mobile représenté par la première équation.

7. Revenons maintenant à des surfaces quelconques. Quand deux surfaces peuvent être transformées l'une dans l'autre sans extension ni rétrécissement des parties qui les composent, on est certain par cela même qu'en deux points correspondants les produits RR_1 et $R'R'_1$ des rayons de courbure seront toujours égaux. Mais la réciproque est loin d'être vraie, et, malgré l'exemple des surfaces développables, et celui, plus étendu, des surfaces pour lesquelles RR_1 est une constante, dont on parlera plus bas, il faut bien se garder de croire que de l'équation $RR_1 = R'R'_1$ supposée exacte, on puisse conclure l'égalité

des éléments linéaires correspondants ds, ds', égalité qui fait le vrai caractère de la transformation des surfaces dont nous venons de nous occuper. On doit donc désirer de savoir reconnaître, deux surfaces A et A' étant données, s'il est ou non possible d'établir entre les points de l'une et les points de l'autre une correspondance telle que l'on ait toujours $ds = ds'$, en sorte que les points homologues infiniment voisins soient situés entre eux à la même distance sur les deux surfaces; condition nécessaire et suffisante pour que les deux surfaces se trouvent composées de triangles égaux et soient transformables l'une dans l'autre, ou applicables l'une sur l'autre, comme disent quelques géomètres. Cette question importante peut être résolue comme il suit.

Cherchez d'abord pour la surface A l'expression de ds^2 au moyen de deux variables indépendantes quelconques u, v; et soit

$$ds^2 = E\,du^2 + 2F\,du\,dv + G\,dv^2.$$

Des valeurs connues de E, F, G on déduira, par la formule de M. Gauss, celle du produit RR_1. On aura ainsi

$$RR_1 = f(u, v).$$

De même, pour la surface A', en employant deux variables u', v', on trouvera

$$R'R'_1 = f(u', v').$$

Et si les deux points (u, v), (u', v') sont correspondants, il faudra d'abord que
$$f(u', v') = f(u, v).$$

Pour que l'équation
$$RR_1 = R'R'_1, \quad \text{ou} \quad f(u', v') = f(u, v),$$

prise isolément soit satisfaite, il suffit, comme on voit, d'établir une correspondance convenable entre les points (u, v) et (u', v') des deux surfaces. Toutefois si l'un des produits RR_1, $R'R'_1$ était constant, l'autre ne pourrait lui être égalé qu'autant qu'il aurait de lui-même la même valeur constante; si, par exemple, $f(u, v)$ se réduisait à une constante C, il faudrait que $f(u', v')$ se réduisît aussi identiquement à cette constante C. Laissons pour un moment de côté ce cas particulier de

$$RR_1 = R'R'_1 = C,$$

et supposons les fonctions f et f essentiellement variables. Cela étant, rien n'empêche de substituer à une des variables u, v la variable f, et d'exprimer ds^2 en f et v par exemple. De même, on pourra exprimer ds'^2 en f et v', c'est-à-dire en f et v' puisque $f = f$. Ainsi désormais il y aura une variable f

commune aux deux surfaces, et cette variable exprimera l'un et l'autre des produits égaux RR_1, $R'R'_1$. L'introduction explicite de la variable f n'est pas absolument indispensable dans la pratique, où la remplacerait un emploi convenable de l'équation $f(u', v') = f(u, v)$; mais elle abrége beaucoup l'exposition de notre méthode.

Soit, d'après cela,

$$ds^2 = L\, df^2 + 2M\, df\, dv + N\, dv^2$$

et

$$ds'^2 = L'\, df^2 + 2M'\, df\, dv' + N'\, dv'^2,$$

les fonctions L', M', N' de f et v' n'ayant, bien entendu, aucun rapport avec les fonctions L, M, N de f et v. La variable f étant la même de part et d'autre, il s'agit de savoir si l'on peut exprimer v' en f et v de manière à vérifier, pour toutes les valeurs possibles de f, v, df et dv, l'équation

$$ds'^2 = ds^2.$$

A ce point de vue, il faut poser

$$dv' = \frac{dv'}{df}\, df + \frac{dv'}{dv}\, dv.$$

L'équation $ds'^2 = ds^2$ se décompose donc dans les trois suivantes

$$L' + 2M' \frac{dv'}{df} + N' \left(\frac{dv'}{df}\right)^2 = L,$$

$$M' \frac{dv'}{dv} + N' \frac{dv'}{df} \frac{dv'}{dv} = M, \quad N' \left(\frac{dv'}{dv}\right)^2 = N.$$

Les deux dernières donnent

$$\frac{dv'}{dv} = \sqrt{\frac{N}{N'}} = P$$

et

$$\frac{dv'}{df} = \frac{M - M'P}{N'P} = \frac{M\sqrt{N'} - M'\sqrt{N}}{N'\sqrt{N}} = Q,$$

moyennant quoi la première devient

$$L' + 2M'Q + N'Q^2 = L,$$

ou

$$(\alpha) \qquad L - \frac{M^2}{N} = L' - \frac{M'^2}{N'}.$$

P et Q sont des fonctions connues de f, v, v'. Mais pour qu'on puisse les admettre comme les deux dérivées partielles de v, il faut qu'elles satisfassent à la condition d'intégrabilité, qui, développée, donne

$$(\beta) \qquad \frac{dP}{df} + \frac{dP}{dv'}Q = \frac{dQ}{de} + \frac{dQ}{dv'}P.$$

On n'aura pas besoin de recourir à l'équation (β) si l'équation (α) contient v' ; il suffira de résoudre l'équation (α), puis de voir si la valeur de v' est telle qu'on ait

$$(\gamma) \qquad \frac{dv'}{de} = P, \quad \frac{dv'}{df} = Q.$$

Mais si v' disparaît de l'équation (α), qui dès lors ne pourra être vérifiée qu'en devenant identique, on tirera v' de l'équation (β), et on verra si la valeur de v' s'accorde avec les équations (γ).

Lorsque les équations (γ) sont ainsi satisfaites par une valeur de v' tirée de l'équation (α), ou bien par une valeur de v' tirée de l'équation (β), l'équation (α) étant identique, on a $ds' = ds$; les deux surfaces A, A' sont formées d'éléments égaux, et la correspondance entre leurs points (f, v), (f, v') est établie par la valeur de v'. Ajoutons que si, par hasard, les deux équations (α), (β) étaient vérifiées d'elles-mêmes, non-seulement on aurait encore $ds' = ds$, mais dans ce cas, la valeur de v', qu'il faudrait déduire, par l'intégration, de l'équation

$$dv' = P\,de + Q\,df,$$

contiendrait une constante arbitraire (ce qui n'avait pas lieu auparavant), de sorte qu'il existerait alors une infinité de manières de faire correspondre entre eux les éléments ds et ds'.

8. On conçoit, à priori, que ce dernier cas est celui des surfaces de révolution ; et je vais prouver que quand il a lieu la valeur commune de ds et ds' convient, en effet, à l'élément linéaire d'une telle surface.

Dans l'hypothèse que je veux discuter, l'équation (α) est identique, et les deux membres de cette équation, qui, en général, contiennent, l'un f et v, l'autre f et v', doivent se réduire à une même fonction de f seulement. Soit donc

$$L - \frac{M^2}{N} = L' - \frac{M'^2}{N'} = \varpi(f).$$

Il en résultera

$$ds'^2 = \varpi(f)\,df^2 + \left(dv'\sqrt{N} + \frac{M\,df}{\sqrt{N}}\right)^2,$$

d'où

$$ds^2 = ds'^2 + K\,d\tau^2.$$

en posant

$$\sigma(f)\,df'^2 = d\sigma^2,$$

et en désignant par $\sqrt{K}$ la valeur inverse du facteur qui rend

$$d\sigma\sqrt{N} + \frac{M\,df}{\sqrt{N}}$$

une différentielle exacte $d\tau$. La variable σ remplacera f, et τ remplacera e.

On trouvera de même

$$ds'^2 = d\sigma^2 + K'\,d\tau'^2,$$

K' étant une fonction de σ et τ', et l'équation $ds'^2 = ds^2$ se réduira en conséquence à celle-ci

$$d\tau' = \sqrt{\frac{K}{K'}}\,d\tau.$$

Donc τ' ne peut être qu'une fonction de τ, et non de τ et de σ, comme on devait le croire jusqu'à présent. Par suite, il faut que le rapport de K à K' soit par lui-même indépendant de σ, ou du moins le devienne en mettant pour τ sa valeur en τ. Mais cette dernière supposition exigerait que l'équation

$$\frac{d\frac{K}{K'}}{d\sigma} = 0$$

ne fût pas identique, et que τ' fût une de ses racines; dès lors il y aurait entre τ' et τ, partant entre ds' et ds, une relation déterminée, sans constante arbitraire, contrairement à ce que nous admettons. Le rapport de K à K' doit donc se trouver de lui-même indépendant de σ; en d'autres termes, K et K' ne peuvent contenir σ que dans un même facteur commun $\varphi(\sigma)$, et pour K, par exemple, on doit poser

$$K = \varphi(\sigma)\,\psi(\tau).$$

Si, de plus, on fait

$$\psi(\tau)\,d\tau^2 = b^2\,d\theta^2,$$

b étant une constante à volonté, on aura donc

$$ds^2 = d\sigma^2 + b^2\varphi(\sigma)\,d\theta^2.$$

Or cette dernière équation convient évidemment à la surface de révolution pour laquelle σ est l'arc du méridien, $b^2\varphi(\sigma)$ le carré de la distance d'un point quelconque de la surface à l'axe de révolution, et θ l'angle compris entre le plan méridien qui passe par ce point et un plan méridien fixe. Si r est le rayon du parallèle et z l'abscisse comptée sur l'axe de révolution, on aura ainsi

$$r = b\sqrt{\varphi(\sigma)}, \quad z = \int d\sigma \sqrt{1 - \frac{b^2 \varphi'(\sigma)}{4\varphi(\sigma)}}.$$

Prenez la constante b assez petite, et la surface sera réelle. La proposition que nous avions en vue est donc démontrée. On trouve même, en attribuant à b différentes valeurs, une infinité de surfaces de révolution auxquelles l'élément ds convient. Cela est tout simple et tient à ce que, si la formule $ds^2 = d\sigma^2 + r^2 d\theta^2$ appartient aux éléments linéaires ds d'une surface de révolution, elle appartient aussi dès lors à ceux des surfaces toutes différentes pour lesquelles r' et θ' remplaçant r et θ, on aurait $r^2 = br$ et $b\theta' = \theta$.

9. Occupons-nous actuellement du cas particulier où RR_1 est une constante, et pour distinguer le cas où la constante est positive de celui où elle est négative, soit

$$RR_1 = \pm a^2.$$

Je dis que toutes les surfaces que cette équation peut représenter, pour une valeur donnée de a, sont formées des mêmes éléments ds qu'une sphère de rayon a, dans le cas du signe $+$, et qu'une certaine surface de révolution (celle qu'engendre la courbe aux tangentes de longueur constante a, en tournant autour de son asymptote) dans le cas du signe $-$.

En effet, si l'on suppose la valeur de ds^2 mise sous la forme

$$ds^2 = \lambda(d\alpha^2 + d\beta^2),$$

on transformera, par la formule du n° 4, notre équation dans celle-ci

$$\frac{d^2 \log \lambda}{d\alpha^2} + \frac{d^2 \log \lambda}{d\beta^2} \pm \frac{2\lambda}{a^2} = 0,$$

qui, si l'on pose

$$\alpha + \beta\sqrt{-1} = u, \quad \alpha - \beta\sqrt{-1} = v,$$

deviendra

$$\frac{d^2 \log \lambda}{du\, dv} \pm \frac{\lambda}{2a^2} = 0.$$

J'ai trouvé, par des considérations dont je supprime le détail, que l'intégrale complète, avec deux fonctions arbitraires $\varphi(u)$ et $\psi(v)$, de cette équation aux différences partielles, est

$$\lambda = \frac{4a^2 \varphi'(u)\psi'(v)\, e^{\varphi(u)+\psi(v)}}{\left[1 \pm e^{\varphi(u)+\psi(v)}\right]^2},$$

$\varphi'(u)$ désignant la dérivée de $\varphi(u)$, et $\psi'(v)$ celle de $\psi(v)$.

Pour vérifier ce fait, je tire d'abord, en passant aux logarithmes,

$$\log \lambda = \log(4a^2) + \log \varphi'(u) + \log \psi'(v) + \varphi(u) + \psi(v)$$
$$- 2\log\left[1 \pm e^{\varphi(u)+\psi(v)}\right],$$

d'où

$$\frac{d\log\lambda}{du} = \frac{\varphi''(u)}{\varphi'(u)} + \varphi'(u) \mp \frac{2e^{\varphi(u)+\psi(v)}}{1 \pm e^{\varphi(u)+\psi(v)}}\varphi'(u),$$

puis

$$\frac{d^2\log\lambda}{du\,dv} = \pm \frac{2e^{2\varphi(u)+2\psi(v)}\varphi'(u)\psi'(v)}{\left[1 \pm e^{\varphi(u)+\psi(v)}\right]^2} \mp \frac{2e^{\varphi(u)+\psi(v)}\varphi'(u)\psi'(v)}{1 \pm e^{\varphi(u)+\psi(v)}},$$

par conséquent

$$\frac{d^2\log\lambda}{du\,dv} = \mp \frac{2e^{\varphi(u)+\psi(v)}\varphi'(u)\psi'(v)}{\left[1 \pm e^{\varphi(u)+\psi(v)}\right]^2},$$

et enfin

$$\frac{d^2\log\lambda}{du\,dv} \pm \frac{\lambda}{2a^2} = 0,$$

ce qu'il fallait démontrer.

La valeur de λ conduit à celle de ds^2. Mais d'abord rétablissons au lieu de u et v leurs valeurs $\alpha + \beta\sqrt{-1}$, $\alpha - \beta\sqrt{-1}$; $\varphi(u)$ et $\psi(v)$ deviendront $\varphi(\alpha + \beta\sqrt{-1})$, $\psi(\alpha - \beta\sqrt{-1})$, et devront naturellement être des imaginaires conjuguées pour que λ soit réelle. Posons donc

$$\varphi(\alpha + \beta\sqrt{-1}) = \zeta + \tau\sqrt{-1}, \quad \psi(\alpha - \beta\sqrt{-1}) = \zeta - \tau\sqrt{-1}.$$

En différentiant, puis multipliant membre à membre, nous en concluons

$$\varphi'(u)\psi'(v)(d\alpha^2 + d\beta^2) = d\zeta^2 + d\tau^2.$$

Par suite, et à cause de $\varphi(u) + \psi(v) = 2\zeta$, on a

$$ds^2 = \frac{4a^2 e^{2\zeta}}{(1 \pm e^{2\zeta})^2}(d\zeta^2 + d\tau^2).$$

Prenez le signe supérieur, et vous aurez une expression de ds^2 commune à toutes les surfaces pour lesquelles $RR_1 = a^2$; prenez le signe inférieur, et vous aurez une expression de ds^2 commune à toutes les surfaces pour lesquelles $RR_1 = -a^2$. Donc toute surface contenue dans un de ces groupes est applicable sur une autre surface quelconque du même groupe.

Maintenant, pour trouver les surfaces les plus simples, afin d'y rapporter les autres, soit b une constante à volonté, et remplaçons τ et ζ par deux variables nouvelles θ et r, qui soient telles que

$$\tau = b\theta, \quad \frac{2abe^{\zeta}}{1 \pm e^{2\zeta}} = r.$$

Il nous viendra

$$ds^2 = \frac{a^2 dr^2}{a^2 b^2 \mp r^2} + r^2 d\theta^2.$$

Or cette formule convient à l'élément linéaire ds d'une surface de révolution, pour laquelle ϑ exprimerait la longitude et r le rayon du parallèle de chaque point. On trouve aisément l'équation de cette surface

$$z = \int dr \sqrt{\frac{a^2(1-b^2)\pm r^2}{a^2 b^2 \mp r^2}},$$

où z est l'abscisse comptée sur l'axe de révolution. Cette même équation, bornée aux points d'un plan, est en coordonnées rectangles celle du méridien. Dans le cas des signes supérieurs, on peut faire $b = 1$, et la surface devient, pour cette valeur de b, une sphère. Dans le cas des signes inférieurs, on peut faire $b = 0$; la courbe méridienne qui répond à cette hypothèse, et par conséquent à l'équation

$$dz = dr \frac{\sqrt{a^2 - r^2}}{r},$$

est la trajectoire orthogonale de la série des cercles de rayon a, dont les centres sont sur l'axe des z. En d'autres termes, c'est la courbe aux tangentes de longueur constante, comme le cercle, méridien de la sphère, est la ligne aux normales de longueur constante : son équation peut en effet s'écrire

$$\sqrt{r^2 + \left(\frac{r\,dz}{dr}\right)^2} = \text{tangente} = a.$$

Cette courbe, bien connue des géomètres, jouit d'une foule de propriétés curieuses. Elle a évidemment l'axe des z pour asymptote. On peut appliquer sur la surface de révolution qu'elle engendre (en tournant autour de cet axe) toutes les surfaces pour lesquelles $RR_1 = -a^2$, et sur la sphère toutes celles pour lesquelles $RR_1 = a^2$.

10. Quoique ce qui précède, bien compris, me semble suffire, quelques lecteurs pourraient conserver des doutes sur la possibilité de réduire, dans tous les cas où $RR_1 = -a^2$, l'expression de ds^2 à la forme qui convient à la surface de révolution simple que nous venons d'indiquer, savoir à la forme

$$ds^2 = \frac{a^2 dr^2}{r^2} + r^2 d\vartheta^2,$$

ou, si l'on veut, à celle-ci

$$ds^2 = \frac{a^2}{w^2}\left(dw^2 + d\vartheta^2\right),$$

qui résulte de la précédente en posant

$$w = \frac{a}{r}.$$

En effet, on ne voit pas clairement quel sens peuvent offrir, quand on y fait

$h = 0$, les formules dont nous nous sommes servis pour remplacer τ par θ, et ζ par τ. Voici une autre méthode de transformation qui lèvera toutes les difficultés. Écrivez

$$w + \theta\sqrt{-1} = \frac{k(1 - e^{\zeta + \tau\sqrt{-1}})}{1 + e^{\zeta + \tau\sqrt{-1}}},$$

k étant une constante réelle quelconque, et vous vérifierez sans peine que les valeurs de w et θ en ζ et τ, qui résultent de la décomposition de cette équation imaginaire en deux équations réelles, donnent

$$\frac{1}{a^2}(dw^2 + d\theta^2) = \frac{4e^{2\zeta}}{(1 - e^{2\zeta})^2}(d\zeta^2 + d\tau^2).$$

L'expression de ds^2 convenable à toute surface où $RR' = -a^2$, et qui d'abord a été trouvée

$$ds^2 = \frac{4a^2 e^{2\zeta}}{(1 - e^{2\zeta})^2}(d\zeta^2 + d\tau^2),$$

est donc bien réellement réductible à la forme

$$ds^2 = \frac{a^2}{w^2}(dw^2 + d\theta^2).$$

Il y a plus : comme τ et θ n'entrent dans ds^2 que par les carrés de leurs différentielles, on pourrait ajouter à τ une constante réelle h, et à θ une autre constante g réelle aussi ; on pourrait encore changer le signe de τ ou de θ, en un mot on pourrait prendre

$$w + (\theta + g)\sqrt{-1} = \frac{k\left[1 - e^{\zeta \pm (\tau + h)\sqrt{-1}}\right]}{1 + e^{\zeta \pm (\tau + h)\sqrt{-1}}}$$

sans cesser d'avoir

$$ds^2 = \frac{4a^2 e^{2\zeta}}{(1 - e^{2\zeta})^2}(d\zeta^2 + d\tau^2) = \frac{a^2}{w^2}(dw^2 + d\theta^2).$$

Les valeurs de w et θ en ζ et τ qu'on peut employer, contenant trois constantes arbitraires g, h, k, il faut en conclure que dans l'application de deux surfaces, du genre de celles dont nous nous occupons, l'une sur l'autre, on peut amener à volonté un point donné m' sur un point donné m, et même un second point n' sur un second point n, pourvu que les distances géodésiques de m' à n' et de m à n soient égales. La même propriété a lieu pour les surfaces applicables sur la sphère ; la symétrie de la sphère autour de son centre rend cela évident à priori.

NOTE V.

Du tracé géographique des surfaces les unes sur les autres.

1. Deux surfaces A et A' étant données, on demande de faire correspondre les points $m, m_1, m_2, m_3, \ldots$ de la surface A aux points $m', m'_1, m'_2, m'_3, \ldots$ de la surface A', de telle manière que deux figures correspondantes quelconques sur ces deux surfaces soient toujours semblables l'une à l'autre dans leurs éléments infiniment petits. En d'autres termes, on demande que tout triangle infinitésimal, tracé sur la première surface, soit semblable au triangle infinitésimal correspondant sur l'autre surface; ou bien encore on veut qu'entre tout élément mm_1 ou ds partant du point fixe mais quelconque m, et aboutissant à un point m_1, voisin de m, et l'élément correspondant $m'm'_1$ ou ds', il y ait un rapport indépendant de la position du point m_1, bien que susceptible de varier suivant le lieu où l'on prend le point m. Cette condition est celle que Lambert, Lagrange et M. Gauss ont adoptée comme principe fondamental dans leur théorie des cartes géographiques; et voilà pourquoi nous dirons que chaque figure $mm_1 m_2 \ldots$ ou $m'm'_1 m'_2 \ldots$ est, sur la surface où elle est située, le tracé géographique de la figure correspondante sur l'autre surface. Lambert s'était borné à indiquer des cas particuliers où la condition dont je parle se trouve satisfaite. Lagrange a donné ensuite une solution directe, mais seulement pour des surfaces planes et des surfaces de révolution. Enfin M. Gauss a fait voir que pour deux surfaces A et A' quelconques, le problème dépend de la décomposition en facteurs imaginaires des carrés ds^2, ds'^2, et de l'intégration des équations différentielles obtenues en égalant ces facteurs à zéro. C'est la même considération qui conduit à exprimer ds^2 et ds'^2 sous la forme

$$ds^2 = \lambda (d\alpha^2 + d\beta^2), \quad ds'^2 = \lambda' (d\alpha'^2 + d\beta'^2),$$

λ et λ' étant respectivement fonctions de α, β et de α', β'. Aussi l'emploi de ces formules lève-t-il toutes les difficultés que la question pouvait offrir. Peu de mots nous suffiront en effet pour montrer que quand on a réussi à trouver, pour la surface A, des variables α, β qui donnent

$$ds^2 = \lambda\,(d\alpha^2 + d\beta^2),$$

et, pour la surface A', des variables α', β' qui donnent

$$ds'^2 = \lambda'\,(d\alpha'^2 + d\beta'^2),$$

le problème du tracé géographique de ces deux surfaces l'une sur l'autre se résout de suite dans toute sa généralité.

2. La question, on vient de le voir, revient à ceci : Faire correspondre le point m ou (α, β) de la surface A au point m' ou (α', β') de la surface A', c'est-à-dire exprimer α', β' en α, β, de telle manière que le rapport de ds'^2 à ds^2, par conséquent la fraction

$$\frac{\lambda'\,(d\alpha'^2 + d\beta'^2)}{\lambda\,(d\alpha^2 + d\beta^2)},$$

se réduise à une simple fonction de α, β, indépendante du rapport de $d\alpha$ à $d\beta$. Pour cela, il faut et il suffit évidemment que

$$d\alpha'^2 + d\beta'^2 = l\,(d\alpha^2 + d\beta^2),$$

l étant une fonction de α, β. On pourrait prendre $\alpha' = \alpha$, $\beta' = \beta$, $l = 1$; mais on n'aurait ainsi qu'une solution très-particulière, et nous cherchons la formule qui donne toutes les solutions possibles. Observons donc que l'équation

$$d\alpha'^2 + d\beta'^2 = l\,(d\alpha^2 + d\beta^2)$$

se décompose naturellement dans celles-ci :

$$l = \left(\frac{d\alpha'}{d\alpha}\right)^2 + \left(\frac{d\beta'}{d\alpha}\right)^2 = \left(\frac{d\alpha'}{d\beta}\right)^2 + \left(\frac{d\beta'}{d\beta}\right)^2$$

et

$$\frac{d\alpha'}{d\alpha}\frac{d\alpha'}{d\beta} + \frac{d\beta'}{d\alpha}\frac{d\beta'}{d\beta} = 0.$$

Des deux équations

$$\left(\frac{d\alpha'}{d\alpha}\right)^2 + \left(\frac{d\beta'}{d\alpha}\right)^2 = \left(\frac{d\alpha'}{d\beta}\right)^2 + \left(\frac{d\beta'}{d\beta}\right)^2$$

et

$$\frac{d\alpha'}{d\alpha}\frac{d\alpha'}{d\beta} + \frac{d\beta'}{d\alpha}\frac{d\beta'}{d\beta} = 0,$$

déjà traitées dans la Note II, on conclura, comme dans cette Note, que

$$\alpha' + \beta'\sqrt{-1} = \Pi\,(\alpha \pm \beta\sqrt{-1}),$$

Π désignant une fonction arbitraire. Ainsi le problème du tracé géographique se résoudra pour nos deux surfaces A et A' en prenant, pour α', la partie réelle de $\Pi\left(\alpha \pm \beta\sqrt{-1}\right)$, et pour β' le coefficient de racine $\sqrt{-1}$, dans cette même expression, réduite à la forme $P + Q\sqrt{-1}$. En désignant par Ψ ce que devient la fonction Π par le changement du signe de $\sqrt{-1}$, on peut écrire plus explicitement

$$\alpha' + \beta'\sqrt{-1} = \Pi\left(\alpha \pm \beta\sqrt{-1}\right),$$

$$\alpha' - \beta'\sqrt{-1} = \Psi\left(\alpha \mp \beta\sqrt{-1}\right),$$

$$\alpha' = \frac{1}{2}\left[\Pi\left(\alpha \pm \beta\sqrt{-1}\right) + \Psi\left(\alpha \mp \beta\sqrt{-1}\right)\right],$$

$$\beta' = \frac{1}{2\sqrt{-1}}\left[\Pi\left(\alpha \pm \beta\sqrt{-1}\right) - \Psi\left(\alpha \mp \beta\sqrt{-1}\right)\right].$$

et, comme on met aisément la valeur de I sous la forme

$$I = \frac{d\left(\alpha' + \beta'\sqrt{-1}\right)}{d\alpha} \cdot \frac{d\left(\alpha' - \beta'\sqrt{-1}\right)}{d\alpha},$$

on en conclut que

$$I = \Pi'\left(\alpha \pm \beta\sqrt{-1}\right)\Psi'\left(\alpha \mp \beta\sqrt{-1}\right),$$

Π' et Ψ' étant les dérivées de Π et Ψ, savoir

$$\Pi'(u) = \frac{d\Pi(u)}{du}, \quad \Psi'(v) = \frac{d\Psi(v)}{dv}.$$

Le rapport $\dfrac{ds'}{ds}$, qu'on pourrait nommer le module du tracé, et dont la valeur est $\sqrt{\dfrac{I'}{I}}$, a donc pour carré l'expression suivante

$$\frac{1}{2}\Pi'\left(\alpha \pm \beta\sqrt{-1}\right)\Psi'\left(\alpha \mp \beta\sqrt{-1}\right).$$

Bien entendu que dans I on devra remplacer les variables actuelles α', β' par leurs valeurs en α, β.

À cause du double signe contenu dans $\alpha \pm \beta\sqrt{-1}$, on voit que les tracés géographiques sont en quelque sorte conjugués deux à deux. Cela répond sur la sphère, par exemple, aux deux figures symétriques l'une de l'autre qui sont toujours coexistantes.

Est-il nécessaire de faire observer que la considération du tracé géographique permet d'étendre en quelque sorte, à des surfaces quelconques, la plupart des propriétés des figures planes? Rappelez-vous quel usage on fait de la projection stéréographique dans la géométrie de la sphère.

3. On peut demander dans quel cas le module du tracé dont nous avons donné l'expression générale, reste constamment égal à 1. On a alors $ds' = ds$, et les deux surfaces A et A' peuvent être appliquées l'une sur l'autre dans celles de leurs parties correspondantes qu'on voudra, comme les surfaces développables s'appliquent sur le plan. Voyons comment on peut reconnaître qu'une telle chose a lieu, et que l'équation

$$\frac{\lambda'}{\lambda} \Pi \left(\alpha \pm \beta \sqrt{-1} \right) \Psi' \left(\alpha \mp \beta \sqrt{-1} \right) = 1$$

est possible. Ce sera donner une solution nouvelle de la question traitée à la fin de la Note IV.

Posons

$$\alpha \pm \beta \sqrt{-1} = u, \quad \alpha \mp \beta \sqrt{-1} = v,$$

d'où

$$\alpha = \frac{u + v}{2}, \quad \beta = \pm \frac{u - v}{2 \sqrt{-1}};$$

λ, qui est une fonction connue de α, β, deviendra une fonction connue $f(u, v)$ de u et v. D'un autre côté, on aura

$$\alpha' = \frac{1}{2} \left[\Pi(u) + \Psi(v) \right],$$

$$\beta' = \frac{1}{2 \sqrt{-1}} \left[\Pi(u) - \Psi(v) \right].$$

Donc λ', qui est une fonction connue de α' et β', se changera en une fonction connue aussi de $\Pi(u)$ et $\Psi(v)$. Je désignerai cette fonction par $F[\Pi(u), \Psi(v)]$. L'équation

$$\frac{\lambda'}{\lambda} \Pi \left(\alpha \pm \beta \sqrt{-1} \right) \Psi' \left(\alpha \mp \beta \sqrt{-1} \right) = 1$$

deviendra ainsi

$$\frac{F[\Pi(u), \Psi(v)] \Pi'(u) \Psi'(v)}{f(u, v)} = 1,$$

ou bien

$$F[\Pi(u), \Psi(v)] \Pi'(u) \Psi'(v) = f(u, v).$$

On sait que u et v représentent deux imaginaires conjuguées. Dès que l'une de ces deux quantités prend une valeur déterminée, l'autre prend, par cela même, une valeur correspondante déterminée aussi. Ayant, en effet,

$$u = \alpha + \beta\sqrt{-1},$$

on ne peut donner u sans donner α et β, et, par suite, l'autre quantité

$$v = \alpha - \beta\sqrt{-1}$$

se trouve donnée aussi. Mais cette liaison entre u et v ne fait pas que ces deux quantités puissent s'exprimer en fonction l'une de l'autre, ni par conséquent qu'on puisse avoir entre elles une véritable équation, telle que

$$\text{Fonct. } (u, v) = 0,$$

dont u et v ne disparaîtraient pas naturellement d'elles-mêmes, et qui fournirait v en fonction de u, ou u en fonction de v. En effet, si l'on avait

$$\alpha + \beta\sqrt{-1} = \varpi(\alpha - \beta\sqrt{-1}),$$

il s'ensuivrait, en différentiant par rapport à α,

$$1 = \varpi'(\alpha - \beta\sqrt{-1}),$$

ϖ' désignant la dérivée de ϖ; d'un autre côté, en différentiant par rapport à β, il viendrait

$$1 = -\varpi'(\alpha - \beta\sqrt{-1}),$$

et l'on en conclurait l'équation absurde

$$1 = -1.$$

L'équation

$$F\left[\Pi(u), \Psi(v)\right] \Pi'(u) \Psi'(v) = f(u, v)$$

doit donc avoir lieu d'elle-même lorsqu'on met, pour $\Pi(u)$ et $\Psi(v)$, leurs valeurs. En d'autres termes, on peut y regarder maintenant u et v comme des variables indépendantes.

Cela étant, je donne successivement, soit à u, soit à v, à v, par exemple, deux valeurs constantes a et b à volonté, ce qui n'empêche pas de laisser u variable. J'ai ainsi

$$F\left[\Pi(u), \Psi(a)\right] \Pi'(u) \Psi'(a) = f(u, a)$$

et

$$F\left[\Pi(u), \Psi(b)\right] \Pi'(u) \Psi'(b) = f(u, b).$$

En éliminant $\Pi'(u)$ par la division, on tire de là

$$\frac{\Psi'(a) F\left[\Pi(u), \Psi(a)\right]}{\Psi'(b) F\left[\Pi(u), \Psi(b)\right]} = \frac{f(u, a)}{f(u, b)}.$$

Cette équation, résolue par rapport à $\Pi(u)$, donnera la forme générale des seules valeurs possibles de $\Pi(u)$: je dis la *forme générale*, parce que l'équation contient, outre a et b qu'on prend à volonté, les constantes $\Psi(a)$, $\Psi(b)$, $\Psi'(a)$, $\Psi'(b)$, qui sont encore inconnues. Ces constantes, qui peuvent être imaginaires, comme $C + D\sqrt{-1}$, entreront dans l'expression de $\Pi(u)$. Quoi qu'il en soit, dans cette expression naturellement imaginaire de $\Pi(u)$, changez le signe de $\sqrt{-1}$, et mettez v au lieu de u, vous aurez $\Psi(v)$. Enfin, il vous restera à vérifier si les valeurs de $\Pi(u)$ et $\Psi(v)$ ainsi obtenues, et qui jusqu'ici ne sont que possibles, ont lieu en effet, c'est-à-dire vérifient bien (du moins en donnant aux constantes $\Psi(a)$, ..., des valeurs convenables) l'équation

$$F[\Pi(u), \Psi(v)]\Pi(u)\Psi'(v) = f(u, v).$$

Il y aurait beaucoup de remarques à faire sur cette méthode et sur les simplifications dont elle est souvent susceptible. Nous nous bornerons à observer que $\Pi(u)$ ne doit pas dépendre des valeurs qu'il nous plaira de donner à a et b; en se rappelant cela, on pourra quelquefois trouver plus rapidement la valeur de $\Pi(u)$, et, dans bien des cas, on verra de suite que la fonction cherchée n'existe pas.

Pour obtenir la valeur de $\Pi(u)$ à essayer, on aurait pu aussi se servir de l'équation

$$\Psi'(a)\int F[\Pi(u), \Psi(a)]\,d\Pi(u) = \int f(u, a)\,du + \text{constante},$$

et même on aurait évité de cette manière un cas particulier que nous devons à présent discuter. En effet la méthode qui consiste à tirer $\Pi(u)$ de l'équation

$$\frac{\Psi'(a)F[\Pi(u), \Psi(a)]}{\Psi'(b)F[\Pi(u), \Psi(b)]} = \frac{f(u, a)}{f(u, b)}$$

serait en défaut si $\Pi(u)$ disparaissait du premier membre quelles que fussent les valeurs de a et de b. Mais ce cas particulier est facile à traiter directement. D'abord l'équation n'est possible alors que si u disparaît aussi du second membre, et pour que cela arrive il faut que le numérateur $f(u, a)$ soit égal au produit du dénominateur $f(u, b)$ par un facteur indépendant de u. Comme a est quelconque, il faudra donc que $f(u, v)$ soit aussi le produit de $f(u, b)$ par un facteur indépendant de u. En d'autres termes, $f(u, v)$ ou λ doit être le produit d'une fonction de u par une fonction de v. On verra de même que $F[\Pi(u), \Psi(v)]$ doit être le produit de $F[\Pi(u), \Psi(b)]$ par un facteur indépendant de u. Si donc on met u' et v' au lieu de $\Pi(u)$

et $\Psi(v)$, la quantité $F(u', v')$ ou Z se trouvera être le produit d'une fonction de u' par une fonction de v'.

Cela étant, je dis que nos deux surfaces A, A' sont développables ou applicables sur un plan, et, par conséquent, l'une sur l'autre.

Considérons, pour fixer les idées, la surface A, et posons, d'après ce qui précède,

$$\lambda = \varphi(u)\,\theta(v).$$

On se rappelle que

$$u = \alpha + \beta\sqrt{-1}, \qquad v = \alpha - \beta\sqrt{-1}.$$

En changeant le signe de $\sqrt{-1}$, et désignant par des lettres majuscules ce que deviennent, par ce changement, les fonctions φ et θ, il viendra donc

$$\lambda = \Phi(v)\,\Theta(u).$$

De là

$$\lambda = \sqrt{\varphi(u)\,\Theta(u)} \cdot \sqrt{\theta(v)\,\Phi(v)};$$

en sorte que λ est le produit de deux facteurs imaginaires conjugués.

Cela revient à dire que l'on peut, dans l'équation

$$\lambda = \varphi(u)\,\theta(v),$$

regarder $\varphi(u)$ et $\theta(v)$ comme exprimant deux imaginaires conjuguées, ce qui permet de poser

$$\varphi(\alpha + \beta\sqrt{-1})\,d(\alpha + \beta\sqrt{-1}) = d(X + Y\sqrt{-1}),$$
$$\theta(\alpha - \beta\sqrt{-1})\,d(\alpha - \beta\sqrt{-1}) = d(X - Y\sqrt{-1}).$$

Or en différentiant, puis multipliant membre à membre ces deux équations, on en conclut

$$\varphi(u)\,\theta(v)\,(d\alpha^2 + d\beta^2) = dX^2 + dY^2.$$

Donc

$$ds^2 = \lambda(d\alpha^2 + d\beta^2) = dX^2 + dY^2.$$

Mais $dX^2 + dY^2$ exprime en coordonnées rectangles le carré de l'élément linéaire d'un plan. La surface A est donc développable ou applicable sur un plan, ce qu'il fallait démontrer.

Tel est, en peu de mots, le moyen nouveau, et indépendant de toute considération sur les rayons de courbure, que l'on peut employer pour reconnaître si l'équation $ds = ds'$ est possible, c'est-à-dire si les deux surfaces A, A' sont applicables l'une sur l'autre. Entre cette méthode et celle de la Note IV, et d'autres que je pourrais encore ajouter, le choix devra dépendre des circonstances.

4. On pourrait demander de rendre le module du tracé géographique des deux surfaces A et A' l'une sur l'autre égal, non plus à l'unité, mais à une fonction donnée de α, β ou u, v. En désignant le carré de cette fonction par $\Gamma(u, v)$, on aurait alors à traiter l'équation

$$F[\Pi(u), \Psi(v)] \Pi'(u) \Psi'(v) = f(u, v) \Gamma(u, v),$$

et le procédé que je viens d'exposer ferait encore reconnaître s'il existe ou non des fonctions conjuguées $\Pi(u)$, $\Psi(v)$ qui la vérifient.

5. Nous sortirions du cadre imposé à ces Notes, si nous ajoutions ici des exemples de tracés géographiques pour des surfaces particulières. Les jeunes élèves pourront s'exercer à appliquer les formules générales au cas du tracé d'un plan sur un plan, d'une sphère sur un plan, d'un ellipsoïde sur un plan, sur une sphère ou sur un autre ellipsoïde. M. Jacobi est le premier qui ait indiqué le choix des variables au moyen desquelles on résout cette dernière question dans toute sa généralité. Elle n'offrira aucune difficulté à nos lecteurs. Le point essentiel est, comme on l'a vu, de ramener l'expression des carrés des éléments des lignes tracées sur les surfaces dont on s'occupe à la forme

$$ds^2 = \lambda(d\alpha^2 + d\beta^2),$$

et l'on a pu voir dans la Note III qu'une telle formule est aisée à trouver pour un ellipsoïde quelconque.

Le problème du tracé géographique de deux surfaces l'une sur l'autre revient, comme on l'a démontré plus haut, à celui-ci : Trouver pour α' et β' des expressions en α, β telles que l'on ait

$$d\alpha'^2 + d\beta'^2 = l(d\alpha^2 + d\beta^2),$$

l étant une fonction de α, β. Il y a pour le cas des trois dimensions un problème analogue qui mène à l'équation

$$d\alpha'^2 + d\beta'^2 + d\gamma'^2 = l(d\alpha^2 + d\beta^2 + d\gamma^2),$$

et dont j'ai obtenu, en profitant d'une sorte de hasard, la solution complète. Cette solution fait l'objet de la Note suivante.

donnent

$$d\alpha'^2 + d\beta'^2 + d\gamma'^2 = l\,(d\alpha^2 + d\beta^2 + d\gamma^2).$$

2. D'abord, si l'on supposait $l = 1$, l'équation

$$d\alpha'^2 + d\beta'^2 + d\gamma'^2 = d\alpha^2 + d\beta^2 + d\gamma^2$$

entraînerait l'égalité des droites correspondantes ds et ds' dans les deux figures. Donc ces deux figures seraient égales ou symétriques. Donc, en les rapportant à deux systèmes convenables d'axes rectangulaires, on pourrait toujours supposer que

$$\alpha' = \alpha, \quad \beta' = \beta, \quad \gamma' = \pm\,\gamma.$$

Donc aussi, en prenant des axes rectangulaires quelconques, on devrait avoir, dans ce cas, pour valeurs générales de α', β', γ',

$$\alpha' = a\alpha + b\beta + c\gamma + g,$$
$$\beta' = a'\alpha + b'\beta + c'\gamma + g',$$
$$\gamma' = a''\alpha + b''\beta + c''\gamma + g'',$$

a, a',...., étant des constantes liées entre elles par les équations de condition connues

$$a^2 + a'^2 + a''^2 = 1, \quad ab + a'b' + a''b'' = 0,$$
$$b^2 + b'^2 + b''^2 = 1, \quad bc + b'c' + b''c'' = 0,$$
$$c^2 + c'^2 + c''^2 = 1, \quad ac + a'c' + a''c'' = 0.$$

Telle est la solution la plus générale de l'équation

$$d\alpha'^2 + d\beta'^2 + d\gamma'^2 = l\,(d\alpha^2 + d\beta^2 + d\gamma^2),$$

dans le cas de $l = 1$. Et si le coefficient l, sans être égal à l'unité, était une constante, il suffirait de multiplier, par la racine carrée de cette constante, les valeurs de α', β', γ' écrites plus haut.

J'observe, en passant, que ces valeurs de α', β', γ' qu'on vient d'obtenir par des considérations de géométrie, s'obtiendraient aisément aussi par l'analyse; mais la démonstration précédente me semble mériter, par sa simplicité, la préférence.

3. Maintenant, quelle que soit la fonction de α, β, γ qui puisse être prise pour valeur de l, je dis qu'une solution particulière de l'équation

$$d\alpha'^2 + d\beta'^2 + d\gamma'^2 = l\,(d\alpha^2 + d\beta^2 + d\gamma^2)$$

conduit de suite à la solution la plus générale que cette équation puisse avoir pour la valeur de l dont il s'agit. Soient, en effet, α'', β'', γ'' les valeurs partientières qui fournissent la solution donnée, en sorte que

$$d\alpha''^2 + d\beta''^2 + d\gamma''^2 = l(d\alpha^2 + d\beta^2 + d\gamma^2).$$

Il faudra que

$$d\alpha'^2 + d\beta'^2 + d\gamma'^2 = d\alpha''^2 + d\beta''^2 + d\gamma''^2.$$

Nous voilà ramenés au cas de $l = 1$. Donc α', β', γ' s'exprimeront linéairement, en α'', β'', γ'', par les formules trouvées ci-dessus. Et remarquez bien que les figures $m'm'_1 m'_2,\ldots$, fournies par la solution la plus générale α', β', γ' construite en géométrie sur des axes rectangulaires, et point par point, pour correspondre à la figure $mm_1 m_2 \ldots$ que déterminent les coordonnées α, β, γ, ne différeront réellement pas de celle ou de la symétrique de celle que fournissait la solution particulière donnée α'', β'', γ''; car il n'y a, pour ainsi dire, qu'un simple changement de coordonnées dans le passage de α'', β'', γ'' à α', β', γ'. L'équation

$$d\alpha'^2 + d\beta'^2 + d\gamma'^2 = d\alpha''^2 + d\beta''^2 + d\gamma''^2$$

exprime précisément qu'on a de part et d'autre pour deux points homologues la même distance, et de là ne peuvent résulter, je l'ai déjà dit, que des corps égaux ou symétriques.

Ainsi, à proprement parler, il ne peut y avoir, pour une valeur de l donnée, qu'une seule solution. Et si l'on parvenait à trouver la valeur de l la plus générale, et une solution propre à cette valeur, on pourrait dire que notre problème est complètement résolu.

4. Montrons d'abord comment le problème peut être résolu pour une certaine forme de valeurs de l, variables avec α, β, γ. Opérons pour cela sur la figure $mm_1 m_2 \ldots$ une transformation par rayons *vecteurs réciproques*; je veux dire menons d'un point fixe o, qui sera, par exemple, l'origine des coordonnées α, β, γ, un rayon vecteur à chaque point m de l'espace, puis portons sur ce rayon ou sur son prolongement (c'est un choix à faire une fois pour toutes) une longueur om' en raison inverse de om, en sorte que l'on ait

$$om' = \frac{k}{om},$$

k étant une constante. On formera ainsi une figure nouvelle dont les divers points m', m'_1, m'_2,... correspondront chacun à chacun aux points m, m_1, m_2,... de l'ancienne figure.

Maintenant, je dis que les deux systèmes $mm_1 m_2 \ldots$ et $m'm'_1 m'_2 \ldots$ satisfont à notre équation

$$d\alpha''^2 + d\beta''^2 + d\gamma''^2 = l(d\alpha^2 + d\beta^2 + d\gamma^2),$$

Comme α', β', γ' sont des fonctions de α, β, γ, il est permis, réciproquement, de prendre α, β, γ comme fonctions de α', β', γ', ce qui donnera, par exemple,

$$dz = \frac{d\alpha}{d\alpha'}\, d\alpha' + \frac{d\alpha}{d\beta'}\, d\beta' + \frac{d\alpha}{d\gamma'}\, d\gamma',$$

et alors en identifiant les deux membres de notre équation, puis, se rappelant une transformation bien connue en géométrie analytique, on trouve sans peine les équations suivantes :

$$\frac{d\alpha}{d\alpha'}\frac{d\beta}{d\alpha'} + \frac{d\alpha}{d\beta'}\frac{d\beta}{d\beta'} + \frac{d\alpha}{d\gamma'}\frac{d\beta}{d\gamma'} = 0,$$

$$\frac{d\beta}{d\alpha'}\frac{d\gamma}{d\alpha'} + \frac{d\beta}{d\beta'}\frac{d\gamma}{d\beta'} + \frac{d\beta}{d\gamma'}\frac{d\gamma}{d\gamma'} = 0,$$

$$\frac{d\gamma}{d\alpha'}\frac{d\alpha}{d\alpha'} + \frac{d\gamma}{d\beta'}\frac{d\alpha}{d\beta'} + \frac{d\gamma}{d\gamma'}\frac{d\alpha}{d\gamma'} = 0,$$

et

$$\left(\frac{d\alpha}{d\alpha'}\right)^2 + \left(\frac{d\alpha}{d\beta'}\right)^2 + \left(\frac{d\alpha}{d\gamma'}\right)^2 = h^2,$$

$$\left(\frac{d\beta}{d\alpha'}\right)^2 + \left(\frac{d\beta}{d\beta'}\right)^2 + \left(\frac{d\beta}{d\gamma'}\right)^2 = h^2,$$

$$\left(\frac{d\gamma}{d\alpha'}\right)^2 + \left(\frac{d\gamma}{d\beta'}\right)^2 + \left(\frac{d\gamma}{d\gamma'}\right)^2 = h^2.$$

Or ces équations sont de même forme que celles que M. Lamé prend pour point de départ dans son Mémoire sur les *coordonnées curvilignes*, et qu'on trouve à la page 318 du tome V du *Journal de Mathématiques*. Les lettres ρ, ρ_1, ρ_2, et x, y, z, employées par M. Lamé, sont remplacées, pour nous, par α, β, γ, α', β', γ', et les trois quantités qu'il nomme h, h_1, h_2, par notre seule quantité h. Ainsi, pour nous, $h_1 = h_2 = h$. Il suit de là que les valeurs inverses

$$H = \frac{1}{h}, \quad H_1 = \frac{1}{h_1}, \quad H_2 = \frac{1}{h_2},$$

que M. Lamé emploie aussi, sont de même, pour nous, toutes égales à $\frac{1}{h}$. Cela posé, les équations marquées (16 *bis*), que M. Lamé donne à la page 328, nous fournissent de suite :

$$\frac{d^2 h}{d\alpha\, d\beta} = 0, \quad \frac{d^2 h}{d\beta\, d\gamma} = 0, \quad \frac{d^2 h}{d\gamma\, d\alpha} = 0.$$

La première et la dernière de ces équations peuvent s'écrire ainsi :

$$\frac{d\dfrac{dh}{d\alpha}}{d\beta} = 0, \quad \frac{d\dfrac{dh}{d\alpha}}{d\gamma} = 0,$$

et elles nous apprennent que $\frac{dh}{d\alpha}$ ne contient ni β, ni γ; la valeur de h ne peut donc être que de la forme

$$h = f(\alpha) + u,$$

u étant une fonction de β et γ seulement. Mais l'équation

$$\frac{d^2 h}{d\beta\, d\gamma} = \frac{d^2 u}{d\beta\, d\gamma} = 0$$

montre ensuite que $\frac{du}{d\beta}$ doit être une fonction de β seule.

Donc u est de la forme $\varphi(\beta) + \psi(\gamma)$, et, par suite,

$$h = f(\alpha) + \varphi(\beta) + \psi(\gamma).$$

D'un autre côté, les équations marquées (17), et données par M. Lamé à la page 329, peuvent, pour nous, s'écrire ainsi :

$$\frac{d^2 \log h}{d\beta^2} + \frac{d^2 \log h}{d\alpha^2} = \left(\frac{d \log h}{d\gamma}\right)^2,$$

$$\frac{d^2 \log h}{d\alpha^2} + \frac{d^2 \log h}{d\gamma^2} = \left(\frac{d \log h}{d\beta}\right)^2,$$

$$\frac{d^2 \log h}{d\gamma^2} + \frac{d^2 \log h}{d\beta^2} = \left(\frac{d \log h}{d\alpha}\right)^2.$$

De la dernière, on déduit sans peine que

$$\frac{f'(\alpha)^2 + \varphi'(\beta)^2 + \psi'(\gamma)^2}{f(\alpha) + \varphi(\beta) + \psi(\gamma)} = \varphi''(\beta) + \psi''(\gamma),$$

équation où $f'(\alpha)$, $\varphi'(\beta)$, $\varphi''(\beta)$, ..., représentent des fonctions dérivées. Le second membre ne contient pas α. Donc le premier aussi doit être indépendant de α. Les deux autres équations nous montreraient de même que ce premier membre ne peut contenir non plus ni β, ni γ; car elles nous le donneraient égal à $f''(\alpha) + \psi''(\gamma)$ et à $f''(\alpha) + \varphi''(\beta)$. Donc ce premier membre doit se réduire à une simple constante. De là, réciproquement, il faut conclure que

$$\varphi''(\beta) + \psi''(\gamma), \quad f''(\alpha) + \psi''(\gamma), \quad f''(\alpha) + \varphi''(\beta),$$

sont aussi des constantes, et même des constantes égales entre elles; il en est donc de même de $f''(\alpha)$, $\varphi''(\beta)$, $\psi''(\gamma)$, puisque l'on a, par exemple,

$$f''(\alpha) = \frac{1}{2}[f''(\alpha) + \psi''(\gamma)] + \frac{1}{2}[f''(\alpha) + \varphi''(\beta)] - \frac{1}{2}[\varphi''(\beta) + \psi''(\gamma)].$$

En désignant par k une constante, on peut poser, dès lors,

$$f''(\alpha) = \varphi''(\beta) = \psi''(\gamma) = \frac{2}{k},$$

d'où l'on conclut, en intégrant,

$$f(\alpha) = \frac{(\alpha - A)^2}{k} + G,$$

$$\varphi(\beta) = \frac{(\beta - B)^2}{k} + G',$$

$$\psi(\gamma) = \frac{(\gamma - C)^2}{k} + G'',$$

A, B, C, G, G', G'' étant des constantes. Mais, en mettant pour $f(\alpha)$, $\varphi(\beta)$, $\psi(\gamma)$ ces valeurs dans

$$\frac{f'(\alpha)^2 + \varphi'(\beta)^2 + \psi'(\gamma)^2}{f(\alpha)^2 + \varphi(\beta)^2 + \psi(\gamma)^2},$$

cette quantité devient

$$\frac{4}{k} \cdot \frac{(\alpha - A)^2 + (\beta - B)^2 + (\gamma - C)^2}{(\alpha - A)^2 + (\beta - B)^2 + (\gamma - C)^2 + k(G + G' + G'')},$$

et pour qu'elle se réduise à une constante, comme cela doit être, il faut que l'on ait

$$G + G' + G'' = 0.$$

La valeur la plus générale de $f(\alpha) + \varphi(\beta) + \psi(\gamma)$, c'est-à-dire de h, est donc contenue dans la formule

$$h = \frac{(\alpha - A)^2 + (\beta - B)^2 + (\gamma - C)^2}{k},$$

que la considération des transmutations de figures à l'aide de rayons vecteurs réciproques nous avait fournie.

La transformation par rayons vecteurs réciproques jouit, comme on sait, d'un grand nombre de propriétés remarquables. En m'en occupant au tome XII du *Journal de Mathématiques* à l'occasion d'un travail de M. Thomson, j'avais fait observer qu'elle donne une solution du problème qui fait l'objet de cette Note. Mais j'ignorais alors que la formule ainsi obtenue fût la plus générale possible. L'analyse précédente qui établit ce fait important n'est pas indigne, ce me semble, de l'attention des géomètres.

NOTE VII.

A l'occasion de l'équation des cordes vibrantes.

1. L'équation des cordes vibrantes

$$(A) \qquad \frac{d^2z}{dx^2} = a^2 \frac{d^2z}{dy^2}$$

est célèbre dans l'histoire des mathématiques. D'Alembert l'a obtenue le premier, et en a donné (dans les *Mémoires de l'Académie de Berlin*) l'intégrale complète avec deux fonctions arbitraires; il a fait voir, de plus, comment les fonctions arbitraires se déterminent au moyen des conditions relatives aux deux points extrêmes et à l'état initial, et comment une discussion détaillée des formules conduit ensuite à reconnaître le caractère périodique, et, en général, toutes les circonstances du phénomène physique auquel l'équation répond. Par cette application capitale, il a montré nettement toute l'étendue et toute l'importance du calcul aux différences partielles, alors à sa naissance et à peine connu et défini, bien qu'on en trouve çà et là quelques traces dans certains ouvrages antérieurs de d'Alembert lui-même et d'Euler. Depuis, les géomètres n'ont cessé d'étudier et de perfectionner ce calcul, dont l'emploi sert, en particulier, de base à l'ouvrage de Monge tout entier. L'équation des cordes vibrantes elle-même a dû être reprise plusieurs fois sous des points de vue divers; car elle se présente dans plusieurs questions de physique mathématique, avec des conditions définies différentes pour certaines valeurs particulières des variables. Lagrange l'a rencontrée dans ses recherches sur le son, et, en prenant $a^2 = -1$, ou plus généralement a^2 négative, elle devient une des équations de la théorie de la chaleur.

2. En s'occupant, dans son ouvrage, de l'équation des cordes vibrantes, dans le but spécial de construire les surfaces qu'elle représente lorsqu'on regarde

78

x, y comme des abscisses et z comme une ordonnée, Monge s'est naturellement servi de sa méthode ordinaire d'intégration, fondée sur la considération
des caractéristiques. La méthode d'Euler, qu'on a coutume aujourd'hui de
suivre dans les cours, est plus particulière, mais aussi beaucoup plus simple.
On pose

$$y + ax = \alpha, \quad y - ax = \beta,$$

et on transforme l'équation (A), en prenant α et β pour variables indépendantes
au lieu de x et y. Il vient d'abord

$$\frac{dz}{dx} = a\left(\frac{dz}{d\alpha} - \frac{dz}{d\beta}\right), \quad \frac{dz}{dy} = \frac{dz}{d\alpha} + \frac{dz}{d\beta},$$

puis

$$\frac{d^2z}{dx^2} = a^2\left(\frac{d^2z}{d\alpha^2} - 2\frac{d^2z}{d\alpha\,d\beta} + \frac{d^2z}{d\beta^2}\right)$$

et

$$\frac{d^2z}{dy^2} = \frac{d^2z}{d\alpha^2} + 2\frac{d^2z}{d\alpha\,d\beta} + \frac{d^2z}{d\beta^2},$$

donc

$$\frac{d^2z}{dx^2} - a^2\frac{d^2z}{dy^2} = 4\,a^2\,\frac{d^2z}{d\alpha\,d\beta}.$$

Par suite, l'équation (A) se réduit à

$$\frac{d^2z}{d\alpha\,d\beta} = 0,$$

d'où l'on conclut que $\dfrac{dz}{d\beta}$ est une fonction de β seule, et enfin que z est de la
forme

$$\Phi(\alpha) + \Psi(\beta),$$

c'est-à-dire que

$$z = \Phi(y + ax) + \Psi(y - ax),$$

les fonctions Φ et Ψ étant quelconques.

3. Rien de plus simple que ce procédé. Il me semble pourtant que la méthode donnée dès l'origine par d'Alembert lui-même est tout aussi facile, et
en même temps plus directe et plus élégante encore. L'illustre géomètre écrit
l'équation (A) sous la forme

$$\frac{d\cdot\frac{dz}{dx}}{dx} = \frac{d\cdot a^2\frac{dz}{dy}}{dy},$$

et observe qu'elle exprime alors la condition pour que $\frac{dz}{dx}dy + a^2\frac{dz}{dy}dx$ soit la différentielle exacte d'une fonction de x et y. Cela étant, il pose

$$\frac{dz}{dx}dy + a^2\frac{dz}{dy}dx = du.$$

Mais on a déjà

$$\frac{dz}{dx}dx + \frac{dz}{dy}dy = dz.$$

Il est aisé d'en conclure que

$$\left(\frac{dz}{dx} + a\frac{dz}{dy}\right)d(y + ax) = d(u + az),$$

d'où il suit que $\frac{dz}{dx} + a\frac{dz}{dy}$ et $u + az$ ne peuvent être que des fonctions de $y + ax$. Et comme on obtient aussi

$$\left(\frac{dz}{dx} - a\frac{dz}{dy}\right)d(y - ax) = d(u - az),$$

on voit semblablement que $\frac{dz}{dx} - a\frac{dz}{dy}$ et $u - az$ sont des fonctions de $y - ax$. On a donc à la fois

$$u + az = \varphi(y + ax),$$
$$u - az = \psi(y - ax);$$

donc

$$2az = \varphi(y + ax) - \psi(y - ax),$$

c'est-à-dire

$$z = \Phi(y + ax) + \Psi(y - ax)$$

comme ci-dessus.

D'Alembert, comme on voit, s'appuie sur la condition d'intégrabilité d'une différentielle à deux variables

$$M\,dx + N\,dy.$$

Il profite, pour intégrer l'équation (A), de ce que cette équation peut s'écrire sous la forme

$$\frac{dM}{dy} = \frac{dN}{dx}.$$

Une considération du même genre, employée toutefois d'une manière différente, m'a conduit à démontrer quelques théorèmes concernant certaines équations très-générales qui peuvent aussi se mettre sous la forme

$$\frac{dM}{dy} = \frac{dN}{dx}.$$

Ces théorèmes, qu'on pourrait aisément généraliser encore, feront l'objet de la
présente Note. Ils ont pour résultat d'établir entre deux équations ou deux
groupes d'équations aux différences partielles une correspondance telle, que si
l'intégration est effectuée d'un côté, on pourra l'effectuer immédiatement de
l'autre côté.

4. Dans tout ce qui va suivre, x et y représenteront les variables indépendantes dont les autres quantités seront des fonctions.

Considérons d'abord l'équation

$$(1) \qquad \frac{d.cz}{dy} = \frac{d.k\frac{dz}{dx}}{dx},$$

c et k désignant des fonctions données quelconques de x, y, et z la fonction
qui doit vérifier l'équation.

L'équation (1) indique que

$$cz\,dx + k\frac{dz}{dx}\,dy$$

est une différentielle exacte. Soit donc

$$cz\,dx + k\frac{dz}{dx}\,dy = du,$$

Il en résultera

$$cz = \frac{du}{dx}, \quad k\frac{dz}{dx} = \frac{du}{dy};$$

d'où

$$z = \frac{1}{c}\frac{du}{dx}, \quad \frac{dz}{dx} = \frac{1}{k}\frac{du}{dy}$$

et, par conséquent,

$$(1\,bis) \qquad \frac{1}{k}\frac{du}{dy} = \frac{d\left(\frac{1}{c}\frac{du}{dx}\right)}{dx}.$$

Les équations (1) et (1 bis) sont donc tellement liées entre elles, que si l'inté-

grale de l'une est donnée, l'intégrale de l'autre s'en déduira immédiatement.
Connaissant z, on aura u par la formule

$$u = \int \left(cz\, dx + k\frac{dz}{dx}\, dy \right);$$

et connaissant u, on prendra

$$z = \frac{1}{c}\frac{du}{dx}.$$

Si c est une fonction de x seulement, l'équation (1) pourra s'écrire

$$c\frac{dz}{dt} = \frac{d.k\frac{dz}{dx}}{dx}.$$

Elle aura ainsi la forme de l'équation du mouvement de la chaleur dans une
barre hétérogène dont le rayonnement extérieur est nul, c exprimant la capacité
pour la chaleur, et k la conductibilité. L'équation conjuguée

$$\frac{1}{k}\frac{du}{dt} = \frac{d\left(\frac{1}{c}\frac{du}{dx}\right)}{dx}$$

a d'elle-même une forme semblable; mais la capacité spécifique y est exprimée
par $\frac{1}{k}$, et la conductibilité par $\frac{1}{c}$. Voilà donc deux barres de nature diverse qui
ont entre elles une liaison remarquable, et qui sont telles, que les lois du mouvement de la chaleur ne peuvent être connues pour l'une sans être à l'instant
connues pour l'autre.

5. En second lieu, soit

$$(2) \qquad \frac{d.cz}{dy} = \frac{d.k\frac{dz}{dx}}{dx},$$

c et k continuant à être des fonctions données de x et y. On apprend, par cette
équation, que

$$cz\, dx + k\frac{dz}{dx}\, dy$$

est une différentielle exacte. Posons, en conséquence,

$$cz\, dx + k\frac{dz}{dx}\, dy = du.$$

Il en résultera

$$cz = \frac{du}{dx}, \quad k\frac{dz}{dy} = \frac{du}{dy},$$

d'où

$$z = \frac{1}{c}\frac{du}{dx}, \quad \frac{dz}{dy} = \frac{1}{k}\frac{du}{dy},$$

et, par conséquent,

$$(2\ bis) \qquad \frac{1}{k}\frac{du}{dy} = \frac{d.\frac{1}{c}\frac{du}{dx}}{dy}.$$

Les équations (2) et (2 bis) s'intègrent donc ensemble. Connaissant z, on en déduit

$$u = \int \left(cz\,dx + k\frac{dz}{dy}\,dy \right);$$

et connaissant u, on prend

$$z = \frac{1}{c}\frac{du}{dx}.$$

6. L'équation

$$(3) \qquad \frac{d.c\frac{dz}{dx}}{dy} - \frac{d.k\frac{dz}{dy}}{dx}$$

nous fournira un troisième exemple. On sera conduit alors à poser

$$c\frac{dz}{dx}\,dx + k\frac{dz}{dy}\,dy = du,$$

d'où

$$c\frac{dz}{dx} = \frac{du}{dx}, \quad k\frac{dz}{dy} = \frac{du}{dy},$$

puis

$$\frac{dz}{dx} = \frac{1}{c}\frac{du}{dx}, \quad \frac{dz}{dy} = \frac{1}{k}\frac{du}{dy},$$

et, par conséquent,

$$(3\ bis) \qquad \frac{d.\frac{1}{c}\frac{du}{dx}}{dy} = \frac{d.\frac{1}{k}\frac{du}{dy}}{dx}.$$

Les équations (3) et (3 bis) sont de même forme; pour passer de l'une à l'autre, il suffit de remplacer les fonctions c et k par $\frac{1}{c}$ et $\frac{1}{k}$. Connaissant z, on a

$$u = \int \left(c\frac{dz}{dx}\,dx + k\frac{dz}{dy}\,dy \right);$$

et, réciproquement, si l'on connaît u, on doit prendre

$$z = \int \left(\frac{1}{c} \frac{du}{dx} dx + \frac{1}{k} \frac{du}{dy} dy \right).$$

7. Soit encore l'équation

$$(4) \qquad \frac{d . c \frac{dz}{dy}}{dy} = \frac{d . k \frac{dz}{dx}}{dx},$$

en vertu de laquelle

$$c \frac{dz}{dy} dx + k \frac{dz}{dx} dy$$

est une différentielle exacte du. Il nous viendra, dans ce cas,

$$c \frac{dz}{dy} = \frac{du}{dx}, \quad k \frac{dz}{dx} = \frac{du}{dy},$$

d'où

$$\frac{dz}{dy} = \frac{1}{c} \frac{du}{dx}, \quad \frac{dz}{dx} = \frac{1}{k} \frac{du}{dy},$$

et, par conséquent,

$$(4 \, bis) \qquad \frac{d . \frac{1}{k} \frac{du}{dy}}{dy} = \frac{d . \frac{1}{c} \frac{du}{dx}}{dx}.$$

Les équations (4) et (4 bis) sont de même forme; seulement, en passant de l'une à l'autre, on change c en $\frac{1}{k}$ et k en $\frac{1}{c}$. Quant aux intégrales, elles se déduisent l'une de l'autre, puisque l'on a

$$u = \int \left(c \frac{dz}{dy} dx + k \frac{dz}{dx} dy \right)$$

et

$$z = \int \left(\frac{1}{k} \frac{du}{dy} dx + \frac{1}{c} \frac{du}{dx} dy \right).$$

8. Lorsqu'on y fait $c = — k$, les équations (4) et (4 bis) deviennent respectivement

$$(B) \qquad \frac{d . k \frac{dz}{dx}}{dx} + \frac{d . k \frac{dz}{dy}}{dx} = 0$$

et

$$(C) \qquad \frac{d . \frac{1}{k} \frac{du}{dx}}{dx} + \frac{d . \frac{1}{k} \frac{du}{dy}}{dx} = 0.$$

Cette forme est celle de l'équation d'équilibre de la chaleur dans un corps hétérogène, en se bornant au cas de deux dimensions, c'est-à-dire en supposant la température indépendante de la troisième coordonnée.

J'ai indiqué ailleurs un cas assez étendu dans lequel l'équation (B) s'intègre ; c'est celui où l'on a

$$\frac{d^2 . \sqrt{k}}{dx^2} + \frac{d^2 . \sqrt{k}}{dy^2} = 0.$$

En développant, en effet, les différentiations indiquées dans l'équation (B), puis divisant le résultat par $\sqrt{k}$, et y ajoutant la quantité nulle

$$z \left(\frac{d^2 . \sqrt{k}}{dx^2} + \frac{d^2 . \sqrt{k}}{dy^2} \right),$$

on trouve aisément

$$\frac{d^2 . z \sqrt{k}}{dx^2} + \frac{d^2 . z \sqrt{k}}{dy^2} = 0,$$

d'où

$$z \sqrt{k} = \varphi(x + y \sqrt{-1}) + \psi(x - y \sqrt{-1}).$$

Dans la même hypothèse de

$$\frac{d^2 . \sqrt{k}}{dx^2} + \frac{d^2 . \sqrt{k}}{dy^2} = 0,$$

l'intégration (C) s'intégrera donc aussi. En d'autres termes, l'équation

(B)
$$\frac{d . k \frac{dz}{dx}}{dx} + \frac{d . k \frac{dz}{dy}}{dy} = 0$$

s'intègre encore si, au lieu d'avoir

$$\frac{d^2 . \sqrt{k}}{dx^2} + \frac{d^2 . \sqrt{k}}{dy^2} = 0,$$

on a

$$\frac{d^2 \frac{1}{\sqrt{k}}}{dx^2} + \frac{d^2 \frac{1}{\sqrt{k}}}{dy^2} = 0.$$

En effet, dans cette dernière hypothèse, l'équation (C) s'intègre d'abord et donne, d'après ce qui précède,

$$\frac{z}{\sqrt{k}} = \varphi(x + y \sqrt{-1}) + \psi(x - y \sqrt{-1}) ;$$

on a ensuite

$$z = \int \left(\frac{1}{k} \frac{du}{dy}\, dx - \frac{1}{c} \frac{du}{dx}\, dy \right),$$

en vertu de la formule qui termine le n° 7, formule où j'ai eu soin de faire $c = -k$.

9. Je vais considérer maintenant une équation dont l'ordre sera supérieur au second, celle-ci par exemple,

$$(5) \qquad \frac{d.\, c\, \dfrac{d^n z}{dx^n}}{dy} = \frac{d.\, k\, \dfrac{d^n z}{dy^n}}{dx}.$$

D'après cette équation, je puis poser

$$c\, \frac{d^n z}{dx^n}\, dx + k\, \frac{d^n z}{dy^n}\, dy = du;$$

de là résulte

$$c\, \frac{d^n z}{dx^n} = \frac{du}{dx}, \quad k\, \frac{d^n z}{dy^n} = \frac{du}{dy},$$

d'où

$$\frac{d^n z}{dx^n} = \frac{1}{c} \frac{du}{dx}, \quad \frac{d^n z}{dy^n} = \frac{1}{k} \frac{du}{dy},$$

et, par conséquent,

$$(5\ bis) \qquad \frac{d^n.\, \dfrac{1}{c} \dfrac{du}{dx}}{dy^n} = \frac{d^n.\, \dfrac{1}{k} \dfrac{du}{dy}}{dx^n}.$$

Les équations (5) et (5 *bis*) s'intègrent ensemble. Connaissant z, on a de suite

$$u = \int \left(c\, \frac{d^n z}{dx^n}\, dx + k\, \frac{d^n z}{dy^n}\, dy \right);$$

connaissant au contraire u, on a d'abord

$$\frac{d^n z}{dx^n} = \frac{1}{c} \frac{du}{dx}, \quad \frac{d^n z}{dy^n} = \frac{1}{k} \frac{du}{dy},$$

ce qui fait connaître les deux dérivées partielles du $n^{ième}$ ordre,

$$\frac{d^n z}{dx^n}, \quad \frac{d^n z}{dy^n};$$

En intégrant n fois par rapport à x la valeur de $\frac{d^n z}{dx^n}$, on aura z; mais l'intégration par rapport à x introduira des constantes ou plutôt des fonctions arbitraires de y, qu'on déterminera ou qu'on réduira à leurs vraies valeurs en différentiant n fois par rapport à y l'intégrale z, et comparant le résultat de la différentiation à l'expression déjà connue de $\frac{d^n z}{dy^n}$.

10. L'équation

$$(6)\qquad \frac{d . c \frac{d^n z}{dy^n}}{dx} = \frac{d . k \frac{d^n z}{dx^n}}{dx}$$

nous fournirait semblablement

$$c \frac{d^n z}{dy^n} dx + k \frac{d^n z}{dx^n} dy = du,$$

d'où

$$\frac{d^n z}{dy^n} = \frac{1}{c}\frac{du}{dx}, \quad \frac{d^n z}{dx^n} = \frac{1}{k}\frac{du}{dy},$$

et, par conséquent,

$$(6\,bis)\qquad \frac{d^n . \frac{1}{k}\frac{du}{dy}}{dy^n} = \frac{d^n . \frac{1}{c}\frac{du}{dx}}{dx^n},$$

résultat qui fait dépendre l'intégrale de l'équation (6) de celle de l'équation (6 bis), et réciproquement.

11. Mais j'arrive à des exemples où deux groupes d'équations seront conjugués comme l'ont été, dans ce qui précède, des équations prises deux à deux.

Soient c, k, c', k' des fonctions données quelconques de x, y, et z, t des fonctions de ces mêmes variables vérifiant les deux équations

$$(7)\qquad \begin{cases} \dfrac{d . cz}{dy} = \dfrac{d . k \frac{dt}{dx}}{dx}, \\[2ex] \dfrac{d . c' t}{dy} = \dfrac{d . k' \frac{dz}{dx}}{dx} \end{cases}$$

Ces équations nous apprennent que les deux formules

$$cz\, dx + k\frac{dt}{dx}\, dy$$

et

$$c' t\,dx + k' \frac{dz}{dx}\,dy$$

sont des différentielles exactes. Nous pouvons donc poser

$$cz\,dx + k \frac{dt}{dx}\,dy = du$$

et

$$c' t\,dx + k' \frac{dz}{dx}\,dy = dv;$$

de là résultera

$$cz = \frac{du}{dx}, \quad k \frac{dt}{dx} = \frac{du}{dy},$$

$$c' t = \frac{dv}{dx}, \quad k' \frac{dz}{dx} = \frac{dv}{dy},$$

et, par conséquent,

$$z = \frac{1}{c} \frac{du}{dx}, \quad \frac{dz}{dx} = \frac{1}{k'} \frac{dv}{dy},$$

$$t = \frac{1}{c'} \frac{dv}{dx}, \quad \frac{dt}{dx} = \frac{1}{k} \frac{du}{dy},$$

d'où

$$(7\ bis)\quad \begin{cases} \dfrac{1}{k'} \dfrac{dv}{dy} = \dfrac{d.\dfrac{1}{c}\dfrac{du}{dx}}{dx}, \\[2ex] \dfrac{1}{k} \dfrac{du}{dy} = \dfrac{d.\dfrac{1}{c'}\dfrac{dv}{dx}}{dx}. \end{cases}$$

Les deux groupes d'équations aux différences partielles (7) et (7 *bis*) sont liés entre eux de telle manière, que si l'on est parvenu à intégrer l'un, on saura par cela même intégrer l'autre. Connaissant, en effet, z et t, on aura

$$u = \int \left(cz\,dx + k \frac{dt}{dx}\,dy \right),$$

$$v = \int \left(c' t\,dx + k' \frac{dz}{dx}\,dy \right);$$

et connaissant u et v, on prendra

$$z = \frac{1}{c} \frac{du}{dx}, \quad t = \frac{1}{c'} \frac{dv}{dx}.$$

12. Notre méthode s'applique, avec une égale facilité, au groupe suivant :

$$(8)\quad \begin{cases} \dfrac{d.cz}{dy} = \dfrac{d.k\dfrac{dt}{dy}}{dx}, \\[3ex] \dfrac{d.c't}{dy} = \dfrac{d.k'\dfrac{dz}{dy}}{dx}. \end{cases}$$

En vertu des deux équations que nous venons d'écrire, on peut poser

$$cz\,dx + k\frac{dt}{dy}\,dy = du,$$
$$c't\,dx + k'\frac{dz}{dy}\,dy = dv,$$

d'où

$$z = \frac{1}{c}\frac{du}{dx}, \qquad \frac{dz}{dy} = \frac{1}{k'}\frac{dv}{dy},$$
$$t = \frac{1}{c'}\frac{dv}{dx}, \qquad \frac{dt}{dy} = \frac{1}{k}\frac{du}{dy},$$

et, par conséquent,

$$(8\,bis)\quad \begin{cases} \dfrac{1}{k'}\dfrac{dt}{dy} = \dfrac{d.\dfrac{1}{c}\dfrac{du}{dx}}{dy}, \\[4ex] \dfrac{1}{k}\dfrac{du}{dy} = \dfrac{d.\dfrac{1}{c'}\dfrac{dv}{dx}}{dy}. \end{cases}$$

Connaissant z et t, on aura u et v par les formules

$$u = \int\left(cz\,dx + k\frac{dt}{dy}\,dy\right),$$
$$v = \int\left(c't\,dx + k'\frac{dz}{dy}\,dy\right),$$

et connaissant u et v, on prendra

$$z = \frac{1}{c}\frac{du}{dx}, \qquad t = \frac{1}{c'}\frac{dv}{dx}.$$

15. Soit encore ce groupe

$$(9)\qquad \begin{cases} \dfrac{d.c\dfrac{dz}{dy}}{dy} = \dfrac{d.k\dfrac{dt}{dx}}{dx}, \\[2ex] \dfrac{d.c'\dfrac{dt}{dy}}{dy} = \dfrac{d.k'\dfrac{dz}{dx}}{dx}. \end{cases}$$

On aura alors

$$c\frac{dz}{dy}dx + k\frac{dt}{dx}dy = du,$$

$$c'\frac{dt}{dy}dx + k'\frac{dz}{dx}dy = dv,$$

d'où

$$\frac{dz}{dy} = \frac{1}{c}\frac{du}{dx}, \quad \frac{dz}{dx} = \frac{1}{k'}\frac{dv}{dy},$$

$$\frac{dt}{dy} = \frac{1}{c'}\frac{dv}{dx}, \quad \frac{dt}{dx} = \frac{1}{k}\frac{du}{dy},$$

et, par conséquent,

$$(9\ bis)\qquad \begin{cases} \dfrac{d.\dfrac{1}{k'}\dfrac{dv}{dy}}{dy} = \dfrac{d.\dfrac{1}{c}\dfrac{du}{dx}}{dx}, \\[2ex] \dfrac{d.\dfrac{1}{k}\dfrac{du}{dy}}{dy} = \dfrac{d.\dfrac{1}{c'}\dfrac{dv}{dx}}{dx}. \end{cases}$$

Pour passer des intégrales d'un des systèmes (9) et (9 *bis*) aux intégrales de l'autre, on remarquera que, connaissant z et t, on a

$$u = \int\left(c\frac{dz}{dy}dx + k\frac{dt}{dx}dy\right),$$

$$v = \int\left(c'\frac{dt}{dx}dx + k'\frac{dz}{dy}dy\right),$$

et que, réciproquement, connaissant u et v, on doit prendre

$$z = \int\left(\frac{1}{k'}\frac{dv}{dy}dx + \frac{1}{c}\frac{du}{dx}dy\right),$$

$$t = \int\left(\frac{1}{k}\frac{du}{dy}dx + \frac{1}{c'}\frac{dv}{dx}dy\right).$$

14. Il serait évidemment aisé de multiplier ces systèmes de deux équations conjugués à d'autres systèmes. On peut également considérer des systèmes de trois ou même d'un nombre quelconque d'équations. Bornons-nous à en donner ici deux exemples.

Soient $c_1, c_2, \ldots, c_n, k_1, k_2, \ldots, k_n$ des fonctions données quelconques de x, y, et $z_1, z_2, \ldots, z_n$ d'autres fonctions de x, y qui vérifient les équations

$$(10) \quad \left\{ \begin{aligned} \frac{d.c_1 z_1}{dy} &= \frac{d.k_1 \frac{dz_1}{dx}}{dx}, \\[2ex] \frac{d.c_2 z_2}{dy} &= \frac{c.k_2 \frac{dz_2}{dx}}{dx}, \\[2ex] &\cdots\cdots\cdots\cdots \\[2ex] \frac{d.c_p z_p}{dy} &= \frac{d.k_p \frac{dz_{p+1}}{dx}}{dx}, \\[2ex] &\cdots\cdots\cdots\cdots \\[2ex] \frac{d.c_n z_n}{dy} &= \frac{d.k_n \frac{dz_n}{dx}}{dx}. \end{aligned} \right.$$

A l'inspection du système des équations (10), nous voyons que les quantités ci-après :

$$c_1 z_1 \, dx + k_1 \frac{dz_1}{dx} \, dy,$$

$$c_2 z_2 \, dx + k_2 \frac{dz_2}{dx} \, dy,$$

$$\cdots\cdots\cdots\cdots\cdots$$

$$c_p z_p \, dx + k_p \frac{dz_{p+1}}{dx} \, dy,$$

$$\cdots\cdots\cdots\cdots\cdots$$

$$c_n z_n \, dx + k_n \frac{dz_n}{dx} \, dy,$$

sont des différentielles exactes. Posons donc

$$c_1 z_1 \, dx + k_1 \frac{dz_1}{dx} \, dy = du_1,$$

$$c_2 z_2 \, dx + k_2 \frac{dz_2}{dx} \, dy = du_2,$$

$$\cdots\cdots\cdots\cdots\cdots$$

$$c_p z_p \, dx + k_p \frac{dz_{p+1}}{dx} dy = du_p,$$

. . . .

$$c_n z_n \, dx + k_n \frac{dz_1}{dx} dy = du_n,$$

et il en résultera

$$c_1 z_1 = \frac{du_1}{dx}, \quad k_1 \frac{dz_2}{dx} = \frac{du_1}{dy},$$

$$c_2 z_2 = \frac{du_2}{dx}, \quad k_2 \frac{dz_3}{dx} = \frac{du_2}{dy},$$

. . . .

$$c_p z_p = \frac{du_p}{dx}, \quad k_p \frac{dz_{p+1}}{dx} = \frac{du_p}{dx},$$

. . . .

$$c_n z_n = \frac{du_n}{dx}, \quad k_n \frac{dz_1}{dx} = \frac{du_n}{dy},$$

d'où

$$z_1 = \frac{1}{c_1} \frac{du_1}{dx}, \quad \frac{dz_1}{dx} = \frac{1}{k_n} \frac{du_n}{dy},$$

$$z_2 = \frac{1}{c_2} \frac{du_2}{dx}, \quad \frac{dz_2}{dx} = \frac{1}{k_1} \frac{du_1}{dy},$$

. . . .

$$z_p = \frac{1}{c_p} \frac{du_p}{dx}, \quad \frac{dz_p}{dx} = \frac{1}{k_{p-1}} \frac{du_{p-1}}{dy},$$

. . . .

$$z_n = \frac{1}{c_n} \frac{du_n}{dx}, \quad \frac{dz_n}{dx} = \frac{1}{k_{n-1}} \frac{du_{n-1}}{dy},$$

par conséquent

(10 *bis*)

$$\left\{ \begin{array}{l} \dfrac{1}{k_n} \dfrac{du_n}{dy} = \dfrac{d.\dfrac{1}{c_1}\dfrac{du_1}{dx}}{dx}, \\[2ex] \dfrac{1}{k_1} \dfrac{du_1}{dy} = \dfrac{d.\dfrac{1}{c_2}\dfrac{du_2}{dx}}{dx}, \\ \ldots\ldots\ldots\ldots\ldots\ldots \\ \dfrac{1}{k_{p-1}} \dfrac{du_{p-1}}{dy} = \dfrac{d.\dfrac{1}{c_p}\dfrac{du_p}{dx}}{dx}, \\ \ldots\ldots\ldots\ldots\ldots\ldots \\ \dfrac{1}{k_{n-1}} \dfrac{du_{n-1}}{dy} = \dfrac{d.\dfrac{1}{c_n}\dfrac{du_n}{dx}}{dx}. \end{array} \right.$$

Les deux systèmes d'équations aux différences partielles (10) et (10 bis) s'intégreront ensemble. Connaissant $z_1, z_2, \ldots, z_n$, on aura

$$u_1 = \int \left(c_1 z_1 \, dx + k_1 \frac{dz_2}{dx} \, dy \right),$$

$$u_2 = \int \left(c_2 z_2 \, dx + k_2 \frac{dz_3}{dx} \, dy \right),$$

$$\cdots\cdots\cdots\cdots\cdots\cdots\cdots\cdots$$

$$u_p = \int \left(c_p z_p \, dx + k_p \frac{dz_{p+1}}{dx} \, dy \right),$$

$$\cdots\cdots\cdots\cdots\cdots\cdots\cdots\cdots$$

$$u_n = \int \left(c_n z_n \, dx + k_n \frac{dz_1}{dx} \, dy \right),$$

et connaissant $u_1, u_2, \ldots, u_n$, on prendra

$$z_1 = \frac{1}{c_1} \frac{du_1}{dx},$$

$$z_2 = \frac{1}{c_2} \frac{du_2}{dx},$$

$$\cdots\cdots\cdots\cdots\cdots\cdots$$

$$z_n = \frac{1}{c_n} \frac{du_n}{dx}.$$

Maintenant, au lieu du système (10), considérez le système

$$(11) \quad \left\{ \begin{aligned}
\frac{d . c_1 \frac{dz_1}{dy}}{dy} &= \frac{d . k_1 \frac{dz_2}{dx}}{dx}, \\[2ex]
\frac{d . c_2 \frac{dz_2}{dy}}{dy} &= \frac{d . k_2 \frac{dz_3}{dx}}{dx}, \\[1ex]
\cdots\cdots & \cdots\cdots \\[1ex]
\frac{d . c_p \frac{dz_p}{dy}}{dy} &= \frac{d . k_p \frac{dz_{p+1}}{dx}}{dx}, \\[1ex]
\cdots\cdots & \cdots\cdots \\[1ex]
\frac{d . c_n \frac{dz_n}{dy}}{dy} &= \frac{d . k_n \frac{dz_1}{dx}}{dx},
\end{aligned} \right.$$

et vous serez de même conduits à poser

$$c_1 \frac{dz_1}{dy}\,dx + k_1 \frac{dz_2}{dx}\,dy = du_1,$$

$$c_2 \frac{dz_2}{dy}\,dx + k_2 \frac{dz_3}{dx}\,dy = du_2,$$

$$\cdots\cdots\cdots\cdots\cdots\cdots\cdots\cdots$$

$$c_\mu \frac{dz_\mu}{dy}\,dx + k_\mu \frac{dz_{\mu+1}}{dx}\,dy = du_\mu,$$

$$\cdots\cdots\cdots\cdots\cdots\cdots\cdots\cdots$$

$$c_n \frac{dz_n}{dy}\,dx + k_n \frac{dz_1}{dx}\,dy = du_n,$$

d'où

$$\frac{dz_1}{dy} = \frac{1}{c_1}\frac{du_1}{dx}, \quad \frac{dz_1}{dx} = \frac{1}{k_n}\frac{du_n}{dy},$$

$$\frac{dz_2}{dy} = \frac{1}{c_2}\frac{du_2}{dx}, \quad \frac{dz_2}{dx} = \frac{1}{k_1}\frac{du_1}{dy},$$

$$\cdots\cdots\cdots\cdots\cdots\cdots\cdots\cdots$$

$$\frac{dz_\mu}{dy} = \frac{1}{c_\mu}\frac{du_\mu}{dx}, \quad \frac{dz_\mu}{dx} = \frac{1}{k_{\mu-1}}\frac{du_{\mu-1}}{dy},$$

$$\cdots\cdots\cdots\cdots\cdots\cdots\cdots\cdots$$

$$\frac{dz_n}{dy} = \frac{1}{c_n}\frac{du_n}{dx}, \quad \frac{dz_n}{dx} = \frac{1}{k_{n-1}}\frac{du_{n-1}}{dy},$$

et, par conséquent,

$$(11\ bis)\quad \left\{\begin{array}{l}
\dfrac{d.\dfrac{1}{k_n}\dfrac{du_n}{dy}}{dy} = \dfrac{d.\dfrac{1}{c_1}\dfrac{du_1}{dx}}{dx}, \\[2ex]
\dfrac{d.\dfrac{1}{k_1}\dfrac{du_1}{dy}}{dy} = \dfrac{d.\dfrac{1}{c_2}\dfrac{du_2}{dx}}{dx}, \\[2ex]
\cdots\cdots\cdots\cdots\cdots\cdots \\[2ex]
\dfrac{d.\dfrac{1}{k_{\mu-1}}\dfrac{du_{\mu-1}}{dy}}{dy} = \dfrac{d.\dfrac{1}{c_\mu}\dfrac{du_\mu}{dx}}{dx}, \\[2ex]
\cdots\cdots\cdots\cdots\cdots\cdots \\[2ex]
\dfrac{d.\dfrac{1}{k_{n-1}}\dfrac{du_{n-1}}{dy}}{dy} = \dfrac{d.\dfrac{1}{c_n}\dfrac{du_n}{dx}}{dx}.
\end{array}\right.$$

Les deux systèmes (11) et (11 *bis*) s'intègrent ensemble. Connaissant z_1, $z_2, \ldots, z_n$, on a

$$u_1 = \int\left(c_1 \frac{dz_1}{dy}\,dx + k_1 \frac{dz_2}{dx}\,dy\right),$$

$$u_2 = \int\left(c_2 \frac{dz_2}{dy}\,dx + k_2 \frac{dz_3}{dx}\,dy\right),$$

. . . .

$$u_p = \int\left(c_p \frac{dz_p}{dy}\,dx + k_p \frac{dz_{p+1}}{dx}\,dy\right),$$

. . . .

$$u_n = \int\left(c_n \frac{dz_n}{dy}\,dx + k_n \frac{dz_1}{dx}\,dy\right);$$

et connaissant $u_1, u_2, \ldots, u_n$, on prendra

$$z_1 = \int\left(\frac{1}{k_n}\frac{du_n}{dy}\,dx + \frac{1}{c_1}\frac{du_1}{dx}\,dy\right),$$

$$z_2 = \int\left(\frac{1}{k_1}\frac{du_1}{dy}\,dx + \frac{1}{c_2}\frac{du_2}{dx}\,dy\right),$$

. . . .

$$z_p = \int\left(\frac{1}{k_{p-1}}\frac{du_{p-1}}{dy}\,dx + \frac{1}{c_p}\frac{du_p}{dx}\,dy\right),$$

. . . .

$$z_n = \int\left(\frac{1}{k_{n-1}}\frac{du_{n-1}}{dy}\,dx + \frac{1}{c_n}\frac{du_n}{dx}\,dy\right).$$

15. Les équations précédentes sont linéaires; mais la méthode s'applique également à des équations non linéaires. Soit, par exemple,

$$\frac{d.cz}{dy} = \frac{d.k\left(\frac{dz}{dx}\right)^2}{dx}, \tag{12}$$

c et k étant encore des fonctions données de x, y. Il s'ensuivra que l'on peut poser

$$cz\,dx + k\left(\frac{dz}{dx}\right)^2 dy = du,$$

d'où

$$cz = \frac{du}{dx}, \quad k\left(\frac{dz}{dx}\right)^2 = \frac{du}{dy},$$

et, par conséquent,

$$(12\ bis) \qquad k\left(\frac{d.\frac{1}{c}\frac{du}{dx}}{dx}\right)^2 = \frac{du}{dy}.$$

Les équations (12) et (12 *bis*) sont donc conjuguées. Quand l'intégrale de la première est connue, on a celle de la seconde en posant

$$u = \int\left[cz\,dx + k\left(\frac{dz}{dx}\right)^2 dy\right],$$

et réciproquement si la seconde est intégrée, on a l'intégrale de la première par la formule

$$z = \frac{1}{c}\frac{du}{dx}.$$

Soit encore

$$(13) \qquad \frac{d.c\frac{dz}{dx}}{dy} = \frac{d.k\left(\frac{dz}{dy}\right)^2}{dx}.$$

On fera

$$c\frac{dz}{dx}dx + k\left(\frac{dz}{dy}\right)^2 dy = du,$$

d'où

$$\frac{dz}{dx} = \frac{1}{c}\frac{du}{dx}, \quad \frac{dz}{dy} = \sqrt{\frac{1}{k}\frac{du}{dy}},$$

et l'on en conclura sans difficulté

$$(13\ bis) \qquad \frac{d.\frac{1}{c}\frac{du}{dx}}{dy} = \frac{d.\sqrt{\frac{1}{k}\frac{du}{dy}}}{dx}.$$

Les équations (13) et (13 *bis*) nous offrent donc un nouvel exemple d'équations conjuguées pour l'intégration.

En général, si l'on a l'équation

$$(14) \qquad \frac{dM}{dy} = \frac{dN}{dx},$$

M et N étant des fonctions de x, y et de deux dérivées de z telles que

$$\frac{d^{m+2}z}{dx^m dy^2}, \qquad \frac{d^{p+q}z}{dx^p dy^q},$$

on fera

$$M\,dx + N\,dy = da,$$

puis des deux équations résultantes

$$\frac{da}{dx} = M, \qquad \frac{da}{dy} = N.$$

on tirera les valeurs des deux dérivées de z qui y sont contenues. Éliminant ensuite z, ce qui est facile, on en conclura une équation (14 *bis*) qui sera conjuguée à l'équation (14). Et il est clair qu'un même artifice s'étend aussi à des groupes d'équations.

16. Tous ces exemples montrent assez combien l'idée de d'Alembert, pour l'intégration de l'équation des cordes vibrantes, a de portée et d'utilité dans la théorie tout entière des équations aux différences partielles. En principe, on part de la condition d'intégrabilité

$$\frac{dM}{dy} = \frac{dN}{dx}$$

de la formule différentielle à deux variables

$$M\,dx + N\,dy.$$

Mais l'application du principe est opérée de façon diverse, et dans la question traitée par d'Alembert, et dans celles que nous venons de traiter nous-même, et dans d'autres encore où ce principe si simple et si fécond joue un rôle. Car c'est à ce même principe qu'il faut rappeler la méthode par laquelle on ramène à l'intégration d'une équation linéaire et du premier ordre l'intégration des équations du premier ordre, mais de forme quelconque, comprises dans le type général

$$f\left(x, y, z, \frac{dz}{dx}, \frac{dz}{dy}\right) = 0.$$

En effet, on pose alors

$$\frac{dz}{dx} = p, \qquad \frac{dz}{dy} = q.$$

puis tirant de l'équation

$$f(x, y, z, p, q) = o$$

la valeur de q, savoir

$$q = F(x, y, z, p),$$

on exprime que

$$p\,dx + F(x, y, z, p)\,dy$$

est une différentielle exacte, et l'on est ainsi conduit à une équation linéaire qui donnera p en fonction de x, y, z. Ici le nombre des variables indépendantes est augmenté, et cela établit une très-grande différence entre la manière dont on traite l'équation

$$f\left(x, y, z, \frac{dz}{dx}, \frac{dz}{dy}\right) = o$$

et celle que nous avons employée nous-même dans cette Note pour d'autres équations. Il était bon pourtant de faire ressortir l'identité du principe fondé sur la condition

$$\frac{dM}{dy} = \frac{dN}{dx},$$

sans laquelle

$$M\,dx + N\,dy$$

ne peut être une différentielle exacte.

17. La méthode par laquelle nous lions ou conjuguons deux équations ou deux systèmes d'équations, même parfois à un résultat que l'on serait tenté de croire insignifiant au premier abord, et qui, mieux étudié, devient utile. Si, par exemple, nous prenons comme point de départ l'équation

$$\frac{d^2z}{dx^2} + \frac{d^2z}{dy^2} = o,$$

nous verrons, en l'écrivant ainsi

$$\frac{d\left(\frac{dz}{dy}\right)}{dy} = \frac{d\left(-\frac{dz}{dx}\right)}{dx},$$

qu'on peut poser

$$\frac{dz}{dy}\,dx - \frac{dz}{dx}\,dy = du,$$

mais les formules

$$\frac{dz}{dy} = \frac{du}{dx}, \quad \frac{dz}{dx} = -\frac{du}{dy},$$

qui résulteront de là, ne nous ramèneront qu'à une équation

$$\frac{d^2u}{dx^2} + \frac{d^2u}{dy^2} = 0,$$

de même forme que l'équation primitive.

Dans ce cas même pourtant, il y a encore un parti avantageux à tirer de tous les calculs que l'on vient de faire. Ces calculs, en effet, établissent une liaison entre deux intégrales z et u d'une même équation aux différences partielles

$$\frac{d^2\varphi}{dx^2} + \frac{d^2\varphi}{dy^2} = 0.$$

Or, en prenant z et u comme deux variables nouvelles à substituer à x, y, de manière à rendre φ fonction de z et u, tandis que φ était d'abord fonction de x, y, on obtient aisément

$$\frac{d^2\varphi}{dz^2} + \frac{d^2\varphi}{du^2} = 0,$$

en sorte que φ s'exprime sous la même forme en u et z qu'en x et y. Ce résultat n'a aucune valeur sans doute tant qu'il ne s'agit que d'obtenir en général, et sans avoir à l'appliquer à aucun problème défini, l'intégrale complète dont φ dépend; mais, dans les problèmes particuliers, on doit rechercher, parmi toutes les formes dont une intégrale est susceptible, la forme propre au cas dont on s'occupe. On voit, par là, que l'intégrale φ, exprimée en u et z, peut souvent être préférable à celle exprimée en x et y; la théorie de la chaleur en offre la preuve.

FIN.

www.ingramcontent.com/pod-product-compliance
Lightning Source LLC
LaVergne TN
LVHW020933050726
842519LV00001B/26